高等职业教育精品规划教材

热 工 基 础

主编 刘国强

应急管理出版社
·北 京·

图书在版编目（CIP）数据

热工基础 / 刘国强主编． -- 北京：应急管理出版社，2023
高等职业教育精品规划教材
ISBN 978-7-5020-9586-4

Ⅰ.①热… Ⅱ.①刘… Ⅲ.①热工学—高等职业教育—教材 Ⅳ.①TK122

中国版本图书馆 CIP 数据核字（2022）第 208663 号

热工基础（高等职业教育精品规划教材）

主　　编	刘国强
责任编辑	郭玉娟
责任校对	孔青青
封面设计	王　滨
出版发行	应急管理出版社（北京市朝阳区芍药居 35 号　100029）
电　　话	010-84657898（总编室）　010-84657880（读者服务部）
网　　址	www.cciph.com.cn
印　　刷	北京地大彩印有限公司
经　　销	全国新华书店
开　　本	787mm×1092mm $^1/_{16}$　印张　25$^1/_2$　字数　555 千字
版　　次	2023 年 2 月第 1 版　2023 年 2 月第 1 次印刷
社内编号	20221275　　　　　定价　98.00 元

版权所有　违者必究

本书如有缺页、倒页、脱页等质量问题，本社负责调换，电话：010-84657880

编 委 会

主　　任　蒲金龙　刘　忠
副 主 任　王　晖　李　燕　魏孔明
委　　员（按姓氏笔画为序）

丁兆栋	马瑞山	王文革	王多荣	牛鹏程
兰聘文	卢建兵	刘志平	刘国强	刘　荣
朱启进	孙庆唐	吴森福	李志明	李　学
张宏升	何沛锋	杨　桢	陈　彦	胡贵祥
侯　侠	南永新	南有禄	赵澍民	黄少华
焦　健	梁珠擎	程来胜		

本书编写人员

主　　编　刘国强
副 主 编　李志明
参编人员　时自力

序

改革开放以来，我国职业教育迅速发展。2019 年国务院印发《国家职业教育改革实施方案》，进一步肯定了职业教育的作用及现实意义，要求要牢固树立新发展理念，服务建设现代化经济体系和实现更高质量更充分就业需要，对接科技发展趋势和市场需求，完善职业教育和培训体系，优化学校、专业布局，深化办学体制改革和育人机制改革，以促进就业和适应产业发展需求为导向，鼓励和支持社会各界特别是企业积极支持职业教育，着力培养高素质劳动者和技术技能人才。2020 年《教育部 甘肃省人民政府关于整省推进职业教育发展打造"技能甘肃"的意见》出台，明确提出了部省合作推进甘肃职业教育发展，聚焦打造"技能甘肃"，树立西部职业教育发展示范，全面推进本科职业教育改革试点工作。甘肃高等职业教育发展迎来了新机遇、踏上了新征程。为了实施科教兴国战略，发展职业教育，提高劳动者素质，促进社会主义现代化建设，2022 年国家颁布了《中华人民共和国职业教育法》，鼓励并组织职业教育的科学研究。

在此关键时期，恰逢世行贷款甘肃职业教育发展项目助推甘肃省职业教育发展。世行贷款甘肃职业教育发展项目，是经国务院批准，由甘肃省人民政府担保，借用世界银行贷款以提高甘肃省职业院校开展职业教育与培训整体能力的改革创新项目；是全面贯彻全国职教工作会议精神，落实《甘肃省人民政府关于贯彻落实国务院加快发展现代职业教育决定的实施意见》，针对甘肃省经济产业发展战略中技能型人才不足的实际，通过利用外资，同时引进国际先进的职业教育发展理念和经验，进一步促进甘肃省现代职业教育体系建设的重要支撑项目。

甘肃能源化工职业学院子项目是该项目的重要组成部分。项目的实施，为学校引智引资，改善办学条件，改革教育教学方法，推进课程体系建设，提升人才培养质量，促进学校高质量发展奠定了基础。学校以此为契机，积极推进职业教育教材编写工作，遴选资深教师和企业专家组成编委会，编写了这套

▶ 热 工 基 础

"高等职业教育精品规划教材"。在此过程中，我们始终得到了世行专家团队、教育主管部门和相关院校的大力支持和积极参与，对此深表感谢。

我们要抢抓"一带一路"建设和新一轮西部大开发的历史机遇，探索经济欠发达地区职业教育与区域产业互动发展、融合发展、高质量发展的路径，推动高等职业教育发展，打造"技能甘肃"职业教育高地，为新时代甘肃融入"一带一路"建设培养技术技能型人才。

高等职业教育精品规划教材编委会

2022年9月

前　言

　　职业教育是国民教育体系和人力资源开发的重要组成部分，肩负着培养拥护党的基本路线，服务国家和区域经济发展，适应生产、建设、管理、服务需要的，德、智、体、美、劳全面发展的技术技能型人才的使命，同时也是培养多样化人才、传承技术技能、促进就业创业的重要渠道。

　　本教材是为职业教育无机非金属材料专业所倾力打造的一本专业基础课。它打破传统热工基础包含工程热力学和传热学两部分内容，同时考虑到职业教育的特点，将工程热力学部分弱化，增加了流体流动、燃料燃烧以及干燥等针对性更强的内容。全书以典型建筑材料生产企业需要为指导，共设计四大项目：流体力学基础、燃料及燃料燃烧、传热学、干燥过程与设备。通过主要任务目标、任务描述、任务知识、项目习题、知识拓展等栏目，科学统筹学习内容，融入课程思政，引导学生顺利开展学习过程，力求突出科学性、实用性。

　　本教材由兰州石化职业技术大学刘国强担任主编，负责拟定全书的目录、体例和编写要求，并负责统稿、修改、定稿，具体编写了项目一、项目二；李志明作为本书的副主编，编写了项目四及附录；时自力编写了项目三。

　　本教材的编写，既体现了系统严谨，又突出了内容简练。其特点是重点突出，深广适度，做到理论与实际紧密结合。实践应用内容贴近生产实践，通俗易懂，实例贴切，资料翔实。适用于职业教育无机非金属材料专业，同时也可供化工、建筑材料生产企业技术人员参考。

　　教材的顺利完成和出版，得到了世界银行贷款甘肃职教项目的大力支持，在此表示衷心感谢！

　　由于编者水平有限，经验不足，书中难免有不当或错误之处，恳请使用本书的师生和读者批评指正。

编　者

2022 年 10 月

目　录

项目一　流体力学基础 1

　　任务一　流体的物理性质 1
　　任务二　流体静力学基础 12
　　任务三　流体动力学基础 20
　　任务四　流动阻力及管路计算 44
　　任务五　颗粒流体力学 62
　　任务六　流体输送设备 78

项目二　燃料及燃料燃烧 136

　　任务一　概述 136
　　任务二　燃料的性质 140
　　任务三　燃烧过程的基本理论 156
　　任务四　燃烧计算 163
　　任务五　气态燃料的燃烧 181
　　任务六　液态燃料的燃烧 185
　　任务七　固态燃料的燃烧 188
　　任务八　节能及环境污染防治 197

项目三　传热学 208

　　任务一　传热的基本方式 208
　　任务二　传导传热 214
　　任务三　对流换热 231
　　任务四　辐射传热 252
　　任务五　综合传热 284

项目四　干燥过程与设备 297

　　任务一　湿空气的性质 298
　　任务二　湿空气的 I-x 图 305

任务三　干燥过程中的物料平衡及热量平衡 …………………………………… 314
任务四　物料干燥的物理过程 …………………………………………………… 325
任务五　干燥方法 ………………………………………………………………… 340
任务六　固体燃料气化 …………………………………………………………… 348

附录 ……………………………………………………………………………………… 375
参考文献 ………………………………………………………………………………… 395

项目一 流体力学基础

气体和液体统称为流体,在微小剪应力作用下流体都会发生变形或流动,因此具有流动性。流体力学是研究流体平衡和运动规律及其实际应用的学科。流体力学所涉及的基本规律,包括流体在静止状态下的力学规律,即流体静力学,还有运动状态下力与运动要素之间的关系、运动特征与能量转换的规律,即流体动力学。

流体力学知识广泛应用于硅酸盐工业生产,如硅酸盐工业窑炉中高温烟气与物料的热量交换、余热的回收和烟气排放等都离不开气体的流动,粉磨流程中细粉状物料的分级、粉体物料的气力输送、收尘器内气体的运动等都和流体力学密切相关。因此,学习和掌握流体力学的基本原理,对分析和控制硅酸盐工业生产过程具有非常重要的意义。

任务一 流体的物理性质

【任务目标】

知识目标:
(1) 了解流体的基本特性:流动性和连续性。
(2) 理解流体的膨胀性、压缩性。
(3) 掌握流体的密度、流体黏性。

能力目标:
能够在生产实践中对不同温度、压力下的流体表现出不同的性质熟练应用。

情感目标:
通过本任务情景学习,使学生走进流体内部,提升学习兴趣。

【任务描述】

不通过化学变化就可以表现出来的性质就是物理性质。物理性质属于统计物理学范畴,即物理性质是大量分子所表现出来的性质,不是单个原子或分子所具有的。

物质的物理性质有很多,如颜色、气味、状态、熔点、沸点、硬度,可以利用仪器测得;还有些性质,可通过实验数据进行计算获得,如溶解性、密度等。在实验前后物质都没有发生改变。这些性质都属于物理性质。

本部分内容主要介绍流体所具有的、一般性的物理性质,满足无机非金属材料生产过程中的需要。

▶ 热 工 基 础

【任务知识】

一、流体的基本特性

1. 流体的流动性

从物体受力角度出发,流体与固体的区别主要在于受剪应力后的表现有很大差异。固体受剪应力后与受张应力或压应力有类似的表现,即在弹性极限范围内产生弹性变形,当应力超过弹性极限时就会产生永久畸变或称为塑性变形,应力再增大则会被破坏。流体受剪应力后,即使剪应力很小,也会不断变形并流动,这就是说流体只能承受压应力,不能承受拉力和切力,否则就会发生变形或流动,即流体具有流动性。

流体对于拉力和缓慢变形没有抵抗能力。这是液体和气体都具有的共同特征。

需要指出的是,因为流体具有流动性,所以流体没有固定的形状。液体和气体都随着容器形状的不同而改变自身的形状。不过,液体和气体流动性存在差别。当装有液体的容器形状和大小改变时,液体形状可随容器形状而改变,但其体积不变;对于气体则不同,它在流动中改变自身形状的同时,其体积也随容器容积的变化而改变,扩散到整个容器中。

2. 流体的连续性

流体是由大量的、不断地作热运动而且无固定平衡位置的分子构成的,各分子之间以及分子内部的原子之间均保留一定的空隙,因此流体内部是不连续的且存在空隙。标准状况下,$1~cm^3$ 液体中大约含有 $3.3×10^{22}$ 个分子,相邻分子间的距离约为 $3.1×10^{-8}~cm$;$1~cm^3$ 气体中大约含有 $2.7×10^{19}$ 个分子,相邻分子间的距离约为 $3.2×10^{-7}~cm$。

若从单个分子运动出发来研究整个流体的平衡及运动规律很困难,因此,欧拉在1753年提出,以连续介质的概念为基础的研究假设。在流体力学中不研究个别分子的运动,只研究由大量分子组成的分子集团。假设整个流体由无数个分子集团组成,每个分子集团称为质点,质点的大小与容器或管路相比是微不足道的。可以设想,流体内部各个质点相互紧挨着,它们之间没有任何空隙而成为连续体。用这种处理方法就可以不研究分子间的相互作用以及复杂的分子运动,而将主要研究对象聚焦在流体的宏观运动规律,把流体看作由大量连续质点所组成的连续介质。以流体质点作为研究对象,前提是其尺寸比实际流体流动过程中设备尺寸小得多。因此,可以假设流体是由大量质点所组成、彼此之间没有空隙,充满它所占据的整个空间的一种连续介质,在流动过程中不间断、不滑脱而连续地流动,那么表征流体特性的各物理量在时间和空间上是连续变化的。流体连续性的假定排除了分子运动的复杂性,因此也就可以应用以连续函数为基础的高等数学解决流体力学问题。

但是,并不是在任何情况下都可以把流体视为连续介质,如果所研究问题的特征尺度接近或小于分子的自由程,连续介质的概念将不再适用。如高真空度下的气体,或者高空飞行的火箭、导弹,由于空气稀薄,分子的间距很大,可以与物体的特征尺度相比拟,这时分子团是不能当作质点的。

二、流体的密度

单位体积流体的质量称为流体的密度，用 ρ 表示，单位为 kg/m^3。

$$\rho = \frac{m}{V} \tag{1-1}$$

式中　ρ——流体的密度，kg/m^3；

　　　m——流体的质量，kg；

　　　V——流体的体积，m^3。

流体的密度通常由实验测得，常见流体的密度值见表1-1。

表1-1　几种常见流体的密度值

流体名称	密度/(kg·m^{-3})	测试条件	流体名称	密度/(kg·m^{-3})	测试条件
纯水	1000	4 ℃	空气	1.293	标准状态
海水	1020	15 ℃	燃烧产物	1.30~1.34	标准状态
汞	13600	15 ℃	CH_4	0.716	标准状态
汽油	680~790	15 ℃	SO_2	2.858	标准状态
重油	900~950	15 ℃	H_2S	1.521	标准状态
O_2	1.429	标准状态	CO_2	1.964	标准状态
H_2	0.090	标准状态	H_2O	0.804	标准状态
CO	1.250	标准状态	N_2	1.250	标准状态

1. 液体混合物的密度

实际生产中经常遇到若干单纯液体的混合物，即混合液体。液体混合时体积变化不大，为了便于计算，一般忽略这种变化，认为液体混合后总体积等于各纯液体的体积之和。因此，以1 kg混合液体为基准得到液体混合物的密度计算公式：

$$\frac{1}{\rho_m} = \frac{1}{100}\left(\frac{\alpha_1}{\rho_1} + \frac{\alpha_2}{\rho_2} + \cdots + \frac{\alpha_n}{\rho_n}\right) = \frac{1}{100}\sum_{i=1}^{n}\frac{\alpha_i}{\rho_i} \tag{1-2}$$

式中　ρ_m——混合液体的密度，kg/m^3；

　　　ρ_i——混合液体中各组分液体的密度，kg/m^3；

　　　α_i——混合液体中各组分液体的质量百分数，%。

2. 气体混合物的密度

同液体一样，气体也有混合物，如在水泥生产过程中，水泥窑内的烟气就含有CO_2、N_2、O_2、CO和水蒸气等。对于气体混合物的密度，应按下式计算：

$$\rho_m = \frac{1}{100}(\rho_1 \chi_1 + \rho_2 \chi_2 + \cdots + \rho_n \chi_n) = \frac{1}{100}\sum_{i=1}^{n}\rho_i \chi_i \tag{1-3}$$

式中　ρ_m——混合气体的密度，kg/m^3；
　　　ρ_i——混合气体中各组分气体的密度，kg/m^3；
　　　χ_i——混合气体中各组分气体的体积百分数，%。

【例 1-1】 某水泥回转窑烟气组成如下：

CO_2　　O_2　　CO　　N_2
17.6%　2.6%　0.2%　79.6%

求此废气标准状态时的密度。

解　上述几种气体标准状态时的密度可由表 1-1 中查得，根据式（1-3）得废气标准状态时的密度：

$$\rho_m = \frac{1}{100}(\rho_1\chi_1 + \rho_2\chi_2 + \rho_3\chi_3)$$

$$= \frac{1}{100}(1.964 \times 17.6 + 1.429 \times 2.6 + 1.250 \times 0.2 + 1.250 \times 79.6)$$

$$= 1.380 (kg/m^3)$$

【例 1-2】 已知酒精的密度为 $790 kg/m^3$，现欲配制浓度为 75% 的医用消毒酒精，求配制后所得混合物的密度。

解　根据式（1-2）得：

$$\frac{1}{\rho_m} = \frac{1}{100}\left(\frac{\alpha_1}{\rho_1} + \frac{\alpha_2}{\rho_2}\right) = \frac{1}{100}\left(\frac{75}{790} + \frac{25}{1000}\right)$$

$$\rho_m = 833.77 \ kg/m^3$$

配制后所得混合物的密度是 $833.77 \ kg/m^3$。

三、流体的压缩性和膨胀性

1. 流体的压缩性

作用在流体上的压力可引起流体的体积变化，称为流体的压缩性。流体的压缩性一般用压缩系数 β 表示，它表示压强每增加 1 Pa 时，流体体积的相对变化率。用公式表示为

$$\beta = -\frac{1}{V}\frac{\Delta V}{\Delta P} \quad (1-4)$$

式中　β——体积压缩率，1/Pa；
　　　V——流体体积，m^3；
　　　ΔV——流体体积的相对变化量，m^3；
　　　ΔP——流体压强的变化量，Pa。

上式表示流体体积的相对缩小值与压强增值之比，即当压强增大一个单位值时，流体体积的相对减小值。负号表示压力增加时，流体体积减小。

同一种流体的 β 值随温度、压强的变化而变化，但变化甚微。流体的种类不同，其 β

值不同。β 越小，越不易被压缩，当 $\beta \to 0$ 时，表示该流体绝对不可压缩。

根据流体受压体积缩小的性质，流体可分为可压缩流体和不可压缩流体。流体密度随压强变化不能忽略的流体称为可压缩流体；相反，流体密度随压强变化很小，可视为常数的流体，称为不可压缩流体。严格来说，不存在完全不可压缩流体。

液体和气体的压缩性有很大区别。液体的压缩性较小，例如水、汞、液化石油气在 0 ℃时的体积压缩率为 5.41×10^{-10}、4.0×10^{-11}、7×10^{-9}（1/Pa），所以除压力变化极大的情况外，液体的压缩性可以忽略，相应液体的密度可视为常数。因此一般将液体看作不可压缩流体。气体的压缩性很大，如空气在标准状态下的体积压缩率是水的 2 万倍，且压缩性随压力升高而增大。当气体的流速在 100 m/s 以上或温度变化较大时，表现出很明显的压缩性，属可压缩流体。但当气体所受压强变化量相对较小时，可近似视为不可压缩流体。如水泥窑炉系统中的低压空气和烟气，其压强近似等于外界大气压，且流速较低，在流动过程中的压强变化不超过 0.5%，虽然整个系统温度变化较大，但若分段处理，使每段的温度变化不太大，以至于气体的密度变化不超过 20%时，可以看作不可压缩气体。

2. 流体的膨胀性

流体受热（或冷却）时，会改变自身体积的特性称为流体的膨胀性。通常用体积膨胀系数 α 来表示。它表示温度升高 1 K 时，流体体积的相对变化，用公式表示为

$$\alpha = -\frac{1}{V}\frac{\Delta V}{\Delta T} \tag{1-5}$$

式中　　α——体积膨胀系数，1/K；

ΔT——流体温度的变化量，K。

液体的膨胀性很小。例如水在 15 ℃时的膨胀系数为 1.5×10^{-4}（1/K），也就是说水温升高 1 K，其体积只改变 0.015%，在工程上可以忽略这种较小的体积变化。但必须引起注意的是，当液体充满容器时，液体温度升高会产生很大的附加应力，可能损坏容器甚至发生爆炸事故。例如，10 ℃时将液化石油气充满钢瓶，当瓶中的液态石油气温度升高到 30 ℃时，产生的附加应力是 6.29 MPa，这样大的附加应力会使钢瓶破裂而酿成事故。因此，凡是盛装液体的密封容器都不允许装满，必须留出足够的气体空间以起缓冲作用。

气体具有明显的体积膨胀性。在压力和温度发生变化时，气体的体积会发生显著变化，气体的膨胀系数是水的 24 倍。但是一般当压力不太高而温度又不太低时，可以认为气体的物理量遵守理想气体状态方程，即：

$$PV = \frac{m}{M}RT \tag{1-6}$$

或

$$\rho = \frac{m}{V} = \frac{PM}{RT} \tag{1-7}$$

式中　P——气体的压强，Pa；

T——气体的温度，K；

V——气体的体积，m^3；

M——气体的千摩尔质量，kg/kmol；

R——通用气体常数，其值为 8314.3 J/(kmol·K)；

ρ——气体的密度，kg/m^3。

根据式（1-7）很容易得出理想气体在某一状态下的密度 ρ 与标准状态（0 ℃，101.325 kPa）下密度 ρ_0 之间的关系：

$$\rho = \rho_0 \frac{T_0 P}{T P_0} \qquad (1-8)$$

式中 T_0 和 P_0 分别代表标准状态（0 ℃，101.325 kPa）下的温度和压强，T 和 P 是某一状态下的温度和压强。在硅酸盐工业窑炉中，通常认为其压强近似等于外界标准大气压，即 $P \approx P_0$，于是有：

$$\rho = \rho_0 \frac{T_0}{T} = \frac{273}{273 + t} \rho_0 \qquad (1-9)$$

式中 t——摄氏温度，℃。

【例 1-3】 计算【例 1-1】中的废气在温度为 550 ℃，压强为 -300 Pa 时的密度（设当地大气压为 99321 Pa）。

解 由【例 1-1】可知废气的标准状态密度：

$$\rho_0 = 1.380 \text{ kg/m}^3$$

代入式（1-8）得：

$$\rho = \rho_0 \frac{T_0 P}{T P_0} = 1.380 \times \frac{273 \times (99321 - 300)}{(550 + 273) \times 101325} = 0.447 (\text{kg/m}^3)$$

四、流体的黏性

凡是流体都具有流动性，但各种流体的流动性却有很大差别。流动状态下的流体内部质点会发生相对滑移而产生摩擦力，阻止流体运动。流体的这种特性称为黏性。流动性差的流体，也就是比较黏稠的流体，流动进行得较缓慢，所以流体的黏滞性是影响流体流动的一个重要因素。黏性大小由黏度来量度。流体的黏度是由流动流体的内聚力和分子的动量交换所引起的。

1. 牛顿内摩擦定律

当流体从管道中流过时，由于管道固体表面不平整和固体壁面分子引力的作用，固体壁面会对流体质点产生约束，使近壁处流体质点黏附在壁面上，速度为零。由于流体内部分子间的吸引力和分子热运动产生的动量交换作用，壁面上静止的流体质点对相邻流体层质点的流动产生阻滞作用，使它的流速变慢。而速度慢的一层流体质点又约束相邻速度较快的一层流体，这样层层影响，相互制约。这种相互作用随着离壁面距离的增加而逐渐减弱，使流体内部产生速度梯度。如图1-1所示，管道中心的流体流速最大，越靠近管壁流体流速越小，紧贴管壁的一层流体流速为零。这种运动着的流体内部相邻两流体层间的相互作用力，称为流体的内摩擦力，是流体黏性的表现，又称为剪力或剪切力。

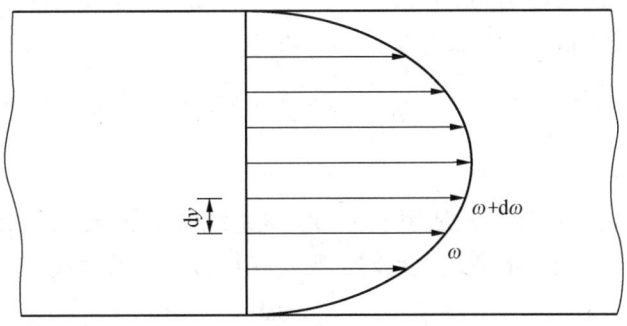

图1-1　管道中流体流速分布图

牛顿根据实验证实，运动流体内摩擦力的大小与相邻两层流体的接触面积成正比，与流体的速度梯度成正比，如图1-2所示，即：

$$f \propto \frac{\Delta \omega}{\Delta y} F \qquad (1-10)$$

式中　f——剪力，N；
　　　ω——速度，m/s；
　　　y——距离，m；
　　　F——接触面积，m^2。

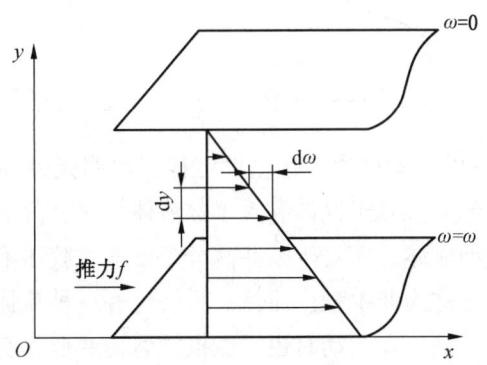

图1-2　平板间液体速度变化示意图

用数学表达式表示为

$$f = -\mu F \frac{\Delta \omega}{\Delta y} \qquad (1-11)$$

或
$$\tau = \frac{f}{F} = -\mu \frac{\Delta \omega}{\Delta y} \tag{1-12}$$

式中 f——单位面积上的剪力（内摩擦力），也叫剪应力，Pa；

μ——比例系数，称为绝对动力黏度系数，简称动力黏度或黏度，Pa·s；

负号表示内摩擦力的方向与流体运动方向相反。

若令 $F = 1 \text{ m}^2$，$\frac{\Delta \omega}{\Delta y} = 1$，则 $f = -\mu$。说明流体的黏度系数是单位接触面积和单位速度梯度时两层流体之间的内摩擦力。

式（1-11）和式（1-12）只适用于 ω 与 y 成直线关系的场合，当流体在管内流动时的速度分布符合图1-3所示的曲线关系时，则式（1-12）应改写成：

$$\tau = -\mu \frac{d\omega}{dy} \tag{1-13}$$

式中 $\frac{d\omega}{dy}$ 称为速度梯度，表示流体在与流动方向垂直的 y 方向上流动速度的变化率。

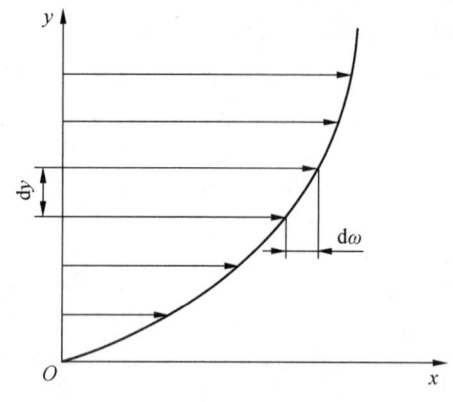

图1-3　一般速度分布示意图

式（1-12）和式（1-13）均称为牛顿黏性定律，说明流体的黏度越大，流动时产生一定速度梯度的剪应力就越大。对于气体和大多数液体如水、汽油、酒精等都服从牛顿黏性定律，因此被称为牛顿型流体。而对于某些高分子溶液、胶体溶液、油漆以及泥浆等液体不服从牛顿黏性定律，被称为非牛顿型流体。另外还有一种流体，称为理想流体，理想流体既无黏性又完全不可压缩，在运动时也不能抵抗剪切变形。实际上理想流体是不存在的。在流体力学中，引入理想流体的假设，是因为在实际流体的黏性作用表现不出来的时候（像在静止流体中或匀速直线流动的流体中），可以把实际流体当作理想流体处理。在许多场合中，要得出黏性流体流动的精确解是很困难的，因此对于某些黏性不起主要作用的问题，可以先不计黏性的影响，使问题得到简化，从而有利于掌握流体流动的基本规律。至于黏性的影响，则可根据实验引进必要的修正系数，再对由理想流体得出的流动规律加以修正。

2. 流体的黏度

1）绝对黏度

式（1-13）中的比例系数 μ 随流体性质而异，流体黏性越大，μ 值就越大，所以 μ 又称为流体的绝对黏度或动力黏度，简称黏度。

由式（1-13）可得绝对黏度：

$$\mu = -\frac{\tau}{d\omega/dy} \tag{1-14}$$

由此可知，绝对黏度 μ 的物理意义是：当速度梯度为单位 1 时，流体单位面积上的内摩擦力的大小就是 μ 的数值。μ 越大表明流体的黏性越大，内摩擦作用越强，对流体的影响越大。黏度 μ 的国际单位制是 $N·s/m^2$ 或 $Pa·s$，物理单位制是泊（P），工程单位制是 $kgf·s/m^2$（千克力秒每平方米），它们之间的换算关系见表1-2。

表1-2 黏度单位换算表

位制	物理单位制	国际单位制	工程单位制
单位	P	Pa·s	kgf·s/m²
P	1	0.1	10.2×10⁻³
Pa·s	10	1	0.102
kgf·s/m²	98.1	9.81	1

在工程实际计算中，常采用动力黏度 μ 与密度 ρ 的比值，这个比值称为运动黏度，以 ν 表示，即：

$$\nu = \frac{\mu}{\rho} \tag{1-15}$$

在国际单位制和工程单位制中，ν 的单位均为 m^2/s，物理单位制为 St，称为斯托克斯，简称斯。因为这个单位太大，应用不便，故常用厘斯（cSt），$1\ cSt = 10^{-6}\ St$。

2）相对黏度

目前，工程技术（如石油产品）广泛采用各种相对黏度。相对黏度也称条件黏度，视测试条件不同有多种表示方法。中国和东欧国家多采用恩格拉黏度，简称恩氏黏度，用符号 °E 表示。所谓恩氏黏度，是指 200 mL 试液在测定温度下从恩式黏度计中流出所需要的时间 t 与同量的蒸馏水在 20 ℃ 时从同一仪器中流出所需的时间（约为 50 s）之比。

$$°E = \frac{t}{t_0} \tag{1-16}$$

恩氏黏度是一无单位的纯数，当 °E＞2 时，它与运动黏度的关系式为

$$\nu = \left(7.31°E - \frac{6.31}{°E}\right) \times 10^{-6} \tag{1-17}$$

热 工 基 础

当 °E > 10 时，它与运动黏度的关系式为

$$\nu = 7.41°E \times 10^{-6} \quad (1-18)$$

3）黏度与温度的关系

流体的黏度随流体种类不同而不同，并随压强、温度变化而变化。相同条件下，液体的黏度大于气体的黏度。对常见的流体，如水、气体等，黏度随压强的变化不大，一般可忽略。

温度是影响黏度的主要因素。流体产生黏性的原因是流体内部质点之间存在引力和流体运动时质点所产生的动量交换。对于液体，分子间的引力是产生黏性的主要因素，当温度升高，吸引力减小，所以黏度减小。对于气体，产生黏性的主要原因是分子热运动引起的动量交换，当温度升高，分子运动加快，动量交换频繁，所以黏度增加。

水的黏度 μ 通常可用经验公式计算：

$$\mu = \frac{0.0001775}{1 + 0.0387t + 0.000221t^2} \quad (1-19)$$

式中　t ——水的温度，℃；

　　　μ ——温度为 t ℃时水的黏度，Pa·s。

水的黏度可以由表 1-3 或图 1-4 查出。

表 1-3　水的黏度与温度的关系

温度/℃	$\mu \times 10^3$/(Pa·s)	$\nu \times 10^6$/(m²·s⁻¹)	温度/℃	$\mu \times 10^3$/(Pa·s)	$\nu \times 10^6$/(m²·s⁻¹)
0	1.788	1.789	40	0.653	0.659
5	1.519	1.519	45	0.599	0.605
10	1.306	1.306	50	0.549	0.556
15	1.140	1.141	60	0.470	0.478
20	1.004	1.006	70	0.406	0.415
25	0.894	0.897	80	0.355	0.365
30	0.801	0.805	90	0.315	0.325
35	0.723	0.727	100	0.283	0.295

气体的动力黏度与温度的关系可近似用下式表示：

$$\mu = \mu_0 \left(\frac{273 + C}{T + C}\right)\left(\frac{T}{273}\right)^{\frac{3}{2}} \quad (1-20)$$

式中　μ ——温度为 t ℃时气体的黏度，Pa·s；

　　　μ_0 ——0 ℃时气体的黏度，Pa·s。对于空气：$\mu_0 = 1.72 \times 10^{-5}$ Pa·s；对于烟气：$\mu_0 = 1.578 \times 10^{-5}$ Pa·s；

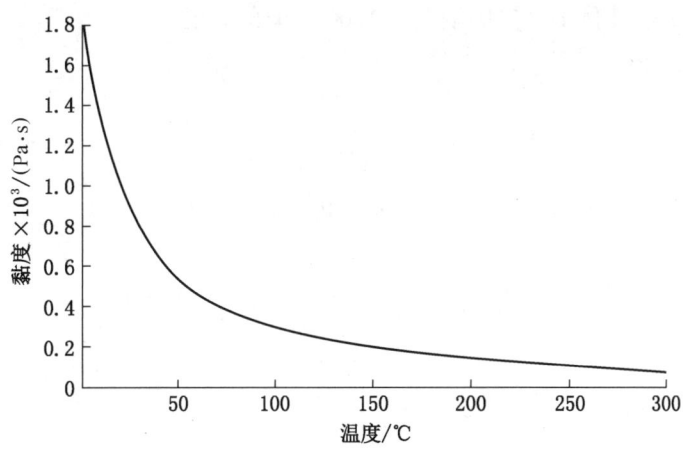

图 1-4 水的黏度与温度的关系

T——气体的温度，K；

C——与气体性质有关的常数。对于空气：$C=122$；对于烟气：$C=173$。

空气的黏度可以由表 1-4 查出，高温烟气的黏度可以由图 1-5 查出。

表 1-4 空气的黏度与温度的关系

温度/℃	$\mu \times 10^6/(Pa \cdot s)$	$\nu \times 10^6/(m^2 \cdot s^{-1})$	温度/℃	$\mu \times 10^6/(Pa \cdot s)$	$\nu \times 10^6/(m^2 \cdot s^{-1})$
0	17.2	13.28	120	22.8	25.45
20	18.1	15.06	140	23.7	27.80
40	19.1	16.96	160	24.5	30.09
60	20.1	18.97	180	25.3	32.49
80	21.1	21.09	200	26.0	34.85
100	21.9	23.13	300	29.7	48.33

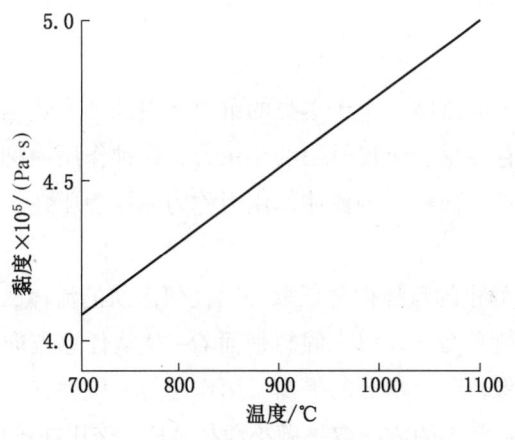

图 1-5 高温烟气的黏度与温度的关系

▶ 热 工 基 础

【例 1-4】 试求【例 1-3】中烟气在 1000 ℃时的黏度。

解 由式（1-20）可得：

$$\mu = \mu_0 \left(\frac{273+C}{T+C}\right)\left(\frac{T}{273}\right)^{\frac{3}{2}} = 1.578 \times 10^{-5} \left(\frac{273+173}{1273+173}\right)\left(\frac{1273}{273}\right)^{1.5} \approx 4.90 \times 10^{-5}(\text{Pa} \cdot \text{s})$$

也可由图 1-5 迅速查得其约为 4.80×10⁻⁵ Pa·s。

任务二　流体静力学基础

【任务目标】

知识目标：

(1) 了解流体的静压力概念及特征。

(2) 理解流体静力学基本方程式表达式和意义。

(3) 掌握流体静力学基本方程式的应用。

能力目标：

(1) 能利用流体静力学知识分析解释生产生活中的现象。

(2) 能根据流体静力学知识分析使用工业压力仪表。

情感目标：

通过本任务的学习，培养学生细心、严谨的学习态度。

【任务描述】

静止的流体内部并不平静，本部分内容主要学习在静止流体内部存在哪些力的作用，它们如何让流体保持静止，人们又是如何巧妙地利用这些力服务生产生活。

【任务知识】

一、流体静压力及其特性

1. 流体静压力

处于相对静止状态下的流体，由于本身的重力及内部分子热运动的作用，使流体内部及流体与容器壁面之间存在垂直于接触面的作用力，这种作用力称为流体的静压力，其大小与接触面积成正比。单位面积上的流体作用力称为**流体静压强**，用 p 表示，单位为 N/m² 或 Pa。

如图 1-6 所示，在静止的流体内部任取一团任何形状的流体，此时流体受到重力和流体内部压力的作用并保持平衡。现以一假想平面 O—O 从任意方向将它切割成两部分，并将其中一半移开。为了保持剩余部分的平衡，用作用力 p 代替移走部分对剩余部分的总作用力。在截面 O—O 上某点 A 的周围取一微小面积 ΔF，作用在该面积上的作用力为 Δp，则作用在 ΔF 上的流体的平均静压强为

$$p_m = \frac{\Delta p}{\Delta F} \tag{1-21}$$

当 ΔF 无限缩小，平均静压强 p_m 就趋向于点 A 的点压强，称为 A 点的静压强：

$$p_A = \lim_{\Delta F \to 0} \frac{\Delta p}{\Delta F} \tag{1-22}$$

今后凡流体静压强，均指点压强，习惯上将流体静压强称为流体静压力，因为确切地讲，流体静压强是作用在一点上的压力。

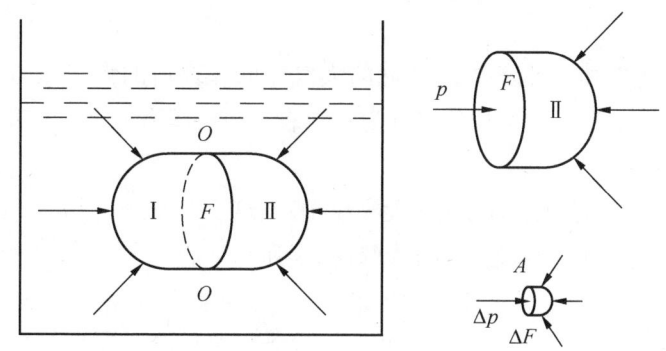

图 1-6 流体静压力

2. 流体静压力的特征

在静止流体中，流体静压力的重要特征如下：

（1）流体静压力垂直于其作用面，其方向与该作用面的内法线方向相同。如果静压力与作用面不垂直，则可以将作用力分解成作用面的法线方向和切线方向两个力，切向力必然破坏流体平衡引起流体流动。因此，当流体相对静止时，只有法线方向的力存在。

（2）静止流体中任意点的流体静压力的大小与其作用面的方向无关，即同一点上各个方向的流体静压力都相等。如果流体内某一点的静压力在各个方向上不相等，势必破坏流体平衡而引起流体流动。

作用于静止流体同一点静压力的大小各向相等，并与作用面垂直。这里所说的作用面，可以是两部分流体之间的分界面，也可以是流体与固体之间的接触面。通常情况下液体和固体或气体之间的接触面称为自由面。

3. 流体静压力的物理意义

流体的静压力还具有能量的含义。把静压力的单位 N/m^2 改写成 $\frac{N \cdot m}{m^3}$，则表示单位体积流体的能量，说明流体具有对外界做功的本领，因此流体的静压力也称为静压能。单位重量流体的静压能因其单位为 m，习惯上常称为静压头。

在国际单位制（SI）中，压强的单位是 Pa 或 N/m^2。工程上有时还用其他单位，如

atm（标准大气压）、at（工程大气压）、mH_2O（米水柱）、mmHg（毫米汞柱）、bar（巴）、kgf/cm^2（千克力每平方厘米）。它们之间的换算关系为

$$1 \text{ atm} = 101325 \text{ Pa} = 10.332 \text{ } mH_2O = 760 \text{ mmHg} = 1.0133 \text{ bar} = 1.033 \text{ kgf/cm}^2$$

$$1 \text{ at} = 1 \text{ kgf/cm}^2 = 10 \text{ } mH_2O = 735.6 \text{ mmHg} = 98071.9 \text{ Pa}$$

按基准点不同，流体的静压力有两种表示方法：

（1）绝对压力：以绝对真空为起点的压力。

（2）表压：以周围环境为起点的压力。当被测系统的压力等于当时当地的大气压时，压力表的指针指零。

当被测系统的绝对压力小于周围环境的大气压时，环境的大气压与系统绝对压力之差，称为真空度。此时所用的测压仪表称为真空表。绝对压力、表压、真空度之间的关系如图1-7所示。由图可知：

A　系统p<大气压时，绝对压力=大气压-真空度；

B　系统p>大气压时，绝对压力=大气压+表压。

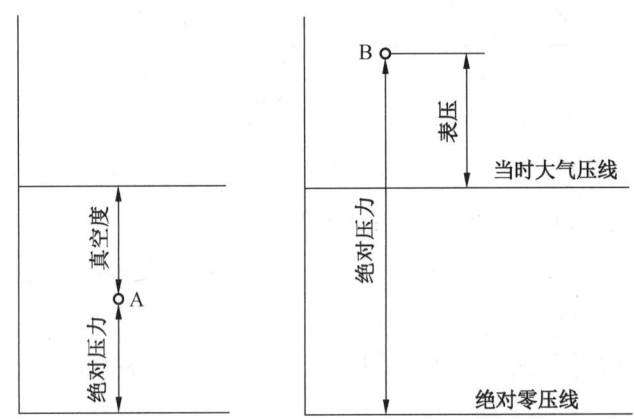

A—测压点压强小于当时大气压；B—测压点压强大于当时大气压

图1-7　绝对压力、表压和真空度的关系

【例1-5】　如图1-8所示，容器中是气体，U形管压力计中的测量液是水，指示高度$h = 20 \text{ } mmH_2O$，外界大气压$p_a = 99980 \text{ Pa}$，试求容器中气体的绝对压强p。

解

（a）已知$p_g > 0$，$1 \text{ } mmH_2O \approx 9.80 \text{ Pa}$，表压强$p_g = 20 \times 9.80 \text{ Pa} = 196 \text{ Pa}$，绝对压强$p = p_a + p_g = 99980 + 196 = 100176(\text{Pa})$

（b）已知$p_g < 0$，$1 \text{ } mmH_2O \approx 9.80 \text{ Pa}$，表压强$p_g = 20 \times 9.80 \text{ Pa} = 196 \text{ Pa}$，绝对压强$p = p_a - p_g = 99980 - 196 = 99784(\text{Pa})$

（c）已知$p_g = 0$，$1 \text{ } mmH_2O \approx 9.80 \text{ Pa}$，表压强$p_g = 0 \times 9.80 \text{ Pa} = 0 \text{ Pa}$，绝对压强$p = p_a = 99980(\text{Pa})$

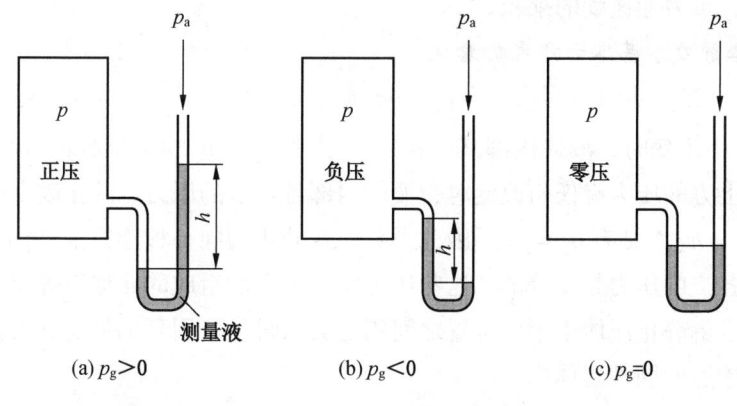

(a) $p_g > 0$ (b) $p_g < 0$ (c) $p_g = 0$

图1-8 【例1-5】示意图

二、流体静力学基本方程式

流体静力学方程是反映流体相对静止时,在重力和压力作用下处于平衡状态的规律。

(一) 流体静力学基本方程式的推导

如图1-9所示,容器中装有密度为$\rho(kg/m^3)$的静止流体,在流体内部任取一截面积为$F(m^2)$、高为$h(m)$的垂直液柱,由于流体是静止的,所以相邻流体作用于流体柱侧面的压力,其和为零。

作用于流体柱顶面的压力为表面压力p_0,总作用力为$p_0 F$;作用于流体柱底面的压力为p,总作用力为pF;流体柱所受的重力$G = mg = hF\rho g$。由于流体柱处于静止状态,所以存在下列关系:

$$p_0 F + hF\rho g - pF = 0 \qquad (1-23)$$

即
$$p = p_0 + h\rho g \qquad (1-24)$$

上式即为流体静力学基本方程式,说明在静止的流体内任一点的静压力等于流体的表面压力与该点上的流体柱重力所造成的压力之和。

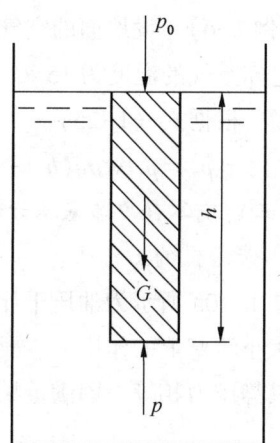

图1-9 流体静力学基本方程式推导

在静止的流体内部,不同深度h_1和h_2的两点,其静压力分别为p_1和p_2,根据流体静力学基本方程式,可以写出:

$$p_1 = p_0 + \rho g h_1$$
$$p_2 = p_0 + \rho g h_2$$

两式相减,得:

$$p_2 - p_1 = \rho g(h_2 - h_1) \qquad (1-25)$$

式(1-25)说明,在静止流体内部,任意两点的压力差,等于它的深度(或高度)

▶ 热 工 基 础

差和流体密度、重力加速度的乘积。

（二）流体静力学基本方程式的意义

（1）式（1-25）也可以写成 $p_2 = p_1 + \rho g(h_2 - h_1)$，说明：当液体内任一点 h_1 上的压力 p_1 有任何大小改变时，液体内部其他各点 h_2 上的压力 p_2 也有同样的改变。也就是说，当作用于液面上方的压力有任何改变时，液体内部各点上的压力也随之改变。

（2）若 $h_1 = h_2$，则有 $p_1 = p_2$，因此得到：在静止的同一种连续液体内，处于流体内同一水平面上各点的压力是相等的，这些压力相等的点所组成的面称为等压面。

等压面是求解静止流体中不同位置之间压力关系时经常用到的概念，使用此概念的条件必须是底部连通的同种流体内。

液体与气体的分界面，即液体的自由液面也是等压面，其上各点的压力等于在分界面上各点气体的压力。互不相混的两种液体的分界面也是等压面。仅受重力作用下的静止液体，水平面就是等压面。但应用时要注意，上述结论只适用于同一种并且是相互连通的液体，而且只受重力这一种质量力的作用。

（3）气体的密度除随温度变化外还随压力发生变化，因此会随它在容器内的位置高低而变化。但这种变化一般可以忽略，所以说式（1-25）也适用于气体。

【例 1-6】 设地面的空气压力为 101325 Pa，求距地面 200 m 高处的空气的压力是多少？已知空气的温度为 15 ℃，密度为 1.22 kg/m³。（略去密度变化）

解 根据式（1-25）：

$$p_2 = p_1 + \rho g(h_2 - h_1) = 101325 - 1.22 \times 9.81 \times 200 = 98.93 (\text{kPa})$$

（三）流体静力学基本方程式的应用

1. 液压机的工作原理

图 1-10a 所示为油压千斤顶工作原理。令 D 和 d 各代表大小活塞 A 和 B 的直径，P 和 f 代表大小活塞上的作用力。根据静力学基本方程式，在连通着的同一种液体的同一水平面上，其静压力相等，即满足帕斯卡原理：

$$\frac{f}{\frac{\pi}{4}d^2} = \frac{P}{\frac{\pi}{4}D^2}$$

所以
$$P = f\left(\frac{D}{d}\right)^2 \tag{1-26}$$

图 1-10b 所示为油压千斤顶构造，令 G 代表作用在手柄一端的压力，则大活塞能顶起的货物重量为

$$P = G\frac{a}{b}\left(\frac{D}{d}\right)^2 \tag{1-27}$$

式中 a——外力作用点到支点的距离，即手柄的长度，m；

b——小活塞上的力的作用点到支点的距离，m。

项目一 流体力学基础

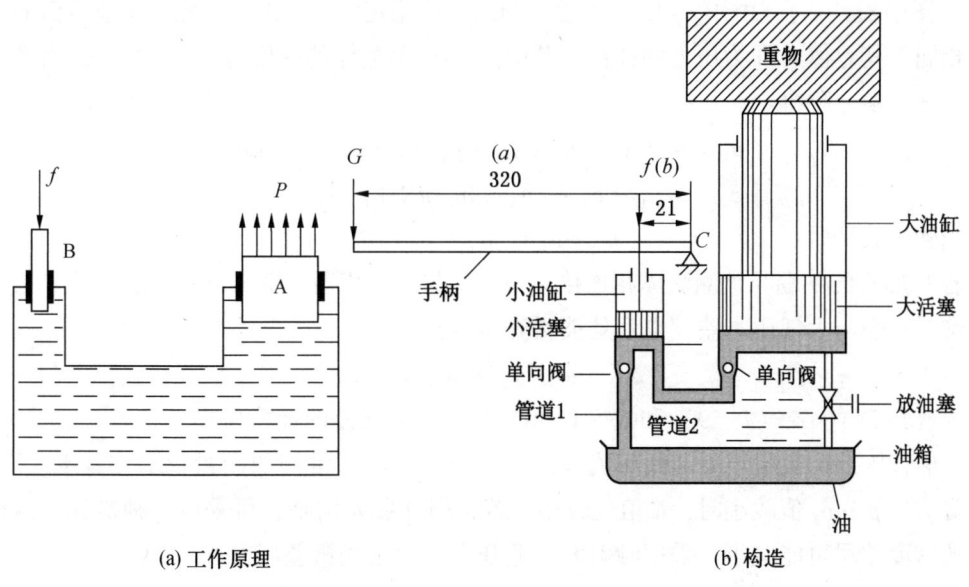

(a) 工作原理　　　　　　　　　　(b) 构造

图 1-10　油压千斤顶的工作原理及构造

2. 压力与压力差的测量（U 形管压力计）

在硅酸盐工业生产中常常用到测量压力和压力差的仪表，现以最常用的 U 形管压力计、倾斜 U 形管压差计和微差压差计为例，介绍其工作原理。

1）U 形管压力计

U 形管压力计（或称压差计）是由一根透明的 U 形管构成。管中盛有选定的指示液，指示液的密度须大于被测流体的密度，与被测流体不起化学反应且不互溶。如图 1-11 所示，测压时，将 U 形管的两端分别连接在被测系统的两点上，若这两点的压力分别为 p_1

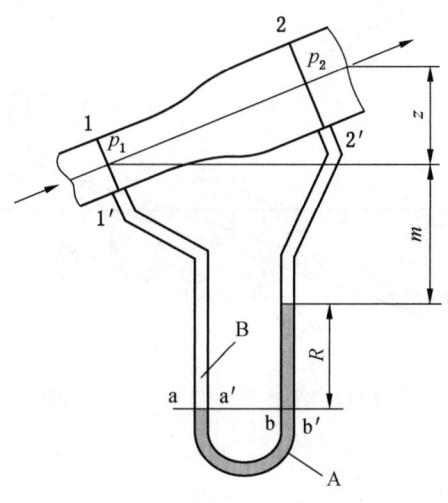

图 1-11　U 形管压力计示意图

— 17 —

和 p_2（图中 $p_1 > p_2$），由于 p_1 和 p_2 不等，当测量达稳定时，U 形管两侧指示液液面的高度也不相同，其差值 R 即为压力的读数。其中 ρ_B 为被测流体的密度，ρ_A 为指示液的密度。根据流体静力学方程得：

$$p_1 + \rho_B g(m + R) = p_2 + \rho_B g(z + m) + \rho_A g R$$

$$p_1 - p_2 = (\rho_A - \rho_B)gR + \rho_B g z \qquad (1-28)$$

当管子放平时：
$$p_1 - p_2 = (\rho_A - \rho_B)gR \qquad (1-29)$$

若 U 形管的一端与被测流体相连接，另一端与大气相通，那么读数 R 就反映了被测流体的绝对压强与大气压之差，也就是被测流体的表压。

$$p_1 - p_2 \approx \rho_A g R \qquad (1-30)$$

式（1-28）、式（1-29）和式（1-30）均为两点压差的计算公式。

U 形管压差计常用于测定低压流体的压力或压力差，常用的测量指示液有水、酒精、水银等。当 $p_1 - p_2$ 值较小时，R 值也较小，若希望读数 R 清晰，可采取三种措施：两种指示液的密度差尽可能减小，采用倾斜 U 形管压差计，采用微差压差计。

2）倾斜 U 形管压差计

将 U 形管压差计的一端改成一圆形容器，另一端改成倾斜安装的直玻璃管，如图 1-12 所示。假设倾斜玻璃管液上升的长度（读数）为 R_1，垂直方向上的高度为 R_m，水平倾斜角为 α，同样根据静力学基本方程式，被测系统的两点压差为

$$p_1 - p_2 = \rho g R_m$$
$$R_1 \sin\alpha = R_m$$

同样的压力，在倾斜 U 形管压差计上可以由较长的液柱反映出来，从而提高了测量精度。

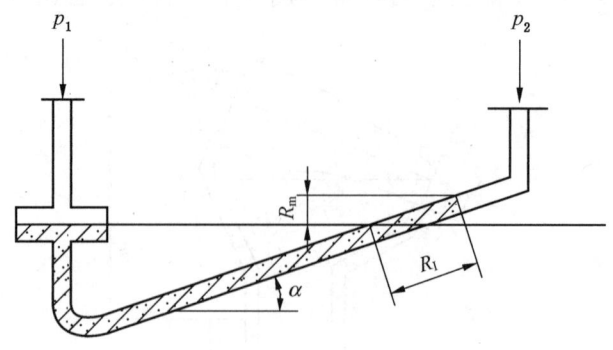

图 1-12 倾斜 U 形管压差计示意图

3）微差压差计

U 形管两侧管的顶端增设两个小扩大室，其内径与 U 形管的内径之比大于 10，装入两种密度接近且互不相溶的指示液 A 和 C，且指示液 C 与被测流体 B 亦不互溶，如图 1-13

所示。根据流体静力学方程可以导出：
$$p_1 - p_2 = (\rho_A - \rho_c)gR$$

【例 1-7】 如图 1-10 所示，油压千斤顶大小活塞的直径比为 $\dfrac{D}{d} = 5$，$a = 520$ mm，$b = 21$ mm，作用力 $G = 100$ N，求此油压千斤顶的起重能力。

解 $P = G \cdot \dfrac{a}{b} \cdot \left(\dfrac{D}{d}\right)^2 = 100 \times \dfrac{520}{21} \times 5^2 = 61905 (\text{N})$

【例 1-8】 为了扩大 U 形管压力计的量程，可用图 1-14 的双 U 形管来测量流体的较高压强，已知图中 $R_1 = 30$ cm，$R_2 = 15$ cm，$R_3 = 20$ cm，$\rho_1 = 1000$ kg/m³，$\rho_2 = 720$ kg/m³，$\rho_3 = 1580$ kg/m³，求压差 $p_1 - p_2$。

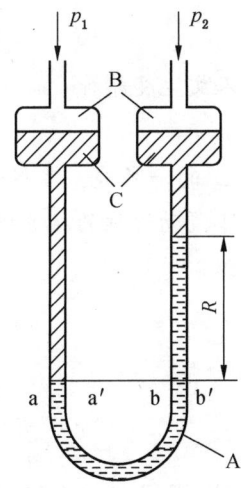 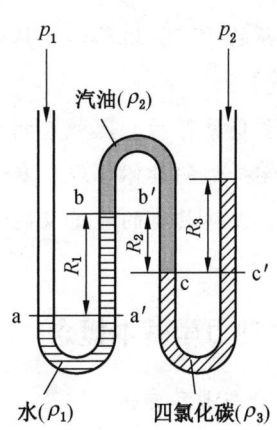

图 1-13 微差压差计示意图　　　　图 1-14 【例 1-8】示意图

解 根据图中数据以及静力学原理有：
$$p_a = p_a' = p_1 \quad p_b = p_b'$$
$$p_c = p_c' = p_2 + R_3\rho_3 g = p_b' + R_2\rho_2 g$$
$$= p_b + R_2\rho_2 g \tag{a}$$

但
$$p_b = p_a' - R_1\rho_1 g = p_1 - R_1\rho_1 g \tag{b}$$

将式（b）代入式（a）得：
$$p_1 - p_2 = g(R_1\rho_1 + R_3\rho_3 - R_2\rho_2)$$
$$= 9.80 \times (0.3 \times 1000 + 0.2 \times 1580 - 0.15 \times 720)$$
$$= 4983 (\text{Pa})$$

任务三　流体动力学基础

【任务目标】

知识目标：
(1) 了解雷诺实验。
(2) 理解流体动力学流态、流速、压头等基本概念。
(3) 掌握流体动力学基本方程式的应用。

能力目标：
能利用连续性方程、伯努利方程分析工业流体的运动状态，为工艺操作、设备选型提供依据。

情感目标：
通过本任务的学习，培养学生热爱科学、弘扬真理的人文主义精神。

【任务描述】

生活中很多现象背后，蕴藏着科学的真理。火车站台上的一米线，船舶的安全会遇，都是流体动力学知识的具体体现。本部分内容主要学习流体流动过程的相关概念，流体流动的运动规律，流体具有的能量及能量形式间的转换等知识。

【任务知识】

一、流体动力学基本概念

1. 稳定流动与非稳定流动

运动流体全部质点所占据的空间称为流场。流场的范围视研究对象和要求而有所不同。如研究流体在管道中的流动情况时，可将整个管道作为流场；研究流体在某一段管道中的流动情况时，则所研究的这段管道即为流场；研究水泥窑炉内气体的流动情况时，整个窑炉中气体所占空间就是流场。

流体在流场中流动时，任意一点流体的物理参数（如温度、压力、密度、流速等）均不随时间变化而变化的流动过程称为稳定流动，否则就称为非稳定流动。如图 1-15 表示水从水箱侧壁孔流出时速度的变化情况。

当水箱中水位保持不变，即水面至孔口的垂直距离 z 为常数，且水从孔流出的速度恒定时，为稳定流动（图 1-15a）。如水箱中水位不断下降，水从孔流出的速度逐渐减小，为非稳定流动（图 1-15b）。

实际流体的运动很难有完全的稳定流动。但是在工程实践中，为了便于研究和简化问题，工程中的设计和运行工况通常都是以稳定流动为基础的。启动泵（风机）或调节阀门时，在短时间内，管道中流体的流速、压强等随时间迅速发生变化，是不稳定流动。但是泵（风机）启动后或阀门调节后的长时间内，流体的运动参数是不随时间而变化的，属于

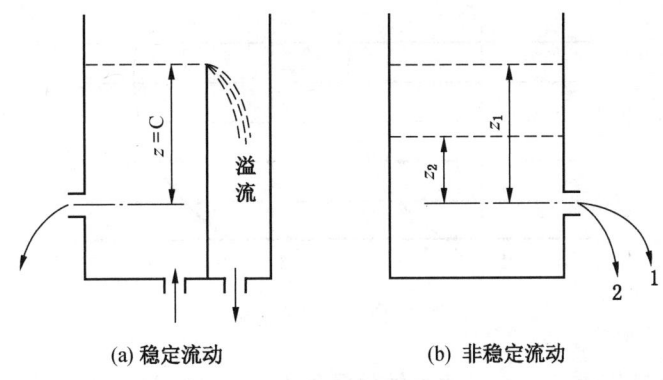

(a) 稳定流动　　　　　　　　(b) 非稳定流动

图 1-15　稳定流动与非稳定流动

稳定流动过程。整个生产过程中，稳定流动占据主导地位，因此如无特别说明，均以稳定流动作为研究对象。

2. 均匀流与非均匀流

为了直观反映流场中流体质点的运动情况，便于分析流体流动状态，常用形象化的方法，直接在流场中绘出反映流体流动方向的一系列线条，即所谓流线。流线上每一点的切线矢量就代表该点的流速方向。在稳定流动情况下，流线就是流体质点的运动轨迹。图 1-16 表示了流体在突然扩大的管道中流动时的流线形状（图 1-16a）和流体绕过圆球形物体时的流线形状（图 1-16b）。

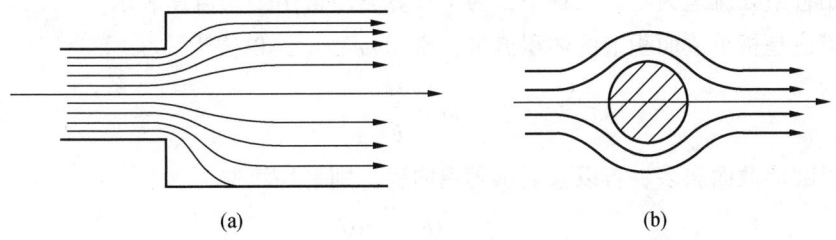

(a)　　　　　　　　　　　(b)

图 1-16　流线

按流体质点的物理参数是否随流动过程而变化分为均匀流和非均匀流。均匀流中流线是平行直线，流速在各断面上的分布保持不变，如图 1-17 所示。等直径直管中的液流或者断面形状和水深不变的长直渠道中的水流都是均匀流。非均匀流的流线不是平行直线，流场中各质点的流速大小或方向均随流动过程而改变，如流体在收缩管、扩散管或弯管中的流动。

3. 流量与流速

1）流量

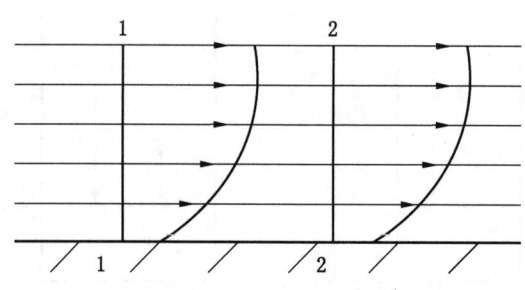

图 1-17 均匀流流线

单位时间内流过管道任一截面的流体数量称为流量。流量表示方法有体积流量和质量流量两种。

（1）体积流量：单位时间内流过管道任一截面的流体体积，用 Q 表示，单位是 m^3/s、m^3/h 或 m^3/min。

（2）质量流量：单位时间内流过管道任一截面的流体质量，用 m 表示，单位是 kg/s 或 kg/h。

质量流量与体积流量的关系为

$$m = \rho Q \tag{1-31}$$

2）流速

流速是流体质点单位时间内沿管道流经的距离。由于流体黏性的影响，实际流体在管道中流动时，沿管道截面径向各点上的速度都不同，管道中心速度最大，越近管壁处流速越小，紧贴管壁处流速为零。工程中，为了计算方便常用平均流速表示。

平均流速是指单位面积上的体积流量，常用 ω 表示，单位为 m/s。

$$\omega = \frac{Q}{F} \tag{1-32}$$

管道以圆形截面居多，若以 d 表示管道内径，则平均流速为

$$\omega = \frac{Q}{\frac{\pi}{4}d^2} = \frac{4Q}{\pi d^2} \tag{1-33}$$

或

$$d = \sqrt{\frac{4Q}{\pi \omega}} \tag{1-34}$$

式（1-34）是确定流体输送管道直径的最基本公式。流体的体积流量一般由生产任务所决定，平均流速则需要综合考虑各种因素后合理选择。流速选择得过高，管径可以减小，但流体流经管道的阻力增大，动力消耗大，操作费用随之增加。反之，流速选择得过低，操作费用可相应减少，但管径增大，管路的投资费用随之增加。因此，适宜的流速需根据经济性权衡决定。表 1-5 列出了一些流体在管道中流动时流速的常用范围。

表1-5　某些流体在管道中的常用流速范围

流体及其流动类别	流速范围/(m·s^{-1})	流体及其流动类别	流速范围/(m·s^{-1})
自来水（3×10^5 Pa 左右）	1.0~1.5	高压空气	15~25
水及低黏度液体（1×10^5~1×10^6 Pa）	1.5~3.0	一般气体（常压）	10~20
		鼓风机吸入管	10~20
高黏度液体	0.5~1.0	鼓风机排出管	15~20
工业供水（8×10^5 Pa 以下）	1.5~3.0	离心泵吸入管（水类液体）	1.5~2.0
锅炉供水（8×10^5 Pa 以下）	>3.0	离心泵排出管（水类液体）	2.5~3.0
饱和蒸汽	20~40	往复泵吸入管（水类液体）	0.75~1.0
过热蒸汽	30~50	往复泵排出管（水类液体）	1.0~2.0
蛇管、螺旋管内的冷却水	<1.0	液体自流速度（冷凝水等）	0.5
低压空气	12~15	真空操作下气体流速	<50

3）质量流量、体积流量与平均流速间的关系

由式（1-32）得：
$$Q = \omega \cdot F$$

质量流量与体积流量之间的关系为
$$m = \rho \cdot Q = \omega \rho F \tag{1-35}$$

在实际生产的窑炉系统中，气体的体积流量及流速常随压力、温度的变化而改变，根据式（1-6）可得：
$$\frac{P_1 V_1}{T_1} = \frac{P_2 V_2}{T_2} \tag{1-36}$$

理想气体状态方程式中的体积 V，此时可看作体积流量 Q，结合式（1-32）可得：
$$\omega_2 = \frac{Q_2(V_2)}{F} = \frac{Q_1(V_1)}{F} \frac{P_1}{P_2} \frac{T_2}{T_1} = \omega_1 \frac{P_1}{P_2} \frac{T_2}{T_1}$$

式中　p_1、V_1、T_1——第一状态下气体的压强、体积流量及温度，单位分别为 Pa、m^3/s、K；

　　　p_2、V_2、T_2——第二状态下气体的压强、体积流量及温度，单位分别为 Pa、m^3/s、K。

【例1-9】　如图1-18所示，$d_1 = 81$ mm，流量 $Q_1 = 36$ m^3/h，$d_2 = 50$ mm，两个支管流量相等，求流速 ω_1 和 ω_2。

解

$$\omega_1 = \frac{Q_1}{F_1} = \frac{\frac{36}{3600}}{\frac{\pi}{4}(0.081)^2} = 1.94 \,(\text{m/s})$$

▶热 工 基 础

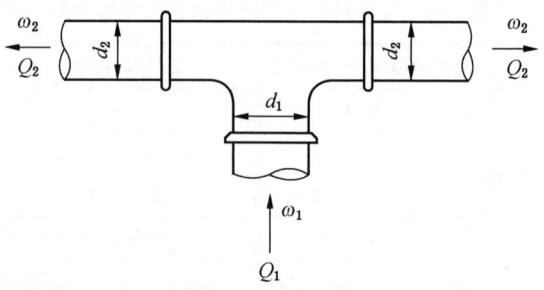

图 1-18 【例 1-9】示意图

$$\omega_2 = \frac{Q_2}{F_2} = \frac{\dfrac{Q_1}{2}}{\dfrac{\pi}{4}(0.05)^2} = 2.55(\text{m/s})$$

4. 流体流动状态

1）雷诺实验

流体流动时，除了根据流动情况将流场中的流体分为稳定流动与不稳定流动之外，还可以根据流体流动状态，区分出两种不同的流态。1883 年，英国物理学家雷诺经过多次实验发现，在不同的条件下，流体运动有不同的运动状态。

图 1-19a 中，1 为稳压水箱，使玻璃管 2 中水的流动为稳定流动，水从管 6 送入水箱，高出水位的水从溢流管 7 流出，4 为颜色液储器，其下部有细管 5 通向玻璃管内。

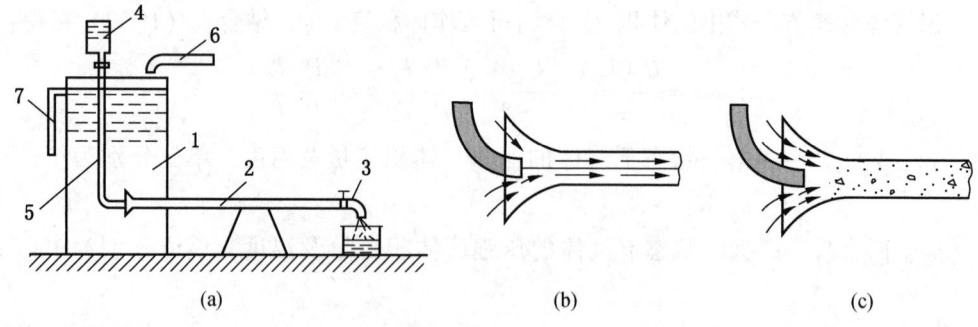

图 1-19 流体流态实验

调节玻璃管上阀门 3，当玻璃管内的流速较低时，从细管注入的颜色液能成为单独的一股细流前进，同玻璃管内的水不相混杂，如图 1-19b 所示。当水平玻璃管内流速继续增大到一定程度时，颜色液体线发生弯曲。这说明水的质点在沿轴向前进的同时，在垂直于轴向的方向上也有分速度，水的流线已不再是平行于轴的直线而是呈不规则的曲线。当玻璃管内流速较高时，从细管注入的颜色液细流马上消失在水中，同水混杂起来，如图 1-19

c 所示。第一种情况说明流体流动时，流体质点成为互不干扰的细流前进，各股细流互相平行，层次分明。流体的这种流态是层流，或称滞流。第二种流动状态为过渡流。最后一种情况说明流体流动时，出现紊乱状态。流体各质点作不规则的运动。流体内各股细流互相交换位置，流体质点有轴向和横向运动，互相撞击，产生湍动和旋涡。这种流态是湍流，或称紊流。上述实验称为雷诺实验。

2）流态的判定

不同流动形态对流体中动量、热量、质量的传递将产生不同的影响。为此，工程设计上需要事先断定流动形态。雷诺实验证明，影响流体流态的因素除了流体流速 ω 外，管道直径 d、流体密度 ρ 和黏度 μ 对流体流态也有影响。d、ρ 愈大，μ 愈小，流体流态愈容易从层流转为紊流。

综合以上因素，用数群 $\dfrac{d\omega\rho}{\mu}$ 的大小来决定流体的流态，此数群称为雷诺准数，用符号 Re 表示，即：

$$Re = \frac{d\omega\rho}{\mu} \tag{1-37}$$

大量实验表明，处于平直圆管中流动的流体，当 $Re \leqslant 2300$ 时，流态是层流（滞流）；当 $Re \geqslant 4000$ 时，流态是湍流（紊流）；当 $2300 < Re < 4000$ 时，流态是不稳定的，可能转变为层流也可能转变为湍流，所以称为过渡流。因此依据雷诺数的大小可以判断流体流态。

【例1-10】 设上一个例题中水的温度为 20 ℃，试确定管中水的流态。

解 水在 20 ℃ 时的黏度 $\mu \approx 0.001$ Pa·s，密度 $\rho \approx 1000$ kg/m³。

主管中水的雷诺数：

$$Re_1 = \frac{d_1\omega_1\rho}{\mu} = \frac{0.081 \times 1.94 \times 1000}{0.001} \approx 1.57 \times 10^5$$

支管中水的雷诺数：

$$Re_2 = \frac{d_2\omega_2\rho}{\mu} = \frac{0.05 \times 2.55 \times 1000}{0.001} \approx 1.275 \times 10^5$$

计算表明主管和支管中水的流态都是湍流。

3）当量直径

对于非圆形管道，计算雷诺数时可以用当量直径 d_e 来代替圆管的直径 d。

当量直径可通过水力半径 R_H 求出。水力半径的定义是：与流动方向相垂直的截面积 F 与被流体所浸润的周边长度 S 之比，即：

$$R_H = \frac{F}{S} \tag{1-38}$$

把水力半径的 4 倍表示为当量直径，即：

$$d_e = 4R_H \tag{1-39}$$

对于长度为 a、宽度为 b 的矩形截面的管道，其当量直径为

$$d_e = 4\frac{ab}{2(a+b)} = \frac{2ab}{a+b}$$

若 $b=a$，即正方形截面管道的当量直径为

$$d_e = a$$

【例1-11】 温度为1000 ℃的高温烟气，其标态密度 $\rho_0 = 1.3\ kg/m^3$，在截面为 $0.5\ m \times 0.6\ m$ 的烟道中，以 $\omega = 3.1\ m/s$ 的流速通过，烟道内负压为 405 Pa，求此时烟道中的流态（设当地大气压为 99992 Pa）。

解 1000 ℃时烟气密度为：$\rho = \rho_0 \dfrac{T_0}{T}\dfrac{P}{P_0} = 1.3 \times \dfrac{273}{273+1000} \times \dfrac{99992-405}{101325} = 0.278(kg/m^3)$

1000 ℃时烟气黏度为：$\mu = \mu_0\left(\dfrac{273+C}{T+C}\right)\left(\dfrac{T}{273}\right)^{\frac{3}{2}} = 1.578 \times 10^{-5}\left(\dfrac{273+173}{1273+173}\right)\left(\dfrac{1273}{273}\right)^{\frac{3}{2}} = 4.9 \times 10^{-5}(Pa \cdot s)$

当量直径： $d_e = \dfrac{2ab}{a+b} = \dfrac{2 \times 0.5 \times 0.6}{0.5+0.6} = 0.545(m)$

雷诺准数： $Re = \dfrac{d\omega\rho}{\mu} = \dfrac{3.1 \times 0.278 \times 0.545}{4.9 \times 10^{-5}} = 9585 > 4000$

（烟道内烟气为紊流）

5. 流体在管道截面上的速度分布

由于黏性作用，流体质点在管道截面上的速度各不相同，靠近管中心处流速最大，越靠近管壁流速越小，在紧贴管壁处流速为零。其流速分布与流态有关。

在层流时，流体在管道截面上的速度呈抛物线规律分布。管道中心处流速最大，为平均流速的两倍，即 $\omega_{max} = 2\omega_{av}$，如图1-20a所示。

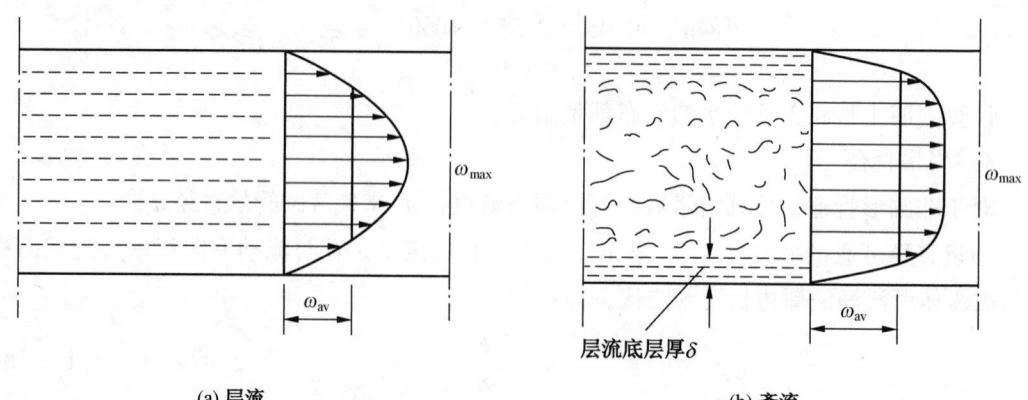

图1-20 流体在导管中流动时的速度分布

在紊流时,管道截面流速分布比较复杂,流体质点除沿管轴线方向流动外,还在截面上产生横向流动,形成旋涡。图1-20b为其速度分布曲线。离壁面越近,流体减速越大,管壁处流速为零。在这一区域,流体速度分布与层流很相似,存在较大速度梯度。在管道中心流体流速仍最大,但在其中心范围内流速分布比较均匀,而且紊流程度越大,流体速度分布曲线中心区域就越平坦而广阔。整个流速分布可以分为三个不同的区域。

1) 层流底层

在靠近管壁附近,厚度在千分之几到几毫米范围内,流体仍作层流流动,这一薄层流体称为层流底层。层流底层的厚度可用下式计算:

$$\delta = 62 \frac{d}{Re^{\frac{7}{8}}} \tag{1-40}$$

式中　δ——层流底层厚度,m;

　　　d——管道内径,m。

层流底层厚度虽然很薄,但其对流体的流动、传热、传质等问题具有很大影响,由于层流底层内质点沿直线流动,不进行横向混合,所以通过管道截面横向的传质、传热阻力比紊流主流内大得多。因此要提高传热或传质的速度,必须设法减薄层流底层的厚度。

2) 过渡区

紧靠层流底层是一层起伏不定的过渡流或过渡区,其厚度大致与层流底层相近。过渡区和层流底层一起又称为边界层。

3) 紊流区(主流)

流体呈紊流状态,既有主流沿管道轴向运动,又有质点的纵向运动。各层间质点进行交换和混杂,促使各层间流速均匀化。

根据实验数据,在不同的Re之下,圆形管道截面上最大速度ω_{max}与平均流速ω_{av}之比值列于表1-6中,以供查用。

表1-6　圆形管道截面上最大速度与平均流速之比与Re的关系

Re	≤2300	2700	$2 \times 10^4 \sim 2 \times 10^6$	10^6	10^8	$>10^8$
ω_{max}/ω_{av}	2	1.33	平均1.2	1.16	1.11	1
ω_{av}/ω_{max}	0.5	0.752	平均0.83	0.862	0.901	1

6. 流体的能量

物质都具有一定的能量。流体稳定流动时具有的总能量包含两大部分,即机械能和内能。在此,主要讨论流体的机械能。机械能分为位能、动能和静压能三种形式。流体的能量通常用压头表示,压头就是单位体积流体所具有的能量。能量的法定单位为焦耳(J或N·m),则压头的单位为N·m/m³=N/m²=Pa。压头的单位虽然表面上和压强单位相同,但却具有不同的含义。压强的单位"Pa"表示单位面积上的作用力;而压头的单位"Pa"

▶ 热 工 基 础

表示单位体积流体所具有的能量。现将流体三种形式的能量介绍如下。

1) 静压头

静压头是由于容器中流体的静压力所具有的能量。在静止或流动流体内部，都有静压力存在。如图 1-21 所示，流体在管道中流动，在某一截面 F 处的管壁上开一小孔，并接上玻璃管，由于静压力作用，流体将上升高度 h。从能量观点看，就是静压力对流体做功，说明了流体压力也是一种能量。

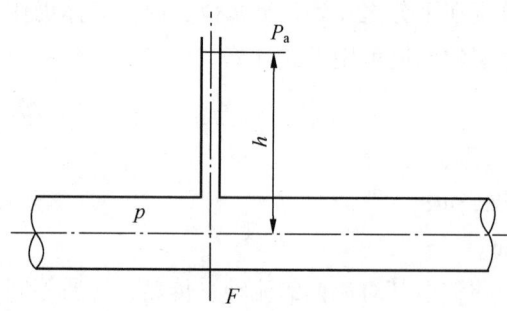

图 1-21 静压头示意图

设流体的体积为 V、压强为 P，则静压能 E_s 为

$$E_s = PV$$

以 1 m³ 流体为基准，则静压头 h_s 为

$$h_s = \frac{PV}{V} = P \tag{1-41}$$

静压头可用 U 形压力计测量。

2) 动压头

流体流动时因有一定的速度所具有的能量称为动压头。质量为 m、体积为 V、密度为 ρ、以速度 ω 流动，它所具有的动能 E_k 为

$$E_k = \frac{1}{2}m\omega^2 = \frac{1}{2}V\rho\omega^2$$

以 1 m³ 流体为基准，其动压头 h_k 为

$$h_k = \frac{\frac{1}{2}V\rho\omega^2}{V} = \frac{1}{2}\rho\omega^2 \tag{1-42}$$

动压头可用皮托管来测量。

3) 几何压头

流体在重力作用下，因其位置距基准面有一定的高度而具有的能量，称为几何压头。质量为 m 的流体，其体积为 V，密度为 ρ，距基准面距离为 z，该流体周围空气密度为 ρ_a，流体所受重力为 $V\rho g$，所受空气浮力为 $V\rho_a g$，则流体所具有的位能为（$V\rho g$ –

$V\rho_a g)z$。

以 1 m³ 流体为基准，其几何压头 h_g 为

$$h_g = \frac{(V\rho g - V\rho_a g)z}{V} = z(\rho - \rho_a)g \qquad (1-43)$$

上式对气体与液体都适用，但对于液体，$\rho \gg \rho_a$，则 $\rho - \rho_a \approx \rho$，液体的几何压头可写为

$$h_g = z\rho g \qquad (1-44)$$

对于热气体，$\rho < \rho_a$，热气体受到大气浮力的影响，常将几何压头 $h(\rho - \rho_a)g$ 改写为 $-h(\rho_a - \rho)g$，从基准面向下量取的高度为正值，热气体的几何压头可写为

$$h_g = z(\rho_a - \rho)g \qquad (1-45)$$

几何压头不可通过测量得出，只能通过计算得到。

二、流体动力学基本方程式

（一）流体流动的连续性方程式

当流体在密闭管道中连续不断而稳定地流动时，由于管道中任何一部分流体都不能中断或挤压，在管路没有泄漏和补充的情况下，单位时间内，流进任一截面流体的质量和从另一截面流出流体的质量是相等的。根据图 1-22 可得流体的连续性方程式：

$$\sum M_\text{入} = \sum M_\text{出}$$

$$F_1 \omega_1 \rho_1 = F_2 \omega_2 \rho_2 = F\omega\rho \qquad (1-46)$$

式中　F_1、F_2、F，ω_1、ω_2、ω，ρ_1、ρ_2、ρ——1—1，2—2 和任一截面的面积、流体的流速和密度，m²、m/s、kg/m³。

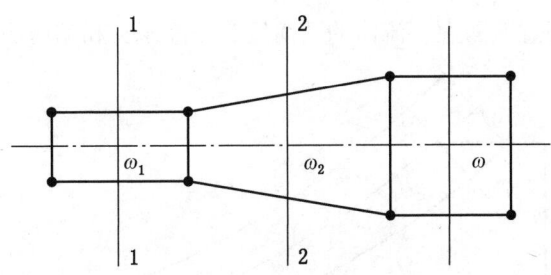

图 1-22　流体流动的连续性

对不可压缩流体，ρ 为常数，则式（1-46）为

$$F_1 \omega_1 = F_2 \omega_2 = F\omega \qquad (1-47)$$

对于截面为圆形的管道，则有：

$$\frac{\omega_1}{\omega_2} = \frac{F_2}{F_1} = \left(\frac{d_2}{d_1}\right)^2 \qquad (1-48)$$

▶ 热 工 基 础

【例1-12】 水泵吸入管外径为114 mm，壁厚4 mm，压出管外径为88.5 mm，壁厚3.75 mm，吸入管的流速为1.2 m/s，试求压出管中水的流速。（图1-23）

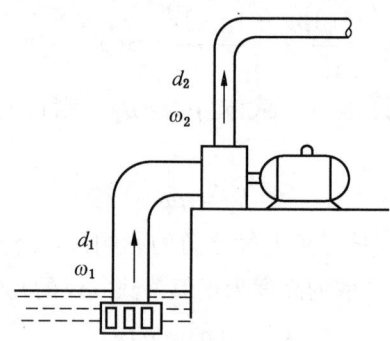

图1-23 【例1-12】示意图

解 吸入管内径 $d_1 = 114 - 2 \times 4 = 106$ mm，压出管内径 $d_2 = 88.5 - 2 \times 3.75 = 81$ mm。设在吸入管和压出管之间无泄漏，则根据连续性方程 $\dfrac{\omega_1}{\omega_2} = \dfrac{F_2}{F_1} = \left(\dfrac{d_2}{d_1}\right)^2$ 可得：

$$\omega_2 = \omega_1 \left(\dfrac{d_1}{d_2}\right)^2 = 1.2 \times \left(\dfrac{106}{81}\right)^2 = 2.06(\text{m/s})$$

（二）伯努利方程式

1. 理想流体的伯努利方程式

理想流体是一种假想的既无黏性又完全不可压缩的流体。理想流体在流动过程中，只存在机械能形式之间的转化，无能量损失和流体内能的增减。

理想流体在图1-24所示的管路中稳定流过，在管路上任取两个截面1—1和2—2，根据能量守恒定律，在任意截面上，流体的几何压头、静压头和动压头之和相等，即

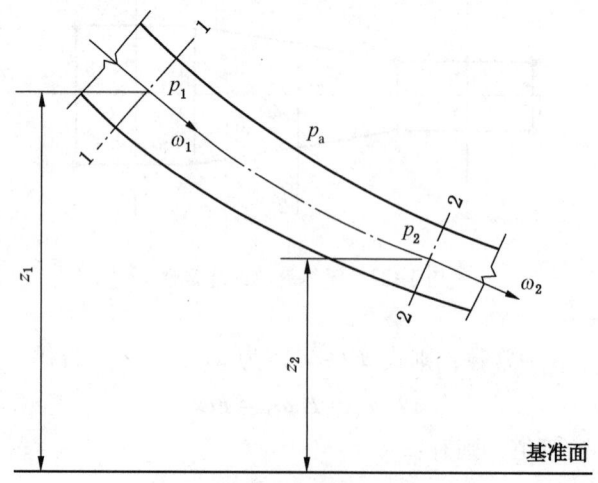

图1-24 伯努利方程示意图

$$h_{g1} + h_{s1} + h_{k1} = h_{g2} + h_{s2} + h_{k2} = 常数 \qquad (1-49)$$

$$z_1\rho g + p_1 + \frac{1}{2}\rho\omega_1^2 = z_2\rho g + p_2 + \frac{1}{2}\rho\omega_2^2 \qquad (1-50)$$

对单位重力流体：

$$z_1 + \frac{p_1}{\rho g} + \frac{\omega_1^2}{2g} = z_2 + \frac{p_2}{\rho g} + \frac{\omega_2^2}{2g} \qquad (1-51)$$

式中 z_1、p_1、ω_1——截面1处距基准面的高度、流体的静压强及流速，m、Pa、m/s；

z_2、p_2、ω_2——截面2处距基准面的高度、流体的静压强及流速，m、Pa、m/s。

式（1-49）、式（1-50）和式（1-51）均称为理想流体的伯努利方程。

若管道中为液体，式（1-49）可写为（基准面取在两截面之下）：

$$z_1\rho g + (p_1 - p_a) + \frac{1}{2}\rho\omega_1^2 = z_2\rho g + (p_2 - p_a) + \frac{1}{2}\rho\omega_2^2 \qquad (1-52)$$

若管道中为热气体，则式（1-49）可写为（基准面取在两截面之上）：

$$z_1(\rho_a - \rho)g + (p_1 - p_a) + \frac{1}{2}\rho\omega_1^2 = z_2(\rho_a - \rho)g + (p_2 - p_a) + \frac{1}{2}\rho\omega_2^2 \qquad (1-53)$$

应用式（1-53）时从基准面向下量取的 z 值为正值，因此将基准面取在管道上部计算较方便。式中的 ρ 须用气体的平均密度。

2. 实际流体的伯努利方程式

实际流体具有黏性，在流动过程中流体与管壁及流体内部存在摩擦作用，需要消耗流体的机械能而转变成热能，部分被流体吸收，使流体温度升高，其余部分通过管壁散失到周围介质中。因此，沿流动方向总机械能减少，三项能量之和必然不是常数，应把因摩擦而损失的能量考虑进去。如果在所研究的两个流体断面之间有机械功输入（如安装水泵或风机），就会增加流体的机械能。

用 $\sum h_L$ 表示流体摩擦损失的能量，用 H_e 表示外界输入的机械功，实际流体的伯努利方程式为

$$z_1\rho g + p_1 + \frac{1}{2}\rho\omega_1^2 + H_e = z_2\rho g + p_2 + \frac{1}{2}\rho\omega_2^2 + \sum h_L \qquad (1-54)$$

当热气流在管道中流动时，由于受外界空气浮力的影响，其在某一截面处的几何压头发生变化，即 $h_g = z(\rho_a - \rho)g$，现在1—1和2—2截面列出能量守恒方程如下：

$$z_1(\rho_a - \rho)g + p_1 + \frac{1}{2}\rho\omega_1^2 = z_2(\rho_a - \rho)g + p_2 + \frac{1}{2}\rho\omega_2^2 \qquad (1-55)$$

上式为二流体在理想状态下的伯努利方程。

考虑实际流体流动过程中的摩擦损失和机械能输入，二流体实际情况下的伯努利方程为

$$z_1(\rho_a - \rho)g + p_1 + \frac{1}{2}\rho\omega_1^2 + H_e = z_2(\rho_a - \rho)g + p_2 + \frac{1}{2}\rho\omega_2^2 + \sum h_L \qquad (1-56)$$

▶ 热 工 基 础

为计算方便，在选取基准面时，若管道中为液体，基准面取在两截面之下；若管道中为气体，基准面取在两截面之上。

3. 对伯努利方程的思考

（1）理想流体的伯努利方程说明不可压缩的理想流体在流动过程中，在管道的任一截面上流体的位能、动能及静压能之和是不变的，但三者之间可以相互转化。

（2）对于静止流体，其流速为零，伯努利方程变为

$$p_1 + z_1\rho g = p_2 + z_2\rho g$$

上式就是流体静力学基本方程，也就是说流体静力学方程是伯努利方程的一个特例。

（3）$\rho g z$、$\frac{1}{2}\rho \omega^2$、p 与 H_e、$\sum h_L$ 的区别。p、$\frac{1}{2}\rho \omega^2$、$\rho g z$ 这三项指的是在某截面上流体本身所具有的能量，即静压能、动能、位能。H_e、$\sum h_L$ 指的是流体在 1—1 与 2—2 截面间流动时从外界获得的能量以及消耗的能量。H_e 表示输送设备对单位体积流体所做的有效功，是选用流体输送设备的重要依据。

4. 应用伯努利方程时应注意的问题

（1）截面的选取。一定要沿流体的流动方向确定上、下游截面。所选的两个截面必须与流动方向相垂直，在两个截面之间的流体必须是连续的，而且充满整个空间。

（2）水平基准面的选取。水平基准面是作为计算位能时的参考，而且式中涉及的是 $\Delta z = z_2 - z_1$，所以水平基准面可以任意选取，计算出的 Δz 都是一样的，但必须与地面保持平行。习惯上总是取两个截面中较低的截面为基准面，这样可以使计算简化。

（3）单位的选取。伯努利方程中各物理量应采用同一单位制中的单位，两种单位制不能同时并用。两个截面上的压强除了要求单位一致外，还要求表示方法一致。也就是说，伯努利方程中的静压能一项或者都用绝对压强，或者都用表压强，等号两侧一定要一致，计算结果才是一样的。

【例 1-13】 图 1-25 所示为一硅酸盐工业窑炉的供风系统，已知：吸风管内径 d_1 为 300 mm，排风管内径 d_2 为 400 mm，吸风管处气体静压强为 -10500 Pa，排风管气体静压强为 150 Pa，设 1—1 和 2—2 截面的压头损失为 50 Pa。使温度为 10 ℃，风量为 9200 m³/h 的气体通过整个系统，试确定需要外界输入多少机械能。

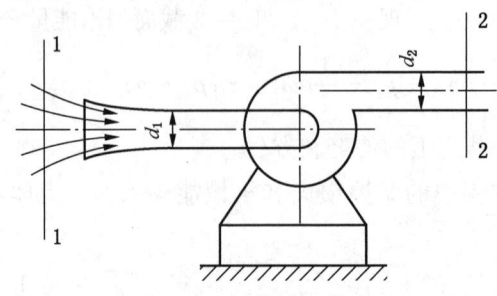

图 1-25 【例 1-13】供风系统示意图

解 列出 1—1 和 2—2 截面的伯努利方程：

$$z_1(\rho_a - \rho)g + p_1 + \frac{1}{2}\rho\omega_1^2 + H_e = z_2(\rho_a - \rho)g + p_2 + \frac{1}{2}\rho\omega_2^2 + \sum h_L$$

由于 1—1 和 2—2 截面中心的垂直距离很小，可以近似认为两处几何压头相等，上式可化简为

$$p_1 + \frac{1}{2}\rho\omega_1^2 + H_e = p_2 + \frac{1}{2}\rho\omega_2^2 + \sum h_L$$

即

$$H_e = (p_2 - p_1) + \frac{1}{2}\rho(\omega_2^2 - \omega_1^2) + \sum h_L$$

不考虑压力对空气密度的影响，则：

$$\rho = \rho_0 \frac{273}{273 + t} = 1.293 \times \frac{273}{273 + 10} = 1.247(\text{kg/cm}^3)$$

吸风管内风速：

$$\omega_1 = \frac{Q}{3600 F_1} = \frac{4 \times 9200}{3600 \times \pi \times d_1^2} = \frac{4 \times 9200}{3600 \times 3.14 \times 0.3^2} = 36.17(\text{m/s})$$

排风管内风速：

$$\omega_2 = \frac{Q}{3600 F_2} = \frac{4 \times 9200}{3600 \times \pi \times d_2^2} = \frac{4 \times 9200}{3600 \times 3.14 \times 0.4^2} = 20.35(\text{m/s})$$

需要外界输入的机械能：

$$H_e = (p_2 - p_1) + \frac{1}{2}\rho(\omega_2^2 - \omega_1^2) + \sum h_L$$

$$= 150 - (-10500) + \frac{1}{2} \times 1.247 \times (20.35^2 - 36.17^2) + 50$$

$$= 11773.91(\text{Pa})$$

5. 压头间的转换

伯努利方程式是机械能守恒和转化定律在运动流体中的表现形式。方程式中各个压头之间是可以相互转变的。

1) 几何压头和静压头之间的转变

如图 1-26 所示，设有热气体在垂直管道中由上向下流动，且管径不变，则 $\omega_1 = \omega_2$，即 $h_{k1} = h_{k2}$，忽略压头损失，列出 1—1 和 2—2 的伯努利方程：

$$h_{g1} + h_{s1} = h_{g2} + h_{s2}$$

因 $h_{g2} > h_{g1}$，所以 $h_{s1} > h_{s2}$。由此可以看出，当热气体自上向下流动时，几何压头逐渐增加，此增加的能量来自静压头的减少。

向下流动的热气体的几何压头可视为一种"阻力"。反之，热气体自下向上流动时，几何压头逐渐减少，静压头逐渐增加。向上流动的热气体的几何压头可视为一种推动力。

2) 动压头和静压头之间的转变

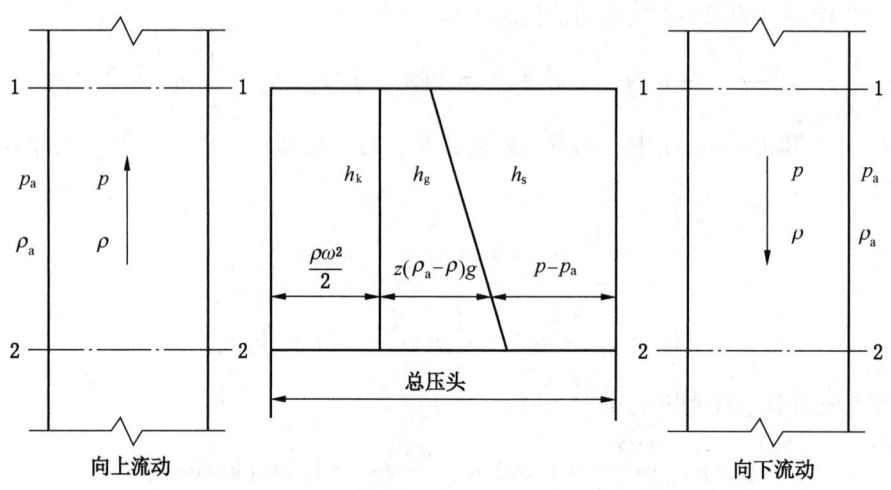

图 1-26　热气体在垂直管道中流动时的压头转变情况

某一流体在一逐渐扩张的管道中流动，如图 1-27 所示。管道左端 1—1 截面面积为 F_1，右端 2—2 截面面积为 F_2。由于 $F_1 < F_2$，所以 $\omega_1 > \omega_2$。忽略流体流动的压头损失，对两截面列出伯努利方程式：

$$h_{g1} + h_{s1} + h_{k1} = h_{g2} + h_{s2} + h_{k2}$$

由于流体作水平流动，$h_{g2} = h_{g1}$，上式变为：$h_{s1} + h_{k1} = h_{s2} + h_{k2}$。

因为 $\omega_1 > \omega_2$，即 $h_{k1} > h_{k2}$，故有 $h_{s1} < h_{s2}$。

在这种情况下，流动过程中动压头减小，静压头增加，即动压头向静压头转变。当考虑流体流动的压头损失，截面 2—2 处的静压头比忽略压头损失时要小。有部分动压头消耗于克服阻力损失上，而一部分静压头又转变成了动压头，使动压头维持不变。收缩管中静压头与动压头之间的转变与此相反，如图 1-28 所示。

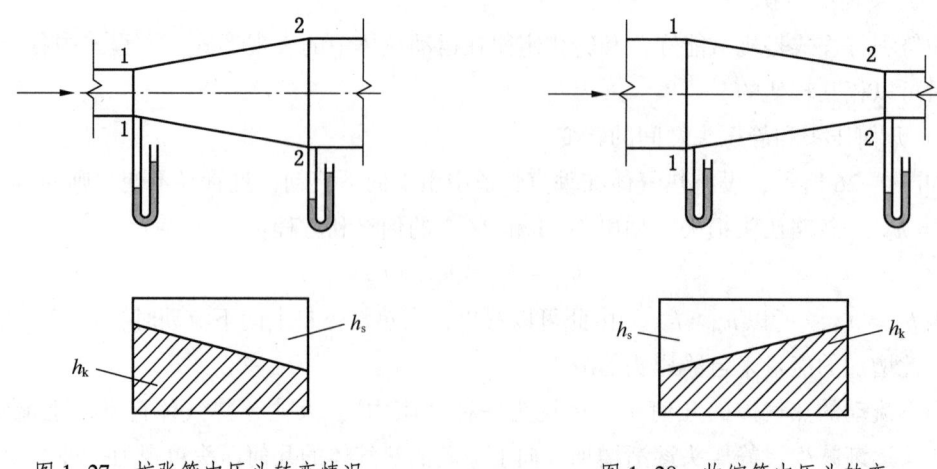

图 1-27　扩张管中压头转变情况　　　　图 1-28　收缩管中压头转变

3）压头的综合转变

热气体由下向上在截面逐渐变小的垂直管道中流动（热气体在烟囱内的流动），如图 1-29 所示，列出 1—1、2—2 截面间的伯努利方程：

$$h_{g1} + h_{s1} + h_{k1} = h_{g2} + h_{s2} + h_{k2} + \sum h_L$$

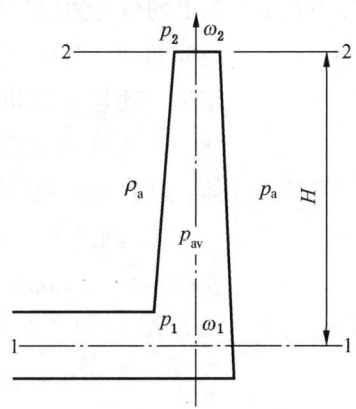

图 1-29 烟囱内热气体的流动

若取基准面在 2—2 截面，则有：$h_{g2} = 0$，$h_{g1} > h_{g2}$。

由于 $h_{s2} > h_{s1}$，$h_{k1} < h_{k2}$，$\sum h_L \neq 0$，则上式可写成：

$$h_{g1} = (h_{s2} - h_{s1}) + (h_{k2} - h_{k1}) + \sum h_L$$

上式说明，热气体由下向上流动时，逐渐将几何压头转变为静压头、动压头，并消耗部分能量用于克服压头损失。

综上所述，在流体流动过程中，各种压头之间可以相互转变，其转变规律如图 1-30 所示，即几何压头与静压头能相互转变；静压头和动压头之间也可以相互转变；动压头提供流体流动的压头损失，此部分能量转化为热能，并由静压头补充提供那部分的动压头。

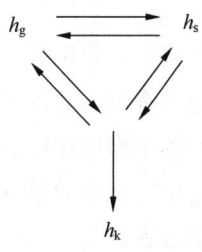

图 1-30 压头转换示意图

（三）动量方程

由物理学可知，一个质量为 $m(\text{kg})$ 的物体沿 x 轴方向做匀速直线运动，当该物体受到外力作用时就做变速运动。若令 $\sum f_x(N)$ 代表作用在 x 轴方向上力的投影代数和，则根据牛顿第二定律得：

$$\sum f_x = \frac{d(m\omega_x)}{dt}$$

式中　ω_x——物体在 x 轴向的速度，m/s；

　　　t——时间，s。

热工基础

如果作用力 $\sum f_x$ 和物体质量不随时间而变,也就是为常量时,上式可以写为

$$\sum f_x = \frac{m(\omega_2 - \omega_1)x}{t_2 - t_1} \tag{1-57}$$

式中 ω_1、ω_2——物体在 t_1、t_2 时刻的速度。

上式表明作用在物体上的外力在 x 方向上的分力的代数和等于物体在同一方向上单位时间的动量增量。这个关系称为动量方程或动量定理。动量定理也适用于流体,为研究问题方便,把在流场中任意选定的固体空间称为控制体,其界面称为控制面。

现选定一个如图 1-31 所示管路内的流体为控制体,入口截面 F_1,出口截面 F_2,管壁内表面为控制面。作用在此控制体的合外力为 $\sum \vec{F}$,根据牛顿第二定律,得:

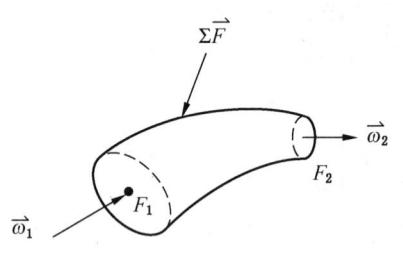

图 1-31 管内稳定流动量方程推导示意图

$$\sum \vec{F} = (M_1\beta_2\vec{\omega}_2 - M_2\beta_1\vec{\omega}_1) \tag{1-58}$$

式中 M_1、M_2——管路中截面 1 和截面 2 处流体的质量流量,kg/s;

β——气体的平均动量修正系数,$\beta = 1.01 \sim 1.02$,故认为 $\beta_1 \approx \beta_2 = 1$;

$\sum \vec{F}$——作用在控制体上的合外力。

对于稳定流体,$M_1 = M_2 = M$,则式(1-58)可写为

$$\sum \vec{F} = m(\vec{\omega}_2 - \vec{\omega}_1) \tag{1-59}$$

上式称为稳定态流动的动量方程。

稳定态流动动量方程的物理意义表明:单位时间内流出控制体与流入控制体的流体动量之差等于作用在控制体内流体的合外力。

稳定态流动动量方程是个矢量方程,把动量方程沿三个坐标轴投影,即得到投影形式的动量方程:

$$\begin{cases} \sum F_x = m(\omega_{2x} - \omega_{1x}) \\ \sum F_y = m(\omega_{2y} - \omega_{1y}) \\ \sum F_z = m(\omega_{2z} - \omega_{1z}) \end{cases} \tag{1-60}$$

式中 $\sum F_x$、$\sum F_y$、$\sum F_z$——作用在控制体上所有外力的合力沿 x、y、z 轴方向的分量;

ω_{1x}、ω_{1y}、ω_{1z}、ω_{2x}、ω_{2y}、ω_{2z}——控制体进出口断面上的平均流速在 x、y、z 轴上的分量。

使用动量方程时可以不考虑控制面内流体进行的过程,只根据界面上的气体参数进行

计算。动量方程是喷射器和喷射式煤气烧嘴燃烧工作的理论基础。

当 $\sum \vec{F} = 0$，则有：

$$m\vec{\omega}_1 = m\vec{\omega}_2 \qquad (1-61)$$

上式表明当作用于系统的合外力为零时，系统的动量守恒，上式称为动量守恒原理。

【例 1-14】 如图 1-32 所示，一个水平放置的水管在某处出现 $\theta = 30°$ 的转弯，管径也从 $d_1 = 0.3$ m 渐变为 $d_2 = 0.22$ m，当流量 $Q = 0.1$ m³/s 时，测得大口径管段中心的表压为 2.94×10^4 Pa，试求为了固定弯管所需的外力。

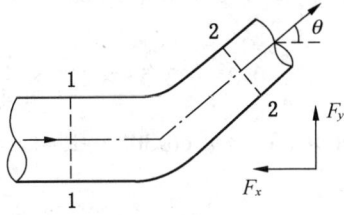

图 1-32 【例 1-14】示意图

解 用 P' 表示表压，即相对压强，根据题意，图示截面 1—1 的表压 $P'_1 = P_1 - P_a = 2.94 \times 10^4$ Pa，截面 2—2 的表压 P'_2 可根据伯努利方程求出，取如图 1-32 所示的控制体，截面 1—1 和截面 2—2 的平均流速分别为

$$\omega_1 = \frac{Q}{F_1} = \frac{0.1}{3.14 \times \frac{1}{4} \times 0.3 \times 0.3} = 1.4147 (\text{m/s})$$

$$\omega_2 = \frac{Q}{F_2} = \frac{0.1}{3.14 \times \frac{1}{4} \times 0.2 \times 0.2} = 3.1831 (\text{m/s})$$

弯管水平放置，两截面高度相等，故：

$$P_1 + \frac{1}{2}\rho\omega_1^2 = P_2 + \frac{1}{2}\rho\omega_2^2$$

$$P_2 = P_1 + \frac{1}{2}\rho(\omega_1^2 - \omega_2^2)$$

$$P'_2 = P_2 - P_a = P_1 - P_a + \frac{1}{2}\rho(\omega_1^2 - \omega_2^2)$$

$$= 2.94 \times 10^4 + \frac{1}{2} \times 1000 \times (1.4147^2 - 3.1831^2)$$

$$= 2.5335 \times 10^4 (\text{Pa})$$

总流的动量方程是：

$$\sum \vec{F} = M(\vec{\omega}_2 - \vec{\omega}_1)$$

▶热 工 基 础

由于弯管水平放置，因此我们只求水平面上的力。对于图1-32所示的控制体，xy方向的动量方程是：

$$F_x - P'_1 \frac{\pi}{4}d_1^2 + P'_2 \frac{\pi}{4}d_2^2\cos\theta = \rho Q(\omega_2\cos\theta - \omega_1)$$

$$F_y - P'_2 \frac{\pi}{4}d_2^2\sin\theta = \rho Q\omega_2\sin\theta$$

即：

$$F_x = P'_1 \frac{\pi}{4}d_1^2 - P'_2 \frac{\pi}{4}d_2^2\cos\theta + \rho Q(\omega_2\cos\theta - \omega_1)$$

$$= 2.94 \times 10^4 \times \frac{\pi}{4}0.3^2 - 2.53 \times 10^4 \times \frac{\pi}{4}0.2^2\cos30° +$$

$$1000 \times 0.1 \times (3.18 \times \cos30° - 1.41)$$

$$= 1254(\text{N})$$

$$F_y = P'_2 \frac{\pi}{4}d_2^2\sin\theta + \rho Q\omega_2\sin\theta$$

$$= 2.53 \times 10^4 \times \frac{\pi}{4}0.2^2\sin30° + 1000 \times 0.1 \times 3.18 \times \sin30°$$

$$= 557(\text{N})$$

（四）伯努利方程的应用

1. 流体流量的测定——文丘里流量计

如图1-33所示，文丘里流量计由收缩段和扩张段构成，两段的接合部称为喉部。它是以测量入口段前直管段和喉部的静压差来求得流量的。设1、2处的有效截面积分别为F_1、F_2，流速分别为ω_1、ω_2，由连续性方程和伯努利方程可得被测流体的体积流量（单位：m^3/s）为

$$Q = F_2 \sqrt{\frac{2(p_1 - p_2)}{\rho\left[1 - \left(\frac{F_2}{F_1}\right)^2\right]}} \qquad (1-62)$$

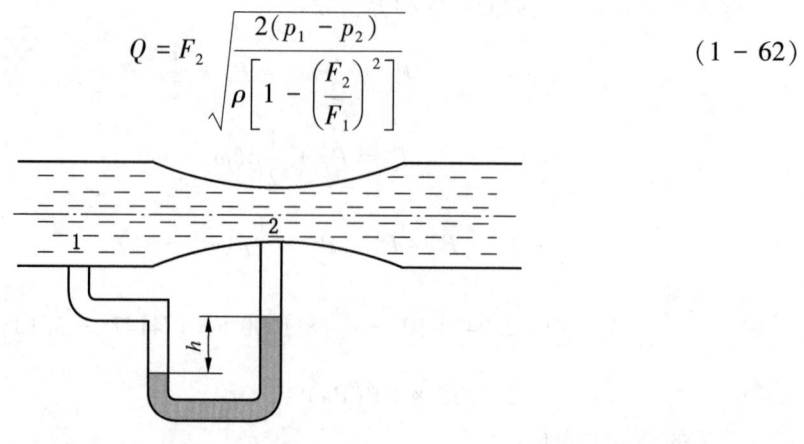

图1-33 文丘里流量计

在实际测量时,由于流体有黏性、流速在截面上分布不均匀、流体有能量损失等,应对上式用修正系数 β 加以修正,即

$$Q = \beta F_2 \sqrt{\frac{2(p_1 - p_2)}{\rho\left[1 - \left(\frac{F_2}{F_1}\right)^2\right]}} \quad (1-63)$$

【例 1-15】 如图 1-34 所示,水平通风管道某处直径自 300 mm 渐缩至 200 mm,为了粗略估计其中空气的流量,在锥形接管两端各引出一个测压口与 U 形管压差计相连,用水作指示液测得读数 h 为 40 mm。设空气流过锥形管的阻力可忽略,求空气的体积流量。空气的温度为 20 ℃,当地大气压强为 760 mmHg。

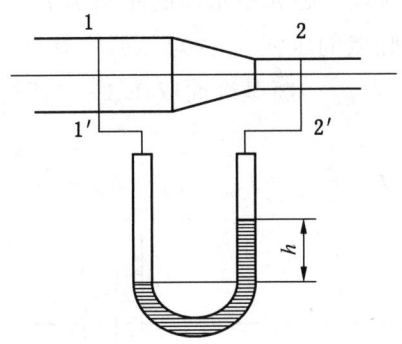

图 1-34 【例 1-15】示意图

解 取水平面为基准面,列出 1 和 2 处的伯努利方程,即

$$h_{g1} + h_{s1} + h_{k1} = h_{g2} + h_{s2} + h_{k2}$$

$$z_1 \rho g + (p_1 - p_a) + \frac{1}{2}\rho\omega_1^2 = z_2 \rho g + (p_2 - p_a) + \frac{1}{2}\rho\omega_2^2$$

因为水平流动,$z_1 = z_2$,所以,$h_{g1} = h_{g2}$。上式变为

$$p_1 + \frac{1}{2}\rho\omega_1^2 = p_2 + \frac{1}{2}\rho\omega_2^2$$

$$F_1 \omega_1 = F_2 \omega_2$$

即

$$\omega_1 = \frac{F_2}{F_1}\omega_2$$

根据连续性方程,将 ω_1 代入伯努利方程式并整理得:

$$\omega_2 = \sqrt{\frac{2(p_1 - p_2)}{\rho\left[1 - \left(\frac{F_2}{F_1}\right)^2\right]}} \qquad Q = F_2 \omega_2 = F_2 \sqrt{\frac{2(p_1 - p_2)}{\rho\left[1 - \left(\frac{F_2}{F_1}\right)^2\right]}}$$

根据公式:

$$\rho = \rho_0 \times \frac{T_0}{T} = 1.293 \times \frac{273}{273+20} = 1.205 (\mathrm{kg/m^3})$$

将 $F_2 = \frac{\pi}{4}d_2^2$ 代入上式得:

$$Q = \frac{\pi}{4}d_2^2 \sqrt{\frac{2(p_1-p_2)}{\rho\left[1-\left(\frac{d_2}{d_1}\right)^4\right]}} = \frac{\pi}{4} \times 0.2^2 \sqrt{\frac{2 \times 40 \times 9.8}{1.205 \times \left[1-\left(\frac{0.2}{0.3}\right)^4\right]}} = 810.75 (\mathrm{m^3/s})$$

2. 流体流速的测定——皮托管

如图 1-35 所示,将弯成 90°两端开口的玻璃管放置在水流中,一端迎流放置,另一端和水面垂直开口向上,迎流端中心 A 距水面的距离为 H_0,管内液面上升的高度为 h;点 A 的流速为零,为驻点,驻点的压强 p_A 为总压强;在同一流线上稍前方未受扰动的点 B,其流速为 ω_B,静压强为 p_B。将基准面取在 A—B 流线上,列出 A、B 两处的伯努利方程:

$$h_{gA} + h_{sA} + h_{kA} = h_{gB} + h_{sB} + h_{kB}$$

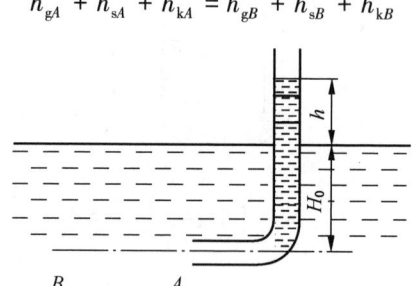

图 1-35 皮托管测量水流速度

因为 $\omega_A = 0$,则 $h_{kA} = 0$,且 $h_{gA} = h_{gB} = 0$

所以整理上式得: $h_{sA} = h_{sB} + h_{kB}$

即 $p_A = p_B + \frac{1}{2}\rho\omega_B^2$ 或 $\frac{1}{2}\rho\omega_B^2 = p_A - p_B$

式中 $\frac{1}{2}\rho\omega_B^2$ 等于总压头与静压头之差,即为动压头,由于 $p_A = \rho g(H_0 + h)$,$p_B = \rho g H_0$,则:

$$\omega_B = \sqrt{\frac{2}{\rho}(p_A - p_B)} = \sqrt{2gh} \tag{1-64}$$

这种测压管称为总压管,法国人皮托(Henri Pitot)于 1773 年首先用于测量塞纳河的水流速度,所以又称它为皮托管,如图 1-35 所示。

使用时常将静压管和皮托管组成一体,称为皮托-静压管或动压管,如图 1-36 所示。静压管包围着皮托管,静压孔开在总压孔稍后的适当位置上,要垂直于管壁,并沿圆周开设多个静压孔,以提高测量精度。静压孔和总压孔的感压通道出口,分别用软管连接到差压计上。测出总压和静压之差后,便可求得被测点的流速。

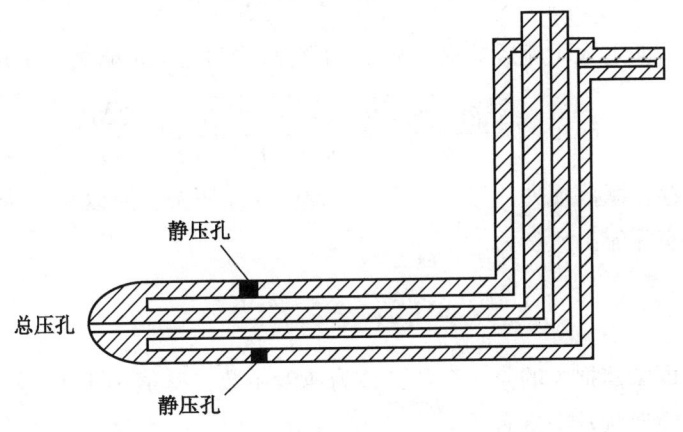

图 1-36 动压管

通过以上分析可知,对于平面流场或者流动参数随 z 的变化可以忽略不计的流动,有:

$$p + \frac{1}{2}\rho\omega^2 = 常数 \tag{1-65}$$

上式表明,流速和压强的变化相互制约,流速高的点上压强低,流速低的点上压强高。因此,工程中可以用降低压强的方法来提高流速。但是对于液体,当压强降低到饱和压强时,液体开始气化,上式不再适用。

3. 流体从喷嘴或小孔中流出

设容器中低压气体的压强为 $p_1(Pa)$,密度为 $\rho(kg/m^3)$,容器侧壁上有一个出口面积为 $F_0(m^2)$ 的小孔或喷嘴。外界大气压为 $p_2(Pa)$,在压差 $\Delta P = p_1 - p_2$ 的推动下,气体从小孔流出。气体通过小孔时由于流股突然收缩及惯性原因,使流股离开小孔后继续收缩,在离孔口一定距离处,流股断面达到最小值,如图 1-37 所示。

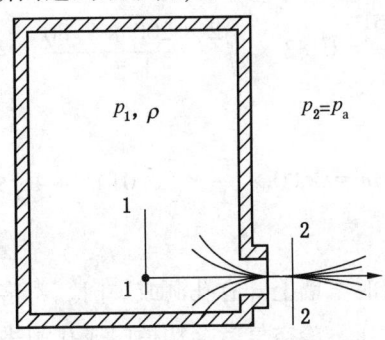

图 1-37 流体从小孔流出

略去小孔的摩擦损失，列出容器内任一断面及小孔外流股最小截面的伯努利方程：

$$p_1 + \frac{\omega_1^2}{2}\rho = p_2 + \frac{\omega_2^2}{2}\rho$$

由于容器的断面远大于流股断面，故 1—1 断面的动压头可略去，于是上式移项得：

$$\omega_2 = \sqrt{\frac{2(p_1 - p_2)}{\rho}} = \sqrt{\frac{2(p_1 - p_a)}{\rho}} = \sqrt{\frac{2\Delta P}{\rho}}$$

由于实际上存在摩擦损失，静压头不会全部转为动压头，所以实际速度小于上述理想情况下的速度，实际流出速度为

$$\omega_2' = \varphi \omega_2 = \varphi \sqrt{\frac{2\Delta P}{\rho}} \qquad (1-66)$$

式中 φ ——考虑摩擦损失的修正系数，称为速度系数，其值小于 1，具体数值与小孔或喷嘴形状及构造有关。

从小孔流出的气体体积流量为

$$Q = \omega_2' F_2 = \varphi \frac{F_2}{F_0} \cdot F_0 \sqrt{\frac{2\Delta P}{\rho}} = \varphi \varepsilon F_0 \sqrt{\frac{2\Delta P}{\rho}} = \mu F_0 \sqrt{\frac{2\Delta P}{\rho}} \qquad (1-67)$$

式中 $\varepsilon = \dfrac{F_2}{F_0}$，是流股最小截面与小孔截面之比，称为缩流系数，其值小于或等于 1。$\mu = \varphi \varepsilon$，称为小孔流量系数。

各种喷嘴和小孔的速度系数 φ 及流量系数 μ 可参阅相关资料。

上述通过小孔或喷嘴流出的速度及流量计算式适用于液体和表压强在 50000 Pa 以下的气体。表压强再大时气体的可压缩性已相当可观，不仅误差增大，还可能导致错误的结论。

【例 1-16】 表压强 $\Delta P = 200$ mmH$_2$O、密度为 1.2 kg/m^3 的煤气，由内径 $d = 10$ mm 的直角圆柱形喷嘴流出。求煤气流出的速度和每小时的流量。

解 由相关资料可知，直角圆柱形喷嘴的速度系数和流量系数 $\varphi = \mu = 0.82$。
煤气的喷出速度为

$$\omega = \varphi \sqrt{\frac{2\Delta P}{\rho}} = 0.82 \times \sqrt{\frac{2 \times 200 \times 9.80}{1.2}} = 46.9 (\text{m/s})$$

煤气的小时流量为

$$Q = 3600\left(\frac{\pi d^2}{4}\right) \cdot \omega = 3600 \times \frac{\pi}{4} \times (0.01)^2 \times 46.9 = 13.3 (\text{m}^3/\text{h})$$

4. 炉门溢气

在硅酸盐工业窑炉中，有时窑墙上开有孔洞或炉门。若窑内为正压，热气体就会从炉门或孔洞中流出；若窑内为负压，冷空气就会从炉门或孔洞进入窑炉内。这种通过炉门或墙孔溢气的过程，从本质上讲它与前述气体从小孔或喷嘴流出过程没有什么区别，仅当炉

门或孔的高度较高时,因表压强沿高度变化,所以气体溢出或吸入量也沿高度而变化。但可以证明,如果我们采用炉门或墙孔平面图形重心(或称形心)处的表压强作为整个炉门或墙孔的平均表压强,则小孔流速及流量计算式(1-66)和式(1-67)同样适用于流体通过大孔洞或炉门的溢流计算,而与墙孔或门的形状无关。

5. 气体垂直流动分流定则

在硅酸盐工业窑炉中,常会遇到气体垂直通过物料、制品或换热体,如玻璃熔窑中气体通过蓄热室格子体;水泥生产窑冷机中气体通过物料层;倒焰窑中烟气通过制品等。气体通过由上述物体或物料形成的通道时,气流分布是否均匀涉及传热效果及产品的产量和质量。怎样才能使气体垂直流动分布均匀呢?根据热气体有自发由下向上而冷气体自发由上向下运动的特点,如果气体的几何压头起主导作用时,气体垂直流动应遵循的原则是:当热气体流过通道被冷却时,应自上而下流动;当冷气体流过通道被加热时,应自下而上流动。这样气体就会在各通道中均匀分布,否则气流分布将不均匀。其原理可作如下分析:设气体垂直流过两个并联的等截面直通道 a 和 b(图 1-38),当热气体自上而下流动通过温度较低的通道壁时,气体被冷却。如果取气体的平均温度计算气体的各种压头,以截面 2—2 为基准,写出通道上下二截面的伯努利方程,则有:

$$h_{s2} + h_{g2} + h_{k2} = h_{s1} + h_{g1} + h_{k1} + h_f$$

式中 $h_{k2} = h_{k1}$,$h_{g2} = 0$,$h_{g1} = H_g(\rho_a - \rho_m)$

于是:
$$h_{s2} - h_{s1} = p_2 - p_1 = h_{g1} + h_f$$

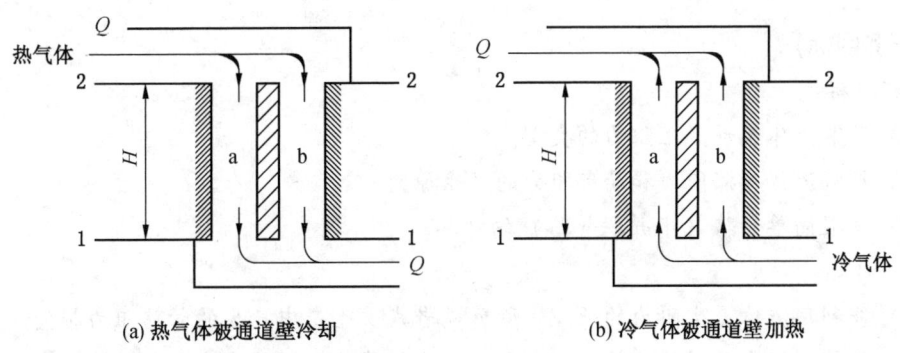

(a) 热气体被通道壁冷却   (b) 冷气体被通道壁加热

图 1-38 气体垂直流动分流定则

$p_2 - p_1$ 是推动气体流动的动力,用于克服阻力和几何压头。亦即热气体自上而下运动时,其几何压头起阻力作用。通道 a 和 b 是并联的,在相同的压差作用下,要使二通道流量相等,必要的条件是二者的总阻力相等,即:

$$h_{ga} + h_{fa} = h_{gb} + h_{fb}$$

即当几何压头远大于摩擦阻力时,则:

$$h_{ga} = h_{gb}$$

▶热 工 基 础

即 $$Hg(\rho_a - \rho_{ma}) = Hg(\rho_a - \rho_{mb})$$
或 $$\rho_{ma} = \rho_{mb}$$

由此可知,要使 a、b 二通道的流量相等,其必要条件是二通道中气体的密度亦即气体的温度必须相同,即 $t_a = t_b$,若由于某种原因造成 $t_a > t_b$,则 $\rho_{ma} < \rho_{mb}$,$h_{ga} > h_{gb}$,于是 a 通道的阻力大于 b 通道,a 通道气体流量减少,单位气体散热量增大,因而温度下降,直至 $t_a = t_b$ 为止。可见热气体被冷却时,采用自上而下的流动方式时,流量在各通道中会自动分布均匀。

若热气体自下而上流动时,几何压头不是阻力而是推动力,温度越高,几何压头越大,推动力越大,气体流量也越大。温度低的通道中气体流量就越来越少,造成恶性循环,气流分布将严重不均匀。

同样可以证明,冷气体自下而上流动被加热时会自动均匀分布,相反的流动方向分布不会均匀。读者可自行分析证明。

上述气体垂直流动的分流定则,仅适用于几何压头占优势而阻力 h_f 很小的情况,如玻璃熔窑蓄热室格子体中的气体流动及陶瓷、耐火材料倒焰窑中气体通过制品间空隙的流动。如果阻力较大,几何压头已不占优势,则气体流量将取决于阻力大小,阻力越小的地方气体流量越大。气体通过箅冷机中料层的情况就是如此。

任务四 流动阻力及管路计算

【任务目标】

知识目标:

(1) 了解流体流动产生阻力的类型。
(2) 理解流体摩擦阻力和局部阻力的产生原因。
(3) 掌握简单管路(串并联管路)的计算。

能力目标:

(1) 能利用流体产生阻力的原理,避免或者减少生产中产生的管路阻力损失。
(2) 能够根据串并联管路特点,合理恰当管理管路,调节生产参数。

情感目标:

通过本任务的学习,培养学生厉行节约、减少浪费的精神品质。

【任务描述】

生产生活中,离不开输送流体的管道。本部分内容主要学习流体在管道中流动时,阻力是如何产生的,以及在不同类型管路中,流体流动主要参数间的关系。

【任务知识】

一切实际流体都有黏性,因此流体在管道中流动时有摩擦阻力或称沿程阻力。此外,若管道截面或管线走向改变会引起流体的速度分布及动量发生变化,从而造成一部分能量损失,这部分能量损失称为局部阻力。流体在管路中流动时总的阻力包括摩擦阻力和局部阻力。

一、摩擦阻力损失

1. 牛顿摩擦阻力公式

牛顿在总结实验的基础上提出了流体与固体壁相对运动时所产生的摩擦阻力，可用下式表示：

$$f = \zeta \cdot F \cdot \frac{\omega^2}{2} \cdot \rho \qquad (1-68)$$

式中 f——摩擦阻力，N；

F——流体与固体壁的接触面积，m^2；

ρ——流体的密度，kg/m^3；

ω——流体与固体壁的相对运动速度，m/s；

ζ——实验常数，它与流体的性质、流动状态及固体物的形状等因素有关，是个无因次数。

牛顿摩擦阻力公式不仅适用于流体在管道中的运动，也适用于固体在流体中的运动。当流体在内径为 $d(m)$、长度为 $l(m)$ 的管道中流动时，接触面积为

$$F = \pi d l$$

将阻力公式（1-68）改写成：

$$\frac{f}{\frac{\pi}{4}d^2} = 4\zeta \cdot \frac{l}{d} \cdot \frac{\omega^2}{2}\rho$$

令

$$h_f = \frac{f}{\frac{\pi}{4}d^2} \qquad \lambda = 4\zeta$$

则有：

$$h_f = \lambda \frac{l}{d} \cdot \frac{\omega^2}{2}\rho \qquad (1-69)$$

上式称为达西公式，式中 h_f 是单位管道截面上的摩擦阻力，在数值上等于管道两端截面上的压强差（仅有摩擦阻力存在时），方向与流动方向相反。λ 称为摩擦阻力系数。当流体的密度 ρ、流速 ω、管径 d 及管长 l 已知时，只要知道摩擦阻力系数 λ 值，就可用上式计算出摩擦阻力即管道两端的压差 ΔP。

2. 摩擦阻力系数的确定

实验和理论分析表明，摩擦阻力系数 λ 与 Re 及管壁的相对粗糙度 $\frac{\varepsilon}{d}$ 有关，即

$$\begin{cases} \lambda = f\left(Re, \dfrac{\varepsilon}{d}\right) \\ \lambda = f\left(Re, \dfrac{d}{\varepsilon}\right) \end{cases} \qquad (1-70)$$

式中 d 是管道的内径，ε 是管壁内表面上突出物高度的平均值，称为管壁的粗糙度。$\dfrac{\varepsilon}{d}$ 称为相对粗糙度，其倒数即称为相对光滑度。各种管道的粗糙度见表1-7。

表1-7 常见管道的粗糙度

金属管	绝对粗糙度 ε/mm	非金属管	绝对粗糙度 ε/mm
无缝黄铜管、铜管及铝管	0.01~0.05	干净玻璃管	0.0015~0.01
新的无缝钢管或镀锌管	0.1~0.2	橡皮软管	0.01~0.03
新的铸铁管	0.3	木管道	0.25~1.25
具有轻度腐蚀的无缝钢管	0.2~0.3	陶土排水管	0.45~6.0
具有显著腐蚀的无缝钢管	0.5 以上	平整度好的水泥管	0.33
旧的铸铁管	0.85 以上	石棉水泥管	0.03~0.8

在莫迪实验曲线图（图1-39）中，可见如下4个分区。

（1）层流区：$Re \leqslant 2300$。摩擦阻力系数 λ 仅与雷诺数有关，与相对粗糙度 $\dfrac{\varepsilon}{d}$ 无关，在图1-39中，λ 与 Re 成直线关系。即 $\lambda = \dfrac{64}{Re}$，摩擦阻力的计算公式为

$$h_{\mathrm{f}} = \dfrac{64}{Re}\dfrac{l}{d}\dfrac{\rho\omega^2}{2} = \dfrac{64\mu}{\rho d\omega}\dfrac{l}{d}\dfrac{\rho\omega^2}{2} = \dfrac{32\mu l\omega}{d^2}$$

对于圆形直管中水平流动的流体：

$$\Delta p_{\mathrm{f}} = h_{\mathrm{f}} = \dfrac{32\mu l\omega}{d^2} \tag{1-71}$$

式（1-71）称为哈根-泊肃叶（Hagen-Poiseuille）公式。

（2）过渡区，$2300 < Re < 4000$。在这个区域内流态是不稳定的，如果仍保持层流，则 λ 随 Re 的增大而减小，若已经转变为湍流，则 λ 随 Re 的增大而增大，与相对粗糙度 $\dfrac{\varepsilon}{d}$ 无关。

（3）湍流区，$Re \geqslant 4000$ 及虚线以下的区域。在这一区域内，摩擦阻力系数 λ 不仅与雷诺数有关，还与相对粗糙度 $\dfrac{\varepsilon}{d}$ 有关。当 $\dfrac{\varepsilon}{d}$ 一定时，λ 随 Re 的增大而减小，Re 增大到某一数值后 λ 的值下降缓慢；当 Re 一定时 λ 随 $\dfrac{\varepsilon}{d}$ 的增加而增大。可用下式近似计算：

$$\lambda = 0.11\left(\dfrac{\varepsilon}{d} + \dfrac{68}{Re}\right)^{0.25}$$

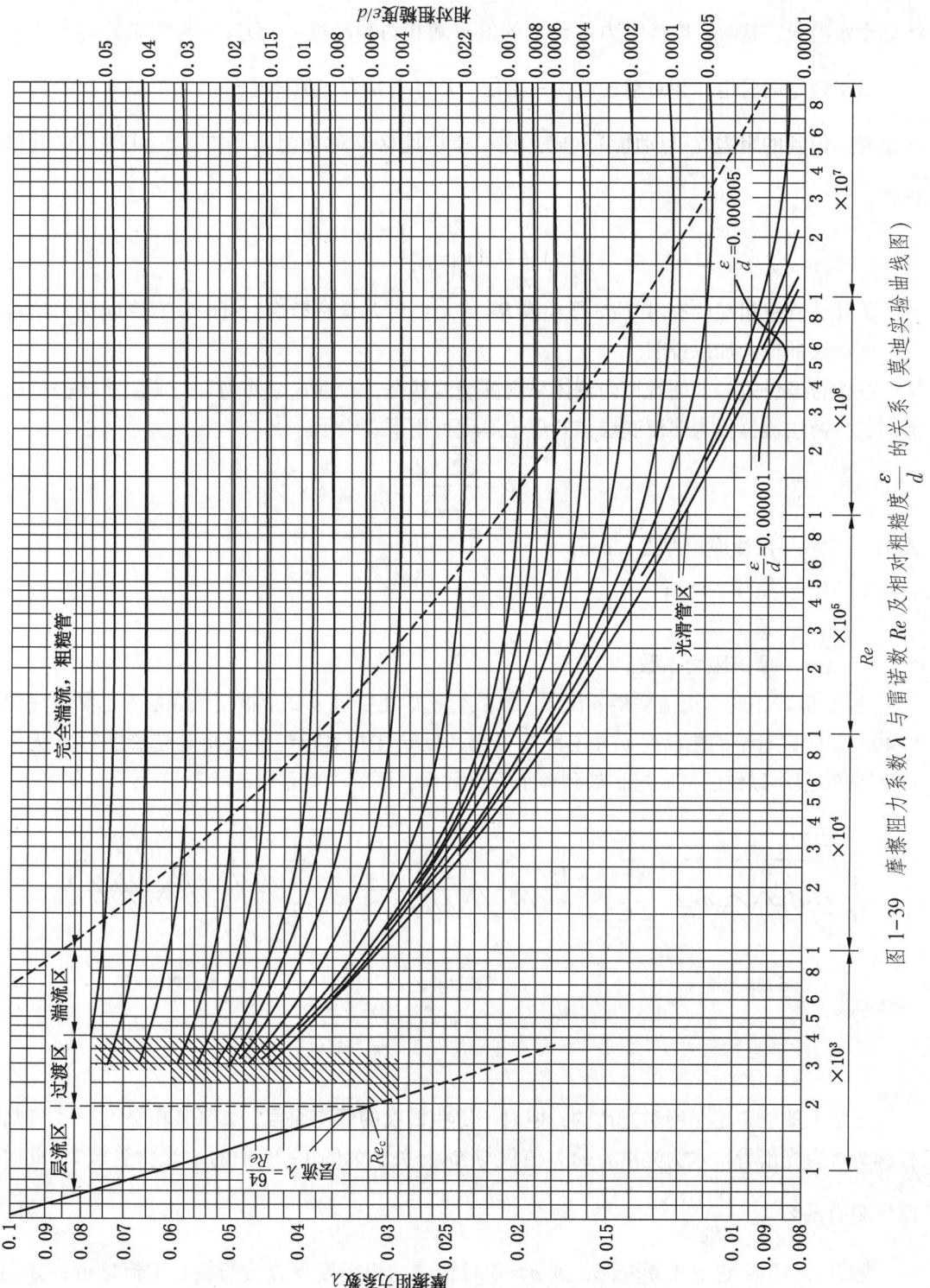

图1-39 摩擦阻力系数 λ 与雷诺数 Re 及相对粗糙度 $\dfrac{\varepsilon}{d}$ 的关系（莫迪实验曲线图）

（4）完全湍流区（阻力平方区），图中虚线以上的区域。此区内摩擦阻力系数 λ 的曲线趋于水平线。这时，摩擦阻力系数 λ 的值只随相对粗糙度 $\dfrac{\varepsilon}{d}$ 而变，与雷诺数的大小无关。对于确定的管道，相对粗糙度为一定值，λ 等于常数，流体流过的两个截面间的长度一定时，得到的阻力 h_f 与动能 $\dfrac{\omega^2}{2}$ 成正比，所以此区又称为阻力平方区。可用下式近似计算：

$$\lambda = 0.11 \left(\dfrac{\varepsilon}{d}\right)^{0.25}$$

为什么管壁粗糙度有时（Re 很小或 Re 甚大）对 λ 没有影响，有时又有影响呢？这可用层流底层的概念加以说明。

我们曾经讲过：即使管道内流体呈高度湍流状态，在近管壁处仍有一薄层流体保持层流。这一薄层流体称为层流底层，其理论厚度可用下式表示：

$$\delta = \dfrac{32.8d}{Re\sqrt{\lambda}} \qquad (1-72)$$

式中　δ——层流底层厚度，mm；
　　　d——管径，mm；
　　　Re——雷诺数；
　　　λ——摩擦阻力系数。

当 Re 值较小时，层流底层 δ 较厚，以致管壁的粗糙度 ε 完全被层流底层 δ 所覆盖（图 1-40a），所以管壁的粗糙度 ε 并不影响主流，反映在相对粗糙度或相对光滑度对 λ 无影响。当 Re 很小以致层流底层扩展到整个管道截面，则管内就是层流状态了。

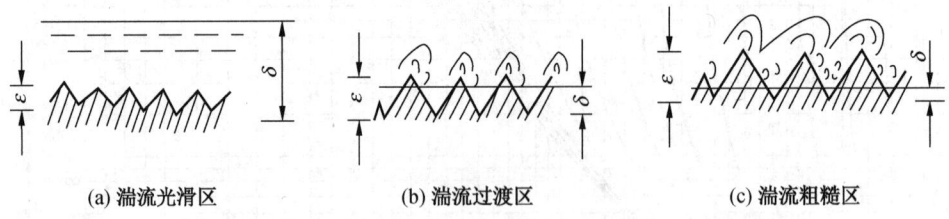

(a) 湍流光滑区　　　(b) 湍流过渡区　　　(c) 湍流粗糙区

图 1-40　管壁粗糙度对层流底层的影响

工程上的管道不是绝对光滑的，但对一定粗糙度的管道而言，如果其粗糙度 $\varepsilon < \delta$ 时，就称为水力光滑管。水力光滑管的 λ 值仅与 Re 有关，如图 1-39 中的"光滑管区"，此时摩擦阻力系数 $\lambda = \dfrac{0.3163}{Re^{0.25}}$。

随着 Re 的增大，δ 不断变薄，到 $\varepsilon > \delta$ 时管道的粗糙度 ε 直接与核心主流接触，如图 1-40b 所示。这时湍流的阻力不仅是管壁的摩擦作用，还有管壁突出物的撞击作用，反映

在摩擦阻力系数 λ 不仅与 Re 有关还与相对粗糙度 $\dfrac{\varepsilon}{d}$ 有关。

当 Re 值很大，层流底层 δ 已很薄，以致管壁粗糙度 ε 几乎已全部露出层流底层与核心湍流相接触，在管壁上引起流体分离，产生旋涡（图1-40c），Re 的进一步增大，对阻力已不产生影响时，摩擦阻力系数 λ 就与 Re 无关，仅与 $\dfrac{\varepsilon}{d}$ 有关。$\dfrac{\varepsilon}{d}$ 一定时，λ 就成为常数。

除图1-39外，还可用表1-8查出摩擦阻力系数 λ。

表1-8 摩擦阻力系数 λ（Re 值在 $10^5 \sim 10^8$ 范围）与管壁粗糙度 ε 的关系

公称直径 D_g/mm	管道实际内径 d/mm	绝对粗糙度 ε/mm						
		$\varepsilon=0.1$	$\varepsilon=0.15$	$\varepsilon=0.20$	$\varepsilon=0.30$	$\varepsilon=0.50$	$\varepsilon=1.0$	$\varepsilon=2.0$
10	12.5	0.0379	0.0437	0.0488	0.0572	0.0714	0.101	0.155
15	15.75	0.0322	0.0379	0.0419	0.0488	0.0599	0.0819	0.120
20	21.25	0.0304	0.0346	0.0379	0.0438	0.0532	0.0714	0.101
25	27	0.02941	0.0321	0.0352	0.0395	0.0485	0.0645	0.0893
32	35.75	0.0264	0.0297	0.0325	0.0371	0.0442	0.0581	0.0793
40	41	0.0249	0.0279	0.0304	0.0345	0.0408	0.0532	0.0714
50	50（53）	0.0234	0.0262	0.0284	0.0321	0.0379	0.0485	0.0645
70	68	0.0215	0.0238	0.0258	0.0290	0.0339	0.0447	0.0559
80	81	0.0207	0.02304	0.025	0.0279	0.0325	0.0408	0.0532
100	100	0.0196	0.02174	0.0234	0.0262	0.0304	0，0379	0.0485
125	125	0.0191	0.0205	0.0222	0.0246	0.0284	0.0352	0.0446
150	150	0.0178	0.0196	0.0211	0.0234	0.0270	0.0332	0.0418
200	207	0.0167	0.0183	0.0196	0.0217	0.0249	0.0304	0.0379
250	259	0.0159	0.0174	0.0186	0.0203	0.0231	0.0384	0.0352
300	313	0.0153	0.0167	0.0178	0.0196	0.0223	0.0270	0.0332
350	357	0.0148	0.0161	0.0172	0.0187	0.0215	0.0258	0.0316
400	408	0.0144	0.0156	0.0167	0.0183	0.0207	0.0249	0.0304
450	450	0.0140	0.0153	0，0164	0.0179	0.0201	0.0240	0.0293
500	511	0.01372	0.0149	0.0159	0.0174	0.0196	0.0234	0.0284

在一般工程计算中，也可近似选用下列数值：

对光滑的金属管道：$\lambda = \dfrac{0.32}{Re^{0.25}}$，粗略计算时，取 $\lambda = 0.02 \sim 0.025$；

对轻微氧化的金属管道：$\lambda = \dfrac{0.129}{Re^{0.12}}$，粗略计算时，取 $\lambda = 0.035 \sim 0.04$；

对有锈的金属管道：$\lambda = 0.045$；

对砖砌管道和混凝土管道：$\lambda = \dfrac{0.175}{Re^{0.12}}$，粗略计算时，取 $\lambda = 0.045 \sim 0.05$。

低压气体在非圆管中不等温流过时，其摩擦阻力采用下式比较方便：

$$h_\mathrm{f} = \lambda \frac{l}{d_\mathrm{e}} \cdot \frac{\omega^2}{2} \cdot \rho = \lambda \cdot \frac{l}{d_\mathrm{e}} \cdot \frac{\omega_0^2}{2} \cdot \rho_0(1+\beta t_\mathrm{m})$$

式中　　d_e——当量直径，m；

$\quad\quad\quad\omega_0$——标态流速，Bm/s；

$\quad\quad\quad\rho_0$——标态密度，kg/Bm³；

$\quad\quad\quad t_\mathrm{m}$——平均温度，℃；

$\quad\quad\quad l$——管长，m。

【例 1-17】　内径 $d = 50$ mm 的镀锌钢管，管长 $l = 300$ m，20 ℃的清水以 $Q = 20$ m³/h 的流量流经该管。

试求：①摩擦阻力；②若允许水头损失为 5mH₂O，上述管径是否适合？如不适合，试选用合适的管径。

解　水在 20 ℃时的黏度 $\mu \approx 0.001$ Pa·s，水在管中的流速为

$$\omega = \frac{Q}{F} = \frac{\dfrac{20}{3600}}{\dfrac{\pi}{4} \times (0.05)^2} = 2.834 (\mathrm{m/s})$$

$$Re = \frac{d \cdot \omega \cdot \rho}{\mu} = \frac{0.05 \times 2.834 \times 1000}{0.001} = 1.42 \times 10^5$$

由表 1-7 查得镀锌钢管的粗糙度 $\varepsilon = 0.1 \sim 0.2$，取中间值 0.15。由 $d = 50$ mm 及 $\varepsilon \approx 0.15$ 在表 1-8 中查得 $\lambda = 0.0262$，因给出的允许损失是水柱，故摩擦阻力可改写成单位质量流体的摩擦损失计算式：$h'_\mathrm{f} = \dfrac{h_\mathrm{f}}{r} = \lambda \dfrac{l}{d} \cdot \dfrac{\omega^2}{2g} = 0.0262 \times \dfrac{300}{0.05} \times \dfrac{(2.83)^2}{19.6} \approx 64.2 (\mathrm{m_{H_2O}})$

所求得的摩擦损失远大于允许值，说明管径太小，现改用 $d = 81$ mm 的管径。水流速为

$$\omega = \frac{\dfrac{20}{3600}}{\dfrac{\pi}{4} \times (0.081)^2} = 1.08 (\mathrm{m/s})$$

由表 1-8 查出 $\lambda = 0.02304$，则

$$h'_\mathrm{f} = \frac{h_\mathrm{f}}{r} = \lambda \frac{l}{d} \cdot \frac{\omega^2}{2g} = 0.02304 \times \frac{300}{0.081} \times \frac{(1.08)^2}{19.6} \approx 5 (\mathrm{m_{H_2O}})$$

计算结果符合要求，所选的管径合适。

【例 1-18】　标态流量 $Q_0 = 7$ Bm³/s，平均温度 $t_\mathrm{m} = 470$ ℃的热烟气通过截面积 $F =$

3.07 m², 长为 300 m, 当量直径 $d_e = 1.74$ m 的烟道, 烟气标态密度 $\rho_0 = 1.33$ kg/Bm³, 求摩擦阻力。

解 烟气的标态流速为

$$\omega_0 = \frac{Q_0}{F} = \frac{7}{3.07} = 2.28(\text{Bm/s})$$

取摩擦阻力系数 $\lambda \approx 0.05$（砖砌烟道）

$$h_f = \lambda \frac{l}{d_e} \cdot \frac{\omega_0^2}{2} \rho_0 (1 + \beta t_m) = 0.05 \times \frac{300}{1.74} \times \frac{(2.28)^2}{2} \times 1.33 \times \left(1 + \frac{470}{273}\right) = 81.107(\text{Pa})$$

【**例 1-19**】 热烟气以 7.5 m³/s 的流量通过截面尺寸为 1.5 m × 2.0 m 的砖砌烟道, 烟气的平均温度为 420 ℃, 标态密度为 1.32 kg/Bm³, 求烟气通过 25 m 长烟道的摩擦阻力损失（烟道内烟气的绝对压力接近大气压）。

解 烟气的标态流速为

$$\omega_0 = \frac{Q}{F} = \frac{7.5}{1.5 \times 2.0} = 2.5(\text{m/s})$$

烟气的工况流速: $\omega_t = \omega_0 \dfrac{273 + t}{273} = 2.5 \times \dfrac{273 + 420}{273} = 6.35(\text{m/s})$

烟气的工况密度: $\rho_t = \rho_0 \dfrac{273}{273 + t} = 1.32 \times \dfrac{273}{273 + 420} = 0.52(\text{kg/m}^3)$

烟道的当量直径: $d_e = \dfrac{2ab}{a + b} = \dfrac{2 \times 1.5 \times 2.0}{1.5 + 2.0} = 1.71(\text{m})$

烟气的黏度: $\mu = 1.578 \times 10^{-5} \left(\dfrac{273 + C}{T + C}\right) \left(\dfrac{T}{273}\right)^{\frac{3}{2}}$

$$= 1.578 \times 10^{-5} \left(\frac{273 + 173}{693 + 173}\right) \left(\frac{693}{273}\right)^{\frac{3}{2}}$$

$$= 3.29 \times 10^{-5}(\text{Pa} \cdot \text{s})$$

雷诺数: $Re = \dfrac{\omega_t \cdot \rho_t \cdot d_e}{\mu} = \dfrac{6.35 \times 0.52 \times 1.71}{3.29 \times 10^{-5}} = 1.72 \times 10^5$

摩擦阻力系数: $\lambda = \dfrac{0.175}{Re^{0.12}} = \dfrac{0.175}{(1.72 \times 10^5)^{0.12}} = 0.04$（砖砌烟道）

摩擦阻力损失:

$$h_f = \lambda \frac{l}{d_e} \cdot \frac{\rho_t \cdot \omega_t^2}{2} = 0.04 \times \frac{25}{1.71} \times \frac{0.52 \times (6.35)^2}{2} = 6.13(\text{Pa})$$

二、局部阻力损失

1. 局部阻力的计算式

局部阻力损失通常用下式计算:

► 热 工 基 础

$$h_l = \xi \frac{\rho \omega^2}{2} \quad (1-73)$$

式中　h_l——局部阻力损失，Pa；
　　　ω——流体的平均速度，m/s；
　　　ρ——流体的密度，kg/m³；
　　　ξ——局部阻力系数。

由上式可知，局部阻力损失与动压头成正比，与局部阻力系数 ξ 有关。

局部阻力系数 ξ 值除少数可以用流体力学公式推导出外，绝大多数是根据实验求得的。在层流时，局部阻力系数可用下式表示：

$$\xi = \frac{B}{Re^{0.285}} \quad (1-74)$$

式中 B 是随管件而定的常数，由实验获得，对球心阀（全开）$B=48.8$；角阀（全开）$B=21.7$；90°弯头 $B=16.3$；三通 $B=32.5$。

2. 常用的局部阻力系数

工程中的流体运动大多是湍流，湍流时的局部阻力系数是由管件性质而定的常数。下面介绍几种常遇到的局部阻力系数的求法。

1）突然扩大

突然扩大，如图 1-41（a）所示。

$$\xi = \left(1 - \frac{F_1}{F_2}\right)^2$$

式中 F_1 和 F_2 代表小管及大管的截面积（m²）。

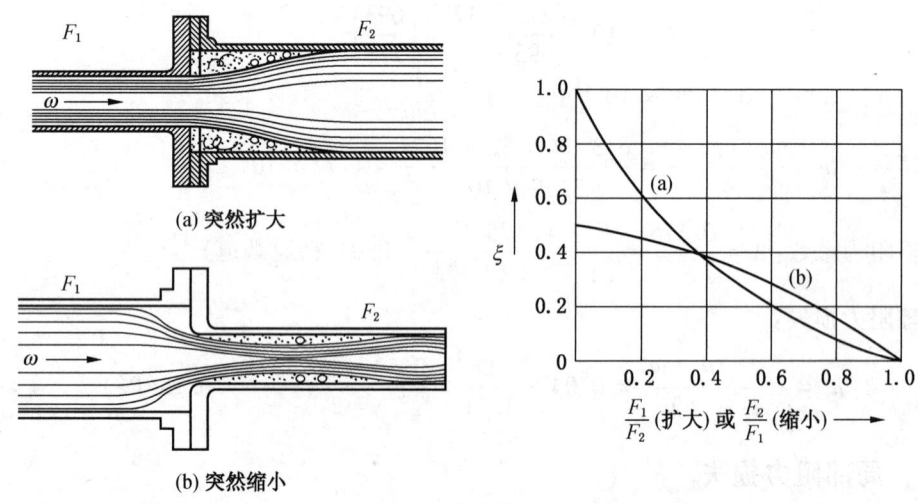

图 1-41　突然扩大和突然缩小的局部阻力系数

2) 突然缩小

突然缩小,如图1-41(b)所示。

$$\xi = 0.5\left(1 - \frac{F_2}{F_1}\right)$$

3) 流进与流出

流进是指流体从设备进入管道,流出是指流体从管道流到设备或空间。

流体由设备流入管内,实质上是截面突然缩小,一般设备截面积比管道截面积大得多,故 $F_2/F_1 \approx 0$,由图1-41查得 $\xi = 0.5$,这种损失称为进口损失,相应的阻力系数称为进口阻力系数。若管道进口制成喇叭状或圆滑管口,阻力系数可以减至0.05～0.25。

流体由管道流入设备或空间,实质上是截面积突然扩大,一般设备或空间的截面积比管道截面积大得多,故 $F_1/F_2 \approx 0$,由图1-41查得 $\xi = 1$,这种损失称为出口损失,相应的阻力系数称为出口阻力系数。流体从很大空间流入管道,进口时的局部阻力系数与管道进口处的形状有关,如图1-42所示。

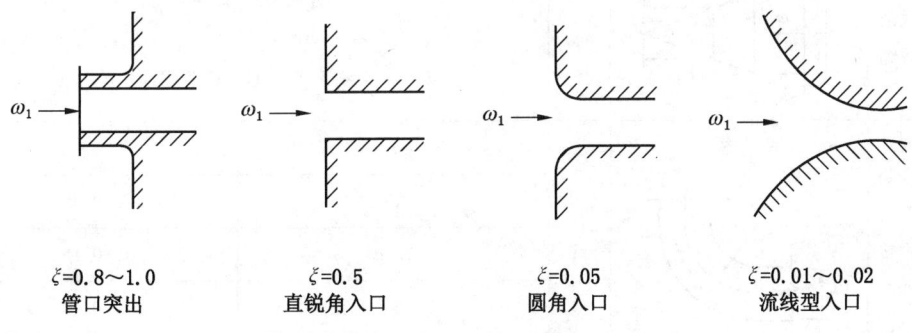

$\xi = 0.8 \sim 1.0$　　$\xi = 0.5$　　$\xi = 0.05$　　$\xi = 0.01 \sim 0.02$
管口突出　　直锐角入口　　圆角入口　　流线型入口

图1-42 管道入口的局部阻力系数

流体从管道直接排放到管外空间时,管道出口内侧截面上的压强可以取管外空间的压强。应当指出,若出口截面处在管道出口的内侧,表示流体未离开管路,截面上仍具有动能,出口损失不应计入系统的总能量损失内,即 $\xi = 0$;若截面处在管道出口的外侧,表示流体已经离开管路,截面上的动能为零,但出口损失应当计入系统的总能量损失内,此时 $\xi = 1$。

在设计管道时,应尽可能地减少管路中局部扩大、收缩和拐弯的次数,避免突然扩大、缩小和急转弯,以减少涡流,降低局部阻力损失。通常在工业窑炉的烟道或通风管中,当管径较大、管长较小及拐弯较多时,往往局部阻力损失占主要地位。而在较细长的直管中,管道的摩擦阻力损失占主要地位。表1-9为常用的局部阻力系数值,供参考选用。

▶热工基础

表1-9 局部阻力系数

序号	名称	简图	计算速度	阻力系数				
1	突然扩大		ω_1	$\xi = \left(1 - \dfrac{F_1}{F_2}\right)^2$				
2	逐渐扩大		ω_1	$\xi = \left(1 - \dfrac{F_1}{F_2}\right)^2 \sin\alpha$				
3	突然收缩		ω_2	$\xi = 0.5\left[1 - \left(\dfrac{F_2}{F_1}\right)^2\right]$				
4	逐渐收缩		ω_2	$\alpha \leq 20°$ 时，$\xi = 0$；$\alpha = 20° \sim 45°$ 时，$\xi = 0.1$；$\alpha > 45°$ 时，按突然收缩计算 ξ				
5	在圆弯头中转90°弯		ω	r: d, $1.5d$, $3d$, $\geq 5d$ ； ξ: 0.35, 0.15, 0.10, 0.06				
6	矩形截面的管子用插板阀		ω	h/d	0.1	0.2	0.3	0.4	0.5
				ξ	19.3	44.5	17.8	8.12	4.02
				h/d	0.6	0.7	0.8	0.9	1.0
				ξ	2.08	0.95	0.39	0.09	0.0
7	圆形截面的管子用插板阀		ω	h/d	0.125	0.2	0.3	0.4	0.5
				ξ	97.7	35.0	10.0	4.60	2.06
				h/d	0.6	0.7	0.8	0.9	1.0
				ξ	2.08	0.95	0.39	0.09	0.0

表1-9（续）

序号	名称	简图	计算速度	阻力系数						
8	蝶形阀		ω	φ		5°	10°	15°	20°	25°	30°
				ξ	矩形截面	0.28	0.45	0.77	1.34	2.16	3.54
					圆截面	0.24	0.52	0.96	1.54	2.51	3.91
				φ		40°	50°	60°	70°	80°	90°
				ξ	矩形截面	9.3	24.9	77.4	158	368	∞
					圆截面	10.8	32.6	118	256	751	∞
9	90°标准弯头		ω	$\xi = 0.75$							
10	45°标准弯头		ω	$\xi = 0.35$							

【例1-20】 密度为1.32 kg/m³ 的气体，流过如图1-43所示的突然扩大管段。已知：$F_1 = 1.5 \text{ m}^2$，$F_2 = 3.0 \text{ m}^2$，通过管段的气体流量为10 m³/s，求其局部阻力损失。

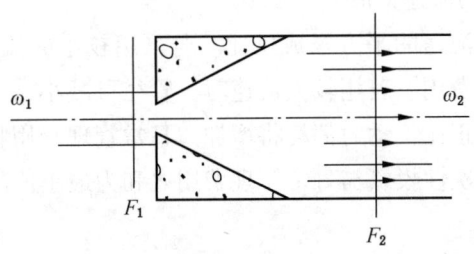

图1-43 【例1-20】示意图

解 查表得突然扩大管段局部阻力系数公式为

$$\xi = \left(1 - \frac{F_1}{F_2}\right)^2 = \left(1 - \frac{1.5}{3.0}\right)^2 = 0.25$$

局部阻力为

$$h_l = \xi \frac{\rho \omega^2}{2}$$

在计算局部阻力损失时，上式中的 ω 为扩大前速度较大的数值 ω_1。

由已知条件得：
$$\omega_1 = \frac{Q}{F_1} = \frac{10}{1.5} = 6.67 (\text{m/s})$$

则
$$h_l = \xi \frac{\rho \omega^2}{2} = 0.25 \times \frac{1.32 \times 6.67^2}{2} = 7.34 (\text{Pa})$$

3. 流体流动的总阻力

流体流动的总阻力为摩擦阻力与局部阻力之和，即

$$\sum h_L = h_f + \sum h_l = \left(\lambda \frac{l}{d} + \sum \xi\right) \frac{\rho \omega^2}{2} \tag{1-75}$$

式中　　$\sum h_L$——流体流动的总阻力；

h_f——管路中的总摩擦阻力；

$\sum h_l$——管路中总局部阻力之和。

三、管路计算

1. 经济流速

工程上常遇到根据已知流量来确定管道直径的问题。根据流量与流速的关系，可用下式计算：

$$d = \sqrt{\frac{4Q}{\pi \omega}} \tag{1-76}$$

式中　　Q——流体的体积流量，m^3/s；

ω——流体在管内的流速，m/s。

由上式可知，管径与流速的平方根成反比。若采用较小的流速时，需要较大的管径，这就需要增加管材和施工费用。若用较大流速时，管径可减小，一次性投资可减少，但流体阻力损失与流速平方成正比，动力消耗将增加，日常管理费用将增加。因此，从经济角度来看，应选用一个使一次性投资与日常管理费用之和为最小值的流速才合理，这样的流速称为经济流速。

若用 C 代表一次投资费用，x 代表每年的管理费用，n 代表管路设计使用年限（一般为15年左右），E 代表管路设计年限内的总费用，则有：

$$E = C + nx \tag{1-77}$$

上述三种费用与流速的关系如图1-44所示。

图中总费用曲线最低点的流速 ω_e 就是经济流速。显然经济流速 ω_e 并不是一个常数，而是与管材价格、施工费用、能源价格、管网结构、流体性质乃至生产工艺要求等因素有关。因此要完整地确定一个真实的经济流速是比较复杂的，要根据具体情况进行综合分析

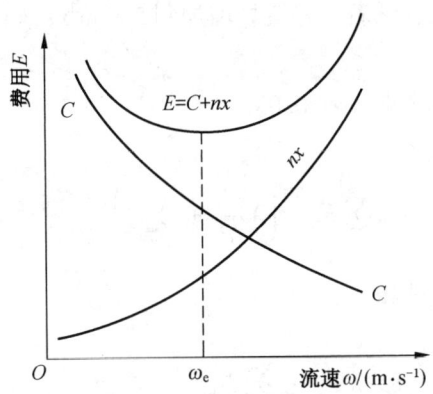

图 1-44 流速与费用的关系

而获得。工程上采用的所谓的经济流速实际上是一些经验的和近似的平均值。在给排水工程中，管径在 200 mm 以下时，采用流速为 0.6~0.8 m/s；管径在 200 mm 以上时，采用流速为 0.8~1.2 m/s；对一般车间非主干管道工业给水，可采用 1.5~3 m/s；重油在管道中的流速为 0.3~0.7 m/s；压缩空气及一般通风采用流速 15~20 m/s；窑炉系统中烟道气体采用流速 3~4 m/s。

2. 简单管路的计算

管路计算实际上是连续性方程、伯努利方程以及能量损失计算式的具体运用。由于已知量与未知量情况不同，计算方法也随之改变。

简单管路是指管路由管材、管件、阀件等按一定方式连接而成的供流体流动或输送的设施，从进口到出口，没有分支，管径不变。对简单管路的两端列伯努利方程：

$$p_1 + \frac{1}{2}\rho\omega_1^2 + \rho g z_1 = p_2 + \frac{1}{2}\rho\omega_2^2 + \rho g z_2 + \sum h$$

因为管径不变 $\omega_1 = \omega_2 = \omega$，上式可写成：

$$p_1 + \rho g z_1 = p_2 + \rho g z_2 + \sum h$$

其中

$$\sum h = \left(\lambda \frac{l}{d} + \sum \xi\right)\frac{\rho\omega^2}{2} \tag{1-78}$$

上式说明，管路总阻力为直管阻力与局部阻力之和，它与管内流速或体积流量的平方成正比。简单管路的计算，可以解决以下三种情况，现分别介绍如下。

(1) 已知流量 Q、管径 d 和管路阻力系数 λ 和 $\sum \xi$，计算流体通过管路的阻力损失 $\sum h_L$。

【例 1-21】 20 ℃ 的低压空气流过内径 420 mm，长 60 m 的光滑金属管道，空气流量为 4.0 m³/s，局部阻力系数 $\sum \xi = 2.5$。

求:①管道的阻力损失;②若要将流量增加到 5.0 m³/s,而保持阻力不变,应选用多大的管径?

解 ①对于光滑金属管选取 $\lambda \approx 0.03$。

根据式(1-78)有:

$$\sum h_L = \left(\lambda \frac{l}{d} + \sum \xi\right) \frac{\rho \omega^2}{2}$$

将 $\omega = \frac{Q}{F} = \frac{4Q}{\pi d^2}$ 代入上式得:

$$\sum h_L = \frac{8\rho \left(\lambda \frac{l}{d} + \sum \xi\right)}{\pi^2 d^4} Q^2$$

$$= \frac{8 \times 1.2 \times \left(0.03 \times \frac{60}{0.42} + 2.5\right)}{3.14^2 \times 0.42^4} \times 4.0^2$$

$$= 3397.27 \text{ (Pa)}$$

②当 $Q = 5.0 \text{ m}^3/\text{s}$,$\sum h_L = 3397.29$ Pa 时:

$$\sum h_L = \frac{8\rho \left(\lambda \frac{l}{d} + \sum \xi\right)}{\pi^2 d^4} V^2 = \frac{8 \times 1.20 \times \left(0.03 \times \frac{60}{d} + 2.5\right)}{\pi^2 \times d^4} \times 5.0^2 = 3397.27$$

整理后得:$\frac{1.8}{d} + 2.5 = 139.57 d^4$。

用试凑法求得:$d = 0.462$ m。

(2) 已知管长 l、流量 Q、允许的阻力损失 $\sum h_L$,求管径 d。

这类问题较为复杂,由于管径未知,因而无法计算流速 ω、雷诺数 Re 和摩擦阻力系数 λ。在这种情况下,工程计算中常采用试差法求解。具体做法如下:

已知 l、Q、h_f、ρ、ω,求 d。由于

$$h_f = \lambda \frac{l}{d} \frac{\rho \omega^2}{2} \tag{1}$$

$$\omega = \frac{Q}{0.785 d^2} \tag{2}$$

将式(2)代入式(1)得

$$h_f = \lambda \frac{l}{d} \frac{\rho}{2} \left(\frac{Q}{0.785 d^2}\right)^2 \tag{3}$$

式(3)中 λ、d 均不知。可设一个 $\lambda_{设}$($\lambda_{设}$ 在 0.01~0.03 之间),代入式(3)计算得 d,由 d 计算得 ω,由 ω 计算得 Re,又由 Re 求得 λ,比较 $\lambda_{设}$ 与 $\lambda_{求}$,如果非常接近,则问题已经解决;如果相差较大,则重新设定 $\lambda_{设}$,再重复上述步骤,看 $\lambda_{设}$ 是否与 $\lambda_{求}$ 一

致,直至满足要求为止。

【**例 1-22**】 输水光滑管长 100 m,输水量为 27 m³/h,允许的阻力损失 h_f = 4 m 水柱,取 $\mu = 1.0 \times 10^{-3}$, $\rho = 1000$ kg/m³,求 d。

解
$$h_f = \lambda \frac{l}{d} \frac{\rho \omega^2}{2} \tag{1}$$

$$\omega = \frac{Q}{0.785 d^2} \tag{2}$$

将式 (2) 代入式 (1),并将 h_f、Q、l 的数值代入并化简得:

$$4 \times 19.62 d^2 = 9.13 \times 10^{-3} \lambda \tag{3}$$

设 $\lambda_{1设} = 0.02$,代入式 (3) 得: $d_1 = 74$ mm。

将 $d_1 = 74$ mm 代入式 (2) 得:$\omega = 1.75$ m/s。

将 $\omega = 1.75$ m/s 代入 $Re = \frac{d\omega\rho}{\mu}$ 得:$Re_1 = 1.29 \times 10^5$。

将 Re_1 的值代入 $\lambda = \frac{0.32}{Re^{0.25}}$ 得,$\lambda_{1求} = 0.018$。

显然 $\lambda_{1设} \neq \lambda_{1求}$,需重新设定 λ。从趋势上看,所设值偏大。

再设 $\lambda_{2设} = 0.018$,重复前述步骤得:$d_2 = 73$ mm,$\omega_2 = 1.79$ m/s,$Re_2 = 1.3 \times 10^5$。$\lambda_{2求} = 0.018$,显然 $\lambda_{2设} = \lambda_{2求}$。

故此题答案为 $d = 73$ mm。

(3) 已知管径 d、管长 l、允许的阻力损失 h_f,求流体的流速或流量。

这种情况与前述 (2) 类似,由于流量未知,无法计算流速,也就不能计算 Re 以及摩擦阻力系数 λ,故也只能用试差法。读者可参考【例 1-22】自行求证。

3. 管路的串联与并联

1) 串联管路

由不同管径的管道首尾相连构成的管路,叫串联管路,如图 1-45 所示。

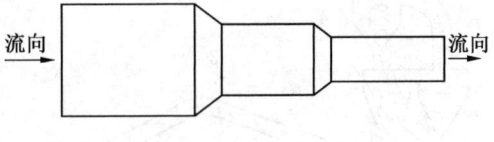

图 1-45 串联管路

串联管路中流体流动的总阻力为各管段阻力之和,即:

$$\sum h_L = h_{f1} + h_{f2} + \cdots + h_{fn} \tag{1-79}$$

串联管道中无流体加入或排出,各管段流量相等,即:

$$Q_1 = Q_2 = \cdots = Q_n \tag{1-80}$$

2) 并联管路

两根或两根以上的管道在同一处分开,又在另一处汇合,构成并联管道,如图1-46所示。

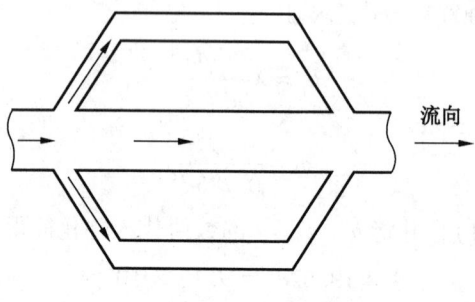

图1-46 并联管路

并联管路各支管的总阻力相等,即:

$$\sum h_{l1} = \sum h_{l2} = \sum h_{l3} = \cdots = \sum h_L \qquad (1-81)$$

并联管路总管流量等于各支管流量之和,即:

$$Q = Q_1 + Q_2 + \cdots + Q_n \qquad (1-82)$$

3) 硅酸盐工业中常见的串并联管路

水泥窑外分解系统中的回转窑与进分解炉的热风管便是一对并联管路,如图1-47所示。由于分解炉后面排风机的抽吸,使分解炉内产生负压,热气体分成两路进入分解炉,一路经回转窑,一路经热风管。由于回转窑比热风管的直径大,阻力较小,因此窑内风量往往偏大,常用窑尾缩口及闸板调节。

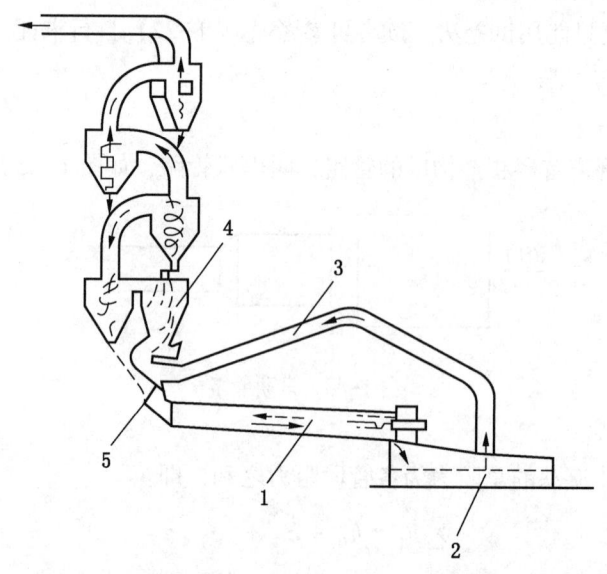

1—回转窑;2—篦冷机;3—三次风管;4—分解炉;5—窑尾缩口及阀板

图1-47 水泥窑外分解系统与三次风管的并联管路

项目一 流体力学基础

在通风除尘系统中往往是几个除尘点共用一台风机,各除尘点至收尘器之间的管道便组成并联管路,这时应根据工艺要求的风速、风量及管长设计风管直径,使各并联管路的总阻力相等(相差不大于10%)。如果各并联管路的阻力状况不一样,则阻力系数小的管路风量将过大;而阻力系数大的管路风量将过小,达不到收尘要求。

【例1-23】 有一通风除尘系统如图1-48所示,吸风罩吸入的空气温度为20 ℃,吸风管直径 d_1 = 320 mm,总长20 m,管内风速 ω_1 = 14 m/s,排风管直径 d_2 = 400 mm,总长8 m,风速 ω_2 = 9 m/s,求此收尘系统的流体阻力(不计灰尘的影响)。

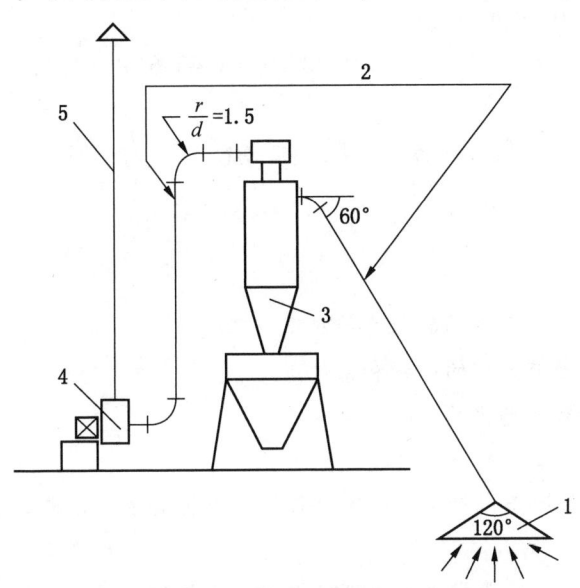

1—吸尘罩;2—吸风管;3—旋风收尘器;4—排风机;5—排风管

图1-48 【例1-23】示意图

解 20 ℃时空气的密度:

$$\rho = 1.293 \times \frac{273}{273 + 20} = 1.2 \text{ (kg/m}^3\text{)}$$

旋风收尘器的阻力根据其型号规格及入口风速查有关手册得1079 Pa。
查附录6及有关手册得:
吸尘罩的阻力系数 $\xi_1 = 0.2$
60°弯头的阻力系数 $\xi_2 = 0.55$
2个90°弯头的阻力系数 $\xi_3 = 0.15 \times 2 = 0.3$
烟囱帽的阻力系数 $\xi_4 = 0.65$
局部阻力损失

$$h_l = (\xi_1 + \xi_2 + \xi_3)\frac{\rho\omega_1^2}{2} + \xi_4\frac{\rho\omega_2^2}{2}$$

$$= (0.2 + 0.55 + 0.3)\frac{1.2 \times 14^2}{2} + 0.65 \times \frac{1.2 \times 9^2}{2} = 155.7(\text{Pa})$$

▶热 工 基 础

吸风管 $l_1 = 20$ m, $d_1 = 0.32$ m, $\omega_1 = 14$ m/s, 摩擦阻力系数 $\lambda_1 = 0.025$。
吸风管 $l_2 = 8$ m, $d_2 = 0.4$ m, $\omega_2 = 9$ m/s, 摩擦阻力系数 $\lambda_2 = 0.025$。
摩擦阻力损失:

$$h_f = \lambda_1 \frac{l_1}{d_1} \frac{\rho \omega_1^2}{2} + \lambda_2 \frac{l_2}{d_2} \frac{\rho \omega_2^2}{2}$$

$$= 0.025 \times \frac{20}{0.32} \times \frac{1.20 \times 14^2}{2} + 0.025 \times \frac{8}{0.4} \times \frac{1.2 \times 9^2}{2}$$

$$= 207.9(\text{Pa})$$

整个系统的总阻力 = 1079 + 155.7 + 207.9 = 1442.6(Pa)

任务五 颗粒流体力学

【任务目标】

知识目标：
(1) 了解颗粒在流体中运动的阻力特征及沉降速度。
(2) 理解固体颗粒流态化的过程和条件。
(3) 掌握固体颗粒流态化的参数。

能力目标：
能够运用固体颗粒流态化知识，稳定操作过程，提高生产效率。

情感目标：
通过本任务的学习，培养学生加强环境保护，增强防风固沙意识。

【任务描述】

大风裹挟着沙尘，漫天漂浮着黄土。自然界的危害现象，生产中却可以合理利用。本部分内容主要学习颗粒在流体中相对运动时的规律，学习固体颗粒流态化过程、原理，以及流化床的性质、优缺点等基础知识。

【任务知识】

颗粒流体力学是流体力学的一个分支，它主要研究两相流动，其中一相是均匀的流体，而另一相是颗粒状物体。颗粒流体力学的任务是研究颗粒在流体中相对运动时颗粒运动的方向、速度和阻力等运动规律。现代科学技术和工业生产中有很多领域涉及颗粒流体力学，如气象学中关于雨、雪、冰雹的形成和降落的研究等。在硅酸盐工业生产中玻璃液中气泡的排除、粉状或颗粒状物料的分选、物料的悬浮干燥和沸腾煅烧等都是颗粒流体力学研究的范畴。因此了解和掌握一些颗粒流体力学的基本知识，对于生产和管理有重要意义。

一、颗粒在流体中运动的阻力

颗粒与流体两相共存时，无论颗粒在静止的流体中运动，还是流动的流体从静止的颗粒间穿过，只要产生相对运动就有阻力存在。

下面以单个颗粒为研究对象，讨论其在流体中运动的阻力。

在流体中以分散状态存在的颗粒称为散粒。如果颗粒数量不太多，以致一个颗粒的运动完全不受其他颗粒影响，那么，讨论散粒在流体中的运动速度和阻力等，就可以从研究单独一个颗粒出发。

1. 阻力的特征和实质

实验表明，颗粒在流体中相对运动时所受到的阻力大小与颗粒的形状、大小、表面状况、流体性质以及相对速度的大小等因素有关。为简单起见，我们对一个球形颗粒与流体发生相对运动时产生阻力的实质和特征进行讨论。球形颗粒在流体中相对运动时阻力的形成有四种状态，如图 1-49 所示。

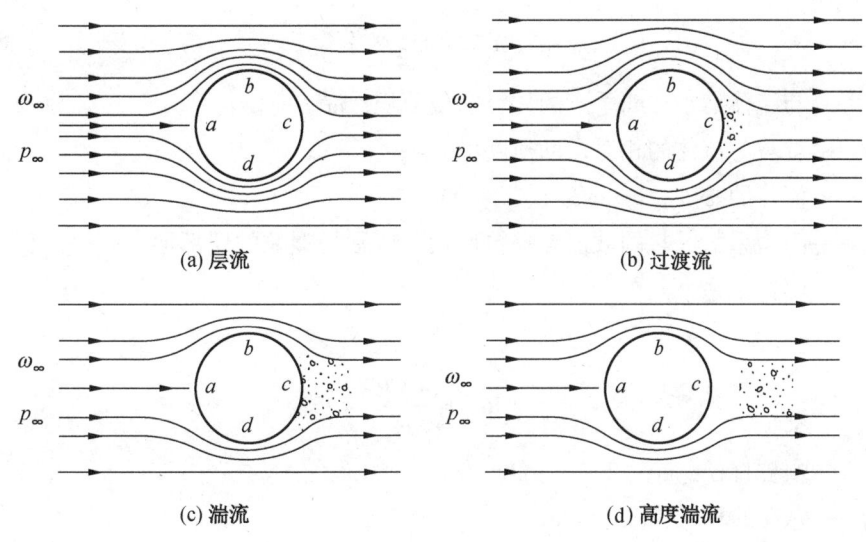

图 1-49 球形颗粒在流体中运动时的阻力状态

设颗粒不动，流体运动，在远离颗粒前方的流体速度和压强各为 ω_∞ 和 p_∞。当流体与颗粒接触时，在球形颗粒表面的 a 点处，流速为零，流体的动压头转换成静压头，因此 a 点的静压强 $p_a > p_\infty$；当流体的速度 ω_∞ 很小时，流体就由 a 点向上下两端沿 abc 和 adc 球面作层流流动，沿途有摩擦阻力存在，因此 c 点处流体的压强将小于 a 点的压强，即 $p_c < p_a$。如果不是流体在运动而是颗粒在运动时（两者是等效），可见压差 $p_a - p_c$ 将与颗粒运动方向相反，即起到阻止颗粒运动的作用，因此这个压差就称为"压力阻力"或"体形阻力"。

由此可知，颗粒在流体中作相对运动时，其阻力有摩擦阻力和压力阻力两种，这两种阻力各自在总阻力中所占的比例大小，与颗粒的形状有很大关系。当流速很小时，沿颗粒表面的流体边界层全是层流的情况下，流体沿颗粒表面的流动情况如图 1-49a 所示，此时，总的阻力很小，而且主要是摩擦阻力。当流体速度提高到某一程度时，在背向流动方向的颗粒表面，即 c 点附近会产生旋涡，如图 1-49b 所示。这是由于阻力的增加使 c 点的压强减小而主流在越过 b、d 点之后，因流体截面扩大，流速降低，压强增大而使主流与颗粒表面之间产生压强差。此压差使颗粒表面的流体不易被主流带走，当压差大到一定程度时会产生逆流而形成旋涡。这种情况表明，流动状态已从层流向湍流过渡。当流速进一步增大时，产生的旋涡数也增加，由于这些旋涡是不稳定的，很容易被主流带走，并带动颗粒表面的旋涡一起呈螺旋状随主流运动，如图 1-49c 所示。此时流动已呈湍流状态。当速度很大时，由于颗粒表面 c 点附近的边界层很薄，旋涡已远离颗粒表面，c 点的压强反而有所升高，如图 1-49d 所示。此时流动已属高度湍流状态。

2. 阻力的计算

颗粒在流体中作相对运动时所受到的阻力方向，垂直于运动方向的颗粒横截面，大小可用牛顿阻力公式计算：

$$f = \zeta F_p \frac{\omega^2}{2} \rho \tag{1-83}$$

式中　F_p——与流体运动方向垂直的颗粒的截面积，m^2；

　　　ω——颗粒与流体的相对运动速度，m/s；

　　　ρ——流体的密度，kg/m^3；

　　　ζ——阻力系数，它的数值与颗粒形状，特别是颗粒的尾部形态有关，且与 Re_p 有函数关系，其中

$$Re_p = \frac{d_p \omega \rho}{\mu}$$

式中　d_p——颗粒直径，m；

　　　ω——颗粒的相对速度，m/s；

　　　ρ——流体密度，kg/m^3；

　　　μ——流体黏度，Pa·s。

对于球形颗粒，实验得出的阻力系数大小，视 Re_p 值不同而异。

(1) $Re_p \leqslant 0.2$ 时，运动是层流状态：

$$\zeta = \frac{24}{Re_p} \tag{1-84}$$

代入式 (1-83) 得：

$$f = 3\pi\mu\omega d_p \tag{1-85}$$

层流时，球形颗粒的阻力与黏度、速度及颗粒直径的一次方成正比，此式称为斯托克斯定律。

(2) $500 \geqslant Re_p > 0.2$，运动是过渡区：

$$\zeta = \frac{18.5}{Re_p} \tag{1-86}$$

代入式（1-83）得：
$$f = 2.313\pi\mu^{0.6}\rho^{0.4}(\omega \cdot d_p)^{1.4} \tag{1-87}$$
此式称为中间定律。

(3) $150000 \geqslant Re_p > 500$，运动是湍流状态：$\zeta = 0.44$

代入式（1-83）得：
$$f = 0.055\pi\rho(\omega \cdot d_p)^2 \tag{1-88}$$
此式称为牛顿定律。

(4) $Re_p > 150000$，运动是高度湍流：$\zeta = 0.10$

代入式（1-83）得：
$$f = 0.0125\pi\rho(\omega \cdot d_p)^2 \tag{1-89}$$

这一区域属高度湍流区，这时边界层本身也变为湍流。这一区域在工业生产中一般很少遇到。

以上划分的几个区域以及相应的 $\zeta - Re_p$ 的关系式，是按不同的流动状态人为划分的。实际上，$\zeta - Re_p$ 的关系是一条连续曲线，各计算公式只适用于一定的雷诺数范围内，但又应当互相衔接。

二、颗粒在流体中的运动

颗粒在流体中作相对运动，是颗粒与流体及其他外力综合作用的结果。设有一理想状态表面光滑的球形颗粒，在静止流体中作自由沉降，亦即单一颗粒在无限广阔的流体空间内作相对运动，颗粒不会受到其他颗粒及容器壁的影响而作自由运动。实际上，在有限的流体空间内，当颗粒群的体积浓度较低，各颗粒之间既不直接也不通过流体间接地影响彼此的沉降时，也可以当作是自由沉降。

1. 颗粒的垂直沉降速度

颗粒在流体中作垂直沉降运动时，受到重力、流体的浮力和阻力三种力的作用，其中重力方向与沉降方向一致而浮力和阻力则相反。当合力大于零时，颗粒作加速运动，随着颗粒运动速度的增大，作用于颗粒的阻力也随之增大，使合力减少。当重力等于浮力与阻力之和，即合力为零时，颗粒就以等速沉降。此时颗粒的运动速度达最大值，称为沉降速度，用 $\omega_0(m/s)$ 表示。若令颗粒的体积为 $V_p(m^3)$，密度为 $\rho_p(kg/m^3)$，流体作用于颗粒的阻力为 $f(N)$。则颗粒在流体垂直沉降时，受到的合力为
$$\sum F = V_p\rho_p g - (V_p\rho g + f)$$
如上所述，当上式为零时，即：
$$f = V_p g(\rho_p - \rho) \tag{1-90}$$

颗粒的运动速度达最大值，即为沉降速度 ω_0，对球形颗粒有 $V_p = \frac{\pi}{6}d_p^3$，其中 d_p 为颗粒直径。将式（1-85）、式（1-87）、式（1-88）和式（1-89）分别代入式（1-90），便

▶ 热 工 基 础

得球形颗粒在静止流体中各种状态下的沉降速度:

(1) 在黏性区时为层流,即当 $Re_p \leqslant 0.2$ 时,有:

$$\omega_0 = \frac{g(\rho_p - \rho)d_p^2}{18\mu} = \frac{2g(\rho_p - \rho)R_p^2}{9\mu} \tag{1-91}$$

式中　　g——重力加速度,m/s²;
　　　　R_p——球形颗粒的半径,m;
　　　　μ——流体的黏度,Pa·s;
　　　　ρ——流体的密度,kg/m³。

上式是斯托克斯定律的又一种形式,它表明,当流体的黏度较大或颗粒很小时,颗粒的沉降速度 ω_0 与黏度成反比,而与颗粒直径的平方成正比。例如欲使玻璃液中气泡迅速排除,就应该使玻璃液保持高温,使玻璃液的黏度减小同时尽可能搅拌,使小气泡合并成大气泡。

(2) 在过渡区,即当 $500 \geqslant Re > 0.2$ 时,有:

$$\omega_0 = 0.153 \frac{[g(\rho_p - \rho)]^{0.71} \cdot d_p^{1.14}}{\mu^{0.43} \cdot \rho^{0.29}} \tag{1-92}$$

(3) 在湍流区,即 $150000 \geqslant Re > 500$ 时,有:

$$\omega_0 = 1.74 \sqrt{\frac{g(\rho_p - \rho)d_p}{\rho}} \tag{1-93}$$

(4) 在高度湍流区,即 $Re > 150000$ 时,有:

$$\omega_0 = 3.65 \sqrt{\frac{g(\rho_p - \rho)d_p}{\rho}} \tag{1-94}$$

这种情况在工业生产中很少遇到。

由以上讨论可知:当其他条件相同时,颗粒沉降速度与颗粒直径的关系是,在黏性区 ω_0 与 d_p^2 成正比,在过渡区 ω_0 与 $d_p^{1.14}$ 成正比,而在湍流区时 ω_0 与 $d_p^{0.5}$ 成正比,在双对数坐标图上可表示成三根不同斜率的折线,如图1-50所示。

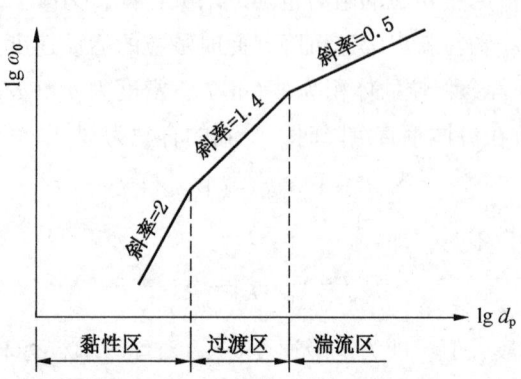

图1-50　颗粒沉降速度与颗粒直径的关系

实际的颗粒沉降速度因颗粒形状往往不是球形而与计算值不同,但只要各向的尺度相差不大,则实际颗粒的沉降速度与计算值的偏差一般为 20%~50%。实际的沉降速度与颗粒直径之间的关系可用实验测定。一般来说非球形颗粒的表面积比同体积圆球颗粒大,阻力也大,所以沉降速度比球形颗粒为小。

需要指出的是,要使用上述各式计算沉降速度,首先需要知道颗粒雷诺数 Re_p 的数值,可是 $Re_p = \dfrac{d_p \omega_0 \rho}{\mu}$ 中又包括待求的沉降速度值,所以在计算时需要用尝试误差法求解。即先根据颗粒尺寸的大小估计出颗粒沉降所属的范围,用公式计算出沉降速度,再用颗粒雷诺数 Re_p 校验结果是否正确。

在工业生产中常利用不同密度或不同粒径的颗粒按不同沉降速度的原理进行物料分级和收尘等。

颗粒水平运动时的沉降速度 ω_0' 与在静止流体中的沉降速度 ω_0 不同,若令流体的水平流速为 $\omega(\text{m/s})$,则颗粒在此流体中的沉降速度将是流体速度 ω 与流体静态时颗粒的沉降速度 ω_0 的矢量和。

【例 1-24】 已知石英的密度是 $\rho_p = 2650 \text{ kg/m}^3$,试求粒径在 52 μm 以下的石英砂在 20 ℃清水中的沉降速度,清水在 20 ℃时的黏度 $\mu = 10^{-3} \text{ Pa·s}$。

解 假设石英砂近似为球形,并在黏性区,则

$$\omega_0 = \frac{g(\rho_p - \rho)d_p^2}{18\mu} = \frac{9.80 \times (2650 - 1000)d_p^2}{18 \times 10^{-3}} = 899250 d_p^2$$

$$Re_p = \frac{d_p \omega_0 \rho}{\mu} = \frac{d_p \cdot 899250 d_p^2 \cdot \rho}{10^{-3}} \leq 0.2$$

即
$$d_p^3 \leq 2.224 \times 10^{-11}$$

$$d_p \leq 6.05 \times 10^{-4}(\text{m}) = 60.5(\mu\text{m})$$

即粒径小于 60.5 μm 的石英砂的沉降速度都可以用斯托克公式计算。如粒径为 20 μm 和 52 μm 石英砂的沉降速度分别为

20 μm:$\omega_0 = 899250(20 \times 10^{-6})^2 = 0.36 \times 10^{-3}(\text{m/s}) = 0.36(\text{mm/s})$

50 μm:$\omega_0 = 899250(52 \times 10^{-6})^2 = 2.43 \times 10^{-3}(\text{m/s}) = 2.43(\text{mm/s})$

2. 气力输送简介

如前所述,当流体的速度足够大时,粒状或粉状物料将随同流体一起运动。工业上利用这个原理,用空气在管道中输送粉状或粒状物料,称为风动输送或气力输送。气力输送的形式有吸入式和压出式两种,如图 1-51 所示。吸入式的特点是整个系统都是负压操作,即使管道不严密,也不会粉尘飞扬,有利于环境卫生,其缺点是输送物料的浓度较低,不能远距离输送,效率不高。压出式的整个系统都是正压,故要求管路严密,否则粉尘飞扬严重。压出式能长距离输送,效率较吸入式高。在气力输送系统中,按物料与空气的比例不同,又可分为高浓度输送和低浓度输送。前者输送物料量大,每小时可达数百吨,但压

▶热 工 基 础

降很大，需要的动力也大，要用压缩空气输送；后者输料量小，要求空气的压力也不高，输送轻物料时，用风扇吹动即可。根据空气流动是否连续，气力输送有连续式和脉冲式两种。

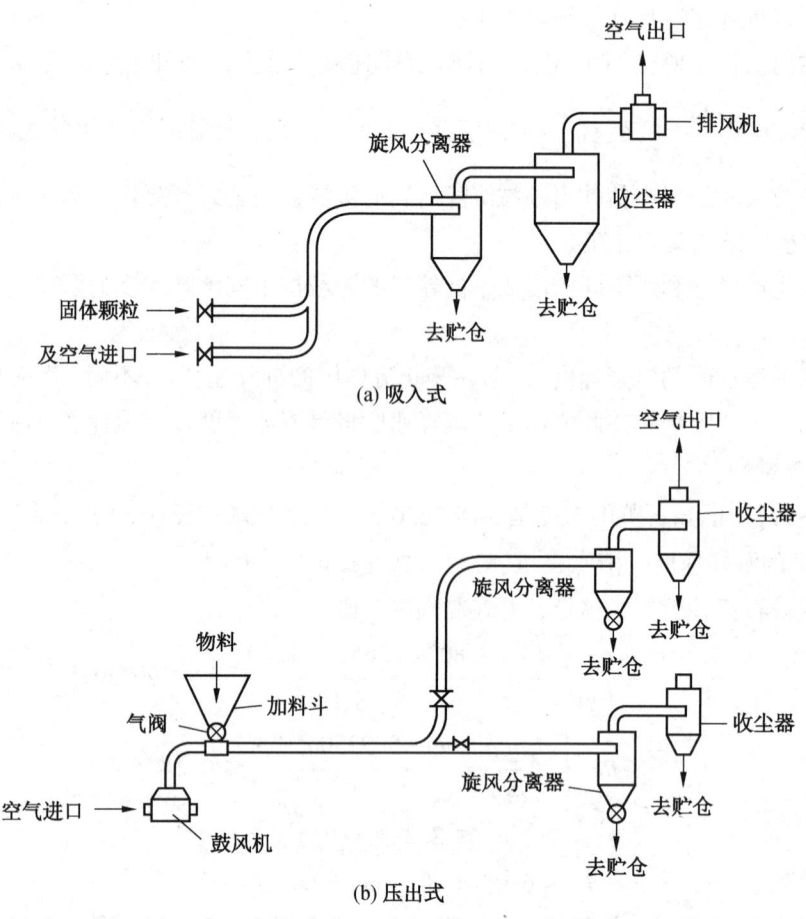

图 1-51 风动输送系统

常用气流速度一般为 20～30 m/s，也有高达 50 m/s 者，主要决定于输送方向是垂直的还是水平的。

气力输送的优点是在密闭的系统中工作，可避免粉尘飞扬；与机械设备输送相比，占地小且使用灵活，地点及方向等不受建筑的限制，其缺点是能耗较大且管壁磨损严重。

三、固体颗粒流态化

使固体颗粒与气体或液体混合使其变成类似流体状态的过程称为流态化。这一现象称为固体颗粒的流化状态。流态化在建材、化学、冶金、石油等工业中已广泛应用。在硅酸盐工业中，固体流态化已广泛应用于粉状物料的输送、生料粉的气力均化、窑外分解技术、悬浮煅烧以及流态化烘干等。

在此我们仅讨论用气体使固体颗粒流态化的原理和方法。

1. 固体颗粒流态化过程

固体流态化的形成过程，可通过图1-52所示实验装置的实验过程来说明。实验装置的结构如下：1为圆柱形容器，又称为流化管；2为多孔分布板，其上堆放固体颗粒，堆放在分布板上的固体颗粒层称为床层；3为流体（液体或气体）进口；4为流体出口；5为在床层底部与圆筒容器上部连接的"U"形压差计，以测定流体通过床层时的压降。当流体由流化管底部入口进入流化管，经分布板使其均匀分布后进入床层，随着流体流速增加，床层高度、床层阻力、床层中颗粒的运动状态随流体流速的变化而变化，表明固体颗粒的流态化可分为三个阶段，即固定床阶段、流化床阶段、流化输送阶段。现分别说明如下。

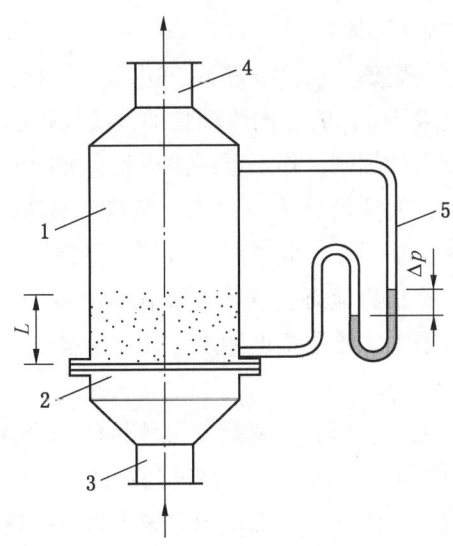

1—圆柱形容器；2—多孔分布板；3—流体进口；4—流体出口；5—压差计

图1-52 流态化过程实验装置

1) 固定床阶段

在流化过程中其床层高L、压降Δp与流速ω的关系如图1-53所示。所谓空管速度就是流体进入流化管的流量除以空管截面所得的速度，即流体沿流化管整个截面的平均流速，也称表观速度。当通过床层的流体流速较小时，固体颗粒静止不动，流体从固体颗粒之间的缝隙穿过。当流体速度在一定范围内增大时，固体颗粒之间的排列略有调整，但固体颗粒仍相互接触，床层高度没有明显变化，床层整体没有明显的运动，称为固定床阶段。固定床阶段的特点是床层孔隙率为一个常数，并且压力降随着流体流速的增加而增加。此阶段的特性如图1-53中的ab线段所示，图中表明在b点之前即为固定床阶段。

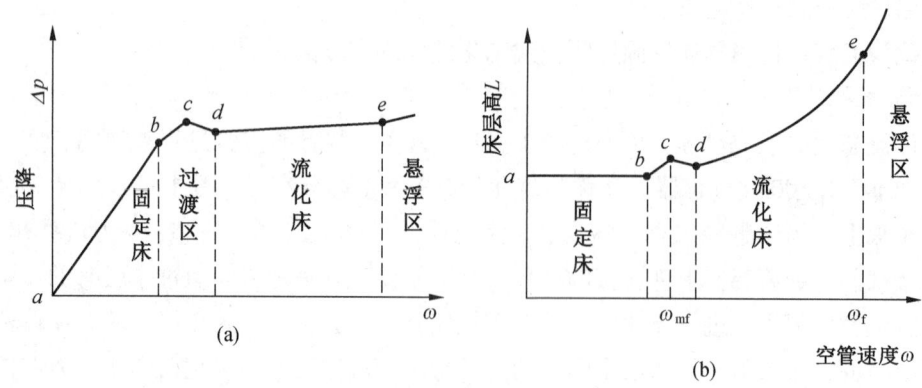

图 1-53 L、Δp 与 ω 的关系

2) 流化床阶段（又称沸腾床阶段）

当流体流速继续增加到一定值 ω_{mf}，如图 1-53 中的 c 点时，床层开始膨胀变松，但颗粒并未分开；当流体流速略大于 ω_{mf} 时，固体颗粒即被流体带起而悬浮于流体中；当流体流速继续增加时，床层颗粒运动加剧，作上下翻滚运动，如同液体在沸腾，但整个床层仍具有一个较清晰的床层表面，此床层称为流化床，又名沸腾床。图 1-53 中的 c 点则是固定床和流化床的分界点，叫作临界点。此点所具有的流体空管速度 ω_{mf} 是开始流化的最小速度，叫作下临界速度，或称临界流态化速度。流化床阶段的主要特点是在较大范围内，随表观流速的增加，孔隙率增大，床层高度随之上升，床层压降却不变，即不增加流体运动时所需功率。

临界速度与固体颗粒的大小、形状、密度、流体性质以及床层的流体力学条件有关。这个阶段的特性如图 1-53 中的 ce 线段，床层高度随流体流速的增加而上升，由于床层中固体颗粒的相互脱离空隙增大，使其压力降从固定床压力降的最大值略有下降，这种现象称为床层的"解锁"。其原因是床层从固定床转变为流化床时要克服固体颗粒的惯性和摩擦作用，一旦克服，压力降就减小，若气流速度继续增加，其压力降几乎保持不变，在这种情况下，流体的压降几乎完全由支持固体颗粒的重量而产生，而固体颗粒的重量不变时，流体的压降亦不变。这是流化床的特征之一。

3) 流化输送阶段

当流体流速继续增加，增大到相应颗粒的沉降速度 ω_f 时，床层上表面就消失了，并有大量夹带现象，即固体颗粒随流体从床层中流出，该速度称为流化床的上临界速度或极限速度。它是流态化状态的最大速度，若气流速度再提高，颗粒便悬浮起来，随气流流出，便成为气力输送状态。在工业上，利用这种性质进行流化输送粉状物料，即把固体颗粒和流体混合在一起，像流体一样用管道输送（如水泥厂的螺旋输送泵和仓式输送泵等输送粉状物料），所以此阶段称为流化输送阶段。图 1-53 中 e 点开始则为流化输送阶段，e 点所具有的流体空管速度则为流化床的极限速度，简称极限速度 ω_f。

显然，流化床的形成速度必须在临界速度 ω_{mf} 和极限速度 ω_f 之间。

上述流态化状态是一个理想状态，对于理想流化床来说可归结为以下几个特征：①有一个明显的临近流化点和临近流化速度，当流速达到 ω_{mf} 时，整个颗粒床层才开始流态化；②流化床层的压降为一个常数；③具有一个平稳的流态化上界面；④流化床层的孔隙率在任何流速下，都具有一个代表性的均匀值，并不因在流化床内的位置而变化。

2. 气体流化床的性质

气体流化床看起来非常像沸腾的液体，并在许多方面表现出类似液体的性质，如图1-54所示。气体流化床主要具有以下几个方面的性质：

（1）如一密度较小的物料压入床层，一旦松开，它就会弹起并浮在表面上，如图1-54a所示。

（2）当容器倾斜时床层上表面保持水平，如图1-54b所示。

（3）流化床能像液体那样从容器壁上的小孔喷出，如图1-54c所示。

（4）两个有小孔相连的容器，如果床层高度不同，流化床也能像液体一样从一个容器流入另一个容器，使床表面自动找平，如图1-54d所示。

（5）床层中任意两点间的压差大致等于这两点间床层高度所产生的静压力，如图1-54e所示。

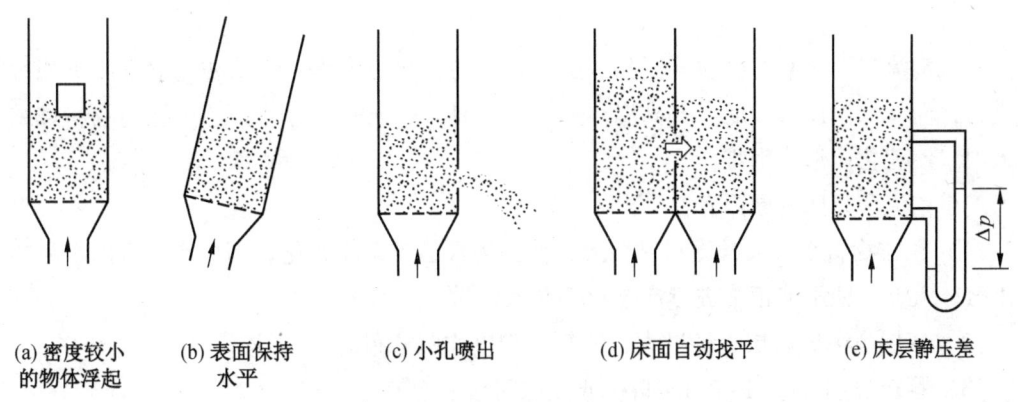

(a) 密度较小的物体浮起　(b) 表面保持水平　(c) 小孔喷出　(d) 床面自动找平　(e) 床层静压差

图1-54　气体流化床类似液体性质示意图

在工业上利用气体流化床这种类似液体的性质，可以设计出各种气体与固体的接触方式（如逆流、交叉流等），使固体颗粒像液体一样顺利地流动。在流动过程中，气固相紧密接触，增大接触面积，使物理化学反应过程加速进行，这就是固体颗粒流态化得以在工业上应用的最重要的性质。

3. 流化床的不正常现象

气固相流化床比较复杂，控制难度高，经常出现一些不正常现象，主要有沟流、死床和腾涌。

▶热 工 基 础

1) 沟流和死床

当气流速度已超过下临界速度时,颗粒仍未流态化,气流在颗粒间造成一条或多条缝隙,并从缝隙中流走,这种现象称沟流或缝流,如图 1-55a 所示。由于气体从沟缝流走,气体在床层截面上分布不均匀,使有的部分不能流化,仍处于颗粒堆积的固定床状态,这些尚未流化的部位称为死床。

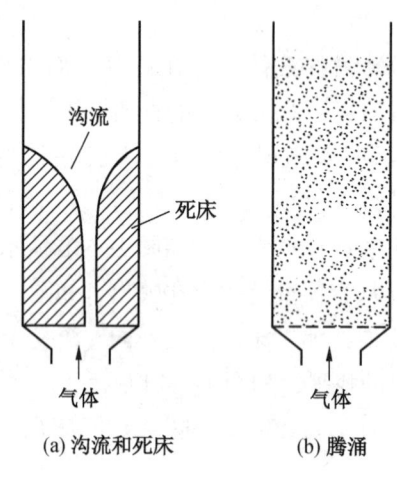

图 1-55 沟流和死床、腾涌

出现沟流或死床时,会使气固相接触不良,物相间的传热、传质和化学反应不能很好地进行,而降低了设备效能。如高温热处理物料时,死床或沟流部分还可能使物料烧结形成大块,使流化床形成困难。

产生沟流和死床的原因有:

(1) 颗粒物料水分大或物料黏性大,使固体颗粒难以流态化。不少水泥厂的生料粉由于水分较大,往往不能正常进行流态化搅拌或输送。

(2) 床层太薄或床层直径过大,使气流难以均匀分布。

(3) 颗粒过细 (0.01~0.1 mm) 或颗粒间松紧不匀。

(4) 分布器或流化管结构不合理,使气流分布不匀或气流速度过低等,使床层中产生沟流或死床。

2) 腾涌

在气固相流化床中,不可避免地会产生一些气泡,并在上升途中不断扩大,当床层高度足够高时,气泡可扩展到整个床层断面,使容器上部物料被大的气泡像活塞一样推向高处。这些气泡达到一定高度时才破裂,此时物料颗粒被抛至相当高处再落下,有时甚至被气泡截成若干段,这种现象叫作腾涌,又称截流或腾冲流态化,如图 1-55b 所示。

产生腾涌的原因是容器的直径太小或气流速度过大,使物料中的小气泡合并成大气泡,当气泡直径等于容器直径时,就会产生类似活塞的作用,将物料冲到高处,再分散落下。

产生腾涌时，床层阻力波动很大，床层很不稳定，同时温度分布不均匀，使物理化学反应难以正常进行。固体颗粒被严重磨蚀并被气流大量带出，严重时，设备零件也会被冲击而损坏。

实践证明：当固体颗粒过大，床层高度和直径之比过大，以及气流速度较高，均会导致腾涌产生。

4. 流化床的优缺点

流态化技术在工业生产中得到了广泛应用，因为它有很多优点，但也存在一些缺点。

1）主要优点

（1）固体颗粒直径很小，并且悬浮在流体介质中，与流体接触面积大。

（2）由于固体颗粒和流体介质间存在较强烈的相对运动，因此界面的传质和传热系数较大，提高了过程进行的速率。

（3）流化床内固体颗粒强烈搅动，使床层各处温度均一，不致有局部过热现象发生。

（4）颗粒如同液体一样可以平稳地流动，操作可以自动连续进行。

（5）设备较简单，基建费用较低。

2）主要缺点

（1）颗粒的位置难以确定，停留时间也不能一致而且易产生短路现象。

（2）床层容易产生不均匀现象，特别是气体流化床，气体容易形成大气泡通过床层，不与固体颗粒很好地接触，因此对设备结构设计和操作管理要求严格。

（3）新加入的固体颗粒和流体介质进入床层后，与原床层混合，降低了过程进行的平均推动力。可以采用多层流化床，使颗粒和流体介质逆向流动、分层接触，但这样设备结构和操作管理都复杂了。

（4）颗粒在运动中容易相互碰击而破碎，同时颗粒对器壁产生摩擦，容易使器壁磨损。

5. 流化床内的传热

1）流化床的床层温度

流化床内的床层温度无论在水平方向还是垂直方向上几乎都是均匀的。这一特征已被直径小到25 cm，大至9 m的流化床实测所证实。这是由于流化床内的流体一般为湍流流动，并且固体颗粒在流化床层中实际上具有相当大的循环速度，粒子发生强烈扰动的缘故。对于欲加热或冷却的固体颗粒，即使大量地加入流化床中，在稳定操作条件下其床层内的温度一般波动变化不大。因此在流化床内可以使所有粒子的温度保持在过程所需要的范围内，故适用于温度需要均一的反应过程或对于热敏感性物质的处理。此外流化床易于实现自动化，这就是流化床在工业上得到广泛应用的主要原因。例如在水泥煅烧的流化床分解炉（MFC）中，正常流化状态下床内温度均匀，很少出现局部过热、结皮或堵塞现象。

流化床热量传递的另一个特征是由于固体颗粒在气流中呈浮动状态，其传热面积相当大。流化床与器壁之间的传热系数不仅高于单相流体，而且还高于固定床与器壁之间的传热系数。另外，在流化床中还可以设置换热交换器，以供给或排出反应过程中的热量。床

▶ 热 工 基 础

层与热交换器之间的传热系数很大，一般在 120~700 W/(m²·℃)。对流化床的热量传递可作如下分析：①流体和固体颗粒间的传热；②床层内各点间的传热；③床层与固体壁间的传热。

结合水泥工业中流态化设备的特点，以下仅讨论气体和固体颗粒间的传热。

2) 气体和固体颗粒间的传热

如前所述，流化床内的温度是很均匀的，但是如果把不同温度的气体和固体颗粒加入流化床中，气体在刚离开分布板的很短距离内时其温度则会发生急剧变化，然后气体温度大致达到与固体颗粒的温度近似相等，如图 1-56 所示。图中显示流体和颗粒间的传热只是在分布板上很短的区域内进行，超过此区域，流体与颗粒就达到热平衡。传热区域的高度可按下式近似进行计算：

$$\frac{H_a}{d_p} = 0.18 \frac{Re}{1-\varepsilon} \tag{1-95}$$

式中　H_a——传热作用发生的区域高度，m；

　　　d_p——固体颗粒平均粒径，m；

　　　ε——床层孔隙率；

　　　Re——气体雷诺数。

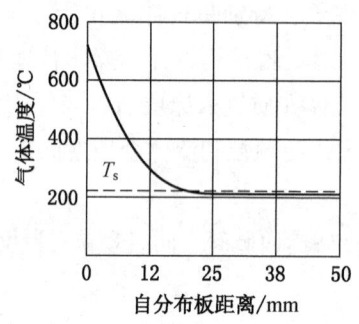

T_s—床层温度

图 1-56　床层温度分布曲线

工程中的 H_a 经常在几毫米到几十毫米之间，可见气体和固体颗粒之间的传热速率是极快的，这是因为流化床内传热表面相当大的缘故。

根据大量的实验结果，一般认为比较接近实际的传热系数的计算公式如下：

$$\frac{K_h d_p}{\lambda_f} = 0.015 \left(\frac{\rho_f d_p \omega}{\mu_f}\right)^{1.6} \left(\frac{c_p \mu_f}{\lambda_f}\right)^{0.67} \tag{1-96}$$

$$\frac{K_h d_p}{\lambda_f} = 0.016 \left(\frac{\rho_f d_p \omega}{\mu_f}\right)^{1.3} \left(\frac{c_p \mu_f}{\lambda_f}\right)^{0.67} \tag{1-97}$$

式中　K_h——传热系数，W/(m²·℃)；

　　　λ_f——流体导热系数，W/(m·℃)；

c_p——流体定压比热容，J/(kg·℃)；

ω——工作气速，m/s。

上述两式对于气体和液体均适用。所不同的是，式（1-96）是用抽气式热电偶测定的气体温度回归而得的公式，计算所得传热系数称为真实传热系数。这是因为裸露热电偶容易检测，但测值受环境辐射热影响，明显不能反映真实气体温度。另外，上述计算式仅适用于粒径为 0.36~1.1 mm 的颗粒，粒径在 0.36~1.1 mm 范围以外时，则需要修正。

6. 固体颗粒流态化几个有关参数的计算

1) 固体颗粒的平均粒径

在工业生产中，固体物料是以大小不均齐的颗粒组合在一起的。因此，在流化床的设计和计算中，往往用平均粒径来表示床层中固体颗粒的大小。在流态化研究中，主要根据颗粒分析结果，用质量平均粒径表示，即：

$$d_p = \frac{1}{\sum \dfrac{x_i}{d_{pi}}} \tag{1-98}$$

式中 d_p——全部固体颗粒的平均直径，m；

x_i——颗粒粒径为 d_p 时的质量分率，%；

d_{pi}——颗粒在频率图上的粒径，m。

【例 1-25】 试求下列粉料的平均粒径。已知粉料试样 $m = 360$ g。

筛孔孔径 d_i/μm	175	150	125	100	75	50
通过筛孔的粉料量/g	360	330	270	150	60	0

解

直径范围/μm	$d_{p_i} = \dfrac{d_i + d_{i+1}}{2}$	$x_i = \dfrac{m_i}{m} \times 100\%$	$\dfrac{x_i}{d_{p_i}}$
≥50~75	$\dfrac{50+75}{2} = 62.5$	$\dfrac{60}{360} \times 100\% = 16.7$	$\dfrac{16.7}{62.5} = 0.2672$
≥75~100	$\dfrac{75+100}{2} = 87.5$	$\dfrac{150-60}{360} \times 100\% = 25$	$\dfrac{25}{87.5} = 0.2857$
≥100~125	$\dfrac{100+125}{2} = 112.5$	$\dfrac{270-150}{360} \times 100\% = 33.3$	$\dfrac{33.3}{112.5} = 0.2960$
≥125~150	$\dfrac{125+150}{2} = 137.5$	$\dfrac{330-270}{360} \times 100\% = 16.7$	$\dfrac{16.7}{137.5} = 0.1215$
≥150~175	$\dfrac{150+175}{2} = 162.5$	$\dfrac{360-330}{360} \times 100\% = 8.33$	$\dfrac{8.33}{162.5} = 0.0513$
			$\sum\limits_{i=1}^{5} \dfrac{x_i}{d_{pi}} = 1.0217$

2) 空隙率

在流化床中,空隙率是指单位床层体积内空隙体积的份额。或者说是流化床中空隙体积与床层体积之比。固体颗粒在堆积状态的空隙率,称为堆积空隙率。固体颗粒若为均一球形颗粒,在任意堆积时,其空隙率在 0.36~0.4;而表面不规则的颗粒堆积时其空隙率要比球形颗粒的大些;大小不均的颗粒堆积时,其空隙率比均匀颗粒的空隙率小些。

关于不规则非均一颗粒的空隙率,可作如下计算:

$$\varepsilon = \frac{颗粒间空隙的体积}{颗粒堆积体积} = \frac{颗粒堆积体积 - 颗粒堆真实体积}{颗粒堆积体积}$$

$$= \frac{V_0}{V_p} = \frac{V_p - V_a}{V_p} = 1 - \frac{V_a}{V_p} = 1 - \frac{\rho_p}{\rho_a} \tag{1-99}$$

式中 ε ——颗粒堆积空隙率;

V_0 ——颗粒间空隙的体积,m^3;

V_p ——固体颗粒堆积体积,m^3;

V_a ——固体颗粒堆真实体积,m^3;

ρ_p ——固体颗粒堆的堆积密度,kg/m^3;

ρ_a ——固体颗粒真实密度,kg/m^3。

从式 (1-99) 可知,已知固体颗粒的真实密度和堆积时的堆积密度,便可计算出该固体颗粒的堆积空隙率。

3) 表面形状系数

在工业生产范围内,固体颗粒一般都为不规则形状。为了简化对有关过程的研究,一般假设为球形颗粒,然后把所得出的结论加以修正后推广使用。因此,就产生了表面形状系数的概念。表面形状系数 φ_s 的定义式为

$$\varphi_s = \frac{圆球表面积}{与圆球同体积的颗粒表面积} \tag{1-100}$$

所以颗粒为球形时,$\varphi_s = 1$;而是其他形状时,则 $0 < \varphi_s < 1$。

表面形状系数均由实验得出,使用时可从有关手册查得。当缺乏数据时,可参考如下数据:正方形颗粒,$\varphi_s = 0.807$;圆柱形颗粒,$\varphi_s = 0.833 \sim 0.868$;不规则形颗粒,$\varphi_s = 0.5 \sim 0.9$(扁形及形状很不规则的取低值;形状比较规则的取中值;近似球形的取高值)。

4) 流体通过料堆时的阻力

流体通过料堆的阻力(即固定床的阻力)与流体在颗粒空隙中的流态有关,即与雷诺数有关,其中:

$$Re_p = \frac{\omega \rho d_p}{\mu}$$

式中　d_p——颗粒的平均直径，m；
　　　ω——流体的空管流速，m/s；
　　　ρ——流体的密度，kg/m³；
　　　μ——流体的黏度，Pa·s。

实验表明，当 $Re_p \leqslant 20$ 时，流体通过颗粒空隙时是层流，阻力主要是摩擦损失，可用下式表示：

$$\Delta p = \frac{K_0(1-\varepsilon)^2 S_p^2 \mu \omega l}{\varepsilon^3} \qquad (1-101)$$

式中　ε——空隙率，%；
　　　S_p——比表面积，m²/m³；
　　　K_0——与空隙率、形状系数有关的常数，其值为 3~6，一般可用 $K_0 = 5$；
　　　l——料层的高度或厚度，m。

利用式 (1-101) 可测知粉状物料的比表面积 S_p。

当 $1000 \geqslant Re_p > 20$ 时，流动状态为过渡流，此时流体不仅有摩擦损失，还有动能损失，两项阻力之和为

$$\Delta p = \frac{K_0(1-\varepsilon)^2 S_p^2 \mu \omega l}{\varepsilon^3} + \frac{1.73(1-\varepsilon)^2 \rho \omega l}{\varphi_s d_p \varepsilon^3} \qquad (1-102)$$

式中　φ_s——表面形状系数。

当 $Re_p > 1000$ 时，主要是动能损失，上式中第一项可略去不计。

5) 流化床的压力降和临界流速

如前所述，流化床的压力降不随流体流速而改变，近似地等于床层静压。这可从流化床的力平衡关系得出，因这时固体颗粒被气流吹起而悬浮于气流中，则所受的力达到平衡。

床层中固体颗粒受到流体的阻力+床层中的固体颗粒受到的浮力=床层中固体颗粒的重力。因为：

　　　床层中固体颗粒受到流体的阻力 $= \Delta p \cdot A$
　　　床层中的固体颗粒受到浮力 $= L \cdot A(1-\varepsilon)\rho_f \cdot g$
　　　床层中固体颗粒的重力 $= L \cdot A(1-\varepsilon)\rho_s \cdot g$

所以

$$\Delta p \cdot A + L \cdot A(1-\varepsilon)\rho_f \cdot g = L \cdot A(1-\varepsilon)\rho_s \cdot g \qquad (1-103)$$

式中　A——床层断面积，m²；
　　　L——床层厚度，m。

将式 (1-102) 整理得：

$$\Delta p = L(1-\varepsilon)(\rho_s - \rho_f)g \qquad (1-104)$$

在气体流化床中，由于 $\rho_s \gg \rho_f$，故式 (1-103) 可简化为

$$\Delta p = L(1-\varepsilon)\rho_s g \qquad (1-105)$$

由式（1-104）可以看出，其压力降近似等于单位面积的床层所受重力，也就是床层的静压。

但实际上还存在固体颗粒之间和颗粒与器壁之间的碰撞和摩擦，其能量会有一定的损失。因此，随气流速度的增加，床层压力降将有所增加，略高于床层的静压。

将式（1-105）代入式（1-101）和式（1-102）可求得下临界速度。

7. 流化床技术在硅酸盐工业中的应用举例

流态化技术在工业上应用日益广泛，成为强化固体颗粒加工过程的有效方法，而且不断在扩展其操作范围以适应生产需要。流态化技术在水泥工业中的应用实例如下：

固定床——生料球堆积在箅子上，如间歇生产的土立窑、层状燃烧室等。

移动床——箅板定向移动，颗粒随之前进，气体透过床层，如立波尔加热机、熟料炉箅子冷却机、回转箅式燃烧室等。

密相流化床——MFC 型水泥窑外分解炉、流态化燃烧炉、低温粉煤灰水泥沸腾燃烧炉、pyzel 型沸腾熟料煅烧炉等。

喷腾床——无分布板，床体下部为锥形，利用高速气体喷射作用支持定量物料，形成中心稀相，周边固体回流形成密相，如 FLS 型水泥生料分解炉、KSV 型水泥生料分解炉等。

稀相悬浮床——旋风式预热器、Propel 型水泥分解炉等。

散落床——料浆自上而下呈雾状快速喷于气流中与热气流逆向运动，如水泥料浆喷雾干燥器等。

复合流化床——兼密相鼓泡床和悬浮床于一体，或带有物料循环系统以满足反应特征要求，如 Lurgi 公司开发的 ZW 型水泥分解炉与石膏分解炉等。

这些改性的流化床，都以其特殊的功能应用于生产，正在积累经验并逐步归纳上升为新的分支。

任务六 流体输送设备

【任务目标】

知识目标：

（1）了解喷射器的构造和工作原理。

（2）理解烟囱的工作原理、烟囱的抽力和高度等计算。

（3）理解风机（泵）的概念、分类、结构组成和工作原理等基础知识。

（4）掌握离心式风机（泵）的性能技术参数及相关计算。

能力目标：

能够运用所学知识正确选择流体输送设备，能够在生产实践中正确操作相关设备。

情感目标：

通过本任务的学习，使学生深刻认识生活的便利来自于科技的进步。

项目一 流体力学基础

【任务描述】

极具智慧的古人为了让空气加速流动,发明了扇子。随着科技的进步,空气的流动已经不再依靠人力,水也可以往高处流了。本部分内容主要学习烟囱、喷射器、风机和泵的结构组成与工作原理,重点介绍离心式风机(泵)的性能参数与相关计算及其在工作中的应用。

【任务知识】

流体输送设备类型繁多,用途广泛。硅酸盐工业中,主要用到的流体输送设备为烟囱、喷射器、风机和泵。

一、烟囱

烟囱是火焰窑炉不可缺少的设备。在机械通风的窑炉中,烟囱主要起气体导向作用,即将废气排出窑外至高空处。自然通风的窑炉,烟囱的作用不仅是将废气排出窑外,更重要的是依靠烟囱高度,使废气产生相对几何压头,在烟囱底部造成负压(习惯上常称为烟囱的抽力或拉力),以克服窑炉系统内气体的流动阻力,使燃烧用的空气能进入窑内,而燃烧产物(废气)能自窑内排出。

1. 烟囱的工作原理

烟囱的工作原理是由于废气比周围的空气具有较高的温度,其密度也就较小,因此废气具有一定的几何压头,在烟囱底部造成负压产生所谓"抽力"。如果这种"抽力"正好能克服一定流量气体在窑炉系统中流动时产生的各种阻力,如局部阻力、摩擦阻力以及自上而下流动时几何压头的增量和动压头的增量等,就能使气体从窑的前部不断地流至窑的后部(即烟囱底部),排入大气中。

烟囱中气体所具有的几何压头并非全部都成为有用的"抽力",实际上几何压头的一部分要用来克服烟囱本身对气体流动的摩擦阻力和满足烟囱中气体动压头的增量。

烟囱产生的抽力,可以用对烟囱底部截面 I—I 和顶部出口截面 II—II 的伯努利方程式求得,如图 1-57 所示。

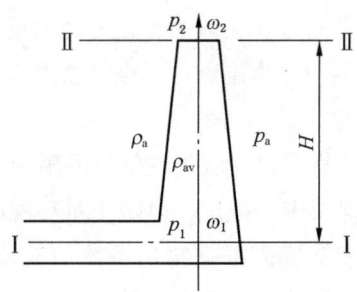

图 1-57 烟囱计算示意图

$$h_{g1} + h_{s1} + h_{k1} = h_{g2} + h_{s2} + h_{k2} + \sum h_l$$

若取Ⅱ—Ⅱ为基准面，则有：$h_{g2} = 0$，$h_{s2} = 0$

此时

$$h_{g1} + h_{s1} + h_{k1} = h_{k2} + \sum h_l$$

即

$$H(\rho_a - \rho_{av})g - (p_1 - p_a) = \frac{\rho_{av}\omega_2^2}{2} - \frac{\rho_{av}\omega_1^2}{2} + \lambda \cdot \frac{\rho_{av}\omega_{av}^2}{2} \frac{H}{d_{av}}$$

上式中 $p_1 - p_a$ 用 H_c 代之，并整理得：

$$H_c = H(\rho_a - \rho_{av})g - \left(\frac{\rho_{av}\omega_2^2}{2} - \frac{\rho_{av}\omega_1^2}{2}\right) - \lambda \cdot \frac{\rho_{av}\omega_{av}^2}{2} \frac{H}{d_{av}} \qquad (1-106)$$

式中　　H_c——烟囱底部的抽力即负压，Pa；
　　　　H——烟囱的高度，m；
　　　　ρ_a——空气的密度，kg/m³；
　　　　ρ_{av}——烟囱中平均温度下的气体密度，kg/m³；
　　　　ω_1、ω_2——烟囱底部和顶部的气体流速，m/s；
　　　　ω_{av}——烟囱中用平均直径和平均温度计算的气体的平均流速，m/s；
　　　　d_{av}——烟囱的平均直径（上、下直径的算术平均值），m。

式（1-106）为烟囱所能产生的"抽力"计算公式。显然，式中右端的第一项就是烟囱中气体所具有的几何压头；第二项是烟囱中气体动压头的增量；第三项是气体在烟囱中流动时的摩擦阻力。

由式（1-106）可知，烟囱底部所能产生的"抽力"，主要决定于三个因素，即烟囱的高度、烟气的平均温度和周围空气的温度。烟囱愈高，"抽力"就愈大；同样，若烟囱高度一定，则周围空气的密度与烟囱中烟气的平均密度的差（$\rho_a - \rho_{av}$）值愈大，"抽力"也就愈大。

因此，当空气的温度 t_a 和烟气的平均温度 t_{av} 有变化时，对烟囱的"抽力"将有很大影响。在天气潮湿时，烟囱的"抽力"会减小，这是因为湿空气密度小的缘故；冬季烟囱的"抽力"比夏季的大，这是因为冬季温度低，空气密度大的缘故。

2. 烟囱尺寸的计算

在强制通风的窑炉中，主要靠风机克服炉内气流的阻力，此时，烟囱的作用只是将废气排入高空，其高度应根据环保要求来确定，以防止对环境的污染。

对于自然通风的窑炉，烟囱高度需根据窑炉系统所克服的阻力进行计算。具体做法是：先计算烟囱底部的负压与窑炉系统的阻力关系，再根据烟囱底部需提供的负压计算烟囱高度。

烟囱的热工计算包括烟囱直径和高度的计算。

1) 烟囱直径的计算

烟囱直径是根据窑炉系统内的气体流量,也就是根据废气排出量和烟囱出口处气体流速来计算的:

$$d = \sqrt{\frac{4Q_0}{3600\pi\omega_0}} \qquad (1-107)$$

式中　Q_0——废气排出量,m^3/h;

　　　ω_0——烟囱出口气体流速,m/s;

　　　d——烟囱出口处直径,m。

烟囱出口处气体流速必须选择适当。风速太大,烟囱内气体流速增加;风速太小,势必增大烟囱直径,增加投资,同时出口流速太小,还容易引起冷风倒灌现象。根据经验,一般可参照下列数值考虑,排气温度较高时选小值,排气温度较低时选大值。数据如下:自然通风 $\omega_0 = 2 \sim 4$ m/s, 机械通风 $\omega_0 = 8 \sim 15$ m/s。

必须注意,砖砌烟囱上口直径不应小于 0.8 m,以便于施工。

为了使烟囱稳固,砖砌烟囱和混凝土烟囱的底部直径 D 应比上口直径 d 大 1.5~2 倍,即 $D = (1.5 \sim 2)d$。或采用一定的斜率(烟囱的中心线与锥面母线所夹角度的正切),一般为 1.5%~3%,则:

$$D = d + 2H(0.015 \sim 0.03) \qquad (1-108)$$

铁烟囱上下直径可以相等。

2) 烟囱高度的计算

烟囱高度是根据烟囱底部所需"抽力"的大小来计算的。将式(1-106)移项整理即得烟囱高度的计算公式:

$$H = \frac{h_c + \dfrac{\rho_{av}\omega_2^2}{2} - \dfrac{\rho_{av}\omega_1^2}{2}}{(\rho_a - \rho_{av})g - \lambda \cdot \dfrac{\rho_{av}\omega_{av}^2}{2} \cdot \dfrac{1}{d_{av}}} \qquad (1-109)$$

上式中 $\dfrac{\rho_{av}\omega_1^2}{2}$ 一项对烟囱的高度影响很小,可忽略不计,故得:

$$H = \frac{h_c + \dfrac{\rho_{av}\omega_2^2}{2}}{(\rho_a - \rho_{av})g - \lambda \cdot \dfrac{\rho_{av}\omega_{av}^2}{2} \cdot \dfrac{1}{d_{av}}} \qquad (1-110)$$

实际烟囱底部的"抽力",在数值上等于废气(烟气)自窑炉内零压处到达烟囱底部过程中所遇到的各种阻力,以及使废气具有一定流速所需要的能量,即:①克服沿途的摩擦阻力;②克服各种局部阻力;③当气体由上向下流动时,要克服几何压头的作用;④满足动压头的增量。

▶ 热 工 基 础

以上各项之和,习惯上称作窑炉系统的总阻力,简称总阻力。总阻力的计算是极为复杂的,在计算烟囱高度时可以参考同类型窑炉的实际"抽力",并结合具体条件来选取一个经验数值。

为了事先考虑窑炉操作制度的变动、烟道的堵塞等,在设计烟囱时,烟囱所需要的"抽力"应比总阻力大 20% ~ 30%。

计算烟囱高度时,还必须知道废气通过烟囱时的平均温度和外界空气温度。因烟囱底部所能产生的"抽力"和空气的密度与烟囱中废气平均密度之差有关,而密度又与它们的温度有关,因此在计算时应该注意空气和废气的温度问题。对于空气来说,计算时应当采用当地夏季空气的最高温度(也就是空气的最小密度),以保证烟囱在任何季节都有足够的"抽力"。烟囱底部废气温度可根据出窑废气温度(根据工艺要求来确定)和烟道散热情况来确定。但确定废气在烟囱中的平均温度时,需要知道烟囱的高度和烟囱中废气温度的变化。

在砖砌烟囱中废气温度的降落为 1~1.5 ℃/m;不衬耐火砖的铁皮烟囱中废气温度的降落为 3~4 ℃/m,钢筋混凝土烟囱因有耐火砖内衬及保温材料,温降较小为 0.1~0.3 ℃/m。

在开始设计烟囱时,烟囱高度是未知数,因此在计算烟囱中气体温度降落时,烟囱高度可预先按下列公式估算:

$$H = \frac{h_c}{(\rho_a - \rho_1)g} \tag{1-111}$$

式中 ρ_1——烟囱底部废气的密度,kg/m^3。

烟囱的高度除了满足系统通风的需要外,还应考虑环境卫生、防火等方面的要求,一般不应低于 16 m,并应比方圆 100 m 之内的建筑物高出 5 m 以上。

此外,在烟囱计算时,还应注意以下几个问题:

(1) 几个窑合用一个烟囱,此时,烟囱所需克服的阻力,应按阻力最大的那个窑的值进行计算,而不是几个窑的阻力之和。而烟囱的直径则按几个窑的总烟气量进行计算。

(2) 当窑炉在不同阶段产生的烟气量不同时(如间歇窑炉),在进行烟囱计算时应按最大排烟量进行计算。

(3) 在进行烟囱高度计算时,应根据烟囱所在地的海拔高度进行校正。

【例 1-26】 已知进入砖砌烟囱底部的烟气量 $Q_0 = 8 \text{ Bm}^3/\text{s}$,烟气温度为 350 ℃;标态密度 $\rho_0 = 1.32 \text{ kg/Bm}^3$,窑系统的总阻力 $\sum h = 290 \text{ Pa}$,当地夏季最高气温为 35 ℃,最低气压为 580 mmHg(假定储备系数为 $k = 1.2$)。试计算烟囱的高度和直径。

解 设烟气在烟囱中的温度降为 $\Delta t = 1.5 \text{ ℃/m}$。

取烟囱排出速度为 $\omega_0 = 4 \text{ Bm/s}$,则顶部直径为

$$d = \sqrt{\frac{4Q_0}{\pi\omega_0}} = \sqrt{\frac{4 \times 8}{3.14 \times 4}} = 1.59(\text{m})$$

底部直径：取 $D = 1.3d = 1.3 \times 1.59 = 2.07(\text{m})$。

假设烟囱高 90 m，则顶部烟气温度为 $t_3 = t_2 - 1.5 \times 90 = 350 - 1.5 \times 90 = 215(\text{℃})$

烟囱中烟气平均温度为 $\quad t_m = \dfrac{t_2 + t_3}{2} = \dfrac{350 + 215}{2} = 282.5(\text{℃})$

烟囱高度按近似式计算：

$$H = k \cdot \dfrac{\sum h}{g\left(\dfrac{1.293}{1+\beta t_a} - \dfrac{\rho_0}{1+\beta t_a}\right)} \cdot \dfrac{p_0}{p_a} = 1.2 \times \dfrac{290}{9.8 \times \left(\dfrac{1.293}{1+\dfrac{35}{273}} - \dfrac{1.32}{1+\dfrac{282.5}{273}}\right)} \times \dfrac{760}{580} = 93.6(\text{m})$$

计算结果与假设基本一致，故不必再重复计算，取烟囱高度为 94 m。

二、喷射器

如果一个气体喷口位于另外一个较粗管子的端部，则此气体（喷射介质）喷出时能将周围的气体（被喷射介质）带入较粗的管内；并在粗管的入口端造成一定的负压，使外部气体通过粗管的开口被吸入，这种装置叫喷射器。它的用途在于输送气体（被喷射介质），或者使两种气体（被喷射介质与喷射介质）互相混合。喷射排烟就是用喷射器来输送炉气的。硅酸盐工业用的无焰喷射式烧嘴，就是应用煤气来输送空气并使空气与煤气互相混合的一种装置。

喷射器的构造如图 1-58 所示。

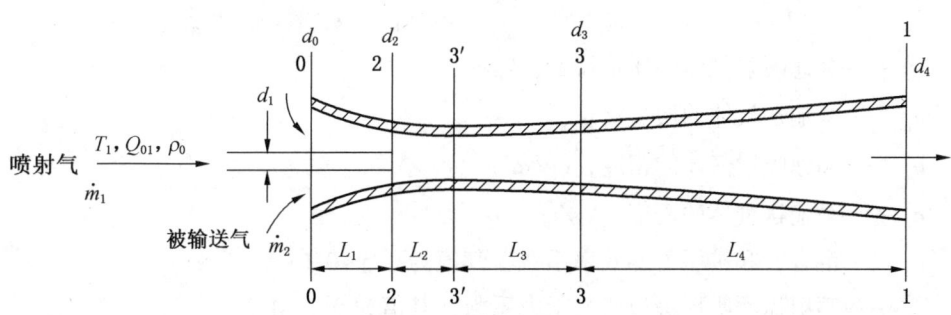

图 1-58 喷射器构造示意图

1. 喷射器的构造

喷射器主要由以下几部分组成：

（1）喷射管 d_1（又称喷嘴）。高速气流从喷射管 d_1 进入混合管的入口处（2—2 截面），喷嘴的作用是将喷射气体的静压能转变成动能。

（2）喇叭形的入口段 L_1（又称吸气管）：两端直径 d_0 和 d_2。入口段呈喇叭形的目的是降低被输送流体的阻力，达到增加输送量的要求。这一段的要求是 $d_0 = L_1 = (1.5 \sim$

2) d_3。

(3) 带有一个渐缩段和直圆筒段的混合管。目的是使喷射气体与被输送气体的速度趋于均匀而动量减小，在混合管的两端产生压差。根据实验，合理尺寸应为

$$L_2 = (0.3 \sim 2)d_3 \qquad L_2 + L_3 \geq 5d_3$$

(4) 扩压管 L_4。其直径为 d_4，扩压管的作用是降低气体的出口速度，提高出口截面上气体的压强，以增大 2—2 截面的负压，提高喷射器的效率。本段合理尺寸应为

$$d_4 = (1.5 \sim 2)d_3 \qquad L_4 = \frac{d_4 - d_3}{2\tan\frac{\alpha}{2}} \qquad \alpha = 6° \sim 8°$$

2. 喷射器的工作原理

喷射器的工作原理是基于动量定理：高速气流 m_1 与被输送的低速气流 m_2 同时通过 2—2 截面进入混合管并在管中混合，从 3—3 截面流出的混合气体的动量小于 2—2 截面的动量，根据动量定理可知，2—2 截面上的压强 p_2 一定小于 3—3 截面上的压强 p_3，更小于 4—4 截面上的压强 p_4，即 $p_2 - p_4$ 是负压。喷射器入口截面（0—0 截面）上的压强 p_0 一般是小于 p_4 而大于 p_2，即 p_0 是微负压。

喷射器混合管的截面积 $F_3 = \dfrac{\pi d_3^2}{4}$，喷射管的截面积 $F_1 = \dfrac{\pi d_1^2}{4}$，两者的比值可用下式表示：

$$\frac{F_3}{F_1} = (2 - \eta_2)\left(1 + \frac{\dot{m}_2}{\dot{m}_1}\right)\left(1 + \frac{\rho_1}{\rho_2}\frac{\dot{m}_2}{\dot{m}_1}\right) - \frac{1}{1+\xi}\frac{\rho_1}{\rho_2}\left(\frac{\dot{m}_2}{\dot{m}_1}\right)^2$$

式中　$\dot{m}_1$——高速喷射气体的质量流量，kg/s；

　　　$\dot{m}_2$——被输送气体的质量流量，kg/s；

　　　ρ_1——高速喷射气体的密度，kg/m³；

　　　ρ_2——被输送气体的密度，kg/m³；

　　　η_2——混合管和扩压管的效率系数，其值为 0.5~0.6；

　　　ξ——喷射器喇叭形进口段的阻力系数，其值为 0.2~0.3。

混合管进口环形截面积 $F_2 = (1 + \xi)F_3$。

喷射器进口与出口截面的压差及喷射器的效率可由下式计算：

$$p_4 - p_0 = \frac{F_1}{F_3}\frac{\rho_1 \omega_1^2}{2} \tag{1-112}$$

$$\eta = \frac{\dfrac{\rho_1}{\rho_3}\dfrac{\dot{m}_2}{\dot{m}_1}}{\left(\dfrac{F_3}{F_1}\right) - \left[1 + \dfrac{1}{1+\xi}\dfrac{\rho_1}{\rho_2}\left(\dfrac{\dot{m}_1}{\dot{m}_2}\right)^2\left(\dfrac{F_1}{F_3}\right)\right]} \times 100\% \tag{1-113}$$

【例 1-27】 某窑炉用喷射器排烟，如图 1-59 所示。已知数据如下：排烟量 $Q_{02} = 41500 \text{ Bm}^3/\text{h}$，烟气标态密度 $Q_{02} = 1.30 \text{ kg/Bm}^3$，烟气温度 $t_2 = 485 \text{ ℃}$，喷射器扩压管的效率系数 $\eta_2 = 0.5$，$\xi_2 = 0.2$。采用通风机的低压空气作喷射气体，风量 $Q_{01} = 36000 \text{ Bm}^3/\text{h}$，风速 $\omega_{01} = 64 \text{ Bm/s}$。试计算喷射器尺寸和喷射器两端压差及喷射器的效率。

解 取室温 20 ℃，此时低压空气的密度取 $\rho_{01} = 1.293 \text{ kg/Bm}^3$。

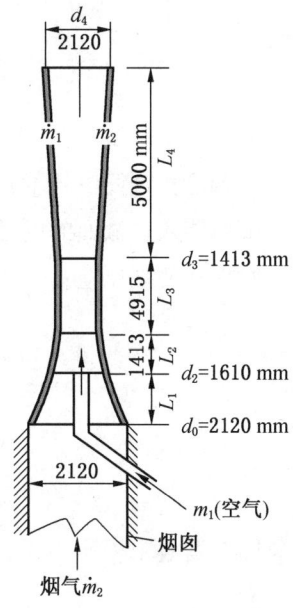

图 1-59 【例 1-27】示意图

$$\dot{m}_1 = Q_{01} \times \rho_{01} = \frac{36000}{3600} \times 1.293 = 12.93 (\text{kg/s})$$

$$\dot{m}_2 = Q_{02} \times \rho_{02} = \frac{41500}{3600} \times 1.30 = 14.99 \approx 15.00 (\text{kg/s})$$

$$\frac{\dot{m}_2}{\dot{m}_1} = \frac{15.00}{12.93} = 1.160$$

$$\frac{\rho_1}{\rho_2} = \frac{1.293}{1.30} \cdot \frac{(273 + 485)}{(273 + 20)} = 2.573$$

喷射管的出口面积：

$$F_1 = \frac{\pi}{4} d_1^2 = \frac{\dot{m}_1}{\rho_{01} \cdot \omega_{01}} = \frac{12.93}{1.293 \times 64} = 0.1563 (\text{m}^2)$$

$$d_1 = \sqrt{\frac{4F_1}{\pi}} = \sqrt{\frac{4 \times 0.1563}{3.142}} \approx 0.446 (\text{m}) = 446 (\text{mm})$$

$$\frac{F_3}{F_1} = (2 - \eta_2)\left(1 + \frac{\dot{m}_2}{\dot{m}_1}\right)\left(1 + \frac{\rho_1}{\rho_2} \frac{\dot{m}_2}{\dot{m}_1}\right) - \frac{1}{1 + \xi_2} \cdot \frac{\rho_1}{\rho_2} \cdot \left(\frac{\dot{m}_2}{\dot{m}_1}\right)^2 = 10.03$$

$$F_3 = 10.03 F_1 = 10.03 \times 0.1563 = 1.567 (\text{m}^2)$$

$$d_3 = \sqrt{\frac{4F_3}{\pi}} = \sqrt{\frac{4 \times 1.567}{3.142}} \approx 1.413 (\text{m}) = 1413 (\text{mm})$$

$$F_2 = (1 + \xi_2) F_3 = (1 + 0.2) \times 1.567 = 1.880 (\text{m}^2)$$

混合管喇叭形进口处内径为

$$d_2 = \sqrt{\frac{4(F_1 + F_2)}{\pi}} = \sqrt{\frac{4 \times (0.1563 + 1.880)}{3.142}} \approx 1.610 (\text{m}) = 1610 (\text{mm})$$

扩压管出口内径：

$$d_4 = 1.5 d_3 = 1.5 \times 1413 (\text{mm}) = 2120 (\text{mm})$$

扩压管长度：

$$L_4 = \frac{d_4 - d_3}{2\tan\frac{\alpha}{2}} = \frac{2120 - 1413}{2 \times \tan\frac{8°}{2}}(\text{mm}) \approx 5000(\text{mm})$$

混合管渐扩段长度：$L_2 = d_3 = 1413$ mm

混合管直圆筒段长度：$L_3 = 3.5d_3 = 3.5 \times 1413 \approx 4945(\text{mm})$

喷射器入口截面的内径及入口段长度：$d_0 = L_1 = 1.5d_3 = 1.5 \times 1413 \approx 2120(\text{mm})$

喷射管两端压差：

$$p_4 - p_0 = \left(\frac{F_1}{F_3}\right)^2 \cdot \frac{\omega_1^2}{2} \cdot \rho_1 = \left(\frac{F_1}{F_3}\right)^2 \cdot \frac{\omega_{01}^2}{2} \cdot \rho_{01}(1 + \beta t_1)$$

$$= \frac{1}{10.03} \times \frac{64^2}{2} \times 1.293 \times \left(1 + \frac{20}{273}\right)$$

$$= 284(\text{Pa})$$

喷射器效率：

$$\eta = \frac{\dfrac{\rho_1}{\rho_2} \cdot \dfrac{\dot{m}_2}{\dot{m}_1}}{\left(\dfrac{F_3}{F_1}\right) - \left[1 + \dfrac{1}{1 + \xi_2}\dfrac{\rho_1}{\rho_2}\left(\dfrac{\dot{m}_1}{\dot{m}_2}\right)^2\left(\dfrac{F_1}{F_3}\right)\right]} \times 100\%$$

$$= \frac{2.573 \times 1.160}{10.03 - \left[1 + \dfrac{1}{1 + 0.2} \times 2.573 \times (1.160)^2 \times \dfrac{1}{10.03}\right]} \times 100\%$$

$$= 0.3414 = 34.14\%$$

三、风机和泵

风机和泵都是根据流体力学理论设计的输送流体或者提高流体压力的流体机械。工作对象是气体的机械叫风机，工作对象是液体的机械叫泵。它们的工作原理都是将原动机（电动机等）的机械能转变为被作用流体的能量，从而使流体产生速度和压力。所以，从能量的观点来说，风机和泵都属于能量转换的流体机械。

风机是通风机、鼓风机、压缩机和真空机（泵）的总称，用以抽吸、排送及压缩空气或其他气体。

泵是用来将液体从位置较低的地方抽吸上来，再沿管路输送到较高的地方去，或用来将液体从压力较低的容器里抽吸出来，并克服沿途管道中的阻力，输送到压力较高的容器里或其他需要的地方。

（一）风机和泵的分类

硅酸盐工业中使用的风机和泵的种类繁多，常按工作原理来分，一般可分为以下三种。

1. 叶片式（又叫透平式）

凡是依靠带叶片的工作轮（叶轮）的旋转来输送流体的风机（泵），叫作叶片式风机（泵）。这种形式的风机（泵），按其转轴与流体流动方向的关系，又可分为两种形式：

（1）离心式。在这种风机（泵）中，沿轴向进入风机（泵）的流体，在叶轮转动产生的离心力作用下，变成与轴向垂直的方向流出的流体。离心式风机（泵）一般用于要求风压较小，风量较高的场所。

（2）轴流式。在这种风机（泵）中，流体是沿轴向进入，又沿轴向排出，其叶轮的叶片是机翼形的。轴流式风机（泵）具有流量大、效率高、风压低和体积小的特点，多用于厂房、建筑物的通风换气。

2. 容积式

容积式风机（泵）是依靠工作时机械产生的容积变化来实现对流体的吸入与排出。容积式风机（泵）产生的风压高，多用于风压要求较高的场合。按其产生容积变化的机构不同又可分为：

（1）活塞式。活塞式风机是通过活塞在泵缸内作往复运动来使活塞与泵缸形成的容积不断变化，从而吸入和排出液体。

（2）回转式。回转式风机（泵）是借助机壳内的转子旋转来使转子与机壳之间所形成的容积不断发生变化，从而将流体吸入和排出。这种形式的风机（泵）又分为罗茨式、叶氏式、螺杆式、齿轮式等多种。

3. 喷射式

喷射式风机是以高压流体作为工作介质来输送另一种流体的机械。当这两种流体通过机械时，其中工作介质的动能减少，被输送流体的动能增加，从而将被输送的流体排出。

硅酸盐工业中，常用的流体输送设备主要有离心式和罗茨式风机（泵），下面分别介绍。

（二）离心式风机

离心式通风机是硅酸盐工业中广泛使用的通风机械，如窑炉系统、粉磨系统、除尘系统等的通风，一般都选用离心式通风机。

离心式通风机按其产生的压力不同可分为：

通风机：风压在 14.7 kPa（1500 mmH$_2$O）以下的离心式风机。

鼓风机：风压在 14.7~300 kPa 的离心式风机。

离心式风机按其用途不同可分为：

一般用途离心通风机：用于建筑物的通风换气和一般设备的送风，如 4-72 型。

排尘离心通风机：用于排送含有粉尘的空气，如 6-46M、G4-73 型等。

锅炉离心通风机：用于工业锅炉的送风和排风，送风的称为通风机，排风的称为引风机，如 Y4-73 型、G4-73 型、9-35 型等。

▶ 热 工 基 础

煤粉离心通风机：用于输送含煤粉的空气，如7-29型。

1. 离心式通风机的构造和工作原理

离心式通风机主要由工作叶轮和螺旋形机壳组成，如图1-60所示。它的主要部件有机壳、叶轮、轮毂、机轴、吸气口和排气口，此外还有轴承座、机座和皮带轮（或联轴器）等部件。它的轴通过联轴器或皮带轮、皮带与电动机轴相联。

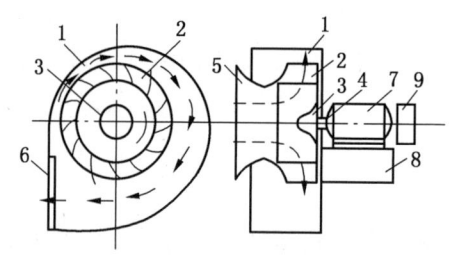

1—机壳；2—叶轮；3—轮毂；4—机轴；5—吸气口；6—排气口；7—轴承座；
8—机座；9—皮带轮（或联轴器）

图1-60 离心式通风机的构造

当电动机带动叶轮转动时，叶轮中的空气也随叶轮旋转，空气在惯性力的作用下被甩向四周，汇集到螺旋形机壳中。

空气在螺旋形机壳内流向排气口的过程中，由于截面不断扩大，速度逐渐变慢，大部分动压转化为静压，最后以一定的压力从排气口压出。当叶轮中的空气被排出后，叶轮中心形成一定的真空度，吸气口外面的空气在大气压力的作用下被吸入叶轮。叶轮不断旋转，空气就不断地被吸入和压出。显然，离心式通风机是通过叶轮的旋转把能量传递给空气，从而达到输送空气的目的。

离心式风机的吸气口（进口）是负压，排气口（出口）是正压，所以它既可向窑炉内鼓风也能从窑内抽风（或排风）。

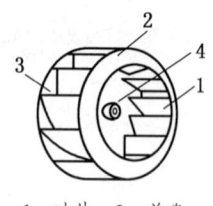

1—叶片；2—前盘；
3—后盘；4—轮毂

图1-61 叶轮的结构

1) 叶轮

叶轮是离心式通风机的主要部件。如图1-61所示，叶轮由叶片、连接和固定叶片的前盘、后盘和轮毂组成。叶片焊接在前后盘上，后盘一般用铆钉与轮毂铆接组成一整体，整个叶轮通过轮毂固定在机轴上。叶片、前后盘均用钢板或耐磨钢板制造。高压离心式通风机的叶轮也有采用整体铸造的，以保证有足够的强度。目前，离心式通风机叶轮的前盘趋向于作成锥形或曲线锥形，这与气体流动方向一致，有利于减小阻力，提高效率。叶轮是离心式通风机最关键的部件，特别是叶轮上叶片的形式对其性能影响最大。

离心式风机的叶片形式，根据其出口方向与叶轮旋转方向之间的关系，可分为后向式、径向式和前向式三种，如图1-62所示。叶片出口端切线方向与叶轮该处圆周速度 μ 之间的夹角 β 称为叶片的安装角。$\beta>90°$ 的叶片，称为后向式叶片；$\beta=90°$ 的叶片，称为径向式叶片；$\beta<90°$ 的叶片，称为前向式叶片。这三种形式的叶片各有优缺点，并适用于不同的场合。

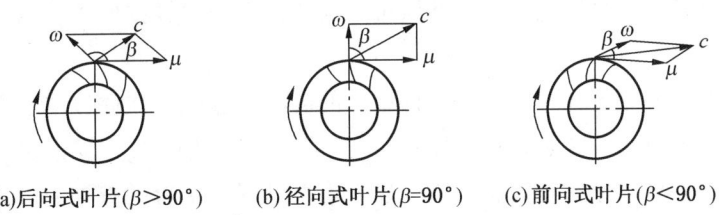

(a)后向式叶片($\beta>90°$)　　(b)径向式叶片($\beta=90°$)　　(c)前向式叶片($\beta<90°$)

图1-62　离心式风机叶片的结构形式

后向式叶片的弯曲方向和气体的自然运动轨迹完全一致，所以气体在后向式叶片槽道中流动时，气体与叶片之间的撞击很小，因此能量损失和噪声都较小，效率较高。而前向式叶片的弯曲方向和气体的自然运动轨迹完全相反，气体沿叶片之间的槽道运动时，被强行改变方向，因此气体和叶片之间的撞击剧烈，能量损失和噪声都较大，效率较低。径向式叶片的特点介于后向式和前向式之间。

另外，在叶轮尺寸和转速相同的情况下，后向式叶片只能使气体以较低的流速从叶轮中甩出，气体所获得的动压较低，因此气体从离心式通风机排出时所获得的静压（靠动压转化而来）也较低。而前向式叶片则能使气体获得较大的静压。关于此点，可用图1-62中的速度图加以证明。气体出叶轮的速度为 c，等于气体沿叶片槽道的相对速度 ω 与叶轮圆周速度 μ 的矢量和。对于尺寸和转速相同、叶片形式不同的叶轮，其相对速度 ω 和圆周速度 μ 在数值上都相等，但 ω 与 μ 的矢量和 c 则不相同，从图1-62可以看出：后向式最小，前向式最大，径向式处于二者之间。

目前，生产中使用的中、低压离心式通风机，多采用后向式叶片。如工厂最常用的4-72型离心式通风机，就是采用后向式叶片，其最高效率达到91%以上。在老产品中，一些采用前向式叶片的中、低压离心式通风机正逐步被淘汰。而高压离心式通风机，如8-8-12型、9-27-12型等型号，则采用前向式叶片，使风机在较小的外形尺寸和较低的转速下能产生较高的风压。

离心式风机的大小常用号数来表示，一般离心式风机的号数等于叶轮直径的分米数。

2）机壳

离心式通风机性能的好坏、效率的高低，主要决定于叶轮，但机壳的形状和大小、吸气口的形状等，也会对其性能产生重要影响。

机壳的作用是收集从叶轮中甩出的气体，使它流向排气口，并在这个流动过程中使气体从叶轮获得的动压能一部分转化为静压能，形成一定的风压。

▶ 热 工 基 础

机壳一般作成阿基米德螺线形或对数螺线形，因为气体在螺线形机壳中流动阻力最小。螺线形机壳的断面是沿叶轮转动方向逐渐扩大，至排气口断面积最大。机壳可用钢板制成或铸铁铸成，一般机壳用钢板焊成，作成方形断面；高压离心式通风机的机壳常用铸铁铸成，作成圆形断面。

吸气口有直管和锥形管之分。新型风机多采用锥形或曲线锥形管，以减小进口气体阻力，提高风机效率。

为了适应工作地点布置的要求，一种型号的离心式通风机往往作成多种机壳出口，排气口位置用旋转方向和角度来表示，如图 1-63 所示。从电动机或皮带轮一端正视，如叶轮按顺时针方向旋转，称为右旋通风机，以"右"表示；如叶轮按逆时针方向旋转，称为左旋通风机，以"左"表示。离心式风机的机壳出口位置可分为图 1-63 所示的 16 种结构形式，用户可根据使用要求进行相应的选择。

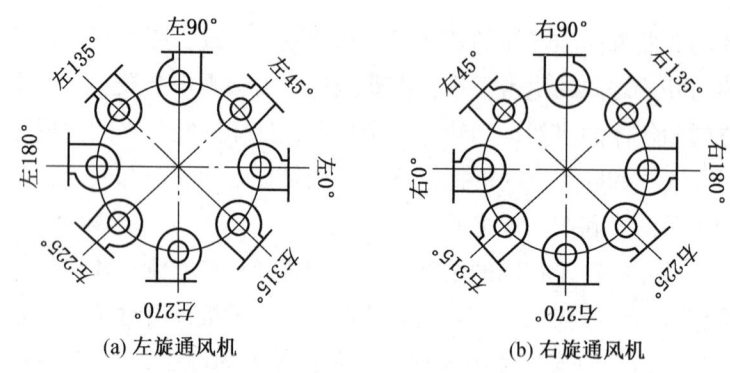

图 1-63　离心式通风机位置表示方法

离心式风机还可以按照进风口的数目分为单侧吸入和双侧吸入两种结构形式，一般风机为单侧吸入，大型风机可采用双侧吸入。单侧吸入用代号"1"表示，双侧吸入用代号"0"表示。如果离心式通风机吸入口有接管，则以分数形式表示，以排气口角度作分子，吸气口角度作分母，如图 1-64 所示，其表示方法为：右 0°/45°、右 180°/90° 和右 270°/135°。

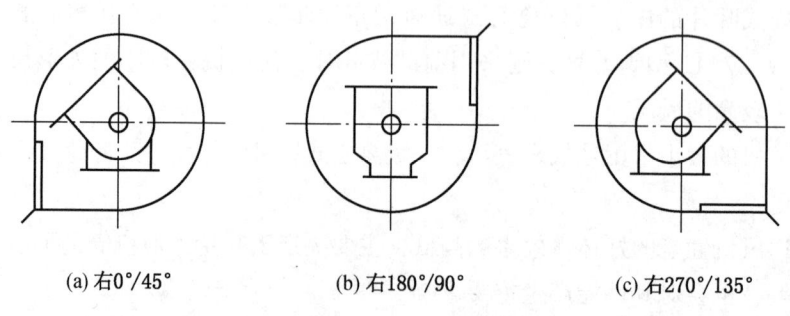

图 1-64　排吸气口位置表示方法

3）机座和传动方式

离心式通风机的机座用建筑钢板焊接或用生铁铸造而成。离心式通风机的轴承大都采用滚动轴承。目前，我国生产的离心式通风机有 6 种传动方式，分别用 A、B、C、D、E、F 6 个代号表示，如图 1-65 所示。

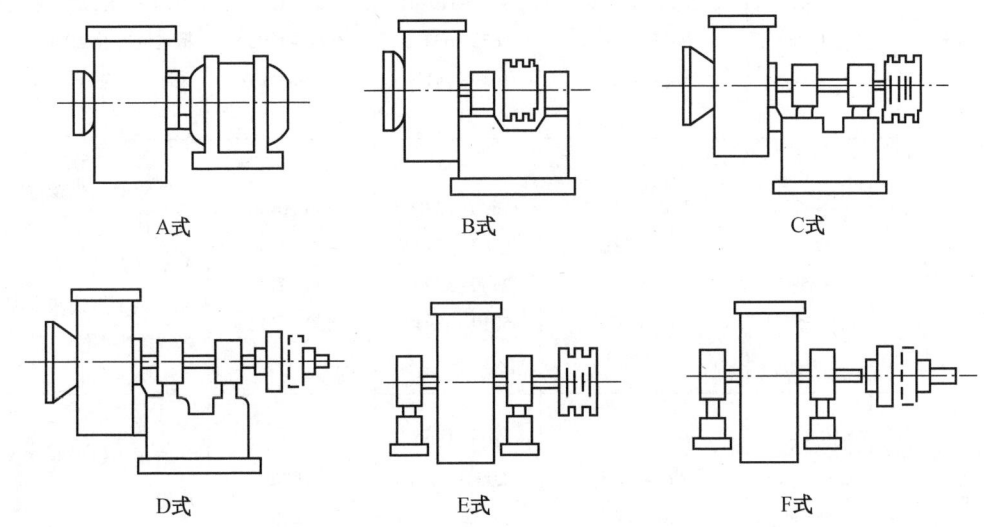

A 式—悬臂支承，电机直接带动；B 式—悬臂支承，皮带轮传动；
C 式—悬臂支承，皮带轮外传动；D 式—悬臂支承，联轴器连接；
E 式—双支承，皮带带动；F 式—双支承，联轴器连接

图 1-65 离心式通风机的传动方式

硅酸盐工业常用离心式风机型号、规格和性能参数见表 1-10。

表 1-10 硅酸盐工业常用离心式风机型号、规格和性能参数

名称	型号	规格	流量/($m^3 \cdot h^{-1}$)	全压/Pa	用途
离心式通风机	4-72	No.2.8-6A	1330~14720	280~3240	鼓风或排出净化后气体，允许含尘浓度<150 mg/m^3，气体温度<80 ℃
		No.6-12C	3780~77500	230~3180	
		No.6-12D	4520~66500	350~3220	
		No.16-20B	3600~227500	300~3180	
	F4-62-1	No.3-7	2550~31202	628~1158	鼓风或排出净化后气体，允许气体中含尘<150 mg/m^3，气体温度<50 ℃
		No.8-14	1200~82000	1158~1619	
排尘离心式通风机	C4-73	No.3-5.5C	1725~19350	300~4000	一般除尘系统排风用
	C6-48	No.3.15-12.5C	696~3352	360~1980	

表1-10（续）

名称	型号	规格	流量/(m³·h⁻¹)	全压/Pa	用途
高压离心式风机	9-19 9-26	No.4-6.3A No.7.1-16D No.14-16D No.4-6.3A	820~7300 1075~419101 7670~63310 1650~14170	3410~9510 6880~12080 4660~11950 3430~9850	用于需要压力较大的通风系统，如空气斜槽、流态化鼓风、反吹风除尘、短途气送等
锅炉离心式引风机	G4-73 Y4-73 9-35-1 Y9-35-1	No.8-28D No.8-28D No.6-12 No.8-12	11600~238000 15900~434000 2460~53940 5810~53940	590~6490 370~4340 850~3770 550~2370	锅炉鼓风机按常温空气介质，引风机按200℃空气介质。适用于水泥厂烘干系统和水泥窑烟气除尘系统
锅炉鼓风机	66-30-12 65-47-12 65-34	No.2.8-3.5 No.4.3-5 No.5.4	800~1500 2000~4000 200	1200 1000 1200	适用于烘干燃烧室鼓风用

2. 离心式通风机（泵）的性能参数

在风机、泵的铭牌上或产品样本上，标有风机（泵）的性能参数，风压（H 或 p）、风量（Q）、功率（N）、效率（η）和转速（n）等，它们表示一台风机（泵）的整体性能。风机的性能参数是工厂在标准技术条件下实验而得到的，如果风机的使用条件和制造厂规定的标准技术条件不同，则必须对性能参数进行换算。常见的几种通风机的标准技术条件见表1-11。

表1-11 通风机的标准技术条件

空气参数	风机类型		
	一般通风机	锅炉引风机	煤粉通风机
温度/℃	20	200	70
大气压力/Pa	101325	101325	101325
空气密度/(kg·m⁻³)	1.20	0.745	1.02

1）风压（压头或扬程）

单位体积的气体流过风机时所获得的能量，称为风机的风压（压头）。显然，风机的风压等于风机出口气体的全压与进口气体的全压之差。风机的全压等于其静压与动压之和，单位为帕（Pa）或 mmH₂O，常用符号"p"表示。

对于泵常用扬程来表示，扬程是指单位重量的流体经泵所获得的能量，单位为米水柱（mH₂O），常用符号"H"表示。

2）风量（或流量）

风机（泵）每单位时间内所排送的气体（液体）体积称为风量（或流量），其单位为 m³/s 或 m³/h。需指出的是，在风机铭牌上或产品样本上所标明的风量数字，是指在标准状态（压强为 101325 Pa，温度 20 ℃，相对湿度 50%）下的气体体积流量。

3）功率

用风机输送气体时，气体从风机获得能量，而风机本身则消耗能量，风机每单位时间内传递给气体的能量称为风机的有效功率，即

$$N = HQ \tag{1-114}$$

式中 N——风机的有效功率，W；

Q——风机所输送的风量，m³/s；

H——风机所产生的全风压，Pa。

4）效率

实际上，由于风机运转时，气体在风机中流动有能量损失，因此输入风机的功率要比 N 大些，即

$$N_{sh} = \frac{N}{\eta} = \frac{HQ}{\eta} \tag{1-115}$$

式中 N_{sh}——风机的轴功率，轴功率就是电动机传到风机（泵）轴上的功率，W；

η——风机的效率，后向式叶片风机的效率一般为 0.8~0.9；前向式叶片风机的效率一般为 0.6~0.65。

配用电动机时，因为风机（泵）在运转时可能会出现超负荷情况，为了安全，一般风机（泵）的配带功率要比轴功率大。轴功率是指带动风机（泵）运转的配套电动机功率，用符号 N_{mo} 表示，则有：

$$N_{mo} = k \frac{N}{\eta \cdot \eta_m} \tag{1-116}$$

式中 k——电动机容量的储备系数，可按表 1-12 选用；

η_m——机械传动效率，与机械传动方式有关，可按表 1-13 选用。

表1-12 电动机容量的储备系数 k

轴功率 N_{mo} /kW	k	轴功率 N_{mo} /kW	k
<0.5	1.40~1.50	2~5	1.15~1.20
0.5~1	1.30~1.40	5~50	1.10~1.15
1~2	1.20~1.30	>50	1.05~1.08

表1-13 机械传动效率 η_m

传动方式	η_m
电动机直接传动	1.00
联轴器直接传动	0.98
三角皮带传动	0.95

5) 转速

转速是指风机（泵）的机轴每分钟的转数，常用符号 n 表示，单位是转/分（r/min）。

风机（泵）的转速是在设计时确定的，对应于一定的转速，就产生一定的压头和流量，需用一定的功率。当使用的实际转速不同于设计转速时，H、Q、N 也将随之改变。因此在选择电动机的转速时应与风机（泵）的额定转速一样，否则就达不到设计要求，甚至会损坏风机（泵）。

【例1-28】 有一台离心式通风机，全压 $p = 2200$ Pa，风量 $Q = 13$ m³/s，用电动机通过联轴器传动。试计算风机的有效功率、轴功率及应配带的电动机功率（风机的效率 $\eta = 0.78$）。

解 风机的有效功率为

$$N = HQ = 2200 \times 13 = 28600(\text{W}) = 28.6(\text{kW})$$

轴功率为

$$N_{sh} = \frac{N}{\eta} = \frac{28.6}{0.78} = 36.7(\text{kW})$$

查表1-12，取电动机容量储备系数 $k = 1.15$；查表1-13，取传动效率 $N_m = 0.98$，则电动机配带功率为

$$N_{mo} = k\frac{N}{\eta \cdot \eta_m} = 1.15 \times \frac{36.7}{0.98} = 43.1(\text{kW})$$

6) 离心式通风机（泵）的基本方程式——欧拉方程式

风机（泵）是利用电动机提供的动力使流体获得能量以输送流体。从研究风机（泵）的压头和加在转轴上的轴功率之间的关系入手，得出流体能量增量和流体运动之间的关系。这一关系就是离心式风机（泵）的基本方程式，它是1754年首先由欧拉提出的，所以又叫欧拉方程式。

(1) 流体在叶轮中的运动和速度三角形。

首先应了解流体在叶轮中的运动情况。图1-66a中，叶轮的进口直径为 D_0，叶片的进口直径为 D_1，叶轮的外径也就是叶片的出口直径为 D_2，叶片入口宽度为 b_1，出口宽度为 b_2。当叶轮旋转时，流体以速度 v_0 轴向地进入叶轮，随即转为径向并以速度 v_1 进入叶片间的流道。流体在流道中获得能量后以速度 v_2 离开叶轮进入机壳（参见图1-66），最后流向出口，排出机外。流体质点在流道中的运动轨迹是很复杂的。它一方面随叶轮的旋转作圆周运动，速度为 u，其方向与叶轮半径垂直；另一方面沿叶片方向作

相对于叶片的相对运动，其速度为 ω；两种速度的合成速度，即质点的绝对速度为 v。三者之间的关系显然应当是 $v = u + \omega$，流体质点在流道中任意点的上述三种速度如图1-66b 所示。

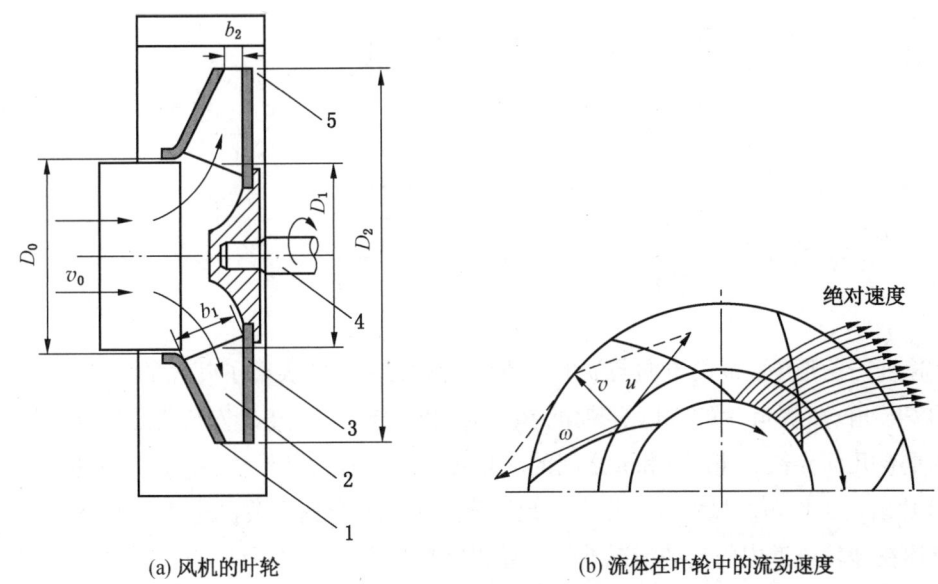

(a) 风机的叶轮　　　　　　　　(b) 流体在叶轮中的流动速度

1—叶轮前盘；2—叶片；3—后盘；4—转轴；5—机壳；u—圆周速度；ω—相对速度；v—绝对速度

图 1-66　流体在叶轮流道中的流动与速度示意图

对于压头和流量的分析，往往只需了解叶片进口与出口处的流体运动情况。图 1-67 中绘出叶轮的某一叶片进口 1 和出口 2 处的流体速度。在进口处，质点具有圆周速度 u_1 和相对速度 ω_1，两者的矢量和为 v_1，是进口的绝对速度。同理，在叶片出口处，质点的速度相应为 u_2、ω_2，两者的矢量和为叶片出口处质点的绝对速度 v_2。

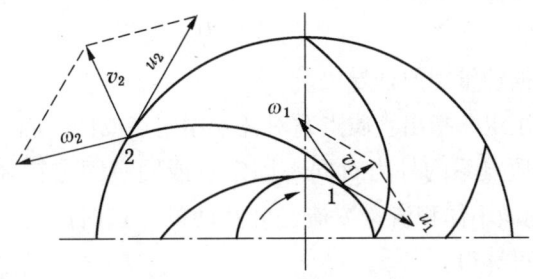

1—进口；2—出口

图 1-67　叶片进口和出口处的流体速度

为了便于分析，常常将绝对速度 v 分解为与流量有关的径向分速 v_r 和与压头有关的切向分速 v_u。前者的方向与半径方向相同，后者与叶轮的圆周运动方向相同。

► 热 工 基 础

将上述流体质点的各速度共同绘在一张速度图上，就是流体质点的速度三角形，如图 1-68 所示。

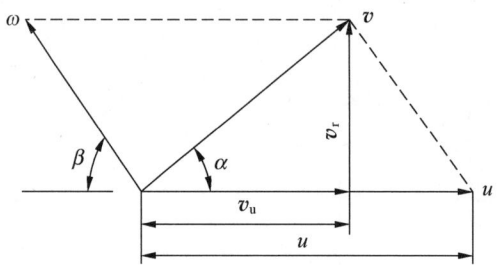

图 1-68　流体在叶轮中运动的速度三角形

在速度三角形中，ω 的方向与 u 的反方向之间的夹角 β 表明了叶片的弯曲方向，叫作叶片的安装角。β_1 是叶片的进口安装角，β_2 是叶片的出口安装角。安装角是影响风机（泵）性能的重要几何参数。速度 v 和 u 之间的夹角 α 叫作叶片的工作角。α_1 是叶片进口工作角，α_2 是叶片出口工作角。显然，工作角与径向分速及切向分速有关。速度三角形除清楚地表达了流体在叶轮流道中的流动情况外，在导出欧拉方程式及以后研究风机和泵的理论中都起着重要作用。因此，应当首先加以透彻了解。

（2）欧拉方程式。

为了简化问题，在推导欧拉方程式的过程中采用以下三个理想化的条件以建立流动模型：①叶轮中流体的流动为稳定流动；②叶轮具有数量无限多的叶片，叶片的厚度极薄，因而流体在叶片之间的流道中流动时，遵循叶片的形状流动，方向与叶片方向相同，且在流道中任一圆周上流体的分布是均匀的；③流过叶轮的流体是理想流体，即在流动过程中没有能量损失。

在上述理想化条件下，将流体的有关参数都加以下角"T∞"，例如 $Q_{T\infty}$、$H_{T\infty}$ 等，其中"T"表示理想流体，"∞"表示叶轮的叶片为无限多。

欧拉方程式可以根据动量矩原理导出。

关于质点系的动量矩定律指出：质点系对任一固定点或任一固定转轴的动量矩随时间的变化率等于作用于该质点系的外力对同一固定点或同一固定转轴的动量矩。研究如图 1-69 所示叶轮中流体的微小体积流量 q 流经叶片间的流道时的动量矩变化情况。根据动量定律和动量矩定律，可导得：

$$M\omega = N = \gamma Q_{T\infty} H_{T\infty} = \rho Q_{T\infty} (\mu_{2T\infty} v_{u_2 T\infty} - \mu_{1T\infty} v_{u_1 T\infty}) \qquad (1-117)$$

经移项，就可以得到理想化条件下单位重量流体的能量增量与流体在叶轮中运动的关系，即欧拉方程式：

$$H_{T\infty} = \frac{1}{g}(\mu_{2T\infty} v_{u_2 T\infty} - \mu_{1T\infty} v_{u_1 T\infty}) \qquad (1-118)$$

由式（1-118）可以看出：①欧拉方程式表明流体所获得的压头，仅与流体在叶片进口及出口处的运动速度有关，而与流体在流道中的流动过程无关；②流体所获得的压头与被输送流体的种类无关。

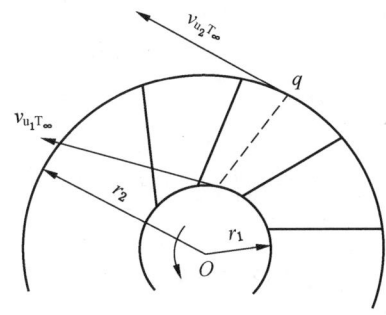

图 1-69　叶轮中流体微小体积流量 q 的动量矩

（3）欧拉方程式的修正。

实际上离心式风机叶轮的叶片数是有限的，而且是有相当厚度的。因而流束并不完全受叶片的约束。同时，叶片间流道总是从入口向出口不断扩大。此外，流体的流动还受叶片正面与背面压力不同以及流体惯性的影响。以上各种原因，都足以破坏理想流动模型。

由于上述影响，按式（1-118）计算的叶片无限多的压头 $H_{T\infty}$ 要降低到叶片有限多的 H 值。无限多叶片的欧拉方程式表达的 $H_{T\infty}$ 与有限多叶片实际叶轮的欧拉方程式得出的 H 之间的关系至今还只能以经验公式来表明，而这些经验公式的适用范围也极其有限。这里用小于 1 的涡流修正系数 k 来联系，即

$$H = kH_{T\infty} = \frac{k}{g}(\mu_{2T\infty} v_{u_2 T\infty} - \mu_{1T\infty} v_{u_1 T\infty})$$

为简明起见，将流体运动中用来表示理想条件的下角"T"取消。可得：

$$H = \frac{1}{g}(\mu_2 v_{u_2} - \mu_1 v_{u_1}) \qquad (1-119)$$

上式表达了实际叶轮工作时，在不计流动损失的条件下，流体从外加能量所获得的压头值。这个公式也叫作理论压头方程式。

在以后一些章节中，将以式（1-119）表达的理论压头方程式为主要依据，分析风机和泵的工作性能。这个方程式是风机和泵的主要理论根据之一。

7）风机（泵）的相似律和比转数

风机（泵）的设计、制造通常是按"系列"进行的。同一系列中，大小不等的风机（泵）都是相似的，也就是说它们之间的流体力学性质遵循力学相似原理。

按系列进行生产的原因之一是流体在机内的运动情况十分复杂，以致目前不得不广泛

▶ 热 工 基 础

利用已有风机或泵的数据作为设计依据。有时，由于实型风机（泵）过大，就运用相似原理先在较小的模型机上进行实验，然后再将实验结果推广到实型机器。

（1）风机（泵）的相似律。

根据相似原理，相似的风机（泵）首先必须几何相似。几何相似是指模型机和原型机各对应点的几何尺寸成比例，比值相等，各对应角也相等。

另外，相似机械相似工况点的相似，还要求流体的运动相似。运动相似是指模型机和原型机各对应点的速度方向相同，大小成比例，比值相等。

最后还要求动力相似。动力相似是指模型机和原型机中相对应的各种力的方向相同，大小成比例，且比值相等。

现在，在上述相似条件下，来逐个研究相似风机（泵）的相似工况点的性能参数之间的关系。

首先研究相似工况点之间的压头关系。

风机压头的计算，根据欧拉方程式（1-119）可以按下式计算：

$$H = \eta_h \frac{1}{g} \mu_2 \nu_{\mu 2} \quad \text{或} \quad H_g = \eta_h \mu_2 \nu_{\mu 2}$$

式中　η_h——水力效率。

当模型机与原型机的尺寸相差不大时，两机的水力效率 η_h 可以认为是相等的。故相似工况点的压头关系简化为

$$\frac{H_p g}{H_m g} = \frac{\mu_{2p}}{\mu_{2m}} \cdot \frac{\nu_{\mu 2p}}{\nu_{\mu 2m}}$$

将式中的速度比用转速与轮径的乘积 nD_2 的比值代替，同时引入 $g = \frac{\gamma}{\rho}$ 的关系，可将上式改写为压强比的关系：

$$\frac{p_p}{p_m} = \frac{\rho_p}{\rho_m} \cdot \left(\frac{n_p}{n_m}\right)^2 \left(\frac{D_{2p}}{D_{2m}}\right)^2 \quad (1-120)$$

也可以采用以 nD_2 表达的压头比形式：

$$\frac{H_p}{H_m} = \left(\frac{n_p}{n_m}\right)^2 \left(\frac{D_{2p}}{D_{2m}}\right)^2 \quad (1-121)$$

式（1-121）虽不如式（1-120）严密，但在工程上是可用的。

风机的流量可按下式计算：

$$Q = A_2 \nu_{2r} \eta_v \varepsilon$$

式中　A_2——风机出口的有效面积，m^2；

　　　η_v——风机的容积效率；

　　　ε——叶片的排挤系数，表示叶轮出口处实际出口截面积与不计叶片厚度的出口截面积之比值。

则风机相似工况点之间的流量关系计算如下：

$$\frac{Q_p}{Q_m} = \frac{\eta_{vp}\varepsilon_p \pi D_{2p} b_{2p} v_{r2p}}{\eta_{vm}\varepsilon_m \pi D_{2m} b_{2m} v_{r2m}} = \frac{n_p}{n_m} \cdot \left(\frac{D_{2p}}{D_{2m}}\right)^3 \qquad (1-122)$$

上式中考虑了相似机器大小不悬殊时容积效率 η_v 及排挤系数 ε 近似相等而从式中消去，而 $\frac{b_{2p}}{b_{2m}} = \frac{D_{2p}}{D_{2m}}$，并用转速与轮径的乘积 nD_2 之比代替流速比而得出的。

最后，研究相似机相似工况点之间的轴功率关系。由轴功率计算式（1-115）可得出相似机轴功率关系，并处理得：

$$\frac{N_p}{N_m} = \frac{n_p}{\rho_m} \cdot \left(\frac{n_p}{n_m}\right)^3 \left(\frac{D_p}{D_m}\right)^5 \qquad (1-123)$$

以上介绍的式（1-120）、式（1-121）、式（1-122）及式（1-123）就是风机（泵）的相似律。下面介绍相似律在工程技术上常见的几种运用方法。

①改变转速时各参数的变化关系——比例定律。

相似定律的一种特殊情况：当两台风机（泵）叶轮直径相等并输送相同的流体时，即几何尺寸的比例常数 $\frac{D_p}{D_m} = 1$，密度的比例常数 $\frac{\rho_p}{\rho_m} = 1$；也可以看作同一台风机（泵），当改变转速时考察其参数的变化关系。这时，式（1-120）、式（1-121）、式（1-122）及式（1-123）简化为

$$\frac{D_p}{D_m} = \frac{n_p}{n_m} \qquad \frac{H_p}{H_m} = \left(\frac{n_p}{n_m}\right)^2 \qquad \frac{p_p}{p_m} = \left(\frac{n_p}{n_m}\right)^2 \qquad \frac{N_p}{N_m} = \left(\frac{n_p}{n_m}\right)^3$$

上式是对同一台风机（泵），当转速改变后，在相似工况下的流量、压头、功率与转速间的关系，故称为比例定律。比例定律指出：流量与转速的一次方成正比，压头与转速的平方成正比，功率与转速的三次方成正比。

②改变几何尺寸时各参数的变化关系。

当两台风机（泵）的转速相等，并输送相同的流体时，即转速的比例常数 $\frac{n_p}{n_m} = 1$，密度的比例常数 $\frac{\rho_p}{\rho_m} = 1$，而只改变风机（泵）的几何尺寸，其相似律可简化为

$$\frac{Q_p}{Q_m} = \left(\frac{D_{2p}}{D_{2m}}\right)^3 \qquad \frac{H_p}{H_m} = \left(\frac{D_{2p}}{D_{2m}}\right)^2 \qquad \frac{p_p}{p_m} = \left(\frac{D_{2p}}{D_{2m}}\right)^2 \qquad \frac{N_p}{N_m} = \left(\frac{D_p}{D_m}\right)^5$$

上式指出：在相似工况下，流量与叶轮直径的三次方成正比，压头与叶轮直径的平方成正比，功率与叶轮直径的五次方成正比。

③改变密度时各参数的变化关系。

当两台风机（泵）的转速相等，几何尺寸相同时，即转速的比例常数 $\frac{n_p}{n_m} = 1$，几何尺

寸的比例常数 $\dfrac{D_P}{D_m}=1$；也可以看作同一台风机（泵），当所输送的流体不同时，考察其参数的变化关系。

这时由式（1-121）、式（1-122）可以看出，流量、压头与流体的密度无关。因此，只有风机的风压和功率与密度有关。

式（1-120）、式（1-123）简化为

$$\frac{p_P}{p_m}=\frac{\rho_P}{\rho_m} \qquad \frac{N_P}{N_m}=\frac{\rho_P}{\rho_m}$$

上式指出：在相似工况下，风压与密度的一次方成正比，功率与密度的一次方成正比。

综上所述，可将两台几何相似的泵或风机，在相似工况下运行时的参数变化关系列于表 1-14。

表 1-14 相似工况下各参数的变化关系

参数	改变转速 n	改变几何尺寸 D	改变密度 γ	N、D、γ 均变
流量 Q	$Q_P = Q_m \dfrac{n_P}{n_m}$	$Q_P = Q_m \left(\dfrac{D_{2P}}{D_{2m}}\right)^3$	$Q_P = Q_m$	$Q_P = Q_m \left(\dfrac{n_P}{n_m}\right)\left(\dfrac{D_{2P}}{D_{2m}}\right)^3$
压头 H	$H_P = H_m \left(\dfrac{n_P}{n_m}\right)^2$	$H_P = H_m \left(\dfrac{D_{2P}}{D_{2m}}\right)^2$	$H_P = H_m$	$H_P = H_m \left(\dfrac{n_P}{n_m}\right)^2 \left(\dfrac{D_{2P}}{D_{2m}}\right)^2$
风压 p	$p_P = p_m \left(\dfrac{n_P}{n_m}\right)^2$	$p_P = p_m \left(\dfrac{D_{2P}}{D_{2m}}\right)^2$	$p_P = p_m \dfrac{\rho_P}{\rho_m}$	$p_P = p_m \dfrac{\rho_P}{\rho_m}\left(\dfrac{n_P}{n_m}\right)^2 \left(\dfrac{D_{2P}}{D_{2m}}\right)^2$
功率 N	$N_P = N_m \left(\dfrac{n_P}{n_m}\right)^3$	$N_P = N_m \left(\dfrac{D_{2P}}{D_{2m}}\right)^5$	$N_P = N_m \dfrac{\rho_P}{\rho_m}$	$N_P = N_m \dfrac{\rho_P}{\rho_m}\left(\dfrac{n_P}{n_m}\right)^3 \left(\dfrac{D_{2P}}{D_{2m}}\right)^5$
效率 η	$\eta_P = \eta_m$	$\eta_P = \eta_m$	$\eta_P = \eta_m$	$\eta_P = \eta_m$

注：当模型与原型的转速与几何尺寸相差不大时，各效率相等。

【例 1-29】 现有 Y9-35-12No.10D 型锅炉引风机一台，铭牌上参数为 $n = 960$ r/min，$H = 162$ mmH$_2$O，$Q = 20000$ m^3/h，$\eta = 60\%$，配用电动机 22 kW。考虑三角皮带的传动效率 $\eta_t = 98\%$。现在用此引风机输送温度为 20 ℃ 的清洁空气，n 不变，求在新的条件下的性能参数。是否影响电动机的大小？

解 锅炉引风机铭牌参数是以大气压为 101.325 kPa 和介质温度 200 ℃ 为基础提供的，这时空气的密度为 0.745 kg/m^3。

当改送 20 ℃ 的空气时,其密度为 1.20 kg/m³。故该风机的性能参数应为

$$Q_{20} = Q = 20000 \text{ m}^3/\text{h}$$

$$H_{20} = H\frac{\rho_{20}}{\rho} = 162 \times \frac{1.2}{0.745} = 261(\text{mmH}_2\text{O})$$

重新计算电动机功率:

$$N_{20} = K\frac{\gamma Q_{20} H_{20}}{\eta} \cdot \frac{1}{\eta_t}$$

$$= 1.15 \times \frac{20000}{3600} \times H_{20} \times \frac{1}{0.6} \times \frac{1}{0.98}$$

$$= 1.15 \times \frac{20000}{3600} \times 261 \times 9.807 \times \frac{1}{0.6} \times \frac{1}{0.98}$$

$$= 27.78(\text{kW})$$

其中,K 是电动机的安全系数;$p_{20} = H_{20}\gamma$,由于 H_{20} 的单位是 mmH$_2$O,γ 应以水的容重即 $\gamma = 9807$ N/m³ 来计算。通过计算得知,在新的条件下电动机过小。

(2) 风机(泵)的比转数。

相似定律只能说明同一系列相似风机(泵)的相似工况点性能参数间的关系。它并没有涉及不同系列机器之间,即不相似风机(泵)之间的比较问题。那么对于不同系列的机器是否可以在性能上加以比较呢?

答案是可以的,同时也是必要的。因此,下面提出另一种代表整个系列风机(泵)的单一的综合性能参数。它是一个包括流量 Q、压头 H 及转速 n 等设计参数在内的综合性相似特征数,我们称之为比转数,用符号"n_s"来代表。比转数在风机(泵)的理论研究和设计中,都具有十分重要的意义。现对风机和泵的比转数分别讨论如下:

①风机的比转数 n_s。风机的比转数与水泵比转数 n_s 的性质完全相同,一般习惯用下式计算:

$$n_s = \frac{n\sqrt{Q}}{p_{20}^{\frac{3}{4}}} \tag{1-124}$$

式中 p_{20} ——常态状况下($t = 20$ ℃,$p_a = 760$ mmHg)空气的全压,单位为 Pa 或 mmH$_2$O。

如果采用实际工作状况下的全压 p 计算 n_s 时,因 $p_{20} = 1.2$ kg/m³,则:

$$p_{20} = \frac{1.2p}{\rho g}$$

代入式(1-124)得:$n_s = \dfrac{n\sqrt{Q}}{\left(\dfrac{1.2p}{\rho g}\right)^{\frac{3}{4}}} = 4.83 \dfrac{n\sqrt{Q}}{\left(\dfrac{p}{\rho}\right)^{\frac{3}{4}}}$

式中 p ——气体全压,mmH$_2$O;

ρ——气体密度，kg/m^3。

②泵的比转数 n_s。将式（1-121）、式（1-122）分别变形并处理后得：

$$\frac{n_m\sqrt{Q_m}}{H_m^{\frac{3}{4}}} = \frac{n_p\sqrt{Q_p}}{H_p^{\frac{3}{4}}} = \frac{n\sqrt{Q}}{H^{\frac{3}{4}}} = 常数$$

式中常数用符号 n_s 表示，即：

$$n_s = \frac{n\sqrt{Q}}{H^{\frac{3}{4}}} \tag{1-125}$$

上式就是包括了设计参数在内的一个相似特征数，称为比转数。

凡几何尺寸相似的泵，在相似工况下的比转数 n_s 值必然相等。

一般作为相似判别数应该是无因次的，而比转数 n_s 则是有因次的。国外习惯使用式（1-125）计算比转数 n_s（采用国际单位制也用同式计算），而我国习惯上采用下式计算比转数 n_s：

$$n_s = \frac{3.65n\sqrt{Q}}{H^{\frac{3}{4}}}$$

系数 3.65 只是对水而言，当输送其他流体时，系数则不同。对于水泵，我国规定计算比转数的条件是 $Q = 0.075 \text{ m}^3/\text{s}$，$H = 1 \text{ m}$，在最高效率下运行，这时所具有的转速 n_m（r/min）作为该系列水泵的比转数。

对于水泵，比转数的意义可以这样理解：在同一类型的泵（相似的泵）中，取出一个 $H = 1 \text{ m}$，$N = 1$ 马力，$Q = 0.075 \text{ m}^3/\text{s}$ 的泵作为标准泵，这个泵所具有的转速就称为比转数，即：

$$n_s = \frac{3.65n\sqrt{Q}}{H^{\frac{3}{4}}} = \frac{3.65n\sqrt{0.075}}{1^{\frac{3}{4}}} = n$$

③比转数在风机（泵）中的应用。

a）用比转数对泵和风机进行分类。

由比转数公式可以看出，比转数 n_s 与转速 n 成正比，与流量 Q 的平方根成正比，与压头 H 的四分之三次方成反比。如果流量不变，n_s 越小，H 就越大。为了提高压头，就只能加大叶轮出口直径 D_2，相对地减小出口宽度 b_2，因而叶形变得窄而长。但叶轮外径 D_2 不能过大，过大则使出口宽度 b_2 过分变窄，这样不但增加了铸造上的困难，而且大大增加了叶轮内的流动损失和圆盘摩擦损失，使效率降低，所以对离心式泵一般 n_s 不小于30，对离心式风机 n_s 不小于10。n_s 越大，则 H 越小，叶轮出口直径 D_2 也就越小，而叶轮出口宽度 D_2 相对地显得加大，叶形变得短而宽。随着 n_s 的增加，出口直径与进口直径之比 $\frac{D_2}{D_1}$ 逐渐减小，当减小到某一数值时，就需将出口边作成倾斜的。如图1-70所示，因为：如果 ab 和 cd 两条流线的长度相差太大时，会给叶片绘制带来困难；由于叶片长短相差太大，会出现 ab 流线的压头低于 cd 流线的压头,于是引起二次回流,大大增加了流动损失。因此,当 n_s 达到一数值时,即 $\dfrac{D_2}{D_1}$ 减小到某一数值时,叶轮出口边就要作成倾斜的,这就从离心式过渡到混流式。当 n_s 再增加,则出口直径进一步减小,叶轮就从混流式过渡到轴流式了。

由此可见,叶轮形式引起参数改变,也会导致比转数的改变,所以,可用比转数对泵和风机进行大致分类,见表 1-15、图 1-71。

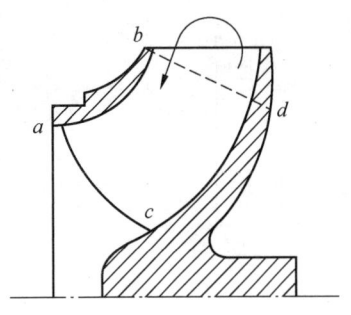

图 1-70 二次回流

表 1-15 比转数与叶轮形状和特性曲线形状的关系

水泵类型	离心式泵			混流式泵	轴流式泵
	低比转数	中比转数	高比转数		
比转数	$30<n_s<80$	$80<n_s<150$	$150<n_s<300$	$300<n_s<500$	$500<n_s<1000$
叶轮简图					
尺寸比	$\dfrac{D_2}{D_0}\approx 2.5$	$\dfrac{D_2}{D_0}\approx 2.0$	$\dfrac{D_2}{D_0}\approx 1.4\sim 1.8$	$\dfrac{D_2}{D_0}\approx 1.1\sim 1.2$	$\dfrac{D_2}{D_0}\approx 1.0$
叶片形状	圆柱形叶片	入口处扭曲,出口处圆柱形	扭曲形叶片	扭曲形叶片	扭曲形叶片
工作特性曲线					

b)用比转数确定风机和泵的形式。

因为叶轮形式导致比转数改变,所以也影响了风机和泵的性能。可以用比转数来选用风机和泵的大致类型,如果需要一台流量为 Q,压头为 H,或风压为 p,转速为 n 的风机或泵,这时,可算出其比转数 n_s。对风机而言,当计算出的比转数 $n_s<10$,一般采用容积式风机。当 $15<n_s<90$ 时,则采用离心式通风机,这是离心式通风机最佳比转数的范围

▶ 热 工 基 础

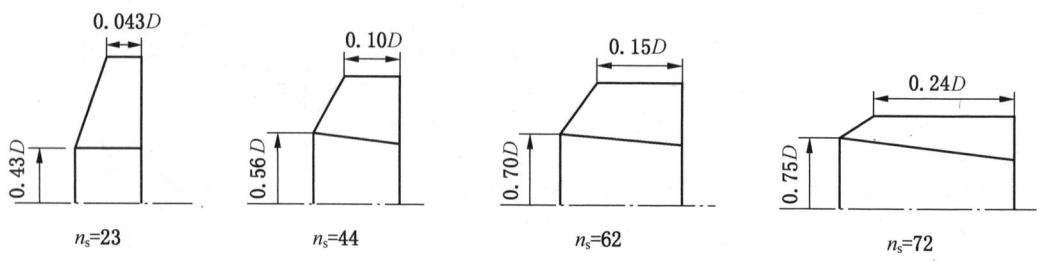

图 1-71 比转数与叶轮形状和特性曲线形状的关系

（一般后向式叶轮 $20<n_s<90$，前向式叶轮 $15<n_s<65$）。当 $30<n_s<100$ 时，一般采用轴流式风机。对水泵而言，当 $n_s<30$ 时，则需采用容积式泵。当 $30<n_s<300$ 时，则采用离心泵，但离心泵最佳比转数 n_s 的范围在 $90\sim300$。当 $300<n_s<500$ 时，则采用混流式泵；当 $500<n_s<1000$ 时，则采用轴流式泵。

c）用比转数进行风机和泵的相似设计。

这种相似设计的方法，就是根据给定的设计参数计算出比转数数值，然后在已有的经过实验的性能良好的模型中，选取一个比转数相同（或接近）的模型，然后把模型的参数换算成原型的参数，把模型的尺寸按空气动力学图放大或缩小成原型风机或泵的几何尺寸，最后作出结构设计。

3. 离心式通风机（泵）的特性曲线

风机（泵）的特性曲线是指在一定的转速下，压头 H、功率 N（一般指轴功率）、效率 η 与流量 Q 间的关系曲线。对于水泵来说，还有表示泵气蚀性能的允许气蚀余量 $[\Delta h]$ 或允许吸上真空高度 $[H_s]$ 与流量 Q 的关系曲线。

从特性曲线上我们可以知道各参数随流量的变化关系，从而可以确定风机（泵）的工作范围。风机（泵）是按照给定的一组参数（压头及流量）进行设计的，由这一组参数所组成的工况，称为设计工况。当风机（泵）在设计工况下运行时，具有最高的效率。但是随着外界条件的变化，风机（泵）的工况也要相应改变，当运行点偏离设计工况时，效率则相应下降。为了使风机（泵）的效率不致下降太多，对各种形式的风机（泵）都确定了一个工作范围。因此，掌握这些特性曲线，就能够正确选择经济合理的风机（泵）。

泵的特性曲线主要有：流量与扬程（$Q-H$）曲线，流量与功率（$Q-N$）曲线，流量与效率（$Q-\eta$）曲线，流量与允许气蚀余量（或允许吸上真空高度）（$Q-[\Delta h]$）曲线。对于风机来说，因其产生的动压头较大，而且在决定风机的工作点时，是以静压曲线为依据的，所以一般还需分别作出流量与全压（$Q-p$）和流量与静压（$Q-p_{st}$）的关系曲线。

无论是风机或者是泵的工作特性曲线，至今还不能精确地用理论方法计算，而是通过实验方法求得，并将其绘制成曲线，这种曲线称为特性曲线。主要包括：单机特性曲线、综合特性曲线和无因次曲线。

1) 单机特性曲线

对某台离心式风机固定其转速，当通风量改变时，风机的风压也随之改变。把实验测得的风压、风量、功率以及由此计算出来的效率等数据绘成曲线，就成为离心式通风机特性曲线。这种特性曲线一般包括 $H-Q$ 曲线（风压-风量），$N-Q$ 曲线（轴功率-风量）和 $\eta-Q$（效率-风量）曲线。图 1-72 是 4-72-11 No.5 型离心式通风机在 2900 r/min 时的特性曲线。从图中可以看出，风机运转时，存在一最高效率点 η_{max}，相应于该点的风量、风压、轴功率称为离心式通风机的最佳工况。在选择和使用风机时，应注意使其实际运转效率不低于 $0.9\eta_{max}$，根据这个要求，就可以确定离心式通风机风量的允许调节范围（图中 $Q_1 \sim Q_2$），这个范围称为离心式通风机的经济使用范围。

4-72-11 型离心式通风机是后向式叶片风机。前向式叶片的离心式通风机的特性曲线如图 1-73 所示。对比图 1-72 与图 1-73 看到，后向式叶片风机与前向式叶片风机的特性曲线有所不同，前者的风压随风量增大而迅速减小，而后者的风压随风量增大而缓慢减小。由于上述特性，引起风量对功率的影响也各不相同，后向式叶片风机的 $N-Q$ 曲线，随着风量的增加缓慢上升，在离心式通风机经济使用范围附近有一最高点，过了最高点，功率反而下降了；而前向式叶片离心式通风机的 $N-Q$ 曲线，则随风量的增加一直迅速上升，且在经济使用范围附近没有最高点，这样，前向式叶片离心式通风机电动机容易超载，配用电动机时要有较大的储备。

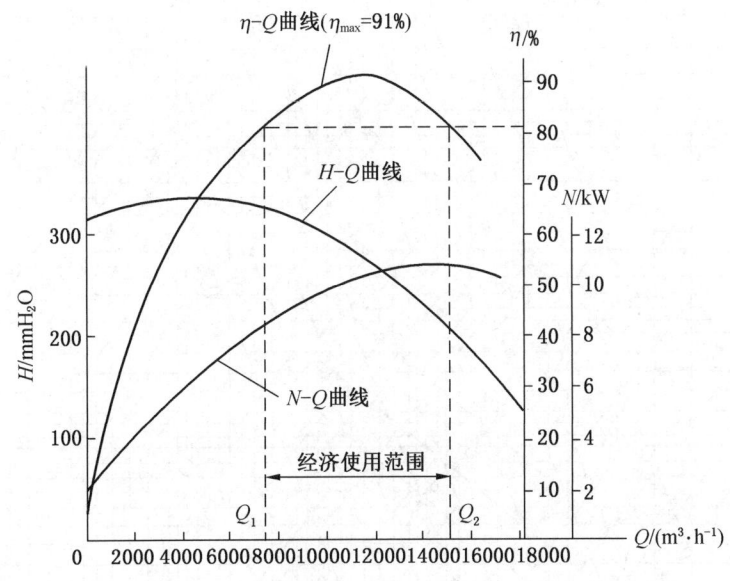

图 1-72　4-72-11No.5 型离心式通风机的特性曲线

从离心式风机的单机特性曲线图上可以看出，不论叶片形式如何，风量为零时，所需功率最小，所以这类通风机启动时，应该把进风口或出风口的阀门关闭，以免电动机过载。

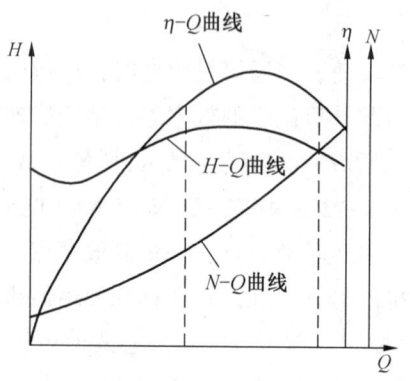

图 1-73 前向式叶片离心式风机的特性曲线

2）综合特性曲线

单机特性曲线只能表示某一台离心式通风机在特定转速下的性能，这对选用风机很不方便。综合特性曲线是将同型号不同机号，同一机号不同转速的特性曲线绘在一张图上，而且只标出经济使用范围一段的 $H-Q$ 曲线；图上标明了机号、转速、功率等。选型时，根据要求的风压、风量，可以较快地从图上找出要求的离心式通风机的型号和转速，并可估计出所需功率。图 1-74 所示为 Y4-73-11 型锅炉引风机的选择曲线图（综合特性曲线）。

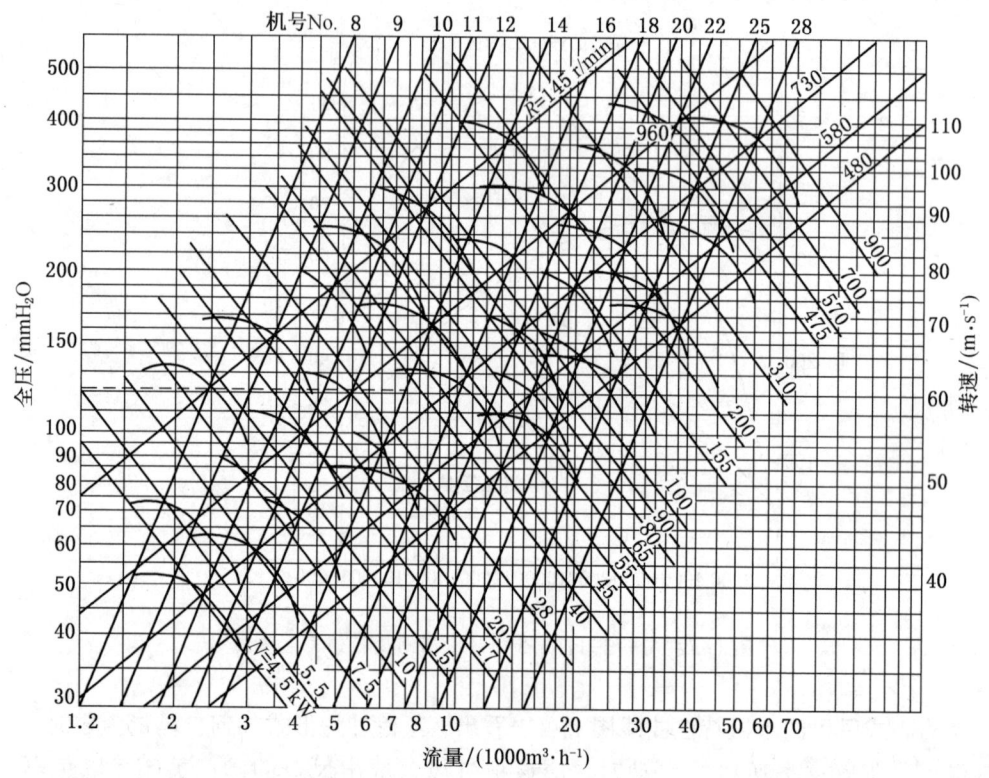

图 1-74 Y4-73-11 型锅炉引风机的选择曲线图（综合特性曲线）

离心式通风机的选型也可从性能表上查找，性能表比综合特性曲线更详细，它除了列出同型号不同机号、同一机号不同转速，在经济使用范围内若干个工作点的性能参数外，还列出了配套电动机及附件。表 1-16 是 Y4-73-11 型锅炉引风机性能及选用配件表，供参考。

表 1-16　Y4-73-11 型锅炉引风机性能及选用配件（部分）表

型号	转速/ (r·min⁻¹)	全压/ Pa	流量/ (m³·h⁻¹)	效率/ %	轴功率/ kW	所需功率/ kW	上海鼓风机厂			
							电动机 功率/kW	联轴器一套		
								型号	风机轴	电动机轴
No. 16D	960	2300	90000	83.7	66.5	88	95	T11-95×85	95	85
		2300	101000	88.5	72	95	95	T11-95×85		85
		2280	112000	91.2	76.7	101	115	T11-95×85		85
		2220	123000	92.5	80.5	107	115	T11-95×85		85
		2140	124000	93.0	83.7	111	115	T11-95×85		85
		2000	145000	90.5	86	114	115	T11-95×85		85
		1820	156000	87.2	87.9	116	130	T11-95×90		90
		1630	168000	84.0	88.2	117	130	T11-95×90		90
No. 16D	730	1300	682000	83.7	29.2	39	40	T11-95×75	95	75
		1300	766000	88.5	31.6	42	55	T11-95×85		85
		1310	850000	91.2	33.6	45	55	T11-95×85		85
		1280	935000	92.5	35.4	47	55	T11-95×85		85
		1230	102000	93.0	36.7	49	55	T11-95×85		85
		1150	110000	90.5	37.8	50	55	T11-95×85		85
		1050	119000	87.2	38.6	51	55	T11-95×85		85
		940	127000	84.0	38.8	52	55	T11-95×85		85

特性曲线和性能表都是根据标准技术条件编制的，使用时必须注意进行换算。

3）无因次曲线

同一类型的离心式通风机，是一组相似的风机，虽然它们的尺寸不同并在不同转速下工作，它们的有因次性能参数（Q、H、N）所组成的特性曲线也各不同，但却是类似的。可是由它们的无因次性能参数（$\overline{Q}$、$\overline{H}$、$\overline{N}$）所组成的特性曲线却是相同的。由无因次的性能参数所绘制的特性曲线，叫作无因次特性曲线，如图 1-75 所示。

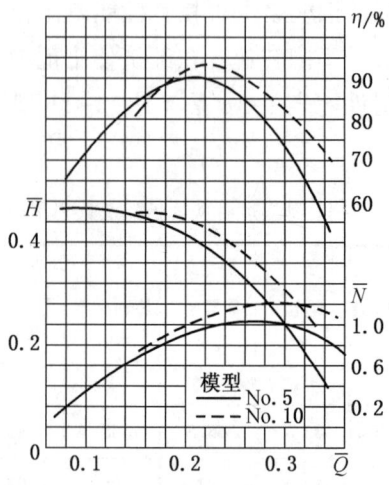

图 1-75 4-72-11 型离心式通风机的无因次特性曲线

需注意，根据无因次特性曲线图所得出的无因次量并不是风机的性能参数，不能直接引用。

4. 风机（泵）在管路系统中的工作特性

前面讨论了风机（泵）本身的特性曲线，但风机（泵）在管路中工作时处在特性曲线上的哪一点，我们并不知道。因为当风机（泵）在一定的管路系统中工作时，实际工作状况不仅取决于风机（泵）本身的特性曲线，而且还取决于整个系统的管路特性曲线。即由这两条曲线的交点来决定风机（泵）在管路系统中的运行工况。

1）管路特性曲线

所谓管路特性曲线，就是管路中通过的流量与所需要消耗的压头之间的关系曲线，当流体通过管路输送到某处时，需要消耗哪些压头呢？如图 1-76 所示的装置，单位重量的流体从吸入容器输送到压力容器中。分别列出截面 A—A 与 1—1、截面 2—2 与 B—B 的伯努利方程并处理得

$$H_c = \frac{p_2 - p_1}{\rho g} = \frac{p_B - p_A}{\rho g} + (H_j + H_e) + (h_f + h_1) + \left(\frac{\omega_B^2}{2g} + \frac{\omega_1^2}{2g} - \frac{\omega_A^2}{2g} - \frac{\omega_2^2}{2g}\right)$$

压头 H_c 是单位重量流体通过风机（泵）叶轮后所获得的能量增加值，也就是风机（泵）在管路中输送流体时所需要消耗的压头。从上式可知 H_c 的作用在于：

(1) 要克服吸入容器与排出容器中的压头差 $\frac{p_B - p_A}{\rho g}$。

(2) 需要把流体举起 H_c 即 ($H_g + H_j$) 的高度。

(3) 需要克服所输送流体在吸入管和排出管中的摩擦阻力损失及管路附件（阀门、弯头）等的局部阻力损失。

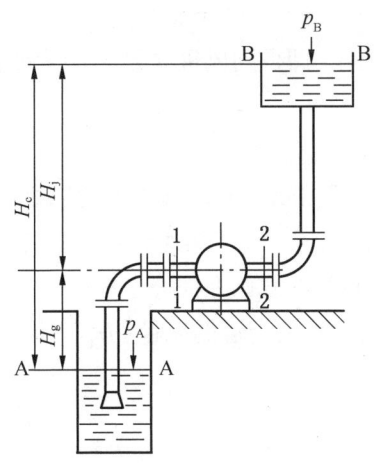

图 1-76 管路系统装置

(4) 需要克服流体在管路中流动时的动压头增量 $\frac{\omega^2}{2g} = \frac{\omega_B^2}{2g} + \frac{\omega_1^2}{2g} - \frac{\omega_A^2}{2g} - \frac{\omega_2^2}{2g}$；若吸入容器与排出容器较大时，可将液面速度视为零，即 $\omega_A = \omega_B = 0$。如果吸入管径与出水管径相等时，则 $\omega_1 = \omega_2$。

在输送系统中，输出容器中流体的压力 p_B 是随工况而变化的，因此管路所需要压头的一般形式为

$$H_c = \frac{p_B - p_A}{\rho g} + H_t + \sum h_L + \frac{\omega^2}{2g}$$

式中 $\frac{p_B - p_A}{\rho g} + H_t$ 两项均与流量无关，故称为静压头，用符号 H_{st} 表示。而管路中阻力的损失 $\sum h_L$ 及动压头增量 $\frac{\omega^2}{2g}$ 均与流量的平方成正比，故可写为

$$\sum h_L + \frac{\omega^2}{2g} = \left(\sum \lambda \frac{l}{d} + \sum \xi + 1\right)\frac{\omega^2}{2g} = \left(\sum \lambda \frac{l}{d} + \sum \xi + 1\right)\frac{Q^2}{2gF^2} = KQ^2$$

式中 K——阻力系数。

因此
$$H_c = H_{st} + KQ^2 \tag{1-126}$$

式 (1-126) 就是风机 (泵) 在管路中的管路特性曲线方程，可见当流量发生变化时，所需要的压头 H_c 也发生变化。

对于风机，因气体密度 ρ 很小，气柱重量可以忽略不计，即可认为等于零。又如工厂中常见的送风机是将空气送入炉膛，引风机是将烟气排入大气，故 p_A 常约等于 p_B，因而 $\frac{p_B - p_A}{\rho g}$ 这一项也可近似认为等于零，所以风机的静压头可以近似认为等于零。故式 (1-126) 可写为下式：

▶ 热 工 基 础

$$H_c = KQ^2 \qquad (1-127)$$

以 H_c 作纵坐标，Q 作横坐标，即得到风机（泵）的管路特性曲线，如图 1-77 所示。

2) 风机（泵）的工作点

离心式通风机的转速一定时，有一固定的 $H-Q$ 曲线，风机可以在 $H-Q$ 曲线上任一点的风量和风压下进行工作，究竟在哪一点工作与管道特性有关，因为风机的风量应该等于通风管道中的风量，而风机的风压应该等于通风管道中的阻力损失。如果把离心式通风机特性曲线（$H-Q$）和管道特性曲线画在同一坐标上，如图 1-78 所示，其交点 A 即为风机的工作点，相应的 Q_A 即为风机及管道的风量；H_A 为风机的工作风压，即管道的阻力损失。

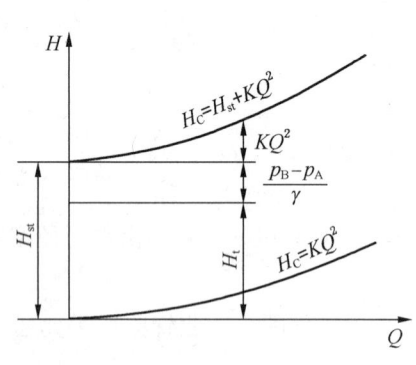

图 1-77 管路特性曲线

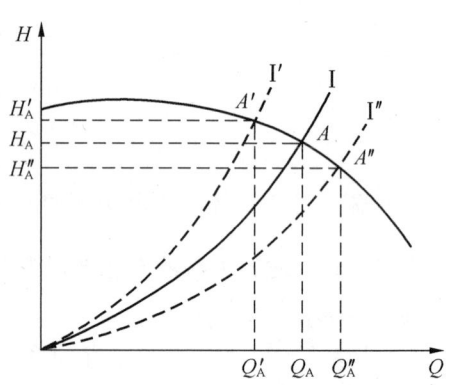

图 1-78 风机在管路中的工作点

当管道阻力系数发生变化时，管道特性曲线也发生变化，风机的工作点将随之变化。如管道的闸门关小，管道的阻力损失关系增加，管道特性曲线变陡，风机工作点就上移到 A' 点，风压增大（与管道总阻力相适应），风量减小；如管道的闸门开大，则工作点就下移到 A'' 点，风压减小（与管道阻力相适应），风量增大。

5. 风机的串联和并联

在实际生产中，如果一台风机不能满足风压和风量的要求，一时又找不到一台大容量的风机替代时，常以两台小容量的风机联合起来工作。联合的方法可以是串联，也可以是并联。

1) 两台相同风机的串联

以一台风机的出口接另一台风机的入口的连接方法称为串联，如图 1-79a 所示。两台风机串联后的特性曲线如图 1-79b 所示。串联后的特性曲线 $(H-Q)_{I串II}$ 的画法如下：

当一台风机的风量为 Q，在 Q 轴上得 c 点，作平行于 H

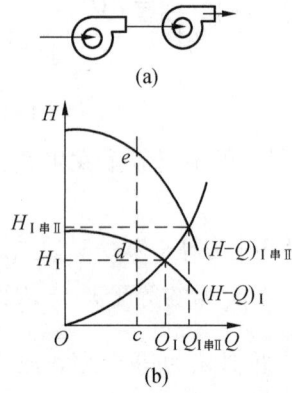

图 1-79 两台相同风机串联

轴的线向上交于 $(H-Q)_I$ 于 d，取 cd 长的 2 倍得 e 点，即为串联后曲线上的一点，该点风量为 Q，风压为两台单独风机风压之和。用相同方法可得许多 e 点，将各 e 点连接起来，就得两机串联后的特性曲线 $(H-Q)_{I串II}$。

从图 1-79b 可见，两台风机串联后主要是风压提高，工作风量也增加，但串联后的风压小于单风机风压的两倍，即 $H_{I串II}<2H_I$。

2）两台相同风机的并联

两台相同风机进口与进口相接或出口与出口相接称为并联，如图 1-80a 所示。两台相同风机并联工作的特性曲线如图 1-80b 所示。由图可见，两台风机并联后主要是风量增加，工作风压也增大，但 $Q_{I并II}<2Q_I$。

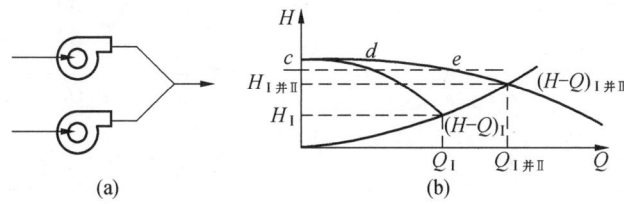

图 1-80 两台相同风机并联

由两台风机串、并联后的工作特性曲线分析可知：当管路的特性曲线比较陡，即管道的阻力系数比较大时，需要增加风机的风压，采用串联效果较好；当管道特性曲线比较平缓，即阻力系数比较小时，需要增加风机的风量，采用并联效果较好。

3）两台规格不同风机的串联

两台规格不同风机串联的特性曲线如图 1-81 所示。由图可知：当管道特性曲线 1 通过 A 点时，风机 I 和 II 串联工作的风量 Q_A 大于两台风机单独工作的风量 Q_I 或 Q_{II}；当工作点通过 B 点时，风机 II（规格较小的风机）将失去作用；当工作点在 B 点以下时，也即要求输出的风量大于小号风机的最大风量时，小号风机不仅失去作用，反而起妨碍作用，因此，实际生产中应避免这种现象。

4）两台规格不同风机的并联

两台规格不同风机并联的特性曲线如图 1-82 所示。由图可知：当管道特性曲线 1 通过 A 点时，风机 I 和 II 并联工作的风量 Q_A 大于风机 I 或 II 单独工作的风量 Q_I 或 Q_{II}；当管路总阻力系数增加时，管路特性曲线变陡，当通过 B 点时，风机 II 将不出风而失去作用；当工作点再上移，亦即要求输出的风压高于小号风机的最高风压时，小号风机不但不供风，反而有部分风泄漏，实际生产中亦应避免这种现象。

5）风机或泵联合工作方式的选择

由前述可知，当要增加管路的流量时，可以用两台性能相同的风机或泵并联或串联的方法来得到，但是究竟哪种方式更好些，这就要由管路特性来决定。下面以泵为例来说明这个问题。如图 1-83 所示，曲线 I 是两台泵的单机特性曲线，曲线 II 和 III 分别是这两

▶ 热 工 基 础

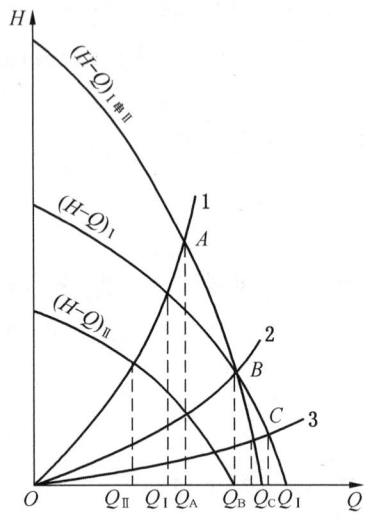

图 1-81 两台规格不同风机串联

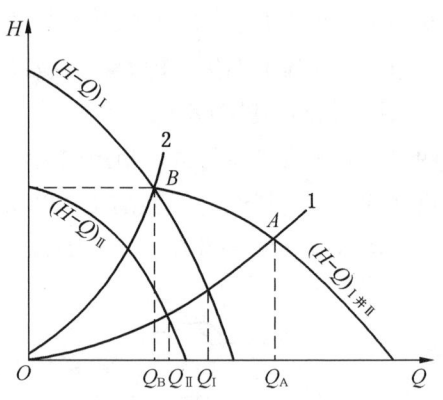

图 1-82 两台规格不同风机并联

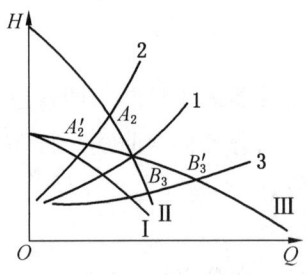

图 1-83 泵联合工作方式的选择

泵串联与并联时的特性曲线，1、2、3 是三条不同陡度的管道特性曲线。管道特性曲线 2 与串联曲线 II 相交于 A_2 点，与并联曲线 III 相交于 A_2'，由图可以看出 $Q_{A_2} > Q_{A_2'}$；管道特性曲线 3 与串联曲线 II 相交于 B_3 点，与并联曲线 III 相交于 B_3' 点，由图可见 $Q_{B_3} > Q_{B_3'}$，管道特性曲线 I 显然是判别采用并联还是串联的界限。

由此可见，当要采用联合工作方式来增加管路的流量时，到底是串联还是并联，应根据管道特性曲线的陡、缓情况来决定：在管道特性曲线陡的管路中宜采取串联工作方式，在管道特性曲线平缓的管路中宜采取并联工作方式。

6. 离心式通风机和泵的工作调节

在实际生产中，往往需要根据工艺要求调节系统流量，也就是改变风机或泵的运行工况，即改变工作点的位置。由前述可知，工作点是由风机或泵本身的 $Q-H$ 曲线与管路系统的 $Q-H$ 曲线的交点决定的。因此，要改变风机或泵的运行工况，可以用两种方法：一是改变风机或泵的特性曲线，二是改变管路系统的特性曲线。下面介绍三种常用的调节方法。

1）变速调节法

变速调节法是在管道特性曲线不变的情况下，通过改变风机或泵的转速来改变风机或泵的特性曲线，从而达到改变风机或泵的运行工况，即改变工作点的目的。

由风机（泵）特性曲线换算的相似律可知：当风机（泵）的转速变化时，其性能参数也将随之发生变化。用相似律可将风机或泵在某一转速下的特性曲线换算成另一转速下的新的特性曲线。

在图1-84中，曲线Ⅰ和Ⅰ′分别是风机在转速n和n'下的特性曲线；曲线Ⅱ是风机工作的管路系统特性曲线。当风机按原来的转速n运行时，其工作点在A，相应的风量为Q_A、风压为H_A；当转速变为n'时，其工作点变为B，这时的风量为Q_B、风压为H_B。这说明，改变转速可调节风机的工况。变速调节法的主要优点是不致产生附加的能量损失，故比较经济。但需要调速装置，因而投资昂贵。需注意的是，转速改变后功率将随转速的三次方变化，所以需要考虑设备的容量。如转速增加，则要检查叶轮，以免发生事故。

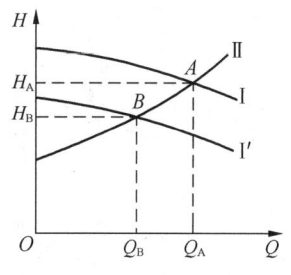

图1-84 离心式风机的变速调节

2）节流调节法

所谓节流调节，就是通过调节安装在风机或泵的吸入管或排出管上的闸板、蝶阀等节流装置来改变管道中的流量以调节风机或泵的工况。这是使用最普遍的一种调节方式。节流调节又可分为出口端节流和入口端节流两种。

（1）出口端节流。

通过调节风机或泵的出口管路上的节流件来改变流量，从而进行工况调节的方法叫作出口端节流调节法。这种调节法的实质是通过改变管道特性曲线来改变工作点。

如图1-85所示，阀门全开时管道特性曲线为1，它与风机（或泵）的特性曲线$Q-H$的交点是G_1，即阀门全开时的工作点是G_1，相应的流量是Q_{G_1}。

当把阀门关小一点时，流量减少，产生了附加阻力，使管道特性曲线变得陡峭，成为曲线2，它与风机（或泵）的特性曲线的交点也就由G_1变为G_2，即工作点变为Q_{G_2}，这时流量为Q_{G_2}，压头为H_{G_2}。

很明显，这种调节方式不经济，而且只能在小于设计流量之内调节，但这种调节方法可靠，简单易行，故仍被广泛应用于中小功率的风机或泵上。

（2）入口端节流。

用改变进口管上的节流件的开度来改变流量，从而达到调节工况的方法叫作入口端节流调节法。这种调节法，由于流体在进入风机或泵之前压强就已下降，使特性曲线相应发生变化，因而这种调节法不仅要改变管道特性曲线，同时也要改变风机或泵的特性曲线。

如图1-86所示，节流前，风机特性曲线和管道特性曲线分别为Ⅰ和1，工作点为G_1。当关小阀门时，风机特性曲线由Ⅰ移到Ⅱ，管道特性曲线由1变为2，工作点由G_1变为G_2，流量由Q_{G_1}减小为Q_{G_2}。

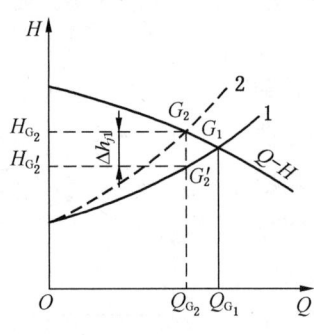 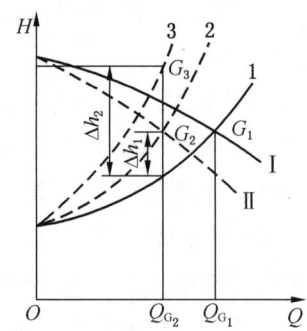

图 1-85　出口端节流　　　　　图 1-86　入口端节流

在满足同一流量 Q_{G_2} 要求下，如将入口端节流改为出口端节流，则管道特性曲线由 2 移到 3，工作点由 G_2 变为 G_3。由图 1-86 可见，二者的附加压强损失不同，入口端节流损失小于出口端节流损失，即 $\Delta h_1 < \Delta h_2$，相应地前者损失的功率也小些，故前者较后者经济。不过，由于入口端节流会使进口压强降低，对于水泵有引起气蚀的危险，还会使进入叶轮的液体流速分布不均，因此，入口端节流调节法只在风机上使用，水泵不用。

由上述可知，不管哪种节流法，都会产生附加压头损失，使能耗增加，因此经济性较差。此外，节流调节只能使流量减少而不能使流量增大。

(3) 采用导流器调节。

离心式通风机通常采用入口导流器调节，常用的导流器是轴向导流器。轴向导流器就是在风机前安装带有可转动导流叶片的固定轮栅，叶片形状如螺旋桨，如图 1-87 所示。

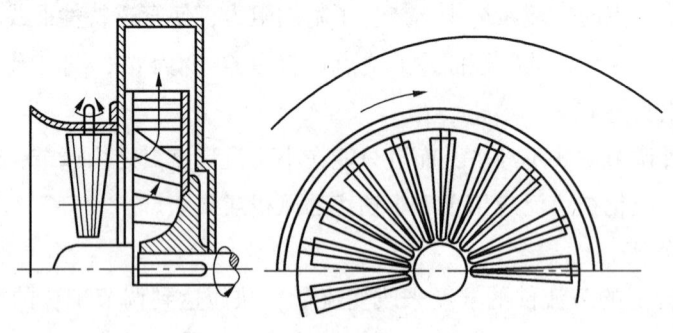

图 1-87　导流器

导流器的作用是使进入风机前的气流产生预旋。由理论能量方程式：

$$p = \rho(\mu_2 v_{2u} - \mu_1 v_{1u})$$

可知，当导流器全开时，气体无旋绕地进入叶道，此时 $v_{1u} = 0$，若向旋转方向转动导流器叶片，便产生预旋，即圆周分速度 v_{1u} 加大，故使压头 p 降低。导流器叶片转动角度越大，产生的预旋越强烈,则压头 p 越低,特性曲线越陡直,因此造成的节流损失越小。

采用导流器产生预旋,可减小节流损失,但进口气流角与叶片进口安装角不一致,会产生冲击损失。

总的来说,导流器的结构比较简单,使用可靠,调节的经济性比变转速调节差,但比出口节流调节好,因而广泛用于离心式通风机的调节。

7. 离心式通风机(泵)的选择与型号编制

1) 选择原则

选择离心式通风机(泵)的一般原则是:保证离心式通风机(泵)系统能正常而又经济地运行,即所选择的风机或泵不仅能满足管路系统的流量、风压(或扬程)要求,而且能保证风机(泵)经常在效率最高的区域内稳定运行。同时,风机(泵)应具有合理的结构。

选择的内容有:确定风机(泵)的结构形式、型号规格、转速、传动方式以及与之配套的电动机(形式、规格、功率)等。

选择时应考虑以下几个具体原则:

(1) 所选择的风机(泵)应满足生产上所需要的最大流量和压头,并使其正常运行工况点尽可能靠近设计工况点,从而保证风机(泵)长期在高效率区运行,以提高设备长期运行的经济性。

(2) 选择结构简单、体积小、重量轻及高转速的风机(泵)。

(3) 所选择的风机(泵)应保证运行安全可靠,运转稳定性好。为此,所选风机(泵)应不具有驼峰状的特性曲线,如果选择了有驼峰状特性曲线的风机(泵),则应使其运行工况点处于峰点的右边,而且压头应低于零流量时的压头,以利投入同类设备并联运行。如在使用中流量的变化大而压头变化很小,则应选择平坦的特性曲线;如果要求压头变化大而流量变化小,则应选择陡降形特性曲线。对于水泵,还应考虑其抗气蚀性能要好。

(4) 对于有特殊要求的风机(泵),还应尽可能满足其特殊要求。如安装地点受限时应考虑体积要小,进出口管路要能配合等。

在选择风机(泵)时,一般应先知以下参数:①所需要的最大流量 Q_{max} 及最大风压 p_{max}(压头 H_{max}),并加大 5%~15% 作为富余量,作为选择风机或泵的依据;②流体介质的种类、性质、温度、密度 ρ 或重度 γ;③工作条件下的大气压强值 p_a;④管道的布置、尺寸大小。

2) 型号编制法

在离心式风机(泵)的铭牌上,有一组数字代表该离心式风机(泵)的规格和性能,便于风机(泵)的选择和使用,现介绍如下。

(1) 离心式风机的型号编制法。

我国对离心式风机的命名,主要是采取压强系数 $p \times 10$ 和比转数 n_s 这两个数字进行命名的。例如 4-72 型离心式通风机，"4"为压强系数 0.4×10，"72"表示比转数 $n_s = 72$（取正整数）。

离心式风机的全称除了标明压强系数和比转数外，还包括用途（有的这一项省略不写）、名称、型号、机号、传动方式、旋转方向、风口位置七项内容。

①用途代号。风机用途的代号用汉语拼音字头的缩写（第一个字母大写）来表示。如：C—排尘通风；GY—工业用炉通风；B—防爆炸；CD—隧道通风换气；R—热风吹吸；GL—高炉鼓风；F—防腐蚀；DL—空气动力用；G—锅炉通风；TQ—天然气输送；K—矿井通风；KT—空气调节用；L—工业冷却水通风；TE—特殊场所通风换气；M—煤粉输送；T——般通风换气；Y—锅炉引风。

②名称。名称用汉字写出，如"离心式通风机"，写在用途代号之后。

③型号。型号用三组阿拉伯数字表示，其间用短横线连接。第一组数代表全压系数，它是风机在最高效率点工作时的压强系数乘以 10 后再按四舍五入进位取一位数；第二组数代表比转数；第三组数的左边数字代表进风口形式，右边数字代表设计顺序号。

进口吸入形式的代号规定为：双侧吸入用"0"表示，单侧吸入用"1"表示，二级串联吸入用"2"表示。

④机号。机号用叶轮外径 D_2 的毫米数除以 100（尾数四舍五入），冠以"No."表示。

⑤传动方式。离心式风机的传动方式有六种，其形式及代号如图 1-65 所示。

⑥风口位置及转向。按出口位置及旋转方向用右或左、若干角度表示，如图 1-63 所示。例如 C4-73-11No.5.5C 左 45°，表示排尘通风风机，全压系数 $p = 0.4$，比转数 $n_s = 73$，进风口形式为单侧吸入，第一次设计，叶轮外径为 550 mm，C 型传动方式（即悬臂支承，皮带轮外传动），左旋风机，出风口位置为 45°。

（2）离心泵的型号编制法。

离心泵的命名是根据流量、扬程和结构形式（或用途）来进行的。离心泵的型号编制方法一般采取三段式表示法，即：

第 I 段代号表示泵的吸入口直径大小，单位是 mm（大部分老产品用英寸）。吸入口径的大小一般可反映出泵的流量大小：吸入口径越大，流量也越大。

第 II 段代号中，有的仅表示泵的基本结构，有的既表示结构，又表示特征、用途或材料。代号大多是以泵的结构名称中的汉语拼音字母的字首来表示，常用的字母意义如下：

B（SA）—单级悬臂式离心泵；　　　　　　S（Sh、SA）—单级双吸离心泵；
D（DA）—分段式多级离心泵；　　　　　　DK—中开式多级离心泵；
GC（GB、DG）—多级锅炉给水泵；　　　　J（JD）—离心式深井泵；
DL—离心式吊泵；　　　　　　　　　　　　Y—单级离心式油泵；
PS—离心式砂泵；　　　　　　　　　　　　PH—离心式灰渣泵；
PN—离心式泥浆泵；　　　　　　　　　　　PW—离心式污水泵。

第Ⅲ段代号，对单级泵直接以数字表示单级扬程，单位是 mH_2O；对多级泵，用两个数字相乘来表示总扬程，在乘号"×"的前后分别表示单数扬程与级数。对泵的性能变型产品（如将叶轮直径车小），在型号尾部用大写汉语拼音字母 A、B 表示（车小一次用 A 表示，再车小一次就用 B 表示）。

另外，目前离心泵的型号还趋向于用下列方法表示：第Ⅰ段代号表示泵的基本结构、特征、用途和材料，其表示方法与上述第Ⅱ段代号相同；第Ⅱ段代号用数字直接表示泵流量（单位是 m^3/h）；第Ⅲ段代号表示泵扬程，其表示法与上述第Ⅲ段泵的扬程代号相同。

例如，B100-50 表示流量为 100 m^3/h，扬程为 50 mH_2O 的单级悬臂式离心水泵；D280-100×6 表示流量为 280 m^3/h，单级扬程为 100 mH_2O，总扬程为 100×6 = 600 mH_2O 的 6 级分段式多级离心水泵。

3）选择方法

在选择离心式通风机（泵）时，首先应根据生产上的要求、所输送流体的种类和性质以及风机（泵）的种类、用途，决定选择哪一类的风机或泵。例如，输送爆炸危险气体时应选择防爆通风机；空气中含有木屑、纤维或尘土时应选择排尘风机等；输送一般清水时应选择清水离心泵；输送污水时应选择污水泵；输送泥浆时应选择泥浆泵等。然后根据已知参数和其他已知条件，采用适当的方法选择型号、规格、转速和电动机功率等。

选择风机，一般有三种方法，现介绍如下：

（1）按风机的性能表选择风机。这种方法简单方便，但不能准确确定风机在系统中的最佳工况。其步骤是：①根据生产需要，计算出风机的流量 Q 和风压 H；②根据风机的用途，选定风机类型，再由已计算出的 Q、H 值，直接在"性能与选用件表"上查出型号、规格、转速和电动机功率。

（2）利用风机特性曲线选择风机。这是最常用的一种选择方法，利用风机特性曲线选择风机时，一般按下述步骤进行：①计算流量 Q 和风压 H；②根据已确定的风量和风压，选择风机的型号与机号。方法是：由已知的 Q、H，在风机特性曲线图上作相应坐标轴的垂线，由二者的交点即可知应选风机的机号、转速和功率。如果交点不是落在风机特性曲线上（图 1-88 中 a 点），则通常是在保持风量不变的条件下，垂直往上找，找到最接近交点的那条特性曲线上的一点（图 1-88 中 b 点或 c 点），由该点（b 点或 c 点）所在的特性曲线查找出在最高效率点时所对应的风机的机号（叶轮直径 D_2，图 1-88 中的 D_2' 或 D_2''）、

▶ 热 工 基 础

转速 n（图 1-88 中的 n_1 或 n_2），功率则用插入法经重新换算，求出在工作状况下的功率，然后再考虑一定的富余量作为选择电动机的依据（电动机的安全系数：通风机取 1.15，引风机取 1.3，排风机取 1.2）。

如果垂直往上找到两个点（图 1-88 中 b 点和 c 点），即选得了两台风机，则应对它们进行比较，再决定取舍。一般选取转速较高、叶轮直径较小、运行经济的点所决定的风机。

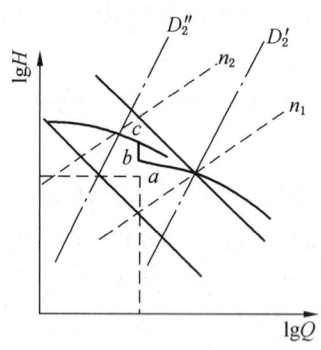

图 1-88 风机特性曲线的使用

（3）利用风机的无因次特性曲线选择风机。风机的无因次特性曲线代表叶轮外径和转速不同，但几何形状和性能完全相似的同一类型风机的特性曲线。其选择步骤如下：

①按生产需要，选择几种可用的风机形式，由所选类型的设计点效率 η（一般为 η_{max}），查出各类型的流量系数 $\bar{Q}$ 和压力系数 $\bar{p}$。选择时可抽几种类型进行列表计算，便于比较和挑选。

②由公式 $Q = \dfrac{\pi}{4} D_2^2 \mu_2 \bar{Q}$ 和 $p = \rho \mu_2^2 \bar{p}$ 联立求解得：

$$D_2 = \sqrt[4]{\frac{16\rho Q^2 \bar{p}}{\pi^2 p \bar{Q}^2}} = 1.31 \times \sqrt[4]{\frac{\rho Q^2 \bar{p}}{p \bar{Q}^2}}$$

式中　Q、p——风机计算风量和计算风压，m^3/s 和 mmH_2O；

　　　u_2——叶轮圆周速度，m/s；

　　　ρ——介质的密度，对于空气处于常态状况时 $\rho_{20} = 1.2\ kg/m^3$。

以计算出的 D_2 为参照，按生产的机号定出选型用的外径 D_2。

③用选定的 D_2，由公式 $n = \dfrac{60}{\pi D_2} \cdot \sqrt{\dfrac{p}{\rho \bar{p}}}$（r/min）求得各形式所需转速 n。选取与算出的 n 值相接近的电动机转速。

④由上面选用的 D_2 和 n，计算需要的 u_2、$\bar{Q}$ 和 $\bar{p}$。

⑤由 $\bar{Q}$ 和 $\bar{p}$ 查所选类型的无因次特性曲线图。如果由 $\bar{Q}$ 和 $\bar{p}$ 决定的点落在 $\bar{Q}$ - $\bar{p}$ 曲线

下面,而且紧靠曲线,即认为合适,否则应加大叶轮直径 D_2 或转速 n 重选。

⑥根据 $\bar{Q}$ 和 $\bar{p}$ 查无因次 $\bar{Q}-\eta$ 曲线得 η。利用公式 $N=\dfrac{pQ}{1000\eta}$ 或直接查 $\bar{Q}-\bar{p}$ 曲线算出 N。考虑电动机功率的安全系数,选用标准电动机。

⑦将各型风机的情况加以比较,选出适合需要的风机。

(三) 回转式鼓风机

回转式鼓风机又称容积式鼓风机,它主要有罗茨式和叶氏两种类型。其特点是风量几乎不随风压的变化而变化,适用于工艺上要求风压较稳定、风压较高的场合,但其风压较高时气体漏损率较大,磨损较严重,噪声也较大。因此,对风机转动部件和机壳内壁的加工要求较高。这类风机主要用于硅酸盐工业中粉料的气力输送、均化等需要高压鼓风的场所。

1. 回转式鼓风机的构造和工作原理

1) 罗茨鼓风机

罗茨鼓风机属定容积回转式鼓风机,它利用回转体——转子在机壳内作回转运动将空气吸入,再挤压出去,因而可产生较高的风压。通常风压为 10~20 kPa,风量为 2~800 m³/min。

此外,罗茨鼓风机不需要对气缸进行润滑,输送介质不含油,结构简单,性能可靠,保养维护方便,机械效率高,使用寿命长,因此在硅酸盐工业中得到了广泛应用。

罗茨鼓风机的主要构造如图 1-89 所示。

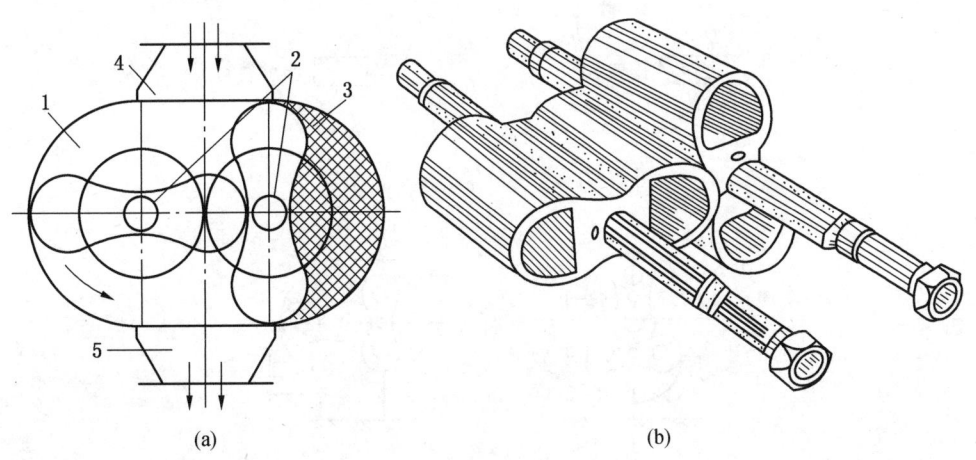

1—转子;2—轴;3—机壳;4—进风口;5—出风口

图 1-89 罗茨鼓风机的主要构造

罗茨鼓风机是由一对反向旋转的渐开线腰形转子 1、两根平行的轴 2、长圆筒形机壳 3、进风口 4 和出风口 5 等构成。机壳由铸铁或铸钢制作。小型风机的转子一般是实心的,大型风机的转子一般作成空心的,以减轻其质量,转子由铸铁或者铜、铝合金铸成。两根

▶ 热 工 基 础

平行的轴一根是主动轴，另一根是从动轴。主动轴和从动轴的一端装有止推轴承，可以调节转子端面和机壳之间、转子和转子之间的间隙（要求保持 0.2～0.4 mm 的间隙公差），以保证运转精度。两根轴的另一端都装有完全相同的齿轮，互相啮合。当主动轴转动时，从动轴就会以相反方向转动。

罗茨鼓风机的工作原理是：当转子转动时，一个顶点同机壳表面相切，另一个顶点与另一个转子的表面相切。这样，两个转子就把风机的进风口和出风口分开。如图 1-90 所示，图中右边的转子转到垂直位置时，就将一部分空气密闭在转子与机壳所形成的空间中（图中的阴影部分）。当右面的转子继续按逆时针方向旋转时，就将这一部分空气挤向出风口。一个转子旋转一周能排挤出两倍阴影部分体积的空气，故主动轴旋转一周，两个转子就排出 4 倍的阴影部分体积的空气。因为只要转子转动就有空气排出，因此也把罗茨鼓风机叫作容积式鼓风机。这种风机不可能也不允许通过关闭出风口或进风口的办法来调节风量，否则会引起风压不断升高而发生机械故障，甚至会发生危险。要调节风量，只能通过将高压空气排放一部分到大气中（俗称放风），或引流回低压区的办法解决。罗茨鼓风机按其结构可分为立式（W 形）、卧式（L 形）两种形式，如图 1-91 所示；按其冷却形式可分为水冷（SD）、风冷（D）两种形式。

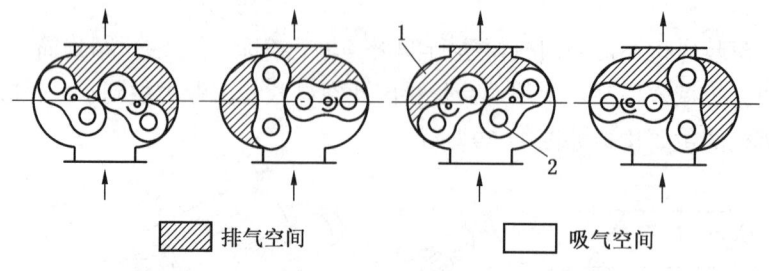

1—机壳；2—转子

图 1-90　罗茨鼓风机的工作原理

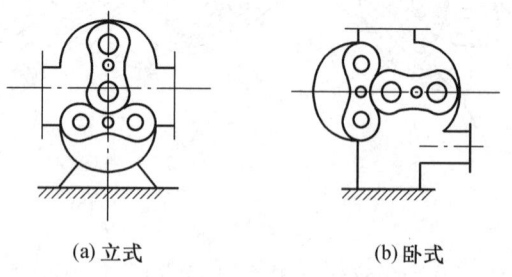

(a) 立式　　　(b) 卧式

图 1-91　罗茨鼓风机的类型

罗茨鼓风机的转子结构分为两种类型：一种转子是两瓣的，即前面所说的腰形转子；另一种转子是三瓣的，如图 1-92 所示。大多数罗茨鼓风机都采用两瓣转子。

2) 叶氏鼓风机

叶氏鼓风机是另一种回转式鼓风机。它是由长圆筒形机壳、阻风翼、鼓风翼以及两根平行的轴所组成。图 1-93 所示为叶氏鼓风机的两个转子，它们的结构互不相同。两根平行轴的两端装有式样完全相同的两个活动齿轮，其中一个轴与电动机相联，叫主动轴，另一根叫从动轴。鼓风翼装在主动轴上，阻风翼装在从动轴上。

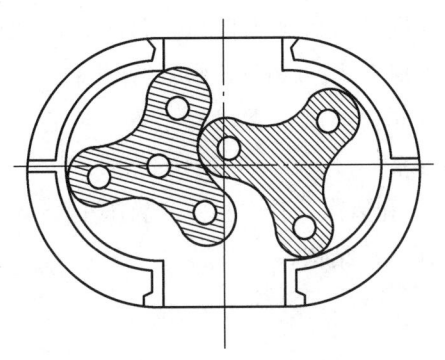

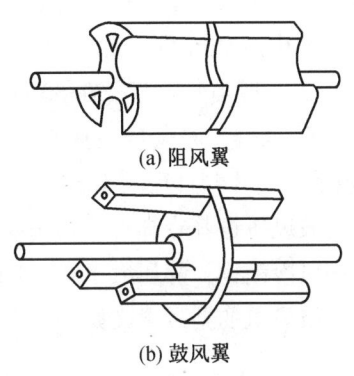

图 1-92 罗茨鼓风机的三瓣形转子　　　　图 1-93 叶氏鼓风机转子结构

当鼓风翼按图 1-94 中的逆时针方向转动时，阻风翼就以相同的转速顺时针转动。鼓风翼的三个脚塞（即菱形的旋转活塞）可在机壳与鼓风翼端盖所构成的环形夹槽内旋转。当鼓风翼的一个活塞将进风口方向的气体经过环形夹槽向出口方向逆时针推进，即空气在环形空间内移动时，鼓风翼上另一个活塞与相反转向的阻风翼的凹进部分都向进风口方向回转，这时阻风翼的凸出部分正好隔绝了进风口和出风口，如图 1-94 所示。叶氏鼓风机在整个运转过程中，就是靠阻风翼的凸出的外圆柱面隔绝进、出风口，鼓风翼的活塞柱脚刮动空气向出风口运动，从而达到排挤空气的目的。图中 Ⅰ 表示气体已进入气室 a；当鼓风翼转到 Ⅱ 的位置时，气室 b 正在排气，气室 a 中的气体正被刮向出风口；当鼓风翼到达 Ⅲ 的位置时，气室 a 排气，当鼓风翼再转达 Ⅰ 的位置时，开始了另一个循环，使气体不断地从进口压向出口。

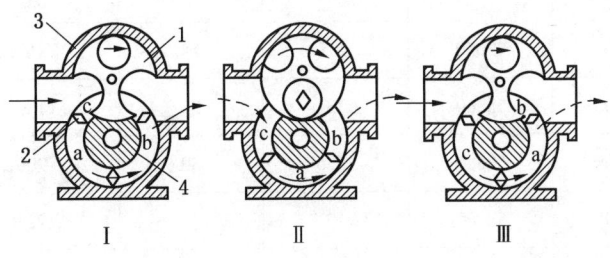

1—阻风翼；2—鼓风翼；3—机壳；4—鼓风翼盖

图 1-94 叶氏鼓风机的工作原理

▶ 热 工 基 础

叶氏鼓风机最大的优点是，转子无须调整即可进行正反向运行，从而改变进、出口风的方向。而罗茨鼓风机由于转子之间的间隙有严格要求，一般不能作反向运转，只能按出厂要求操作。

2. 回转式鼓风机的规格和性能

1）罗茨鼓风机的规格和性能

罗茨鼓风机按其结构可分为立式（L形）和卧式（W形）两种形式：立式鼓风机的两个转子的中心线在同一铅垂平面内，即鼓风机进风口和出风口在鼓风机的两侧，用"L"表示，一般当叶轮直径在50 cm以下时，作成立式；卧式鼓风机的两个转子的中心线在同一水平面内，进风口在风机下部机座的一侧，出风口在风机上部，或者相反，用"W"表示，当叶轮直径大于50 cm时，作成卧式。

罗茨鼓风机按其冷却形式可分为水冷（SD）和风冷（D）两种。静压小于49 kPa的产品采用风冷结构；静压大于49 kPa的产品采用水冷结构。

罗茨鼓风机的型号含义如下：

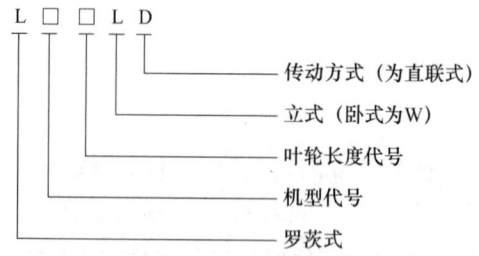

武汉鼓风机厂生产的LD型罗茨鼓风机是国内罗茨鼓风机系列的新产品机型，具有设计先进、结构合理、通用性强、造型新颖、维修方便、使用寿命长、机组振动小、节能效果显著等优点，广泛用于冶金、化工、化肥、建材、矿井、纺织、气体输送、污水处理等各工业部门。LD型罗茨鼓风机的规格和性能见表1-17。

表1-17 LD型罗茨鼓风机的规格和性能

规格型号	转速/(r·min^{-1})	静压/Pa	风量/(m^3·min^{-1})	所需功率/kW	电动机 型号	功率/kW
L41WD	1450	49050	9.5	15	Y160L-4	15
L42LD	1450	58860	13	22	Y180L-4	22
L43LD	1450	58860	17.5	30	Y200L-4	30
L51LD	1450	58860	17	37	Y225S-4	37
L52LD	1450	58860	26	45	Y225M-4	45
L53LD	1450	58860	35	55	Y250M-4	55

表 1-17（续）

规格型号	转速/(r·min⁻¹)	静压/Pa	风量/(m³·min⁻¹)	所需功率/kW	电动机 型号	电动机 功率/kW
L54LD	1450	58860	45	75	Y280S-4	75
L61LD	1450	58860	40	75	Y280S-4	75
L62LD	1450	58860	55	90	Y280M-4	90
L63LD	1450	58860	71	110	Y315S-4	110
L64LD	1450	58860	87	132	Y315M-4	132
L81LD	980	58860	111	160	Y355M$_x$-4	160
L82LD	980	58860	145	250	Y355H$_3$-4	250
L83LD	980	58860	190	280	JS137-6	280
L84LD	980	58860	242	380	JS1410-6	380
L91WD	730	58860	186	280	Y400-8	280
L92WD	730	58860	234	355	Y450-8	355
L93WD	730	58860	298	450	Y450-8	450
L94WD	730	58860	340	470	JS1510-8	470

2）叶氏鼓风机的规格和性能

叶氏鼓风机的规格有 No.00、No.01、No.03、No.05、No.07、No.09 等几种型号，其规格和性能见图 1-95 及表 1-18。

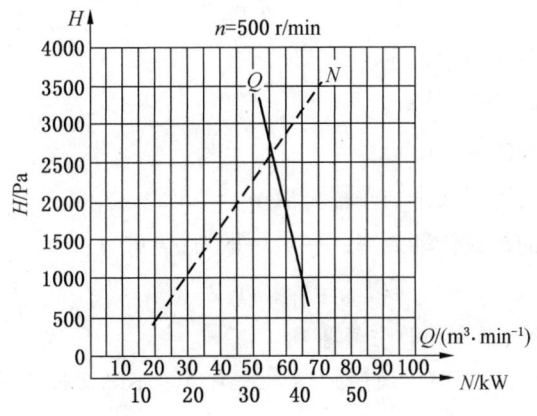

图 1-95 叶氏 7 号鼓风机特性曲线

表1-18 叶氏鼓风机的性能及选用件

鼓风机型号（No.）		00	0	01	03	05	07	09
进出口直径/mm		40	60	80	100	200	250	350
转速/(r·min^{-1})		600	550	500	500	500	500	360
机身皮带轮计算直径/mm		110	150	310	400	45	85	738
三角皮带	型号	B	B	B	C	C	C	D
	长度（内周）/mm	1120	1250	1800	2360	3150	4000	4000
	根数	1	2	3	3	4	7	7
风压 10 kPa	风量/(m^3·min^{-1})	0.55	1.1	4.3	14.4	30	66.5	125
	轴功率/kW	0.22	0.41	1.25	5.45	9.4	18.6	31.6
	电动机功率/kW	1	1	1.7	7	14	20	40
风压 15 kPa	风量/(m^3·min^{-1})	0.53	1.05	4.1	13.8	28.5	63	118
	轴功率/kW	0.37	0.65	1.84	6.3	12.2	22	39
	电动机功率/kW	1	1	2.8	7	14	28	55
风压 20 kPa	风量/(m^3·min^{-1})	0.5	1	3.8	13	27	60	112
	轴功率/kW	0.44	0.735	2.42	7	14	28	51.5
	电动机功率/kW	1	1	2.8	10	20	40	75
风压 30 kPa	风量/(m^3·min^{-1})	—	—	—	12.4	25.2	55.5	—
	轴功率/kW	—	—	—	9.55	19.1	39	—
	电动机功率/kW	—	—	—	14	28	55	—
鼓风机质量（不包括电动机）/kg		60	100	200	750	1250	2450	4500

3) 回转式鼓风机的功率

回转式鼓风机的电动机功率与离心式通风机相似，可按下式计算：

$$N = \frac{k_{m0} h_s Q}{\eta_v \eta_m}$$

式中　　N——鼓风机所需功率，W；

h_s——鼓风机的静压，Pa；

Q——鼓风机的流量，m^3/s；

η_v——鼓风机的容积效率，一般可取 $\eta_v = 75\%$；

η_m——鼓风机的机械传动效率，一般可取 $\eta_m = 90\%$；

k_{m0}——备用系数，一般可取 $k_{m0} = 1.1 \sim 1.2$。

3. 回转式鼓风机的选择和操作注意事项

回转式鼓风机主要应用于要求风压较高、输出风量不随风压而变化的场所。鼓风机的规格主要根据工艺所要求的风量及风压而定，可由表1-17和表1-18选取。

罗茨鼓风机的使用要求：输送的进气介质温度不得高于40℃；介质中的微粒杂质含

量不得大于 1000 mg/m³，微粒的尺寸应在 0.1 mm 以下。使用升压时，不得超过鼓风机铭牌上所规定的额定升压值。由于罗茨鼓风机结构特殊，因此在运转要求上同其他的风机有许多不同之处，必须注意。

（1）启动罗茨鼓风机在开机前应做好以下各项准备工作：①完全打开进气调节阀、出气调节阀及旁通管；②检查进风口空气滤清器是否畅通，滤清器进口是否完全打开；③检查管道、阀门、消声器、空气滤清器支撑是否稳固，不得有负荷力加在机壳上；④检查润滑油是否良好，型号是否合适，润滑油层深度应达到规定油线以上 3~5 mm，冷却水系统是否畅通；⑤拨动联轴器，检查叶轮运转是否灵活，有无摩擦碰撞；⑥检查各部位连接是否良好，有无松动；⑦清除周围杂物，保持风机 2 m 范围内无杂物；⑧检查电气部分及降压启动设备是否完好；⑨检查检修工具是否齐备，消防灭火器材是否充足完备。

在以上九项工作做完后，即可开机。罗茨鼓风机开机应首先空车运转 20~30 min，观察鼓风机有无不正常现象，如发现有撞击或摩擦声，应立即停车检查，并排除故障。待空机运转正常后，即可进行负载开机。待风机正常运转后，逐渐调节出口阀门（或逐渐关闭放空阀），逐渐加载到额定压强，但不得超载运行。开机时绝对禁止将进、出风口闸阀全部关闭，也不能在满载时突然停车。

（2）运转。当鼓风机正常运转后，操作工应密切注意所有部件运行状况，随时观察机器各部件的温度、机器的振动以及消声器的噪声，如有异常应立即停机。

（3）停机。罗茨鼓风机的正常停机顺序是：首先打开旁通管，进行"放风"；待风压降下来后（基本为零），才能切断电源；最后关闭进气阀、冷却水系统。非正常停机也应首先考虑打开旁通管，进行"放风"。

（4）罗茨鼓风机风量调节。罗茨鼓风机风量的调节方法有两种：一种是采用支管放风的调节方法，将多余的风量从支管中放掉，此方法简单可靠，但不经济；另一种方法是调节风机转速，此方法节能、经济，但需调速设备。

（四）泵

泵是一种液体输送机械，在工厂中被广泛用于输送水、重油、料浆等液体。它能把输入的机械能转变为液体的势能和动能，从而满足各种需求。泵的原理与风机基本相同，只是在结构、输送流体的种类及操作上各有特点。

1. 泵的分类

泵的种类繁多，分类方法也较多，一般按工作原理分类，前已述及。

各种类型的泵由于其结构和原理不同，具有不同的特点和使用条件。离心泵和轴流泵的主要优点是转速高，流量大，输出流量均匀，在设计工况下效率高等。随着机组容量的增大，在压力要求增加不大的情况下，轴流泵得到了日益广泛的应用。往复泵虽能获得高压，但转速低，效率低，笨重，流量不均匀，而且最大流量受转速限制，结构和调节又都比较复杂，因此它的应用受到了一定限制。回转泵的特点介于离心泵和往复泵之间，其他

▶ 热 工 基 础

形式的泵一般效率都较低，然而也各有其特点，故可适用于各种特定的场合。下面重点介绍用途广泛的离心泵。

2. 离心泵的构造和工作原理

离心泵是应用最广泛的一种泵。它的结构形式很多，但主要由叶轮、泵体、泵盖、密封环、轴和轴套、轴封装置、轴承、联轴器、机架和平衡装置等部件所组成，图1-96所示为一般单级离心泵的主要结构简图。离心泵的泵壳3内装有一个工作叶轮1，叶轮装在传动轴上。叶轮内有弯曲的叶片2，叶片的数目一般为6~12片，而且一律采用效率较高的后向式叶片。吸入管4安装在泵壳中心，压出管则同泵壳四周相切。为了防止停泵时流体流空，压出管及吸入管上均安装有止逆阀6。开泵之前，必须先使泵体和吸入管充满液体，这可从漏斗9中将液体灌入。叶轮旋转时，充满于叶片之间槽道中的液体，在离心力的作用下从叶轮的周边甩出获得动能，进入泵壳后，部分动能转化为静压能，将液体压出。在叶轮的吸液口处，则产生一定程度的真空，在大气压力的作用下，液体经吸入管流进泵内。这样，液体就可源源不断地吸入和送出。若泵中充满了空气，由于空气密度小，所以叶轮旋转时所产生的离心力也小，吸液口处所产生的真空度也小，无法将密度大的液体吸入泵中，形成空转，达不到输送液体的目的。

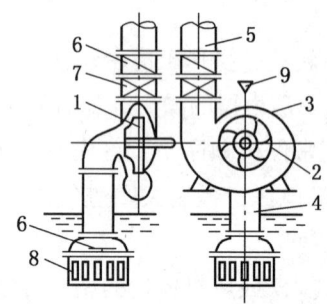

1—工作叶轮；2—叶片；3—泵壳；4—吸入管；5—压出管；6—止逆阀；
7—闸门；8—过滤网；9—漏斗

图1-96 离心泵结构简图

1）叶轮

叶轮是泵的转动部分——转子中的主要部件。离心泵能够输送液体，主要就是依靠叶轮，它是实现能量转换的部件。其尺寸、形状和制造精度对泵的性能影响很大。

叶轮一般由前盖板、后盖板、叶片和轮毂所组成。叶片夹装在前、后盖板之间并组成流道，液体由叶轮中心进入，沿流道由叶轮边缘排出。

离心泵的叶轮形式有三种：封闭式、半闭式（或半开式）和开式，如图1-97所示。封闭式叶轮在叶片的两侧均有盖板；开式叶轮前后均没有盖板；半开式叶轮只有后盖板而没有前盖板。

此外，叶轮按其吸入方式又可分为单吸式叶轮和双吸式叶轮两种。双吸式叶轮具有能平衡轴向推力和改善气蚀性能的优点，因而应用比较广泛。离心泵的叶片形状一般采用后

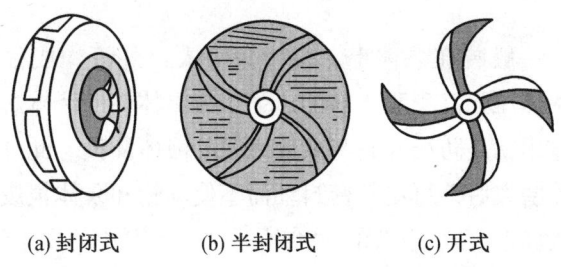

(a) 封闭式　　(b) 半封闭式　　(c) 开式

图 1-97　叶轮结构形式

向式叶片。这种叶片效率高，特性稳定。叶轮中叶片的数目一般为 2~12 片。泥浆泵、砂泵只有 2~4 个叶片。

2) 泵体

泵体是离心泵的主要部件之一，由吸水部分和导水部分组成。吸水部分的作用是汇集、引导液体在最小的水力损失下平稳均匀地进入叶轮；而导水部分的作用则是将叶轮中流出的液体在能量损失较少的情况下引向下一个叶轮（在多级泵）和压水管中。总之，泵体的主要作用就是将叶轮封闭在固定空间中，引导液体进入叶轮，并汇集由叶轮甩出来的液体，将其导向排出管路；同时还将液体的一部分动能转变为静压能，即增加其压力，所以泵体是一个承受液体压力的部件。

吸水部分即吸入室指吸水管接头与叶轮进口前的空间。吸入室的结构形式对泵的吸入性能影响很大。通常采用的吸入室结构有锥形管式（图 1-98）和圆环形式。锥形管式吸入室结构简单，制造方便，流速分布均匀，损失较小，主要用于悬臂式离心泵中。其锥度一般为 7°~8°。圆环形式吸入室的主要优点是结构简单，轴向尺寸较短，但阻力大，液流分布也不均匀，主要用于分段式多级离心泵中。导水部分对于单级泵就是一个螺旋形壳室。

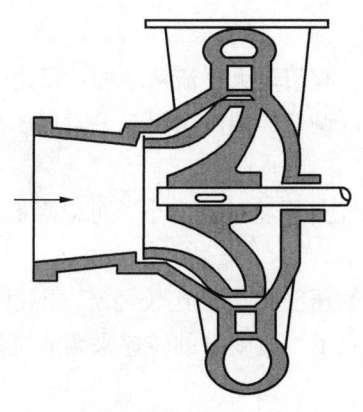

图 1-98　锥形管式吸入室

3) 密封环

密封环又叫口环，一般装在泵体上，与叶轮吸入口外缘构成很小的间隙（0.1~0.5mm）。由于泵体内的液体压强高于吸入口的压强，故泵体内的液体总有流向叶轮吸入口的趋势。密封环的主要作用就是防止叶轮与泵体之间的液体漏损。此外，密封环还可起到承受摩擦的作用。当间隙磨大后，可更新密封环而不使叶轮和泵体报废。密封环的形式有平环式、角接式、锯齿式和迷宫式，如图1-99所示。一般泵中使用平环式和角接式密封环；高压泵中由于单级扬程大，因此，为了减少漏损就得采用密封效果比较好的锯齿式或迷宫式密封环。

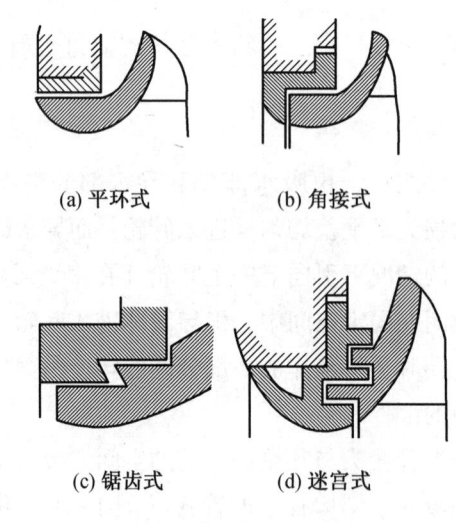

图1-99 密封环的结构

3. 输送系统的流量调节

在使用离心泵时，往往要使流量作某些改变，以适应生产需要，调节流量可用下列方法。

1) 改变管道的特性曲线

改变压出管上阀门的开度，阀门开大，流量增加；反之，流量减小。这种调节流量的方法很方便，在泵运转中就可以调节，但阀门引起了附加压头损失，不经济。

2) 改变离心泵的特性曲线

(1) 车削水泵叶轮：沿叶轮外周将叶轮车小，可以降低离心泵的压头和流量曲线。

(2) 改变泵的转速。

这两种方法不会引起附加的压头损失，比较经济，不过车削叶轮的方法是永久性的，流量调节小了后，不能再调节大了。改变泵的转速来调节流量是比较好的方法，但需变速设备。

4. 离心泵的安装高度

由于离心泵在工作时，吸入口处的压强会低于大气压，使泵内液体产生气化现象。因此，在决定离心泵的安装高度时，要注意防止气蚀现象。

1) 气蚀现象

离心泵在工作时，叶轮进口处要产生负压，使得液体通过吸入管吸入叶轮。如果叶轮槽道入口处的绝对压力小于被输送液体的饱和蒸气压时，液体就要气化（沸腾），产生大量气泡。当气泡随液体进入泵内的高压区时，气泡在高压作用下迅速凝结而破裂，在气泡凝结破裂的瞬间，水以极高的速度流向原气泡占有的空间，形成一个冲击力。于是，在局部区域产生高频率、高冲击力的水击，不断打击叶轮，使其表面因疲劳而损坏，形成蜂窝状，甚至把材料壁面蚀穿，通常把这种破坏称为剥蚀。

另外，由液体中逸出的氧气等，借助气泡凝结时放出的热量，对金属起化学作用。

我们把这种在泵内产生的，气泡形成和破裂所引起的对叶轮破坏的现象，称为气蚀现象。

气蚀现象产生后，对泵的危害可归结为以下三个方面：

（1）破坏叶轮：气蚀现象发生时，由于机械剥蚀与化学腐蚀的共同作用，使叶轮遭受破坏。

（2）产生噪声和振动：气蚀现象发生时，由于气泡破裂、高速冲击，使泵产生严重噪声，并引起机组振动。

（3）使泵的性能下降：当气蚀严重时，因有大量气体存在而堵塞了流动面积，这样会使有效过流面积减小，并改变液流方向，同时减少液体从叶片获得能量，于是导致流量和扬程下降，效率也相应降低。当气蚀猛烈时，会出现所谓"断裂工况"，使泵中断工作。

由于气蚀对泵有严重的破坏作用，因此泵是不允许在气蚀状态下运行的。那如何防止气蚀发生呢？正确确定泵的几何安装高度是保证泵在设计工况下不发生气蚀现象的重要条件。

2) 泵的几何安装高度

从离心泵的工作原理可知，泵能把低处的液体送至高处，是因为液体在叶轮中受离心力的作用被甩出叶轮，而在叶轮吸入口处造成真空度，使低处的液体在大气压作用下经吸入管路进入泵内。即使离心泵的吸入口处于绝对真空下，借大气压将水从吸水面吸升的高度最多也只能达到相当于一个大气压的水柱高度，即 10.33 m。事实上，吸入口处既不可能达到绝对真空，吸入管段也不可能没有流动阻力，何况在低吸入口压强下水易气化而引起气蚀。所以几何安装高度不可能达到 10.33 m。

离心泵的几何安装高度是指泵吸入口的中心线距吸水池液面的垂直高度。通常希望这个高度越高越好，因为此时能将泵机组安装得较高，这往往可以减少土建工程量，而且平时也便于管理。可是由于过高会使泵发生气蚀现象，所以这个高度是不能任意加大的，有时甚至要求将泵安装在吸液池液面以下。因此，从某种意义上来说，几何安装高度是泵的另一个重要特性，就是所谓泵的吸入性能。

泵的安装高度可由伯努利方程导出，读者可自行推演。

▶ 热 工 基 础

通常，在泵的样本或说明书中所给出的安装高度值是已换算成大气压为 760 mmHg，水温为 20 ℃时常态状况下的数值。如果泵的使用条件与常态状况不同时，则应把样本上所给出的安装高度值换算成使用条件下的安装高度值。

泵安装地点的海拔越高，大气压力就越低，允许吸上真空高度就越小；输送水的温度越高，所对应的气化压力就越高，水就越容易气化。这时，泵的允许吸上真空高度也就越小。

5. 离心泵的选择和操作注意事项

1）离心泵的选择

离心泵的选择，首先根据输送液体的性质，是清水还是料浆，以此确定是选择清水泵还是杂质泵。然后，根据输送管道系统的流量和需要的总扬程来确定选择哪一系列的泵，系列确定后就可查该系列的综合特性曲线图或综合性能表确定泵的型号和转速。

更详细的情况可查性能表，在这些表上泵的轴功率要多大，配用什么型号的电动机，功率多大，转速多少，都可查到。使用条件和表列条件相差较远时，就要核算一下功率。

2）离心泵的操作

泵安装和检修后，需经过试运行，确认安装质量符合要求时才能正式投入使用。泵与风机由于其应用场合不同，在运行操作上也稍有差别。但是，总的运行原则却是基本一致的，现就离心泵的运行操作叙述如下：

（1）启动前应先做好各项检查工作。

（2）经过全面检查，确认一切正常后，再作启动前的准备工作。启动前必须向泵内灌满被输送的液体。

（3）正常运行时的维护：离心泵在正常运行时要定时检查、维修。维护主要是：查看各种计量表的读数是否正常，润滑、密封有无问题，机器运转声音、振动情况有无异常等。

（4）停车：离心泵在停车前应先关闭出水阀门，然后再停车。

定期检查：离心泵运行一定时间后，应按照检修规定进行检查和修理。各种用途的离心泵都有根据运行状况制订的定检周期及内容，应按计划进行。

【知识拓展】

流体力学发展史简介

第一阶段（16世纪以前）：流体力学形成的萌芽阶段。

古时中国有大禹治水疏通江河的传说；秦朝李冰父子带领劳动人民修建的都江堰，至今还在发挥着作用；大约与此同时，古罗马人建成了大规模的供水管道系统等。

再往后，我国隋朝时期修建了南北大运河，船闸也得到了应用；埃及、巴比伦、罗马、希腊、印度等地水利、造船、航海产业发展；对流体力学学科的形成作出第一个贡献的是古希腊的阿基米德，他建立了包括物理浮力定律和浮体稳定性在内的液体平衡理论

《论浮体》（公元前 250 年），奠定了流体静力学的基础。此后千余年间，流体力学没有重大发展。

第二阶段（15 世纪文艺复兴以后至 18 世纪中叶）：流体力学成为一门独立学科的基础阶段。

一直到 15 世纪，意大利达·芬奇的著作才谈到水波、管流、水力机械、鸟的飞翔原理等问题；16 世纪，斯蒂芬阐明了水静力学原理；17 世纪，帕斯卡阐明了静止流体中压力的概念。但流体力学尤其是流体动力学作为一门严密的科学，却是随着经典力学建立了速度、加速度、力、流场等概念，以及质量、动量、能量三个守恒定律的奠定之后才逐步形成的。

17 世纪，力学奠基人牛顿研究了在流体中运动的物体所受到的阻力，得到阻力与流体密度、物体迎流截面积以及运动速度的平方成正比的关系。他针对黏性流体运动时的内摩擦力也提出了牛顿黏性定律。但是，牛顿还没有建立起流体动力学的理论基础，他提出的许多力学模型和结论同实际情形还有较大差别。

之后，法国皮托发明了测量流速的皮托管；达朗贝尔对运河中船只的阻力进行了许多实验工作，证实了阻力同物体运动速度之间的平方关系。

第三阶段（18 世纪中叶至 19 世纪末）：流体力学沿着两个方向发展——欧拉、伯努利。

1738 年伯努利从经典力学的能量守恒出发，研究供水管道中水的流动，精心安排实验并加以分析，得到了流体定常运动下的流速、压力、管道高程之间的关系——伯努利方程。1775 年欧拉采用连续介质的概念，把静力学中压力的概念推广到运动流体中，建立了欧拉方程，正确地用微分方程组描述了无黏流体的运动。

欧拉方程和伯努利方程的建立，是流体动力学作为一个分支学科建立的标志，从此开始用微分方程和实验测量进行流体运动定量研究的阶段。从 18 世纪起，位势流理论有了很大进展，在水波、潮汐、涡旋运动、声学等方面都阐明了很多规律。法国拉格朗日对于无旋运动，德国赫尔姆霍兹对于涡旋运动作了不少研究……在上述研究中，流体的黏性并不起重要作用，即所考虑的是无黏流体。这种理论当然阐明不了流体中黏性的效应。

19 世纪，工程师为了解决许多工程问题，尤其是要解决带有黏性影响的问题，于是他们部分地运用流体力学，部分地采用归纳实验结果的半经验公式进行研究，这就形成了水力学，至今它仍与流体力学并行地发展。1822 年，纳维建立了黏性流体的基本运动方程；1845 年，斯托克斯又以更合理的基础导出了这个方程，并将其所涉及的宏观力学基本概念论证得令人信服。这组方程就是沿用至今的纳维-斯托克斯方程（简称 N-S 方程），它是流体动力学的理论基础。上面说到的欧拉方程正是 N-S 方程在黏度为零时的特例。

在此阶段，随着西方国家工程技术的快速发展，学者们提出了很多经验公式。

▶ 热 工 基 础

第四阶段（19世纪末以来）：流体力学飞跃发展。

普朗特学派从1904年到1921年逐步将N-S方程作了简化，从推理、数学论证和实验测量等各个角度，建立了边界层理论，能实际计算简单情形下，边界层内流动状态和流体同固体间的黏性力。这一理论既明确了理想流体的适用范围，又能计算物体运动时遇到的摩擦阻力，使上述两种情况得到了统一。

20世纪初，飞机的出现极大地促进了空气动力学的发展。航空事业的发展，期望能够揭示飞行器周围的压力分布、飞行器的受力状况和阻力等问题，这就促进了流体力学在实验和理论分析方面的发展。20世纪初，以儒科夫斯基、恰普雷金、普朗克等为代表的科学家，开创了以无黏不可压缩流体位势流理论为基础的机翼理论，阐明了机翼怎样会受到举力，从而空气能把很重的飞机托上天空。机翼理论的正确性，使人们重新认识无黏流体的理论，肯定了它指导工程设计的重大意义。

机翼理论和边界层理论的建立和发展是流体力学的一次重大进展，它使无黏流体理论同黏性流体的边界层理论很好地结合起来。随着汽轮机的完善和飞机飞行速度提高到50 m/s以上，又迅速扩展了从19世纪就开始的，对空气密度变化效应的实验和理论研究，为高速飞行提供了理论指导。20世纪40年代以后，由于喷气推进和火箭技术的应用，飞行器速度超过声速，进而实现了航天飞行，使气体高速流动的研究进展迅速，形成了气体动力学、物理-化学流体动力学等分支学科。

以这些理论为基础，20世纪40年代，关于炸药或天然气等介质中发生的爆轰波又形成了新的理论，为研究原子弹、炸药等起爆后，激波在空气或水中的传播，发展了爆炸波理论。此后，流体力学又发展了许多分支，如高超声速空气动力学、超音速空气动力学、稀薄空气动力学、电磁流体力学、计算流体力学、两相（气液或气固）流等。

这些巨大进展与采用各种数学分析方法和建立大型、精密的实验设备和仪器等研究手段分不开。从20世纪50年代起，电子计算机不断完善，使原来用分析方法难以进行研究的课题，可以用数值计算方法来进行，出现了计算流体力学这一新的分支学科。与此同时，由于民用和军用生产的需要，液体动力学等学科也有很大进展。

20世纪60年代，根据结构力学和固体力学的需要，出现了计算弹性力学问题的有限元法。经过十多年的发展，有限元分析这项新的计算方法又开始在流体力学中应用，尤其是在低速流和流体边界形状甚为复杂问题中，优越性更加显著。近年来又开始了用有限元方法研究高速流的问题，也出现了有限元方法和差分方法的互相渗透和融合。

【项目习题】

1. 流体的黏度与哪些因素有关？它们随温度怎么变化？
2. 理想流体的特征是什么？
3. 为什么水通常被视为不可压缩流体？
4. 为什么液体的黏度随温度的升高而减小，而气体的黏度却随温度的升高而增大？
5. 什么是流体的连续性？把流体看成连续介质有哪些条件？

6. 静止的流体受到哪几种力的作用？

7. 什么是流体静压力？它有哪些特征？

8. 什么是等压面？等压面的条件是什么？

9. 压力表和测压计上测得的压强是绝对压强还是相对压强？

10. 相对平衡的流体的等压面是否是水平面？什么条件下等压面是水平面？

11. 为什么大气压强随海拔高度的升高而减小，而窑炉系统中的热气体静压强却随高度的增大而增大？

12. 某点的真空度是 65000 Pa，当地大气压是 0.1 MPa，该点的绝对压强是多少？

13. 求绝对压力是 140 kPa，温度为 60 ℃ 时空气的密度。

14. 大气压力为 101 kPa 时，水面以下 5 m 处绝对压力有多大？

15. 烟气组成如下：

CO$_2$　H$_2$O　O$_2$　N$_2$

16.8　34.3　1.1　47.8

求：（1）烟气的标准状态密度。

（2）烟气在相同压强下，温度为 400 ℃ 时的密度。

16. 一密闭容器内下部为水，上部为空气，液面下 4.2 m 处测压管高度为 2.2 m，设当地大气压为 1 个工程大气压，则容器内绝对压强是几米水柱？

17. 如图 1-100 所示，试比较同一水平面上 1、2、3、4、5 各点压力的大小。

18. 如图 1-101 所示，用 U 型测压计测定管道中 A 点的压力，若读数 h_1 = 300 mm，h_2 = 600 mm。求下列情况下 p_A 值：

（1）ρ_1 为汞，ρ_2 为密度是 850 kg/m^3 的油时。

（2）ρ_1 为水，ρ_2 为密度是 850 kg/m^3 的油时。

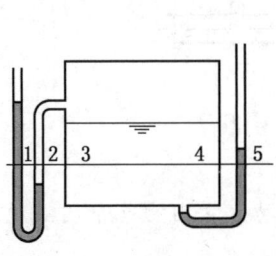

图 1-100　习题 1.17 图

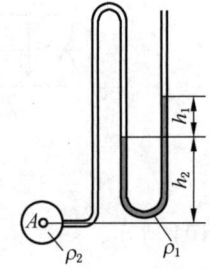

图 1-101　习题 1.18 图

19. 用清水将 10 kg 密度为 1600 kg/m^3 的糖浆稀释为密度为 1200 kg/m^3 的糖浆溶液，问需要加入多少升清水。

20. 什么是雷诺数？如何根据雷诺数大小来判断流体流态？

21. 流体的层流和紊流各有什么特点？它们的速度分布有什么规律？

热 工 基 础

22. 什么是稳定流动和非稳定流动?

23. 气体在管道中作变温流动时,其平均流速如何计算?

24. 非圆形管道的当量直径如何确定?

25. 什么是层流底层?层流底层厚度对传热和传质过程有什么影响?

26. 流体的压头和压力的意义有什么不同?

27. 有一圆管内径为 300 mm,输送 20 ℃的空气,求:

(1) 欲保持层流流态的最大流量。

(2) 所输送流量为 0.06 m³/s, 确定流体流态。

28. 水流过一段渐缩圆管,若已知内径比 d_1/d_2,问雷诺数之比 Re_1/Re_2 是多少?

29. 风管的内径为 150 mm, 风量为 100 m³/s, 求断面平均风速。

30. 水从三段串联管路流过,如图 1-102 所示。已知 d_1 = 100 mm, d_2 = 50 mm, d_3 = 25 mm, ω_3 = 10 m/s, 求 ω_1 和 ω_2。

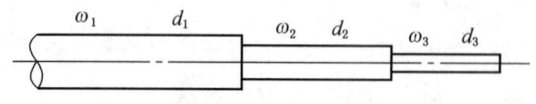

图 1-102　习题 1.30 图

31. 如图 1-103 所示,一水平渐缩管,水从管中流过。已知 d_1 = 150 mm, d_2 = 75 mm, 两测压管高度差 Δh = 600 mm, 水在流动过程中压头损失不计,求管中水的流量。

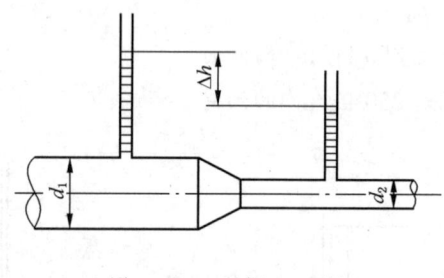

图 1-103　习题 1.31 图

32. 如图 1-104 所示,热气体在垂直圆管中流动,管内空气平均温度是 100 ℃,管外空气温度为 20 ℃。

(1) 管内空气由下向上流动,如在 2—2 处测量静压头为 -10 Pa, 不计阻力损失,那么 1—1 处静压头为多少?

(2) 若管内空气由上向下流动,如在 1—1 处测量静压头为 -34 Pa, 不计阻力损失,那么 2—2 处静压头为多少?

33. 如图 1-105 所示,有一水箱,其水面距离地面 3.5 m,水箱下部连着一长度为 2 m 的立管,其内径为 200 mm,不考虑流动的阻力损失,求立管下方出口处的水的流速。

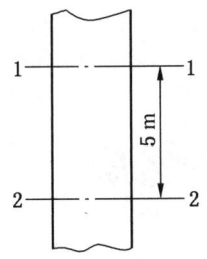

图 1-104　习题 1.32 图

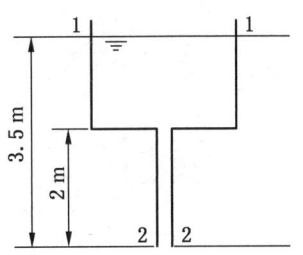

图 1-105　习题 1.33 图

34. 水管直径 $d = 50$ mm，测点 A 和 B 相距 15 m，管内水的流量 $Q = 5.3 \times 10^{-3}$ m^3/s，连接两点的汞差压计读数为 $h = 250$ mm，求此管路的摩擦阻力系数。

35. 有一矩形风道，全长 $L = 20$ m，断面尺寸为 0.55 m × 0.3 m，风速为 8 m/s，气体密度取 1.2 kg/m^3，摩擦阻力系数为 0.02，求该段风道的摩擦阻力损失。

36. 简述烟囱的工作原理。

37. 简述离心式风机的工作原理。

38. 离心式风机叶轮叶片对风机的性能有什么影响？

39. 为什么离心式风机和泵可用调节出口阀门来调节流量，而回转式风机和泵却不能这样做？

40. 什么叫离心式风机的风压？什么叫离心泵的扬程？

41. 已知某烟囱的高为 35 m，烟囱上口直径是 1 m，烟气的密度是 1.3 kg/m^3，烟气的出口流速是 2.3 m/s，烟囱底部直径为出口直径的两倍，烟囱内烟气的平均温度是 273 ℃，烟气在烟囱内流动时的摩擦阻力系数为 0.05，烟囱外部温度为 20 ℃，密度为 1.2，求烟囱底部的负压。

42. 某窑炉产生的烟气量为 8000 Nm^3/h，烟气密度为 1.34 kg/Nm^3，烟囱底部的烟气温度为 400 ℃，窑炉系统总阻力为 180 Pa，夏季空气最高温度为 38 ℃，试设计烟囱的高度和直径。

43. 4-73 型离心式通风机转速 $n = 1450$ r/min 和 $D_2 = 1.2$ m，全压 $H = 4609$ Pa，流量 $Q = 71100$ m^3/h，轴功率 $N = 99.8$ kW，若转速变到 $n = 730$ r/min，其他条件不变，试计算转速变化后的全压、流量和轴功率。

▶热 工 基 础

项目二　燃料及燃料燃烧

燃料是一种可以通过化学反应释放出能量的物质，可燃物与氧气或空气进行快速放热和发光的氧化反应，并以火焰形式出现。煤、石油、天然气的燃烧是国民经济各个部门主要热能动力的来源。在燃烧过程中，燃料、氧气和燃烧产物三者之间进行着动量、热量和质量传递。

硅酸盐工业的特点是大多数产品的生产过程须在高温下进行，因此需要消耗大量热量。这些热量主要来自燃料燃烧。硅酸盐工业是能源消耗的大户，目前单位产品的能耗还相当高。例如烧成 1 t 水泥熟料，需消耗 110~180 kg 标准煤，从而使燃料的费用占产品成本的 15%~25%。因此，了解各种燃料的热工特性，合理选用燃料，并掌握有关燃料的燃烧过程及燃烧设备的特点，学会燃料燃烧的有关计算方法，对降低产品成本、提高产量质量、减少环境污染、助力碳达峰等有重要意义。

任务一　概　　述

【任务目标】

知识目标：
(1) 了解燃料的分类。
(2) 掌握硅酸盐工业对燃料的基本要求。

能力目标：
能正确选用适合硅酸盐工业生产的燃料种类。

情感目标：
针对目前燃料开采现状，加深学生对旧能源与新能源的认识，加深对美丽中国的认识，做到节约能源，爱护地球，发展绿色经济。

【任务描述】

古代动植物体在剧烈的地质运动过程中被埋藏在地下，经过亿万年复杂的变化，形成了现如今"工业的粮食""黑色的金子"——燃料。本部分内容主要学习燃料的种类以及硅酸盐工业对燃料的要求。

【任务知识】

一、燃料的分类

工业生产使用的燃料主要有煤、石油和天然气。不同的行业，对所用燃料的性质往往提出不同的要求。随着人类对地球资源的不断索取，全球气候逐渐发生变化，人类与地球和平共处的呼声越来越强，人类对自然资源的利用也越来越克制。因此，在硅酸盐工业中不仅要千方百计节省燃料，还应在选用燃料时，合理、有效地利用燃料资源，掌握生产工艺对燃料的技术要求。燃料按不同的方法可以分成不同的类别。

1. 按燃料的来源分类

按燃料来源不同，可分为天然燃料和人造燃料。工业燃料按其形态和来源不同分类见表2-1。

2. 按燃料的形态分类

按不同形态，燃料可分为固体燃料、液体燃料和气体燃料。

表2-1 工业燃料分类

来源	物态		
	固体	液体	气体
天然燃料	木材 褐煤 烟煤 无烟煤 可燃页岩	石油	天然气
人造燃料	木炭 焦炭 煤砖 煤粉	石油加工产品重油、煤油、焦油、合成液体燃料	石油气 高炉煤气 焦炉煤气 发生炉煤气

1) 固体燃料

固体燃料有木材、可燃页岩和煤。工业上常用的固体燃料主要是煤。煤是古代植物在剧烈的地质变化后，埋于地下，在隔绝空气的条件下经长期地质和化学变化而形成的一种天然矿物。根据煤在地下沉积年代及碳化程度不同，煤可分为褐煤、烟煤和无烟煤。此外，工业上还用到一些固体劣质燃料。

（1）褐煤。褐煤是由泥煤形成的初始煤化物，是煤中等级最低的一类，形成年代最短，呈黑色、褐色、泥土色，像木材结构。特点：挥发分较高，析出温度低；燃烧热值低，不能制炭；褐煤容易破碎和风化以及自燃，因此储存方法很重要。储存时要尽可能减少煤堆与空气的接触面积，限制煤堆高度以及经常检查煤堆中的温度。褐煤适用于化工原料或用于锅炉，也可用于制造煤气。

（2）烟煤。烟煤形成历史较褐煤长。黑色，外形有可见条纹。特点：挥发分（质量分数，下同）20%~45%，含碳量75%~90%，灰分7%~30%，水分3%~18%，发热量21000~29000 kJ/kg，着火温度400~500 ℃；成焦性较强，氧含量低，水分及灰分含量不高，适宜工业使用。

烟煤是硅酸盐工业的重要燃料，尤其适合水泥回转窑煅烧使用。烟煤的主要特点是挥发分高，在燃烧时有较长的火焰，一般挥发分较多，火焰较长。

水泥回转窑用燃料主要用烟煤磨制成煤粉，通常要求挥发分为18%~30%，灰分小于30%，发热量大于21000 kJ/kg。

（3）无烟煤。无烟煤是煤化时间最长，含碳量最高的煤，具有明显的黑色光泽，机械强度高。特点：含碳量大于93%，挥发分少，一般小于10%；水分和灰分也比较低；发热量一般为25000~29000 kJ/kg，着火温度为650~700 ℃；无机物含量小于10%，着火难，不易自燃，成焦性差；颜色为灰色或黑色；无自燃危险，便于长期储存。

无烟煤燃烧时煤烟少，只有很短的蓝色火焰，故不适用于外设燃烧室的窑炉。又因为其着火温度较高，挥发分少，燃烧速度比较慢，故不适合用作水泥回转窑用燃料。

各类煤的特性见表2-2。

表2-2 煤的种类及特性

煤种类	碳（干基）/%	挥发分（干基）/%	热值（干基）/(kJ·kg^{-1})
无烟煤	>93	0~14	28043~30049
烟煤	75~90	20~45	21034~29048
褐煤	60~75		<17442

（4）劣质固体燃料。工业上常把发热量低于12600 kJ/kg的固体燃料称为劣质固体燃料。中国的劣质固体燃料很多，有煤矸石、石煤、废旧轮胎及上述褐煤等。其中煤矸石和石煤储量多，如果能有效利用它们可以变废为宝、变害为利，具有极其重要的意义。

煤矸石是在煤矿建设和煤炭采掘、洗选加工过程中被剔出来的废料。中国每年的煤矸石排放量在1.2×10^8 ~ 1.8×10^8 t。

煤矸石因含碳，具有一定热值，尤其是选煤矸石发热量一般在6270 kJ/kg以上，把它加工成粒径小于13 mm、水分小于10%的煤矸石，与洗选过程中产生的热值较低的劣质煤一起配置成发热量为10000~13000 kJ/kg的煤，可作为发电厂流化床锅炉的燃料。

石煤是蕴藏在古老地层中的煤炭，外观像石头，硬度大，颜色多呈灰黑色，光泽暗淡，矿物含量高，有机质含量低。有贝壳状、阶梯状不等。石煤灰分高达70%~80%，含硫量在2%~4%，含碳量不足20%，发热量在4200~12600 kJ/kg。

2）液体燃料

石油（原油）是液体燃料的主要来源。原油是天然存在的易流动液体，相对密度为0.78~1.00，主要含C、H_2以及少量的S、N_2、O_2，此外含有微量金属（钒、镍）、砷、铅等。

中国石油资源比较丰富。据最新全国石油资源评估结果预测，石油资源蕴藏量为

$1.021×10^{11}$ t。中国石油资源主要分布在渤海湾、松辽盆地、柴达木盆地、鄂尔多斯盆地、准噶尔盆地、塔里木盆地等十大盆地,有石油资源 $8.16×10^{10}$ t,占全国石油资源的 80%。

硅酸盐工业目前所用的重油实际上是石油加工过程中残留油。石油在常压下蒸馏可分别提炼出汽油、煤油、柴油等高质量燃料,剩下的残渣就是直馏重油,将直馏重油进行减压蒸馏,其残渣为减压渣油。将直馏重油进行裂化,可得裂化煤气和裂化汽油,其残渣为裂化渣油。上述三种渣油统称为重油。硅酸盐工业中所采用的液体燃料,主要为重油。目前我国硅酸盐工业所燃用的重油大多是 200~250 号常压渣重油和减压渣重油。

3) 气体燃料

硅酸盐工业目前所使用的气体燃料有天然气及人造煤气。

(1) 天然气。中国天然气资源蕴藏量约为 $47×10^{12}$ m³,其中有经济价值可采资源量约 $9.3×10^{12}$ m³。天然气资源主要集中于四川盆地、陕甘宁盆地、塔里木盆地和柴达木盆地。海上的天然气主要以南海、东海海域为主。目前中国已探明的天然气储量只占资源蕴藏量的 6.2%,其勘探程度远低于石油。中国正逐步重视天然气的勘探和开发,预计未来 15~20 年内我国天然气的开发将高速增长,2021 年全国天然气产量 2076 亿 m³,同比增长 7.8%,连续五年增产超 100 亿 m³。预计 2022 年全国天然气产量在 2200 亿 m³ 左右。

天然气是蕴藏在地层内的可燃性气体,是一种很好的燃料。一般组成为甲烷、乙烷、丙烷,此外还有 H_2O、CO_2、N_2、He、H_2S 等。天然气属易燃易爆品,和空气混合后,温度达到 550 ℃ 左右就会燃烧;其混合物浓度达到 5%~15%,遇火种就会爆炸。

天然气热值高,为 35530~41800 kJ/m³,天然气燃烧后发出的热量是相同体积城市煤气的 2.5 倍左右。天然气比空气轻,易挥发,不易聚积,安全性好。天然气中各组分均可彻底燃烧,燃烧后不产生灰、粉等固体杂质,是完全清洁的燃料。

(2) 人造煤气。人造煤气种类很多,如石油气、焦炉煤气、高炉煤气、水煤气、发生炉煤气、城市煤气等。

石油气是炼制石油时的副产品,为了便于运输常加压呈液态,故又称液化石油气。其主要成分是丙烷和丁烷等碳氢化合物,热值为 92000 ~ 120000 kJ/m³,是一种优良的燃料。液化石油气在常温常压下是无色无臭的气体,密度约为空气的 1.5 倍,在空气中容易向下沉积于地面或低洼处。当空气中液化石油气浓度达到一定时可能燃烧或爆炸,使用时必须注意安全。

焦炉煤气是煤在炼焦炉炼焦的副产品;高炉煤气是高炉炼铁时的副产品;水煤气是由水蒸气与赤热的焦炭在煤气发生炉中作用生成;发生炉煤气是用空气和少量水蒸气与焦炭在煤气发生炉中作用而生成;城市煤气则常用烟煤干馏或石油裂化等方法制取。

二、硅酸盐工业对燃料的要求

就广义而言,凡在物理、化学反应中能放出大量热量并能够有效地利用于工业和其他方面的物质,统称为燃料。但并非所有这类物质都能用于硅酸盐等一般工业。如航天燃料

▶热 工 基 础

大多是含有较强毒性的有机化合物，不能用于一般工业。因此，硅酸盐工业对燃料有如下要求：

（1）燃料燃烧时放出的热量足够大，能满足工艺要求。
（2）燃烧产物对人体、设备和产品均无害。
（3）自然界有丰富的储量，便于开采，成本低廉。
（4）便于储存而且性质不发生重大变化。
（5）燃烧过程易于控制。

煤、石油、天然气等虽含有少量有害杂质，如硫、二氧化硫等，但因含量少，危害不大且可采取适当措施减少危害，所以上述物质是主要的工业燃料。

目前国内水泥工业一般采用固体燃料煅烧水泥熟料，回转窑工业多采用烟煤；玻璃工业多采用重油及固体燃料制成的煤气；陶瓷烧结工业多采用烟煤及重油。

任务二 燃料的性质

【任务目标】

知识目标：
（1）了解燃料的一般热工特性。
（2）理解燃料的发热量概念和计算表达式。
（3）掌握燃料的组成及其表示方法。

能力目标：
能看懂煤的组成和质量检验单。

情感目标：
通过本任务的学习，教育学生遵循科学规律，提高安全意识。

【任务描述】

同一事物在不同场合具有不同表达，即现象是外在的、表面的、多变的，而本质却是内在的、稳定的。了解一个事物，需要透过现象看本质。燃料的燃烧是一种剧烈的化学反应，伴随能量的释放。认清燃料的本质，掌握燃料的特性，才能够正确使用，避免事故发生。本部分内容主要学习燃料的组成表示方法，燃料的热工特性，重点介绍燃料发热量的概念。

【任务知识】

一、燃料的组成及其表示方法

（一）固体和液体燃料

固体和液体燃料是由极其复杂的有机化合物组成，其化学成分可用元素分析法和工业分析法两种方式描述。

1. 元素分析法

固体和液体燃料的组成可以由化学分析获得,它们是由碳(C)、氢(H)、氧(O)、氮(N)、硫(S)五种元素以及水(M)和部分矿物杂质——灰分(A)所组成。

碳是燃料中最主要的组成部分,各种不同燃料中的含碳量在53%~99%,每千克碳燃烧能放出3.39×10^4 kJ的热量。

氢在燃料中分为可燃氢和不可燃氢。不可燃氢是在煤中与氧结合成水的化合氢,它不能进行燃烧反应;另一种是和碳、硫结合在一起的可燃氢,又叫净氢,它可以燃烧并放出大量的热。氢元素在各种不同燃料中的含量为4%~14%,每千克氢燃烧能放出1.19×10^5 kJ的热量。

燃料中的氮和氧元素不能燃烧,且和其他可燃成分如碳、氢等化合成氧化物而存在,从而降低了燃料的发热能力。它们在固体、液体燃料中含量很少,一般仅1%~3%或更少。

硫在燃料中以金属硫化物、有机硫化物及无机硫酸盐三种状态存在,前两种硫化物能燃烧,故称为可燃硫或挥发硫,无机硫酸盐不能燃烧。硫的燃烧产物SO_2有毒,它会腐蚀设备、污染环境,所以硫是燃料中极其有害的成分。固体燃料中硫含量大约在2%以内,液体燃料为0.1%~3.5%。

燃料中的水是指自然水分而不是结晶水分,燃料中的水分不仅不会燃烧,而且气化时还会吸收大量热量,燃料中水分含量越多,燃料的发热量就越低。但燃料中含有少量水对燃料着火、燃烧、传热等方面是有益的。一般固体燃料水分波动较大,为4%~15%,液体燃料为1%~4%。

燃料中的灰分主要是不可燃的硅酸盐,还有硫酸盐、碳酸盐和金属氧化物等杂质。灰分含量越多,燃料的品质越低。固体燃料的灰分含量较高,一般为15%~40%,而液体燃料中一般不超过0.5%。

以上用元素分析法所得燃料的成分分析是进行燃烧计算的必要数据。但是元素分析的结果不能具体判定燃料的使用性质,同时元素分析法也比较复杂,所以一般在工厂都用比较简易的工业分析法。

2. 工业分析法

燃料的工业分析主要是分析燃料中挥发分(V)、固定碳(FC)、水分(M)和灰分(A)的含量,作为评价或控制燃料的质量标志。

煤的工业分析方法:将一定量的煤加热到105~110 ℃,使水分全部蒸发后称量,以测量水分含量;再在隔绝空气的情况下加热到900 ℃,使挥发物全部逸出后称其质量,可测得挥发分的含量;然后通以空气在815 ℃下加热(灼烧)至恒重,使固定碳全部燃烧再称其质量,便可测出固定碳及灰分的含量。

3. 固体和液体燃料组成的表示方法

分析固体和液体燃料后,可用不同形式表示它们的成分。由于燃料在开采、运输和储

► 热 工 基 础

存过程中所处的条件不同,同种煤的表示有很大的变动,特别是其中水分和灰分的含量。因此,表示燃料的组成,必须指明所选用的基准,才能确切说明问题。所谓"基准"(简称"基"),就是表示分析结果是以什么状态下的煤样为基础而得出的。基准若不一致,同一分析项目的计算结果会有很大差异。

煤是硅酸盐工业使用最广泛的燃料之一,下面以煤为例,说明其在不同条件下的四种元素组成表示方法。

1) 收到基

收到基又称应用基,是指使用单位收到的煤的组成,也即实际使用的煤的组成。用下角标"ar"表示:

$$C_{ar}\% + H_{ar}\% + O_{ar}\% + N_{ar}\% + S_{ar}\% + A_{ar}\% + M_{ar}\% = 100\% \quad (2-1)$$

式中 C_{ar}、H_{ar}、O_{ar}、N_{ar}、S_{ar}、A_{ar}、M_{ar}——煤中各组成的收到基质量百分数,%。

燃料的收到基组成是燃烧计算的原始数据。

2) 分析基

分析基又称空气干燥基,是指分析实验室里所用的在空气中干燥煤样的组成。将煤样在20 ℃和相对湿度70%的空气下连续干燥1 h后质量变化不超过0.1%,即认为已达到空气干燥状态,此时煤中水分已与大气达到平衡。用下角标"ad"表示:

$$C_{ad}\% + H_{ad}\% + O_{ad}\% + N_{ad}\% + S_{ad}\% + A_{ad}\% + M_{ad}\% = 100\%$$

式中 C_{ad}、H_{ad}、O_{ad}、N_{ad}、S_{ad}、A_{ad}、M_{ad}——煤中各组成的分析基质量百分数,%。

将收到基与分析基比较一下,可看出煤的水分已被分成两部分:空气干燥状态下残留在煤中的水分称分析基水分或内在水分 $M_{ar,inh}$,在空气干燥过程中逸出的水分称外在水分 $M_{ar,f}$。收到基水分为全水分 M_{ar},即内在水分与外在水分之和,但均须用在收到基基准时。

$$M_{ar} = M_{ar,f} + M_{ad} \times \frac{100 - M_{ar,f}}{100} \quad (2-2)$$

3) 干燥基

干燥基是指绝对干燥的煤的组成。这种基准不受煤在开采、运输和储存过程中水分变动的影响,能比较稳定地反映成批储存煤的真实组成。用下角标"d"表示:

$$C_d\% + H_d\% + O_d\% + N_d\% + S_d\% + A_d\% = 100\% \quad (2-3)$$

式中 C_d、H_d、O_d、N_d、S_d、A_d——煤中各组成的干燥基质量百分数,%。

4) 干燥无灰基

干燥无灰基又称可燃基,是假想的无水无灰的煤的组成。这种基准不受煤在开采、运输、洗煤和储存过程中水分、灰分变动的影响。用下角标"daf"表示:

$$C_{daf}\% + H_{daf}\% + O_{daf}\% + N_{daf}\% + S_{daf}\% = 100\% \quad (2-4)$$

式中 C_{daf}、H_{daf}、O_{daf}、N_{daf}、S_{daf}——煤中各组成的干燥无灰基质量百分数,%。

煤组成的表示方法如图2-1所示。

图 2-1 煤组成的表示方法

煤矿提供的一般是干燥无灰基组成,实验室提供分析基或干燥基组成,而实际使用时则为收到基。根据质量守恒原理,上述四种基准间可以相互进行换算。其换算系数见表 2-3。

表 2-3 燃料组成的换算系数

已知的"基"	所要换算的"基"			
	收到基	分析基	干燥基	干燥无灰基
收到基	1	$\dfrac{100 - M_{ad}}{100 - M_{ar}}$	$\dfrac{100}{100 - M_{ar}}$	$\dfrac{100}{100 - (M_{ar} + A_{ar})}$
分析基	$\dfrac{100 - M_{ar}}{100 - M_{ad}}$	1	$\dfrac{100}{100 - M_{ad}}$	$\dfrac{100}{100 - (M_{ad} + A_{ad})}$
干燥基	$\dfrac{100 - M_{ar}}{100}$	$\dfrac{100 - M_{ad}}{100}$	1	$\dfrac{100}{100 - A_d}$
干燥无灰基	$\dfrac{100 - (M_{ar} + A_{ar})}{100}$	$\dfrac{100 - (M_{ad} + A_{ad})}{100}$	$\dfrac{100 - A_d}{100}$	1

注:换算系数由物料平衡关系计算得到,适用于除水分以外的各种成分及高位发热量。

【例 2-1】 已知煤的干燥无灰基组成(%)为

C_{daf}	H_{daf}	O_{daf}	N_{daf}	S_{daf}
80.2	6.1	11.6	1.4	0.7

又知:收到基时水分组成 $M_{ar} = 3.5\%$;干燥基时灰分组成 $A_d = 8.2\%$。

求:收到基时 C_{ar} 的百分含量。

解 由于三个基准不能同时转换,因此分两步进行计算:

先将 C_{daf} 换算成 C_d (%):

由 $100C_d = (100 - A_d)C_{daf}$ 得 $C_d = \dfrac{100 - A_d}{100} C_{daf} = \dfrac{100 - 8.2}{100} \times 80.2 = 73.6$

再由 C_d 换算 C_{ar} (%):

由 $100C_{ar} = (100 - M_{ar})C_d$ 得 $C_{ar} = \dfrac{100 - M_{ar}}{100} C_d = \dfrac{100 - 3.5}{100} \times 73.6 = 71.0$

▶ 热 工 基 础

故收到基时 C_{ar} 的百分含量为 71.0%。

（二）气体燃料

气体燃料是由多种气体所组成的混合物，由于其来源与制造方法不同而含有不同的成分。其中可燃成分主要有 H_2、CO、CH_4、C_mH_n 和 H_2S 等，不燃成分主要有 N_2、CO_2、SO_2 和 H_2O 等。在可燃成分中 H_2、CH_4、C_mH_n 的发热量大，H_2S 虽能燃烧放热，但它污染环境及腐蚀设备，自然希望越少越好。

气体燃料的组成一般用体积百分含量表示。其成分一般用吸收法分析，即用不同的化学试剂选择吸收各成分，可由吸收前后的体积差来求得各成分的百分含量，并有"湿成分"和"干成分"两种表示方法。

1. 湿成分

所谓气体燃料的湿成分（用上角标"v"表示），是指包括水蒸气在内的成分，即

$$CO^v\% + H_2^v\% + CH_4^v\% + C_mH_n^v\% + H_2S^v\% + CO_2^v\% + N_2^v\% + O_2^v\% + H_2O^v\% = 100\%$$

2. 干成分

所谓气体燃料的干成分（用上角标"d"表示），是指不包括水蒸气在内的成分，即：

$$CO^d\% + H_2^d\% + CH_4^d\% + C_mH_n^d\% + H_2S^d\% + CO_2^d\% + N_2^d\% + O_2^d\% = 100\%$$

气体燃料的组成，通常用比较稳定的干成分来表示。但在燃烧计算中，则须用气体燃料的湿成分作为计算依据，因为实际使用的是湿煤气。干、湿成分的换算关系如下：

$$x^v\% = x^d\% \frac{100 - H_2O^v}{100} \quad (2-5)$$

式中　H_2O^v——100 m³ 湿气体燃料中所含水蒸气的体积。

通常给出的煤气分析数据是干成分，而燃烧计算则用湿成分。冷煤气通常可认为含有饱和水蒸气，其水蒸气含量与煤气的温度有关，见表2-4。热煤气中的水蒸气含量与操作条件有关，一般为 5%~7%。

表2-4　煤气在不同温度下的饱和水蒸气（H_2O^v）含量

气体温度/℃	H_2O^v/%	气体温度/℃	H_2O^v/%
-25	0.062	15	1.68
-20	0.101	20	2.30
-15	0.163	25	3.13
-10	0.256	30	4.19
-5	0.395	35	5.55
0	0.602	40	7.27
5	0.86	45	9.46
10	1.21	50	12.18

【例 2-2】 已知发生炉煤气的干成分为（%）

CO^d	H_2^d	CH_4^d	$C_3H_4^d$	CO_2^d	N_2^d	总和
28.0	15.0	3.2	0.6	3.6	49.6	100

煤气温度为 50 ℃，试换算成湿成分。

解 由表 2-4 中查得，煤气在 50 ℃时的饱和水蒸气含量为 12.18%，干煤气的 CO^d 换算成湿成分为

$$CO^v = \frac{100 - H_2O^v}{100} CO^d = \frac{100 - 12.18}{100} \times 28.0 = 0.8782 \times 28.0 = 24.6\%$$

其余类推得：

CO^v	H_2^v	CH_4^v	$C_3H_4^v$	CO_2^v	N_2^v	总和
24.6	13.17	2.81	0.53	3.16	43.55	100

二、燃料的发热量

1. 燃料发热量的基本概念

单位质量或体积的燃料完全燃烧，所放出的热量称为燃料的发热量（也称为热值），单位为 kJ/kg（kJ/m³）。

根据燃烧产物中水蒸气状态不同，发热量又分为高位发热量和低位发热量两种。

（1）高位发热量 Q_{gr}。单位燃料完全燃烧后，燃烧产物冷却到反应前的室温，而燃烧产物的水蒸气冷凝成 0 ℃的水时，所放出的热量，称为高位发热量。

（2）低位发热量 Q_{net}。单位燃料完全燃烧后，燃烧产物中的水蒸气不是冷凝为液态水，而是冷却为 20 ℃水蒸气时，所放出的热量，称为低位发热量。

燃料实际燃烧时温度很高，燃烧产物中的水蒸气均以气态存在，不可能凝结为水而放出气化热。因此，燃烧计算中以燃料收到基低位发热量为基准。

由上述定义可知，燃料的高、低热值之间仅相差一个水在 20 ℃时的汽化潜热，约为 2500 kJ/kg$_{H_2O}$。因此，燃料的高位发热量应等于其低位发热量与燃烧产物中水的汽化热之和，即 $Q_{gr} = Q_{net} + Q_q$。

而收到基时固体或液体燃料完全燃烧生成的水气化热为

$$Q_q = 2500\left(\frac{M_{ar}}{100} + \frac{9H_{ar}}{100}\right) = 25(M_{ar} + 9H_{ar}) = 225H_{ar} + 25M_{ar} \quad (2-6)$$

所以，固体或液体燃料收到基低位发热量与高位发热量间的关系为

$$Q_{net,ar} = Q_{gr,ar} - 225H_{ar} - 25M_{ar} \quad (2-7)$$

式中　$Q_{net,ar}$——收到基时燃料的低位发热量，kJ/kg；

　　　$Q_{gr,ar}$——收到基时燃料的高位发热量，kJ/kg；

　　　H_{ar}、M_{ar}——收到基时燃料中水、氢的百分含量，%。

其他基准时：

$$Q_{net,ad} = Q_{gr,ad} - 225H_{ad} - 25M_{ad} \quad (2-8)$$

$$Q_{net,d} = Q_{gr,d} - 225H_d - 25M_d \quad (2-9)$$

$$Q_{net,daf} = Q_{gr,daf} - 225H_{daf} - 25M_{daf} \quad (2-10)$$

式中 $Q_{net,ad}$、$Q_{net,d}$、$Q_{net,daf}$——分析基、干燥基、干燥无灰基时燃料的低位发热量，kJ/kg；

$Q_{gr,ad}$、$Q_{gr,d}$、$Q_{gr,daf}$——分析基、干燥基、干燥无灰基时燃料的高位发热量，kJ/kg；

H_{ad}、H_d、H_{daf}——分析基、干燥基、干燥无灰基时燃料中氢的百分含量，%；

M_{ad}——分析基时燃料中水分百分含量，%。

对于高位发热量来说，水分只占据了质量的一定份额而使发热量降低，而对于低位发热量而言，水分不仅占据了质量的一定份额，而且还要吸收汽化热。因此，各种"基"的高位发热量转换时，可直接根据换算系数表2-3进行，而在低位发热量换算时，还需考虑水的汽化热，可参考表2-5。

表2-5 低位发热的转换式

已知的"基"	所要换算的"基"			
	收到基	分析基	干燥基	干燥无灰基
收到基	1	$(Q_{net,ar} + 25M_{ar}) \times \dfrac{100 - M_{ad}}{100 - M_{ar}} - 25M_{ar}$	$(Q_{net,ar} + 25M_{ar}) \times \dfrac{100}{100 - M_{ar}}$	$(Q_{net,ar} + 25M_{ar}) \times \dfrac{100}{100 - (M_{ar} + A_{ar})}$
分析基	$(Q_{net,ad} + 25M_{ad}) \times \dfrac{100 - M_{ar}}{100 - M_{ad}} - 25M_{ar}$	1	$(Q_{net,ad} + 25M_{ad}) \times \dfrac{100}{100 - M_{ad}}$	$(Q_{net,ad} + 25M_{ad}) \times \dfrac{100}{100 - (M_{ad} + A_{ad})}$
干燥基	$Q_{net,d} \times \dfrac{100 - M_{ar}}{100} - 25M_{ar}$	$Q_{net,d} \times \dfrac{100 - M_{ad}}{100} - 25M_{ad}$	1	$Q_{net,d} \times \dfrac{100}{100 - A_d}$
干燥无灰基	$Q_{net,daf} \times \dfrac{100 - (M_{ar} + A_{ar})}{100} - 25M_{ar}$	$Q_{net,daf} \times \dfrac{100 - (M_{ad} + A_{ad})}{100} - 25M_{ad}$	$Q_{net,daf} \times \dfrac{100 - A_d}{100}$	1

2. 燃料发热量的测定

固体和沸点高于250 ℃的液体燃料的发热量是用氧弹式量热计测量的。氧弹式量热计和氧弹的结构如图2-2和图2-3所示。测定的方法是将1 g的燃料放在一个小坩埚中，小坩埚放在氧弹体内，在弹内充入2.5~3 MPa的氧气，然后将弹体放入盛有3 kg水的筒中，再通电点火。弹体中的燃料在高压纯氧中迅速着火燃烧并放出热量,此热量通过弹体传给水及仪器系统,根据水温的升高就可计算出燃料的发热量。

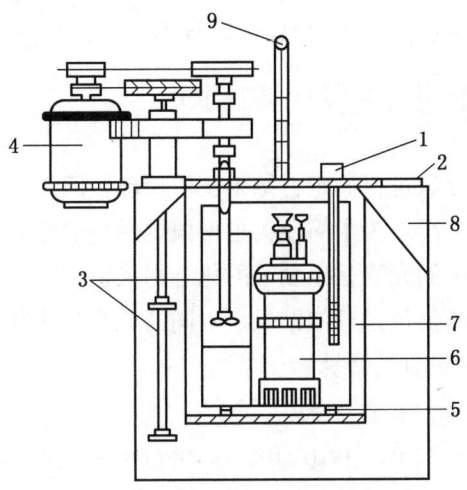

1—测温探头;2—氧弹盖;3—搅拌器;4—搅拌马达;5—衬垫;6—氧弹;7—内桶;8—外壳;9—温度计

图 2-2 氧弹量热计

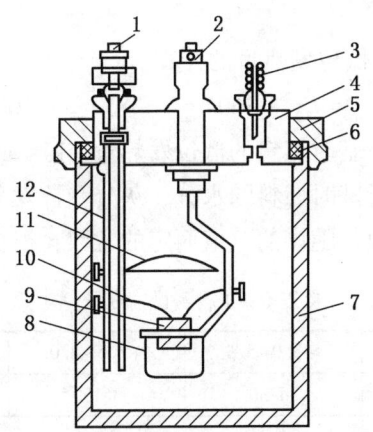

1—充气阀(兼作电极之一);2—电极;3—排气孔;4—氧弹盖;5—螺帽;6—垫圈;7—厚壁圆筒;
8—燃烧皿;9—样品;10—点火线;11—火焰遮板;12—电极(同时也是进气管)

图 2-3 氧弹

用氧弹测定的热值叫作燃料的氧弹热值,用 Q_{DT} 表示,它的数值比高位热值还高,这是因为燃烧产物中的 SO_2 和 N_2 在富氧和高压下会生成 SO_3 和 NO_2,并溶解于水生成 H_2SO_4 和 HNO_3,同时放出热量。即氧弹热值与高位热值相差的数值就是燃烧产物中 SO_3 和 NO_2 生成硫酸和硝酸的热效应。1 kg 硫生成硫酸的热效应为 9414 kJ/kg。据实验统计,形成硝酸的热效应约为氧弹热值的 0.15%。因此

$$Q_{gr} = Q_{DT} - 94.14S - 0.0015Q_{DT} \quad (2-11)$$

式中 Q_{gr}、Q_{DT} ——燃料的高位发热量和氧弹热值,kJ/kg;

▶ 热 工 基 础

S——燃料中硫的百分含量,%。

对于气体燃料

$$Q_{net} = Q_{gr} - 20.1(H_2 + 2CH_4 + H_2S) + \frac{n}{2}C_mH_n \qquad (2-12)$$

气体燃料的发热量则可用气体量热计进行测定。

3. 燃料发热量的计算

燃料的发热量用上述方法进行测定,结果比较精确,但测定过程较复杂,而且需要特定的设备,一般工厂不能进行。为了简便,也可根据燃料的元素分析和工业分析用经验公式计算。必须指出,燃料中的元素是以复杂的化合物状态存在,这些化合物的种类尚未完全弄清,所以按元素计算热值仅是近似结果。不同的计算公式都有一定的精确度。

1) 固体和液体燃料发热量的计算

(1) 根据元素分析计算(门捷列夫公式)。

$$Q_{net,ar} = 339C_{ar} + 1030H_{ar} - 109(O_{ar} - S_{ar}) - 25M_{ar} \qquad (2-13)$$

式中 $Q_{net,ar}$——收到基时燃料的低位发热量,kJ/kg;

C_{ar}、H_{ar}、O_{ar}、S_{ar}、M_{ar}——收到基时燃料中C、H、O、S及水的百分含量,%。

(2) 根据工业分析计算。若固体燃料无元素分析数据而有工业分析数据时,可按下列经验公式进行计算:

① 无烟煤($V_{daf} \leqslant 10\%$)低位发热量的计算。

$$Q_{net,ad} = K_0 - 360M_{ad} - 385A_{ad} - 100V_{ad} \qquad (2-14)$$

式中 $Q_{net,ad}$——分析基时燃料的低位发热量,kJ/kg;

M_{ad}、A_{ad}、V_{ad}——分析基时燃料的水分、灰分和挥发分的百分含量,%;

K_0——系数,随煤的氢值而定的常数,根据V'_{daf}值从表2-6中查出。

表2-6 K_0 与 V'_{daf} 的关系

V'_{daf}/%	≤3.0	>3.0~5.5	>5.5~8.0	>8.0
K_0	34310	34730	35150	35560

表2-6中,$V'_{daf} = aV_{daf} - bA_d$。

a 和 b 值与煤的干燥基灰分有关,见表2-7。

表2-7 a、b 值与 A_d 的关系

A_d/%	>30~40	>25~30	>20~25	>15~20	>10~15	≤10
a	0.80	0.85	0.95	0.80	0.90	0.95
b	0.10	0.10	0.10	0	0	0

② 烟煤($V_{daf} > 10\%$)低位发热量的计算。

$$Q_{net,ad} = 100K_1 - (K_1 + 25.12)(M_{ad} + A_{ad}) - 12.56V_{ad} \qquad (2-15)$$

式中　　　　$Q_{net,ad}$——分析基时燃料的低位发热量，kJ/kg；

M_{ad}、A_{ad}、V_{ad}——分析基时燃料的水分、灰分和挥发分的百分含量，%；

K_1——系数，随 V_{daf} 及焦渣特征而变化，可从表 2-8 中查出。V_{daf} 可由 V_{ad} 换算而得：

$$V_{daf} = V_{ad} \times \frac{100}{100 - (M_{ad} + A_{ad})}$$

2）气体燃料发热量的计算

$$Q_{net} = 126CO + 108H_2 + 358CH_4 + 590C_2H_4 + 637C_2H_6 + 806C_3H_6 + 912C_3H_8 + 1187C_4H_{10} + 1460C_5H_{12} + 232H_2S \quad (2-16)$$

式中　　Q_{net}——气体燃料的低位发热量，kJ/kg；

CO、H_2、CH_4、C_2H_4、C_2H_6、C_3H_6、C_3H_8、C_4H_{10}、C_5H_{12}、H_2S——气体燃料中各可燃组分百分含量，%。

表 2-8　V_{daf} 与 K_1 及焦渣特征的关系

焦渣特征*	V_{daf}/%									
	>10~13.5	>13.5~17	>17~20	>20~23	>23~29	>29~32	>32~35	>35~38	>38~42	>42
	K_1									
1	352	337	335	329	320	320	306	306	306	304
2	352	350	343	339	329	327	325	320	316	312
3	354	354	350	345	339	335	331	329	327	320
4	354	356	352	348	343	339	335	333	331	325
5/6	354	356	356	352	350	345	341	339	335	333
7	354	356	356	356	354	352	348	345	343	339
8	354	356	356	358	356	354	350	348	345	343

*焦渣特征指测定挥发分时所残留的焦渣外形特征，分为①粉状；②黏着；③弱黏着；④不熔融黏结；⑤不膨胀熔融黏结；⑥微膨胀熔融黏结；⑦膨胀熔融黏结；⑧强膨胀熔融黏结八类。

4. 标准燃料

不同种类的燃料有不同的发热量，即使同一品种燃料的发热量也会因水分和灰分的含量不同而不同。因此，为便于统计和评比燃料消耗量，要有一个统一的基准，通常采用"标准燃料"的概念。以下为常用燃料标准燃料发热量的规定：

标准煤：收到基低位发热量 $Q_{net,ar}$ 为 29307.6 KJ/kg（7000 kcal/kg）；

标准油：低位发热量为 41868 kJ/kg（10000 kcal/kg）的燃油；

标准气：低位发热量为 41868 kJ/Nm³（10000 kcal/Nm³）的燃气。

【例 2-3】 某工厂使用煤的工业分析为

$$M_{ad} \quad M_{ar} \quad A_{ad} \quad V_{ad}$$
$$2.71 \quad 10.50 \quad 23.20 \quad 26.41$$

焦渣特征为不膨胀熔融黏结，这种煤折算为标准煤是多少？

解 $V_{daf} = V_{ad} \times \dfrac{100}{100 - (M_{ad} + A_{ad})} = 26.41 \times \dfrac{100}{100 - (2.71 + 23.20)} = 35.65\%$

查表 2-8 可得 $K_1 = 339$，代入式（2-15）

$$\begin{aligned} Q_{net,ad} &= 100K_1 - (K_1 + 25.12)(M_{ad} + A_{ad}) - 12.56V_{ad} \\ &= 100 \times 339 - (339 + 25.12) \times (2.71 + 23.20) - 12.56 \times 26.41 \\ &= 24130(\text{kJ/kg}) \end{aligned}$$

$$\begin{aligned} Q_{net,ar} &= \dfrac{100 - 10.50}{100 - 2.71} \times (24130 + 25 \times 2.71) - 25 \times 10.50 \\ &= 22000(\text{kJ/kg}) \end{aligned}$$

1 t 煤折算成标准煤为 $1000 \times \dfrac{22000}{29300} = 752(\text{kg})$

【例 2-4】 已知甲厂生产每吨水泥熟料耗煤 160 kg，此煤的发热量 $Q_{net,ar} = 28000$ kJ/kg；乙厂生产每吨水泥熟料耗煤 180 kg，此煤的发热量 $Q_{net,ar} = 23000$ kJ/kg。试比较两厂标准煤耗。

解 甲厂折算成标准煤耗为

$$160 \times \dfrac{28000}{29300} = 152.9(\text{kg/t}_{熟料})$$

乙厂折算成标准煤耗为

$$180 \times \dfrac{23000}{29300} = 141.3(\text{kg/t}_{熟料})$$

通过折算可以看出，实际上乙厂比甲厂的单位产品煤耗低。

三、燃料的其他热工特性

1. 固体燃料的热工性质

1) 挥发分

在隔绝空气的条件下，将一定量的煤样在 900 ℃ 温度下加热 7 min，所得到的气态物质（不包括其中的水分）为煤的挥发物。而挥发物占煤的质量百分数则称为挥发分。挥发物的组成颇复杂，主要由煤的矿物结晶水、挥发性成分和热分解产物等构成，如部分碳氢化合物、碳氧化合物、氢气和焦油蒸气等。

煤中挥发物含量，影响燃烧时火焰的长度及着火温度。一般来说，挥发物含量高时火焰长，着火温度低，易着火。

不同种类煤的挥发分（干燥无灰基）见表2-9。

表2-9 不同种类煤的挥发分（干燥无灰基）

煤种	褐煤	烟煤	无烟煤
$V_{daf}/\%$	>37	10~46	<10

2）结渣性

结渣性与煤中灰分的组成有关。灰分的组成影响煤灰的熔融性，当灰分中 SiO_2、Al_2O_3 含量多时，灰分软化温度高，FeO、Na_2O、K_2O 等含量多时，灰分软化温度降低。灰分软化温度还与燃烧时的气氛有关，在氧化性气氛中，FeO 氧化成 Fe_2O_3 和 Fe_3O_4，它们与 SiO_2 形成软化温度高的硅酸盐质灰分。在还原性气氛中，Fe_2O_3 还原成 FeO，FeO 与 SiO_2 形成软化温度低的硅酸盐质灰分。常采用三角锥法测定煤的结渣性。

烧易结渣的煤，操作困难，燃烧不易稳定，且灰渣中容易带走未燃尽的燃料，使机械不完全燃烧热损失增加。

3）水分

水分会降低发热量，也不利于着火，会使炉温降低，并增加烟气带走的热量。但烧较碎的煤时，适当加入水分（<8%）能减少机械不完全燃烧热损失，使煤渣疏松易于处理。因此，煤中应存在少量水分，但不宜过高。

4）可燃硫

燃料中存在的可燃硫，燃烧后将会生成 SO_2 和 SO_3 气体，这些气体与烟气中的水蒸气结合会形成硫酸或亚硫酸蒸气，腐蚀金属管道或设备。此外，SO_2 和 SO_3 气体若随烟气排到大气中，则使大气受到污染，直接影响人体健康和植物生长。一般要求硫含量小于1%。

2. 液体燃料的热工性质

我国硅酸盐工业窑炉使用的液体燃料主要是重油。各地重油的元素成分基本接近，但其物理性能和燃烧特性却往往差别很大。因此，为了安全有效地使用重油，除了解重油的热值和硫分外，还需了解以下各种特性。

1）黏度

黏度对重油的装卸、储存、过滤、输送及雾化均有较大影响。我国重油常用的黏度标准是以恩氏黏度（°E）来表示的，即在测定温度下油从恩格勒黏度计中流出 200 mL 所需的时间（秒）与 20 ℃蒸馏水流出 200 mL 所需的时间（约 52 s）之比值。我国重油的牌号是以 50 ℃时油的恩氏黏度来分类的。

重油的黏度不仅和原油的产地及加工过程有关，还受温度影响，温度高则黏度降低。选择合理的加热温度，使重油达到一定的黏度以满足各种不同条件下的要求，甚为重要。图 2-4 表示各种重油的黏度与温度的关系，并说明了不同牌号的重油在不同情况下所需控制的黏度和温度要求。

▶ 热 工 基 础

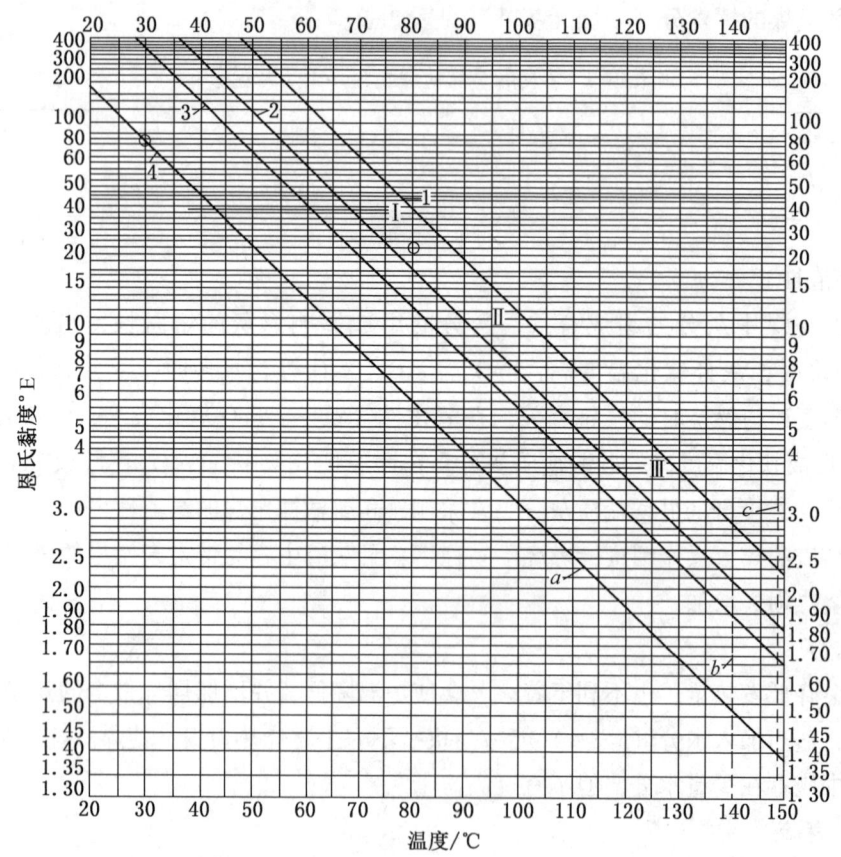

1—200 号重油；2—100 号重油；3—60 号重油；4—20 号重油；
Ⅰ—用于泵送或抽吸的平均黏度；Ⅱ—主油路中允许的最大黏度；Ⅲ—低压雾化的最大黏度；
a—加热重油最大温度；b—加热器中最大蒸气温度；c—加热沉淀界限温度

图 2-4 重油黏度与温度的关系

若重油的温度过低，黏度过大，会使装卸、过滤及输送困难，且雾化不良；温度过高，则易使油剧烈气化，造成油罐冒顶，发生事故，亦容易使烧嘴发生气阻现象，使燃烧不稳定。

2）闪点、燃点、着火点

油类加热到一定温度，表面即挥发逸出油蒸气至空气中，油温越高，油蒸气越多，油表面附近空气中的油蒸气浓度也就越大。当有火源接近时，若出现蓝色闪光，则此时的油温称为油的"闪点"。

当油温超过闪点，油的蒸发速度加快，以致用火源接近油表面时在蓝光闪现后能持续燃烧（不少于 5 s），此时的油温称为油的"燃点"。

当油温达到燃点且继续升高，则油表面的蒸气即使无火源接近也会自发燃烧起来，这种现象称为自燃,相应的油温称为油的"着火点"。

闪点、燃点和着火点是使用重油时必须掌握的重要性能指标,它们关系到用油的安全技术及燃烧条件。例如,油在储存和运输过程中应严格将温度控制在闪点以下,以防发生火灾。

燃烧室或炉膛内的温度不应低于重油的着火点,否则重油不易燃烧。燃油的闪点与其组成有密切关系。油的密度越小,闪点就越低。重油的闪点用开口杯法(油表面暴露在大气中)测定。重油的开口闪点为80~130 ℃,燃点一般比其闪点高10 ℃左右,着火点为500~600 ℃。

3) 凝固点

当油类完全失去流动性时的最高温度叫作凝固点。凝固点越高,其低温流动性就越差。温度低于凝固点时,燃油就无法在管道中输送。生产上常根据凝固点来选用储运过程中的保温防凝措施。

油的凝固点与其组成有关,一般随蜡及水的含量增加而提高。我国生产的重油凝固点一般为30~45 ℃。

4) 密度

重油的密度与温度有关,常随温度的增加而略为减小,可按式(2-17)进行计算:

$$\rho_t = \frac{\rho_{20}}{1 + \beta(t - 20)} \quad (2-17)$$

式中 ρ_t、ρ_{20}——t ℃、20 ℃时重油的密度,t/m^3;

t——重油的温度,℃;

β——重油的体积膨胀系数,$1/℃$,$\beta = 0.0025 - 0.002\rho_{20}$,亦可直接查表2-10。

表2-10 重油的体积膨胀系数β值与密度的关系

密度$\rho_{20}/(t \cdot m^{-3})$	β值/℃$^{-1}$	密度$\rho_{20}/(t \cdot m^{-3})$	β值/℃$^{-1}$
0.93~0.9399	0.000635	0.98~0.9899	0.000536
0.94~0.9499	0.000615	0.99~0.9999	0.000518
0.95~0.9599	0.000594	1.00~1.0099	0.000499
0.96~0.9699	0.000574	1.01~1.0199	0.000482
0.97~0.9799	0.000555	1.02~1.0299	0.000464

5) 比热

重油的比热常随重油的密度增加而减少,随温度增加而增大,一般为1.88~2.1 kJ/(kg·℃),可用下式近似计算:

$$c_t = 1.74 + 0.0025t \quad (2-18)$$

式中 c_t——t ℃时重油的比热,kJ/(kg·℃);

t——重油的温度,℃。

6) 水分

重油含水不仅降低燃料的发热量,而且当水分过高时易产生"汽塞"现象,使燃烧火焰不稳定。故储油罐应经常排水,使油中含水量在2%以下。

7) 机械杂质

重油中存在机械杂质易磨损油泵及导致管路或喷嘴堵塞,因此在进油泵或烧嘴前,须经过滤器除去机械杂质。

我国规定的重油质量标准见表2-11。

表2-11 重油的质量标准

项目			质量指标			
			20号	60号	100号	200号
恩氏黏度 (°E)	80 ℃	≤	5.0	11.0	15.5	—
	100 ℃	≤	—	—	—	5.5~9.9
闪点(开口)/℃		≥	80	100	120	130
凝固点/℃		≤	15	20	25	36
灰分/%		≤	0.3	0.3	0.3	0.3
水分/%		≤	1.0	1.5	2.0	2.0
含硫量/%		≤	1.0	1.5	2.0	3.0
机械杂质/%		≤	1.5	2.0	2.5	2.5

3. 气体燃料的热工性质

1) 煤气的分子量和密度

煤气的分子量可按下式计算:

$$M_{gas} = 0.01 \sum x_i M_{gas,i} \quad (2-19)$$

式中 M_{gas}——煤气的平均分子量;

         $M_{gas,i}$——各气体成分的分子量;

         x_i——各气体成分在煤气中的体积百分含量,%。

煤气在标准状态下的密度(kg/m^3):

$$\rho_0 = \frac{M_{gas}}{22.4} \quad (2-20)$$

煤气在 t(℃)、p(Pa) 时的密度(kg/m^3):

$$\rho = \frac{273(101325+p)}{(273+t)101325}\rho_0 \quad (2-21)$$

2) 煤气的平均比热

煤气的平均比热可按下式计算:

$$c = 0.01 \sum x_i c_i \qquad (2-22)$$

式中 c——各气体成分的平均比热，见表2-12、表2-13，$kJ/(Bm^3 \cdot ℃)$。

表2-12 各单纯气体及干空气的平均比热　　　$kJ/(Bm^3 \cdot ℃)$

温度/℃	CO_2	N_2	O_2	H_2O	干空气	H_2	CO	H_2S	SO_2
0	1.539	1.293	1.305	1.494	1.295	1.277	1.302	1.264	1.733
100	1.713	1.296	1.317	1.506	1.300	1.290	1.302	1.541	1.813
200	1.796	1.300	1.338	1.522	1.308	1.298	1.311	1.574	1.888
300	1.871	1.306	1.357	1.542	1.318	1.302	1.319	1.608	1.959
400	1.938	1.317	1.378	1.565	1.329	1.302	1.331	1.645	2.018
500	1.997	1.329	1.398	1.585	1.343	1.306	1.344	1.683	2.073
600	2.049	1.341	1.417	1.613	1.357	1.311	1.361	1.721	2.114
700	2.097	1.354	1.432	1.641	1.371	1.315	1.373	1.759	2.152
800	2.140	1.367	1.450	1.668	1.385	1.319	1.390	1.796	2.186
900	2.179	1.380	1.465	1.696	1.398	1.323	1.403	1.830	2.215
1000	2.214	1.392	1.478	1.722	1.410	1.327	1.415	1.863	2.240
1100	2.245	1.404	1.490	1.750	1.422	1.336	1.428	1.892	2.261
1200	2.275	1.415	1.501	1.777	1.433	1.344	1.440	1.922	2.278
1300	2.301	1.426	1.511	1.803	1.444	1.352	1.449	1.947	
1400	2.325	1.436	1.520	1.824	1.454	1.361	1.461	1.972	
1500	2.345	1.446	1.529	1.853	1.463	1.369	1.465	1.997	
1600	2.368	1.454	1.538	1.877	1.472	1.378	1.470		
1700	2.387	1.458	1.546	1.900	1.480	1.386	1.478		
1800	2.405	1.470	1.554	1.922	1.487	1.394	1.486		
1900	2.422	1.478	1.562	1.943	1.495	1.398	1.495		
2000	2.437	1.484	1.569	1.963	1.501	1.407	1.507		
2100	2.451	1.491	1.575	1.983	1.508	1.415	1.511		
2200	2.465	1.496	1.583	2.001	1.514	1.424	1.520		
2300	2.478	1.502	1.589	2.019	1.520	1.432	1.524		
2400	2.490	1.508	1.595	2.037	1.526	1.440	1.528		
2500	2.501	1.513	1.602	2.053	1.531	1.449	1.537		

▶ 热 工 基 础

表 2-13 烃类气体的平均比热　　　　　　　　kJ/(Bm³·℃)

温度/℃	CH_4	C_2H_2	C_2H_4	C_3H_6	C_4H_8	C_3H_8	C_4H_{10}	C_5H_{12}
0	1.566	1.871	1.716	2.178	3.069	3.831	4.207	5.212
100	1.658	2.047	2.106	2.504	3.533	4.295	4.752	5.924
200	1.767	2.185	2.328	2.797	3.140	4.743	5.233	6.631
300	1.892	2.290	2.529	3.077	4.400	5.162	5.715	7.293
400	2.022	2.370	2.721	3.337	4.798	5.564	6.196	7.929
500	2.144	2.437	2.893	3.571	5.129	5.916	6.627	8.474
600	2.269	2.508	3.048	3.806	5.455	6.271	7.058	9.022
700	2.357	2.575	3.190	4.015	5.769	6.589	7.452	9.319
800	2.470	2.629	3.341	4.207	6.041	6.887	7.812	9.901
900	2.596	2.684	3.450	4.379	6.305	7.159	8.139	10.265
1000	2.709	2.734	3.567	4.542	6.523	7.410	8.444	10.600

任务三　燃烧过程的基本理论

【任务目标】

知识目标：

(1) 了解火焰的传播概念和相关知识。

(2) 理解着火温度、着火浓度的概念和意义。

(3) 掌握固态炭及可燃气体的燃烧反应机理。

能力目标：

能应用所学知识处理生产实践中燃烧过程出现的问题。

情感目标：

通过本项目的学习，培养学生刻苦钻研、科学严谨、求真务实的品质。

【任务描述】

小到烧火做饭——劈柴捡草，大到国家安全——两弹一星，燃料燃烧伴随着人类文明融入我们的生活。掌握燃烧机理，才能轻松驾驭这一危险行径。本部分内容主要学习燃料燃烧过程的着火温度、着火浓度、火焰传播，以及固体、液体燃烧过程等知识。

【任务知识】

燃料的种类很多，依形态来分，有固体、液体及气体燃料三种。它们的化学组成各不相同，但从燃烧角度来看，各种不同燃料均可归纳为两种基本组成：一种是可燃气体如

H_2、CO 及 C_mH_n 等，另一种是固态炭。例如，气体燃料的燃烧，亦即可燃气体的燃烧；液体燃料燃烧，加热后首先气化形成气态烃类，之后在高温缺氧时，有一部分烃类裂解生成固态炭粒及较小分子量的烃类或氢，因此液体燃料的燃烧可以看作是可燃气体及固态炭的燃烧；固体燃料在受热时，挥发分逸出，剩下的可燃物为固态炭，因此固体燃料的燃烧实质上亦是可燃气体及固态炭的燃烧。所以从燃烧过程来看，均可归结两种基本燃烧过程——气相燃烧和固态炭的燃烧。

燃烧是指燃料中的可燃物与空气发生剧烈氧化反应，产生大量热量并伴随强烈的发光现象。燃烧的条件：燃料、空气（或氧气）及达到燃烧所需的最低温度——着火温度。

一、着火温度

燃料受热时，温度逐渐升高，氧化及放热反应速度逐渐增大。当燃料温度升高到某一值时，燃料只靠自身氧化放出的热量，而不再需要外面加热便能持续地进行燃烧。此时的温度称为燃料的着火温度。

燃料的着火温度与燃料的性质及散热等条件有关。燃料的着火温度可用实验得出。同一燃料由于实验条件不同，所获得的着火温度也不同，例如将含 28.5% H_2 的煤气与空气混合，在各种不同条件下实验，所获得的着火温度，最低为 410 ℃，最高为 625 ℃。为了安全起见，通常将实验所获得的最低着火温度作为燃料的着火温度。

某些燃料和可燃气体在一个大气压下在空气中的着火温度范围见表 2-14。

表 2-14 某些燃料和可燃气体着火温度范围

燃料种类	着火温度/℃	燃料种类	着火温度/℃
H_2	530~590	天然气	530
CO	610~658	石油	360~400
CH	537~680	重油	300~350
C_2H_6	530~594	烟煤	400~500
C_2H_2	335~500	无烟煤	600~700
焦炉煤气	500	褐煤	250~450
发生炉煤气	530	木柴	250~300

二、着火浓度范围

研究表明：当可燃气体与空气混合后，可燃气体在混合气体中的体积百分比必须在一定范围内，才能着火燃烧，这一范围称为着火浓度范围或着火浓度极限。

在着火浓度范围内，可燃气体与空气的混合物遇到火花或明火时，由于瞬间产生温度

▶ 热 工 基 础

很高的燃烧产物，压力急剧增加，就可能产生爆炸现象，所以着火浓度范围又叫爆炸极限。混合气体中可燃气体的含量低于下限或高于上限时，一般情况下均不会着火燃烧。

当可燃气体与空气的混合物被预热时，随着温度增加，着火浓度范围也随之扩大，所以混合气体的温度越高，着火浓度范围也越大。必须指出的是，可燃气体与空气的混合物若喷入高温窑炉中燃烧时，其气体燃料的比例无论是多少，都会产生燃烧，不受此着火浓度范围的限制。

气体燃料因组成不同，其着火浓度范围也各不相同。某些可燃气体因氧化反应过程不同，其着火浓度范围也各有差异。各种可燃气体的着火浓度范围可通过实验测定。

在常温常压下，某些可燃气体及液体燃料的蒸气的着火浓度范围见表2-15。

表2-15 某些可燃气体及液体燃料蒸气的着火浓度范围

气（液）体名称	着火浓度（爆炸）极限/%		气（液）体名称	着火浓度（爆炸）极限/%	
	下限	上限		下限	上限
氢（H_2）	4.00	74.20	戊烷（C_5H_{12}）	1.40	7.80
一氧化碳（CO）	12.50	74.20	硫化氢（H_2S）	4.30	45.50
甲烷（CH_4）	5.00	15.00	干石油气	3	13
乙烯（C_2H_4）	3.05	28.60	汽油	1	6
乙烷（C_2H_6）	3.22	12.45	航空煤油	1.4	7.5
丙烯（C_3H_6）	2.00	11.10	焦炉煤气	5.6	31.0
丙烷（C_3H_8）	2.37	9.50	水煤气	6.2	72.0
丁烯（C_4H_8）	1.60	9.30	发生炉煤气	74	21
丁烷（C_4H_{10}）	1.86	8.41	天然气	4	15

混合可燃气体的着火浓度极限可用加和法，用式（2-23）求得：

$$\frac{100}{L} = \sum \frac{a_i}{L_i} \quad (2-23)$$

式中 L——混合可燃气体的着火浓度极限,%；

a_i——混合气体中各组分的体积百分数,%；

L_i——各单一气体的着火浓度极限。

掌握气体燃料的着火温度和着火浓度范围，对窑炉的正常操作管理及防爆、防火有重要意义。天然气及石油气的着火浓度范围较窄，必须保证它们的含量在此范围内才能够着火燃烧。另外，天然气、石油气在空气中浓度达到3%～4%时就有爆炸危险，因此输送气体的管道、测量仪表及燃气装置等必须封闭严密，不能漏气。在气体燃料的储存和输送管道附近决不允许明火或高温热源存在。

三、火焰的传播

在静止的可燃气体与空气的混合物中,当某一局部地区着火燃烧时,在燃烧处就形成了一层很薄的火焰面。由于产生了大量热量,使该处温度升高并以导热的方式传给邻近一层的未燃气体,使其达到着火温度而燃烧并形成新的火焰面。这种火焰面不断向未燃气体方向移动的现象叫作火焰的正常传播现象,传播的速度叫火焰正常传播速度,其方向垂直于焰面,故又叫法向火焰正常传播速度,常以 m/s 表示。

可燃气体与空气的混合物以一定速度流动时,火焰仍可按一定的速度进行传播。当气流速度与火焰传播速度大小相等、方向相反时,可以获得稳定的火焰,这种情况与静止气体中的火焰传播完全相同。

可燃气体与空气的混合物的火焰传播速度与混合物的组成、温度、压力、水分及燃烧管道的尺寸等因素有关。可燃气体与空气的混合物中可燃气体的含量不同,则火焰传播速度也不一样。

图 2-5 表示单一可燃气与空气的混合物,于常温、常压下在直径 $d = 25.4$ mm 的燃烧管中燃烧所测得可燃气体的含量与火焰传播速度之间的关系。

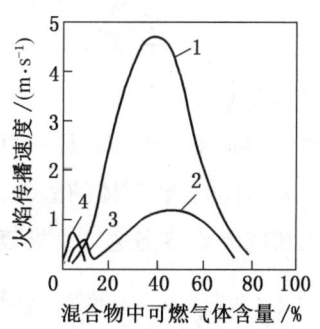

1—氢;2—一氧化碳;3—甲烷;4—乙烷

图 2-5 单一可燃气体与空气混合物的火焰传播速度

从图中可以看出:

(1)H_2 的火焰传播速度比甲烷(CH_4)、乙烷(C_2H_6)大很多,原因是 H_2 的导热性能优于后者。

(2)气体混合物中,只有在一定浓度范围内火焰才能传播,也就是存在火焰传播的极限值。火焰传播的上、下限值就是指可燃气体与空气混合物中可燃气体的最高与最低含量。当可燃气体与空气的混合物中增加惰性气体(如 CO_2、N_2 等)时,则一般将使下限提高,上限降低,即火焰可以传播的浓度范围缩小。

可燃气体的浓度低于下限或高于上限时,火焰不能传播的原因是燃烧放出的热量不足

▶ 热 工 基 础

以将邻近一层的气体加热到着火温度以上所致。

火焰传播速度随可燃气体与空气的混合物中可燃气体的含量而变化,有一个最大值,常在空气过剩系数 a 接近 1 而略小于 1 时。

此外,提高气体混合物的温度、增加燃烧管的尺寸、减少燃烧的热损失,均能使邻近的可燃气体较快地达到着火温度而燃烧,从而提高火焰传播速度。

火焰正常传播速度是设计燃烧器的重要依据。当可燃物与空气的混合物经燃烧管喷入窑炉时,气体流速逐渐降低,接受窑内燃烧产物传出的热量而燃烧。若在点燃处气体的流速大于其火焰传播速度时,则火焰根部不断向前移动,最后火焰根部可能稳定于两者速度相等处。若气体的喷出速度较火焰传播速度小得多时,则火焰根部可能移至燃烧管中,发生"回火"现象,有可能发生爆炸危险。火焰传播速度与气体的喷出速度要相当,因此火焰传播速度可用于确定可燃气体最合适的喷射速度,它是一个非常重要的参数。

由几种可燃气体组成的煤气,其最大法向火焰传播速度可由下式计算:

$$\omega_{n,f} = \frac{\sum \frac{X_i}{C_i} \omega_i}{\sum \frac{X_i}{C_i}} \qquad (2-24)$$

式中　$\omega_{n,f}$——最大法向火焰传播速度,m/s;
　　　X_i——不含惰性气体的煤气中某单一气体的体积百分数,%;
　　　C_i——某单一气体相应于 ω_i 时的可燃气体的浓度,%;
　　　ω_i——某单一气体的最大法向火焰传播速度,见表 2-16,m/s。

表 2-16　某单一气体的最大法向火焰传播速度及最大速度下的气体浓度

气体种类	空气助燃下火焰传播速度及气体浓度	
	最大法向火焰传播速度 $\omega_{n,f}/(m \cdot s^{-1})$ (静实验 $d=25.4$ mm)	最大速度下的气体浓度 C_i/%
H_2	4.83	38.5
CO	1.25	45.0
CH_4	0.67	9.8
C_2H_6	0.85	6.5
C_3H_8	0.82	4.6
C_4H_8	0.82	3.6
C_2H_4	1.42	7.1

当煤气中含有惰性气体,以及可燃气体混合物的温度、燃烧所处管径发生变化时,应对以上公式进行修正。

四、固态碳的燃烧

固态碳的燃烧是气-固相反应的物理化学过程，氧气扩散至碳粒表面与之反应，生成 CO 及 CO_2 气体，再从表面扩散出去。

关于固态碳与氧的反应机理，因受实验条件限制，学界尚无统一的说法。具有代表性的反应机理有如下三种：

（1）有些学者认为，氧气扩散至碳的表面后，首先生成 CO_2，当碳的表面温度高时，则 CO_2 又可被碳还原为 CO，其过程是：

$$C + O_2 = CO_2 (一次反应)$$
$$CO_2 + C = 2CO (二次反应)$$

（2）另一些学者认为，氧气扩散至碳的表面后，先生成 CO，CO 在向外扩散过程中遇到 O_2 而被氧化成 CO_2，其过程是：

$$2C + O_2 = 2CO (一次反应)$$
$$2CO + O_2 = 2CO_2 (二次反应)$$

（3）还有些学者认为，氧气扩散至碳的表面后，并不立即发生化学反应，而是被碳吸附生成结构不稳定的吸附络合物 C_xO_y，当温度升高时或在新的氧气分子的冲击下，可分解释放出 CO 及 CO_2，其过程是：

$$xC + \frac{1}{2}yO_2 = C_xO_y$$

$$\left. \begin{array}{l} C_xO_y \\ C_xO_y + O_2 \end{array} \right\} = mCO + nCO_2$$

生成的 CO 及 CO_2 的比例（即 m、n 的数值）与温度有关。从实验得知，在 900～1200 ℃，生成 CO 与 CO_2 的比例是 1∶1；在 1450 ℃ 以上时，生成 CO 与 CO_2 的比例为 2∶1。

上述三种机理虽不一致，但有一点是共同的，要使碳迅速燃烧，氧气分子必须扩散到碳表面，在高温下反应生成碳氧化物，然后这些碳氧化物迅速从碳表面向外扩散出去，以便让新的氧气分子扩散到碳表面，与碳反应生成新的碳氧化物。

固态碳的燃烧过程是一个物理化学过程，其燃烧速度的大小与碳的氧化反应速度、空气及燃烧产物的扩散速度有关。通常加快气体的气流速度可提高扩散速度。

实际情况下碳的燃烧过程是很复杂的，它不仅是氧化反应，还有二次反应（CO_2 + C = 2CO）存在。不仅在表面燃烧，也可能在内部孔隙中燃烧。影响燃烧速度的因素很多，例如碳粒的形状、气流的性质等。

燃料在窑炉中燃烧时，因炉内温度很高，碳的燃烧是在扩散区进行的，所以使煤粉或油雾与空气很好地混合，增加燃料与空气的接触面积，对提高燃料的燃烧速度有很大帮助。

五、可燃气体的燃烧

大量研究和实践证明，可燃气体的燃烧过程并不像化学反应式：

$$H_2 + \frac{1}{2}O_2 \longrightarrow H_2O$$

$$CO + \frac{1}{2}O_2 = CO_2$$

$$C_mH_n + \left(m + \frac{n}{4}\right)O_2 \longrightarrow mCO_2 + \frac{n}{2}H_2O$$

表示得那样简单，而是按连锁反应进行。连锁反应的产生必须要有连锁刺激物（中间活性物）的存在，如 H、O 及 OH。它们是由于分子间的互相碰撞，气体分子在高温下的分解，或电火花的激发而产生，下列各式表示产生连锁刺激物的反应：

$$H_2 \longrightarrow 2H$$
$$O_2 \longrightarrow 2O$$
$$H + O_2 \longrightarrow OH + O$$
$$O + H_2 \longrightarrow OH + H$$

氢燃烧是典型的连锁反应过程，是按分支连锁过程进行，H 为连锁刺激物，其连锁反应过程如下：

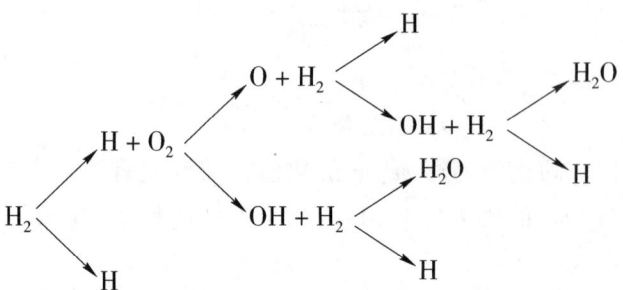

总的反应是 $H + 3H_2 + O_2 \longrightarrow 2H_2O + 3H$，即一个活性氢原子经反应可产生三个活性氢原子，因此燃烧速度增加极快。在上述连锁反应过程中，以 $H+O_2 \longrightarrow OH+O$ 的反应最慢，它控制着整个连锁反应的总速度。

一氧化碳的燃烧与氢相似，其连锁反应过程如下：

$$H + O_2 \begin{array}{l} \nearrow O + CO \longrightarrow 2CO_2 \\ \searrow OH + CO \longrightarrow CO_2 + H \end{array}$$

从上述反应中，可知 H 或 CO 的燃烧，需要 H、OH 连锁反应的刺激物质，因此必须要有氢气或水汽的存在产生刺激物，加速反应进行。氢燃烧时，反应本身产生水汽。而

CO 的燃烧,加入适量的水汽,对它是很有利的。实验证明,纯净而干燥的 CO 着火温度高而且延迟着火时间较长(可达 10 s 以上),当有少量水蒸气或碳氢化合物存在时,着火温度会降低 20~30 ℃,而且燃烧速度提高。

气态烃的燃烧,比 H 或 CO 更复杂些,现以甲烷为例,说明其连锁反应过程:

$$CH_4 + O \longrightarrow CH_4O + O_2 \begin{matrix} \nearrow O \\ \searrow CH_4O_2 \end{matrix} \begin{matrix} \nearrow H_2O \\ \searrow HCHO + O_2 \end{matrix} \begin{matrix} \nearrow HCOOH \\ \searrow O \end{matrix} \begin{matrix} \nearrow H_2O \\ \searrow CO + O \end{matrix} \longrightarrow CO_2$$

这里 O 活性原子是发生连锁反应的刺激物,甲醛的存在,能产生氧原子,对烃类燃烧有利。

从上面可知:气体燃料的燃烧,是按连锁反应进行的,当气体燃料与空气的混合物加热至着火温度后,要经过一定的感应期后才能迅速燃烧,在感应期内不断生成含有高能量的连锁刺激物(中间活性物),此时并不放出大量热量,故不能立即使邻近层气体温度升高而燃烧,这一现象叫延迟着火现象。延迟着火时间不仅与气体燃料的种类有关,也与温度及压强有关。温度愈高、压强愈大,延迟着火时间愈短。

任务四 燃 烧 计 算

【任务目标】

知识目标:
(1) 了解燃烧计算的基本概念。
(2) 理解燃烧计算的分析过程。
(3) 掌握燃烧空气量、燃烧温度、空气过剩系数的计算。

能力目标:
(1) 能应用所学知识分析、调整生产实践中遇到的燃烧问题。
(2) 能正确采取措施提高窑炉的实际燃烧温度。

情感目标:
通过本任务的学习,让学生懂得凡事都具有两面性,要善于思辨。

【任务描述】

水可载舟,亦可覆舟。燃料燃烧放出能量的同时,也会释放出污染环境的物质;不提供空气不能燃烧,而过量的空气也得不到理想的温度。只有通过准确的燃烧计算,才能达到预期目标。这就是本部分主要学习的内容。

▶ 热 工 基 础

【任务知识】

一、燃烧计算的目的、内容及基本概念

1. 目的和内容

燃烧计算有两个目的：一是为了设计窑炉的需要，二是为了操作窑炉的需要。由于目的不同，计算内容亦不相同。通常是在给定条件下求出燃料燃烧需要的空气量、燃烧产物生成量和成分以及燃烧可能达到的温度，为设计工业窑炉和设备选型提供原始数据或对正在运行的热工设备进行热工标定，确定工作效率。

1) 空气需要量

燃料燃烧是燃料中的可燃成分和空气中的氧气进行剧烈的氧化反应过程。因此，要使燃料稳定地进行燃烧，就需要不断地供给空气。但供给空气的量应适当，过少，会引起不完全燃烧；过多，会降低燃烧温度。因此，掌握空气需要量的计算、设计合理的供风系统、供给适量的空气是燃料正常燃烧和提高热效率的重要保证。

2) 烟气生成量

燃料燃烧生成烟气，它影响燃烧温度及窑内传热。为了保证燃烧能继续进行，就必须及时将烟气从窑炉内排出，而窑炉排风系统和设备的规格、型号的确定，又必须以单位燃料燃烧生成烟气的量及总烟气量为依据。因此，掌握烟气生成量的计算，是设计合理的排风系统，使燃料继续燃烧的重要保证。

3) 烟气成分

燃料燃烧生成的烟气主要为 N_2、CO_2、过剩 O_2 等，它们影响烟气的比热及密度，是进行热工计算的重要数据。同时，由烟气成分可计算其空气过剩系数，从而判断燃烧操作是否合理。

4) 燃烧温度

燃料燃烧的主要目的是获得一定的温度，煅烧制品。某种燃料在燃烧时能否达到所要求的温度，可以预先进行计算。通过燃烧温度的计算，还可分析影响燃烧温度的因素，改进燃烧条件，从而保持合适的燃烧温度。

2. 燃烧计算的几个假定

(1) 气体的体积都用标准状态（0 ℃，101.325 kPa）。

(2) 计算中涉及的气体都是理想气体，即一个千摩尔气体具有的体积为 22.4 Bm^3。

(3) 计算温度的基准点是 0 ℃。

(4) 忽略空气中稀有气体的含量，将空气近似看作是由氮气和氧气两种气体所组成，其体积比为 $N_2 : O_2 = 79 : 21 = 3.762 : 1$ 或空气：氧气 = 4.762 : 1；其重量比为空气：氧气 = 4.31 : 1。

3. 基本概念

1) 完全燃烧与不完全燃烧

燃料的燃烧过程是燃料中的可燃成分与氧气发生化学反应的过程。如果燃料中的可燃成分与氧完全化合，生成不可再燃烧的产物，这个燃烧过程称完全燃烧。

如果燃料中的可燃成分与氧化合不完全，生成的燃烧产物中还含有可燃成分，则称此为不完全燃烧。实际上燃料燃烧时，往往由于各种条件的影响而发生不完全燃烧，不完全燃烧又分为以下两种：

（1）机械不完全燃烧。由于机械设备的原因而使燃料未能参加燃烧的部分称为机械不完全燃烧损失，简称机械不完全燃烧，如由炉栅漏下的煤，炉渣中含有的碳以及因管道、阀门不严密而泄漏的液体或气体燃料等，都是机械不完全燃烧。

（2）化学不完全燃烧。由于空气供应不足或燃料与空气混合不好而造成部分燃料未参加燃烧，称为化学不完全燃烧。

2）空气过剩系数

按化学反应式计算出的燃料燃烧所需的空气量为理论空气量，用 V_a^0 表示，为保证燃料尽可能完全燃烧，通常实际供给的助燃空气量 V_a 总大于理论空气量 V_a^0，二者的比值称为空气过剩系数，用 α 表示：

$$\alpha = \frac{V_a}{V_a^0} \qquad (2-25)$$

空气过剩系数 α 值的大小，取决于燃料的性质、燃烧设备的性能及燃烧方法等因素。一般来说，气体燃料与空气容易混合，故 α 值可以小一些。液体燃料雾化的微粒比气体分子大得多，其 α 值就比气体燃料大。块状固体燃料燃烧时与空气接触最差，所以它的空气过剩系数值最大。各种燃料燃烧时所取的空气过剩系数 α 值的经验数据如下：气体燃料 $\alpha = 1.05 \sim 1.15$；液体燃料 $\alpha = 1.15 \sim 1.25$；块状固体燃料 $\alpha = 1.3 \sim 1.7$；煤粉 $\alpha = 1.1 \sim 1.3$。

3）火焰的气氛

根据燃烧产物中含氧量的多少，燃料燃烧的火焰有氧化焰、中性焰和还原焰三种气氛性质。

（1）氧化焰：空气过剩系数 $\alpha > 1$，燃烧产物中有过剩的氧气。

（2）中性焰：空气过剩系数 $\alpha = 1$，燃烧产物中没有过剩的氧气，也没有未燃烧的 CO、H_2 等可燃气体。

（3）还原焰：空气过剩系数 $\alpha < 1$，燃烧产物中含 CO、H_2 等还原性气体。CO 含量小于 2% 时称弱还原性气氛；H_2 含量在 3%~5% 时称强还原性气氛。

除特殊工艺需要外（如陶瓷制品的烧成等），燃烧的火焰一般是氧化焰。理论上中性焰的温度最高。

二、燃烧的分析计算法

燃料燃烧计算方法主要有两种：一种是根据燃料的成分分析来进行，叫分析计算法；

► 热 工 基 础

当燃料的组成无法获得时,可根据燃料的种类及发热量,进行近似计算,叫近似计算法,一般常采用经验公式。

1. 固体和液体燃料

在进行燃烧计算时,首先应确定计算基准,通常以 1 kg 或 100 kg 燃料作基准,求燃烧空气量及烟气生成量。同时设燃料的收到基元素组成(%)为 C_{ar}、H_{ar}、O_{ar}、N_{ar}、S_{ar}、A_{ar}、M_{ar},其中可燃成分为 C_{ar}、H_{ar}、S_{ar} 三者。

1) 理论空气量(V_a^0)(Bm³/kg)

燃料中的可燃成分按下列氧化反应进行

$$C + O_2 \longrightarrow CO_2 \tag{a}$$

$$H_2 + \frac{1}{2}O_2 \longrightarrow H_2O \tag{b}$$

$$S + O_2 \longrightarrow 2SO_2 \tag{c}$$

由式(a),燃烧 1 kg 碳需氧气 $\frac{32}{12}$=2.67(kg),如这些氧气由空气供给,则燃烧 1 kg 碳需空气量为 2.67×4.31 = 11.5(kg);换算成体积则为 $\frac{11.5}{1.293}$ = 8.9(Bm³),其中 1.293 是空气的标态密度值(kg/Bm³)。

同理,由式(b)可知,燃烧 1 kg 氢需氧气 8 kg,或空气量为 8×4.31 = 34.48(kg),换算成体积为 $\frac{34.48}{1.293}$ = 26.7(Bm³)。

按式(c),燃烧 1 kg 硫需氧气量 1 kg,或空气量 4.31 kg,换算成体积为 $\frac{4.31}{1.293}$ = 3.33(Bm³)。

于是燃烧 1 kg 固体或液体燃料所需的理论空气量为

$$V_a^0 = \frac{1}{100}[8.9C_{ar} + 26.7H_{ar} + 3.3(S_{ar} - O_{ar})] \tag{2-26}$$

或者根据化学反应方程式物质的量的关系可知,1 kmol 碳燃烧需要 1 kmol 氧气,生成 1 kmol 二氧化碳。1 kmol 氢气燃烧需要 $\frac{1}{2}$ kmol 氧气,生成 1 kmol 水。1 kmol 硫燃烧需要 1 kmol 氧气,生成 1 kmol 二氧化硫。

理论燃烧需氧量 $V_{O_2}^{0*}$(kmol/100 kg_燃料):

$$V_{O_2}^{0*} = \frac{C_{ar}}{12} + \frac{H_{ar}}{2} \times \frac{1}{2} + \frac{S_{ar}}{32} - \frac{O_{ar}}{32} \tag{2-27}$$

任何气体在标准状态下(0 ℃,101.325 kPa)1 kmol 气体占 22.4 m³ 体积,故 1 kg 固体或液体燃料燃烧所需理论氧量($V_{O_2}^0$)为

$$V_{O_2}^0 = V_{O_2}^{0*} \times \frac{22.4}{100} = \left(\frac{C_{ar}}{12} + \frac{H_{ar}}{2} \times \frac{1}{2} + \frac{S_{ar}}{32} - \frac{O_{ar}}{32}\right) \times \frac{22.4}{100} \quad (2-28)$$

式中 $V_{O_2}^0$ ——理论氧量，m³/kg；

C_{ar}、H_{ar}、S_{ar}、O_{ar} ——收到基燃料各组分的百分含量，%。

再根据空气的组成，换算理论燃烧所需空气量：

$$V_a^0 = V_{O_2}^0 \times \frac{100}{21} = 0.089C_{ar} + 0.267H_{ar} + 0.033(S_{ar} - O_{ar}) \quad (2-29)$$

可见无论以物质的量还是以质量进行计算，所得结果一致。接下来的分析，我们只以质量分析为主，物质的量的计算过程读者可自行推演。

2) 实际空气需要量 V_a（Bm³/kg）

实际燃烧时，为了防止产生不完全燃烧，实际使用空气量较理论空气量大，需乘空气过剩系数。

$$V_a = \alpha V_a^0 \quad (2-30)$$

3) 实际燃烧产物（烟气）生成量 V_{fl}（Bm³/kg）

烟气是指燃料燃烧时所产生的全部气态产物。它由两部分组成：一部分是燃料燃烧生成的，另一部分是由空气带入的。根据燃烧反应式可知：

燃烧 1 kg 碳生成的 CO_2 量为 44/12 = 3.67（kg），折算成体积为 3.67/1.97 = 1.86（Bm³），其中 1.97 是二氧化碳的标态密度（kg/Bm³）。所以 1 kg 燃料完全燃烧生成的 CO_2 体积为

$$V_{CO_2} = \frac{1.86}{100}C_{ar}$$

燃烧 1 kg 氢生成的水蒸气量为 9 kg，换算成体积为 9/0.804 = 11.2(Bm³)，其中 0.804 是水蒸气的标态密度值（kg/Bm³）。再考虑燃料中水分生成的水蒸气，所以 1 kg 燃料完全燃烧生成的水蒸气体积为

$$V_{H_2O} = \frac{1}{100}\left(11.2H_{ar} + \frac{W_{ar}}{0.804}\right)$$

1 kg 硫燃烧时生成的二氧化硫为 2 kg，换算成体积为 2/2.86 = 0.7(Bm³)，其中 2.86 是二氧化硫的标态密度值（kg/Bm³）。所以 1 kg 燃料完全燃烧生成的 SO_2 体积为

$$V_{SO_2} = \frac{0.7}{100}S_{ar}$$

1 kg 氮生成 N_2 的体积为 1/1.25 = 0.8(Bm³)（N_2 在标准状态下的密度为 1.25 kg/Bm³）。从空气中带入的 N_2 的体积为 79% V_a。所以 1 kg 燃料完全燃烧生成的 N_2 体积为

$$V_{N_2} = \frac{1}{100}(79V_a + 0.8N_{ar})$$

氧气来源于过剩空气，其体积为

▶ 热 工 基 础

$$V_{O_2} = \frac{21}{100}(\alpha - 1)V_a^0$$

将以上各项计算结果相加，即得 1 kg 固体或液体燃料完全燃烧时产生的烟气总量 V_{fl}：

$$V_{fl} = V_{CO_2} + V_{H_2O} + V_{SO_2} + V_{N_2} + V_{O_2}$$

$$= \frac{1}{100}[1.86C_{ar} + (11.2H_{ar} + 1.24W_{ar}) + (79V_a + 0.8N_{ar}) +$$

$$0.7S_{ar} + 21(\alpha - 1)V_a^0] \tag{2-31}$$

以上分析为空气过剩系数 $\alpha > 1$ 时的情景，如果 $\alpha < 1$，则实际烟气量为

$$V_{fl} = V^0 - (1 - \alpha)V_a^0 \times \frac{79}{100} \tag{2-32}$$

理论烟气量通常不具备指导意义，生产中很少用到。理论烟气量的计算，即在实际烟气量中减去由过剩空气所带入的 N_2 及 O_2，亦可用下式进行计算：

$$V^0 = V_{CO_2} + V_{H_2O} + V_{N_2} + V_{SO_2}$$

$$= \frac{1}{100}(1.86C_{ar} + 11.2H_{ar} + 1.24W_{ar} + 79V_a^0 + 0.8N_{ar} + 0.7S_{ar}) \tag{2-33}$$

4）实际烟气的体积百分组成

以烟气中各组成气体的体积除以烟气的总体积，即得到烟气组成：

$$CO_2 = \frac{V_{CO_2}}{V_{fl}} \times 100\%$$

$$H_2O = \frac{V_{H_2O}}{V_{fl}} \times 100\%$$

$$SO_2 = \frac{V_{SO_2}}{V_{fl}} \times 100\%$$

$$N_2 = \frac{V_{N_2}}{V_{fl}} \times 100\%$$

$$O_2 = \frac{V_{O_2}}{V_{fl}} \times 100\%$$

5）燃烧产物的标态密度

烟气在标准状态下的密度 ρ_0（Bm³/kg）可根据烟气的组成及各组成的摩尔质量按下式计算：

$$\rho_0 = \frac{44\,CO_2 + 18H_2O + 64SO_2 + 28N_2 + 32O_2}{22.4 \times 100} \tag{2-34}$$

烟气在标准状态下的密度也可根据质量平衡原理按下式计算：

$$\rho_0 = \frac{(1 - A_{ar}/100) + 1.293V_a}{V_{fl}} \tag{2-35}$$

2. 气体燃料

气体燃料燃烧计算与固体和液体燃料燃烧计算基本相同，不同之处是气体燃料的组成是用体积百分数来表示的。设气体燃料的体积百分组成（%）为 CO、H_2、C_mH_n、H_2S、O_2、CO_2、H_2O。气体燃料中的可燃组分按下列各式进行氧化反应：

$$CO + \frac{1}{2}O_2 \longrightarrow CO_2 \tag{a}$$

$$H_2 + \frac{1}{2}O_2 \longrightarrow H_2O \tag{b}$$

$$H_2S + 1\frac{1}{2}O_2 \longrightarrow SO_2 + H_2O \tag{c}$$

$$C_mH_n + \left(m + \frac{n}{4}\right)O_2 \longrightarrow mCO_2 + \frac{n}{2}H_2O \tag{d}$$

1）理论空气需要量 V_a^0（Bm^3/Bm^3）

由上述反应可知，一标准立方米气体燃料完全燃烧时，理论上所需的助燃氧气量 $V_{O_2}^0$（Bm^3/Bm^3）为

$$V_{O_2}^0 = \frac{1}{100}\left[\frac{1}{2}(CO + H_2) + \left(m + \frac{n}{4}\right)C_mH_n + \frac{3}{2}H_2S - O_2\right]$$

换算成空气体积为

$$V_a^0 = \frac{4.76}{100}\left[\frac{1}{2}(CO + H_2) + \left(m + \frac{n}{4}\right)C_mH_n + \frac{3}{2}H_2S - O_2\right] \tag{2-36}$$

2）实际空气需要量 V_0（Bm^3/Bm^3）

$$V_0 = \alpha V_a^0 \tag{2-37}$$

3）理论烟气量 V^0（Bm^3/Bm^3）

$$V^0 = V_{CO_2} + V_{H_2O} + V_{SO_2} + V_{N_2} \tag{2-38}$$

$$V_{CO_2} = (CO + CO_2 + mC_mH_n)\%$$

$$V_{H_2O} = \left(H_2 + H_2O + H_2S + \frac{n}{2}C_mH_n\right)\%$$

$$V_{SO_2} = H_2S\%$$

$$V_{N_2} = \frac{79}{100}V_a^0 + N_2\%$$

4）实际烟气量 V_{fl}（Bm^3/Bm^3）

（1）$\alpha > 1$ 时。实际烟气生成量中的 V_{CO_2}、V_{H_2O} 和 V_{SO_2} 与理论烟气量中的相同，仅 N_2 量不同，此外还有过剩的 O_2。实际烟气生成量中的 N_2 含量为

$$V'_{N_2} = \frac{79}{100}\alpha V_a^0 + N_2\%$$

$$V_{O_2} = (\alpha - 1)V_a^0 \cdot \frac{21}{100}$$

► 热 工 基 础

实际烟气生成量为

$$V_{fl} = V_{CO_2} + V_{H_2O} + V_{SO_2} + V'_{N_2} + V_{O_2} \tag{2-39}$$

或

$$V_{fl} = V^0 + (\alpha - 1)V_a^0$$

(2) $\alpha < 1$ 时：

$$V_{fl} = (1 - \alpha) + \alpha V_a^0 \tag{2-40}$$

式中 $(1-\alpha)$ ——未燃煤气量；

αV_a^0 ——燃烧生成烟气量。

煤气组成计算方法与固、液体燃料相同。

5) 燃烧产物的密度 $\rho(kg/Bm^3)$

燃烧产物的密度可用下式计算：

$$\rho = \frac{\rho_0 + 1.293\alpha V_a^0}{V_{fl}} \tag{2-41}$$

式中 ρ_0 ——气体燃料的标况密度，kg/Bm^3。

三、燃烧的近似计算法

燃料燃烧的理论空气量及烟气生成量与燃料的组成有关，而燃料的热值也与燃料的组成有关。可见燃料燃烧的理论空气量及烟气生成量与燃料的热值之间有内在联系。当燃料的化学组成无法知道时，根据燃料的低热值 $Q_{net,ar}$（kJ/kg），可按下列经验公式计算理论空气量和理论烟气生成量，再根据空气过剩系数 α 计算实际空气量和实际烟气量。

1. 固体燃料

$$V_a^0 = \frac{0.241Q_{net,ar}}{1000} + 0.5 \tag{2-42}$$

$$V^0 = \frac{0.213Q_{net,ar}}{1000} + 1.65 \tag{2-43}$$

2. 液体燃料

$$V_a^0 = \frac{0.203Q_{net,ar}}{1000} + 2 \tag{2-44}$$

$$V^0 = \frac{0.265Q_{net,ar}}{1000} \tag{2-45}$$

3. 气体燃料

(1) 当 $Q_{net,ar} < 12560$ kJ/Bm³ 时

$$V_a^0 = \frac{0.209Q_{net}}{1000} + 2 \tag{2-46}$$

$$V^0 = \frac{0.1735Q_{net}}{1000} + 1 \tag{2-47}$$

(2) 当 $Q_{net,ar} > 12560$ kJ/Bm³ 时

$$V_a^0 = \frac{0.26 Q_{net}}{1000} - 0.25 \quad (2-48)$$

$$V^0 = \frac{0.272 Q_{net}}{1000} + 0.25 \quad (2-49)$$

四、燃烧的估计法

当燃料的化学组成及发热量均不知道时，只能根据燃料种类来粗略估计理论空气量及理论烟气量，然后根据空气过剩系数 α 计算实际空气量和实际烟气量，见表2-17。

表2-17 不同燃料燃烧时，V_a^0 与 V^0 的数值范围

V_a^0 与 V^0 数值	烟煤	重油	发生炉煤气	天然气
理论空气量（V_a^0）	6~8 Bm³/kg	10~11 Bm³/kg	1.05~1.4 Bm³/Bm³	9~14 Bm³/Bm³
理论烟气量（V_0）	6.5~8.5 Bm³/kg	10.5~12 Bm³/kg	1.2~2.2 Bm³/Bm³	10~14.5 Bm³/Bm³

五、空气过剩系数的计算

空气过剩系数 α 可按测定的烟气组成进行计算。其方法有氧平衡法（适用于在空气、富氧空气或纯氧中燃烧时）和氮平衡法（适用于在空气中燃烧时），现将氮平衡法介绍如下。

(1) 当燃烧固体和液体燃料时，由于其中氮含量很少，可忽略燃料中的氮，而认为烟气中的氮全部都是由助燃空气引入，于是根据烟气中的氮含量，可求出空气过剩系数：

$$\alpha = \frac{实际空气量\, V_a}{理论空气量\, V_a^0} = \frac{实际空气量}{实际空气量 - 过剩空气量}$$

$$= \frac{实际空气中\, N_2\, 量}{实际空气中\, N_2\, 量 - 过剩空气中\, N_2\, 量}$$

根据空气中的氮氧比例，可得燃料完全燃烧时的空气过剩系数：

$$\alpha = \frac{N_2}{N_2 - \frac{79}{21} O_2}$$

如果燃烧不完全时，烟气中有 CO 存在，应将烟气中所测得的 O_2 量减去因 CO 没有燃烧所剩下的氧，才是真正的过剩空气中的 O_2 含量。

$$\alpha = \frac{N_2}{N_2 - \left(O_2 - \frac{1}{2} CO\right)\frac{79}{21}} \quad (2-50)$$

式中 N_2、O_2、CO——烟气中各组成的百分含量，%。

▶ 热 工 基 础

（2）当燃料中含氮量较高（如发生炉煤气），不能忽略时，此时烟气中的 N_2=空气中的 N_2+燃料中的 N_2，而干烟气中又含有 CO、H_2、C_mH_n 及 O_2 时

$$\alpha = \frac{N_2 - 燃料中 N_2 量}{(N_2 - 燃料中 N_2 量) - \left\{O_2 - \left[\frac{1}{2}CO + \frac{1}{2}H_2 + \left(m + \frac{n}{4}\right)C_mH_n\right]\right\} \times \frac{79}{21}}$$

(2-51)

式中　N_2、O_2、CO、H_2、C_mH_n——烟气中各组成的百分含量，%。

这里应注意基准。若在 100 Bm^3（或 kmol）干烟气基准时，则燃料中 N_2 量应换算至同一基准，即应先求出生成 100 Bm^3（或 kmol）干烟气时所需燃料量（kg 或 Bm^3），然后根据燃料组成，再求燃料中 N_2 量（Bm^3 或 kmol）。

【例 2-5】 已知煤的收到基组成质量百分数（%）为：

C_{ar}	H_{ar}	O_{ar}	N_{ar}	S_{ar}	A_{ar}	W_{ar}
72.0	4.4	8.0	1.4	0.3	4.9	9

当空气过剩系数 $\alpha = 1.2$ 时，计算 1 kg 煤燃烧时所需空气量、实际烟气量和烟气组成。

解　（1）理论空气量，根据式（2-26）得：

$$V_a^0 = \frac{1}{100}[8.9C_{ar} + 26.7H_{ar} + 3.3(S_{ar} - O_{ar})]$$

$$= \frac{1}{100}[8.9 \times 72 + 26.7 \times 4.4 + 3.3 \times (0.3 - 8.0)]$$

$$= 7.32(Bm^3/kg)$$

（2）实际空气量，根据式（2-30）得：

$$V_a = \alpha V_a^0 = 1.2 \times 7.32 = 8.78(Bm^3/kg)$$

（3）实际烟气量，根据式（2-31）得：

$$V_{fl} = \frac{1}{100}[1.86C_{ar} + (11.2H_{ar} + 1.24W_{ar}) +$$

$$(79V_a + 0.8N_{ar}) + 0.7S_{ar} + 21(\alpha - 1)V_a^0]$$

$$= \frac{1}{100}[1.86 \times 72 + (11.2 \times 4.4 + 1.24 \times 9) +$$

$$(79 \times 8.78 + 0.8 \times 1.4) + 0.7 \times 0.3 + 21(1.2 - 1) \times 7.32]$$

$$= 9.2(Bm^3/kg)$$

（4）烟气组成（%），先求出烟气中各组成的量：

$$V_{CO_2} = \frac{1.86}{100}C_{ar} = \frac{1.86}{100} \times 72.0 = 1.34(Bm^3/kg)$$

$$V_{H_2O} = \frac{1}{100}\left(11.2H_{ar} + \frac{W_{ar}}{0.804}\right) = \frac{1}{100} \times \left(11.2 \times 4.4 + \frac{9}{0.804}\right) = 0.60(Bm^3/kg)$$

$$V_{SO_2} = \frac{0.7}{100} S_{ar} = \frac{0.7}{100} \times 0.3 = 0.0021 (Bm^3/kg)$$

$$V_{N_2} = \frac{1}{100}(79 V_a + 0.8 N_{ar}) = \frac{1}{100}(79 \times 8.78 + 0.8 \times 1.4) = 6.95 (Bm^3/kg)$$

$$V_{O_2} = \frac{21}{100}(\alpha - 1) V_a^0 = \frac{21}{100}(1.2 - 1) \times 7.32 = 0.31 (Bm^3/kg)$$

烟气组成百分比：

$$CO_2 = \frac{V_{CO_2}}{V_{fl}} \times 100\% = \frac{1.34}{9.2} \times 100\% = 14.6\%$$

$$H_2O = \frac{V_{H_2O}}{V_{fl}} \times 100\% = \frac{0.6}{9.2} \times 100\% = 6.52\%$$

$$SO_2 = \frac{V_{SO_2}}{V_{fl}} \times 100\% = \frac{0.0021}{9.2} \times 100\% = 0.02\%$$

$$N_2 = \frac{V_{N_2}}{V_{fl}} \times 100\% = \frac{6.95}{9.2} \times 100\% = 75.5\%$$

$$O_2 = \frac{V_{O_2}}{V_{fl}} \times 100\% = \frac{0.31}{9.2} \times 100\% = 3.36\%$$

【例 2-6】 已知天然气组成百分数（%）为：

CH_4	H_2	C_2H_6	C_3H_8	O_2	N_2	C_4H_{10}
85.60	0.70	3.7	0.90	0.20	8.10	0.80

试计算当空气过剩系数 $\alpha = 1.1$ 时，$1\ Bm^3$ 气体燃料燃烧时所需空气量、烟气生成量及烟气组成和密度。

解 （1）理论空气用量，根据式（2-36）得：

$$V_a^0 = \frac{4.76}{100}\left[\frac{1}{2}(CO + H_2) + \left(m + \frac{n}{4}\right) C_m H_n + \frac{3}{2} H_2 S - O_2\right]$$

$$= \frac{4.76}{100}\left[\frac{1}{2} \times 0.7 + \left(1 + \frac{4}{4}\right) \times 85.60 + \left(2 + \frac{6}{4}\right) \times 3.70 + \left(3 + \frac{8}{4}\right) \times 0.90 + \right.$$

$$\left. \left(4 + \frac{10}{4}\right) \times 0.80 - 0.20\right]$$

$$= 9.23 (Bm^3/Bm^3)$$

（2）实际空气用量，根据式（2-37）得：

$$V_a = \alpha V_a^0 = 1.1 \times 9.23 = 10.15 (Bm^3/Bm^3)$$

（3）实际烟气生成量：

$$V_{CO_2} = (CO + CO_2 + m C_m H_n) \frac{1}{100}$$

▶ 热 工 基 础

$$= (1 \times 85.6 + 2 \times 3.7 + 3 \times 0.90 + 4 \times 0.80)\frac{1}{100}$$

$$= 0.99(Bm^3/Bm^3)$$

$$V_{H_2O} = \frac{1}{100}\left(H_2 + H_2O + H_2S + \frac{n}{2}C_mH_n\right)$$

$$= \frac{1}{100} \times \left(0.70 + \frac{1}{2} \times 85.6 + \frac{2}{2} \times 3.7 + \frac{3}{2} \times 0.90 + \frac{4}{2} \times 0.80\right)$$

$$= 0.50(Bm^3/Bm^3)$$

$$V_{N_2} = \frac{79}{100}\alpha V_a + N_2\% = \frac{79}{100} \times 1.1 \times 9.2 + \frac{8.10}{100} = 8.1(Bm^3/Bm^3)$$

$$V_{O_2} = \frac{21}{100} \times (\alpha - 1)V_a^0 = \frac{21}{100}(1.1 - 1) \times 9.23 = 0.19(Bm^3/Bm^3)$$

$$V_{fl} = V_{CO_2} + V_{H_2O} + V_{N_2} + V_{O_2} = 0.99 + 0.50 + 8.1 + 0.19 = 9.78(Bm^3/Bm^3)$$

（4）实际烟气组成（%）：

$$CO_2 = \frac{V_{CO_2}}{V_{fl}} \times 100\% = \frac{0.99}{9.78} \times 100\% = 10.12\%$$

$$H_2O = \frac{V_{H_2O}}{V_{fl}} \times 100\% = \frac{0.5}{9.78} \times 100\% = 5.11\%$$

$$N_2 = \frac{V_{N_2}}{V_{fl}} \times 100\% = \frac{8.1}{9.78} \times 100\% = 82.82\%$$

$$O_2 = \frac{V_{O_2}}{V_{fl}} \times 100\% = \frac{0.19}{9.78} \times 100\% = 1.94\%$$

（5）烟气的密度，根据式（2-41）得：

$$\rho = \frac{44 \times 10.12 + 18 \times 5.11 + 28 \times 82.82 + 32 \times 1.94}{22.4 \times 100} = 1.30(kg/Bm^3)$$

六、燃烧温度的计算

1. 燃烧平衡

1）燃烧物料平衡

燃料在窑炉中稳定燃烧时，根据物质不灭定律，进入窑炉的物料质量之和必等于排出的物料质量之和。亦即加入燃烧室的燃料与空气之和必等于排出烟气与灰分质量之和，这就是燃烧物料平衡，如图2-6所示。

2）燃烧热量平衡

燃料在窑炉中稳定燃烧时，根据能量不灭定律，进入窑炉的热量必等于支出的热量，这就是燃烧热量平衡，如图2-7所示。

燃烧过程中的热量平衡项目如下（基准：1 kg或1 m³ 燃料，0 ℃），为简单起见假定

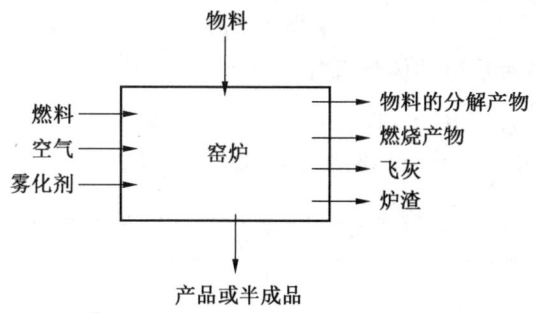

图 2-6 窑炉内的物料平衡

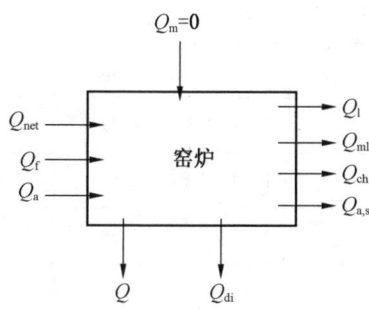

图 2-7 窑炉内的热平衡

进入窑内的物料为 0 ℃，即 $Q_m = 0$：

（1）收入热量（即进入窑炉的热量）：①燃料的化学热（即燃料的低位发热量）Q_{net}；②燃料带入的物理热 Q_f；③空气带入的物理热 Q_a。

（2）支出热量：①燃烧产物所含的物理热 $Q = Vc_p t_p$；②燃烧产物传给周围物体的热量 Q_1；③机械不完全燃烧造成的热损失 Q_{ml}；④化学不完全燃烧造成的热损失 Q_{ch}；⑤燃烧产物中部分 CO_2 和 H_2O 在高温下热分解反应消耗的热量 Q_{di}；⑥灰渣和飞灰带走的物理热 $Q_{a,s}$。

根据热量平衡原理，当收入热量与支出热量相等时，燃烧产物即达到一个相对稳定的燃烧温度。

$$Q_{net} + Q_f + Q_a = Q + Q_1 + Q_{ml} + Q_{ch} + Q_{di} + Q_{a,s} \qquad (2-52)$$

其中

$$Q_f = c_f t_f, \quad Q_a = V_a c_a t_a = \alpha V_a^0 c_a t_a, \quad Q = V c_p t_p$$

式中　t_f——燃料入窑时的温度，℃；

c_f——燃料在常压下由 $0 \sim t_f$ ℃ 的平均比热，某些气体的平均定压比热见表 2-12 和表 2-18，kJ/(kg·℃) 或 kJ/(Bm³·℃)；

c_a——空气在 $0 \sim t_a$ ℃ 的平均比热，kJ/(kg·℃) 或 kJ/(Bm³·℃)；

c_p——烟气在 $0 \sim t_p$ ℃ 的平均比热，可根据烟气的组成用加和法求得，kJ/(Bm³·℃)。

热 工 基 础

$$c_p = \sum \alpha_i c_i$$

式中　α_i——烟气中各种成分的体积百分含量,%;

　　　c_i——烟气中各种成分的气体在 $0\sim t_p$ ℃ 的平均比热,$kJ/(Bm^3 \cdot ℃)$。

烟气的平均比热也可用表 2-18 中的数值进行近似计算。

表 2-18　常用气体燃料及不同燃烧产物平均比热　　　　$kJ/(Bm^3 \cdot ℃)$

温度/℃	天然气	发生炉煤气	焦炉煤气	燃烧产物			
				煤	重油	发生炉煤气	焦炉煤气
0	1.55	1.32	1.41	1.36	1.36	1.36	1.36
200	1.76	1.35	1.46	1.41	1.41	1.41	1.39
400	2.01	1.38	1.55	1.45	1.44	1.45	1.43
600	2.26	1.41	1.63	1.49	1.47	1.49	1.46
800	2.51	1.45	1.70	1.53	1.52	1.53	1.50
1000	2.72	1.49	1.78	1.56	1.55	1.56	1.54
1200	2.89	1.53	1.87	1.59	1.59	1.60	1.57
1400	3.01	1.57	1.96	1.62	1.62	1.62	1.60
1600	—	—	—	1.65	1.63	1.65	1.62
1800	—	—	—	1.68	1.65	1.68	1.64
2000	—	—	—	1.69	3.67	1.69	1.66
2200	—	—	—	1.70	1.69	1.70	1.68
2400	—	—	—	1.72	1.71	1.72	1.70

2. 理论燃烧温度 t_{th}

假定燃料在绝热系统中完全燃烧,即:

$$Q_1 = 0, \quad Q_{ml} = 0, \quad Q_{ch} = 0, \quad Q_{di} = 0, \quad Q_{a,s} = 0$$

故热平衡方程式 (2-52) 可改写为

$$Q_{net} + Q_f + Q_a = Q \tag{2-53}$$

或

$$Q_{net} + c_f t_f + \alpha V_a^0 c_a t_a = V c_p t_{th} \tag{2-54}$$

故

$$t_{th} = \frac{Q_{net} + c_f t_f + \alpha V_a^0 c_a t_a}{V c_p} \tag{2-55}$$

$$c_p = \frac{1}{100}(V_{CO_2} c_{CO_2} + V_{O_2} c_{O_2} + V_{H_2O} c_{H_2O} + V_{SO_2} c_{SO_2} + V_{N_2} c_{N_2}) \tag{2-56}$$

式中　V_{CO_2}、V_{O_2}、V_{H_2O}、V_{SO_2}、V_{N_2}——烟气中各成分的体积百分数,%；

c_{CO_2}、c_{O_2}、c_{H_2O}、c_{SO_2}、c_{N_2}——烟气中各成分在 t_{th} 温度下的平均比热,kJ/($m^3 \cdot ℃$)。

3. 实际燃烧温度 t_p

燃料在实际燃烧过程中必有各种热损失。例如，化学、机械不完全燃烧，向外散失热量，排除灰渣带走的热量，等等。考虑到各种损失时，燃料燃烧生成的烟气能达到的温度，称为实际燃烧温度。

根据热平衡方程式（2-52），可得实际燃烧温度的计算式：

$$Q_{net} + c_f t_f + \alpha V_a^0 c_a t_a - (Q_1 + Q_{ml} + Q_{ch} + Q_{di} + Q_{a,s}) = V c_p t_p$$

$$t_p = \frac{Q_{net} + c_f t_f + V_a c_a t_a - (Q_1 + Q_{ml} + Q_{ch} + Q_{di} + Q_{a,s})}{V c_p} \quad (2-57)$$

实际上燃料在燃烧时，条件是很复杂的，上式中的 Q_1、Q_{ml}、Q_{ch}、Q_{di}、$Q_{a,s}$ 几项难以确定，因此实际燃烧温度也就难以从理论上进行计算。

当已知燃料性质时，应用式（2-55）很容易求得理论燃烧温度 t_{th}，但由于烟气平均比热 c_p 随烟气温度而变化，因此用式（2-55）计算时需采用"试算法"，即先假定一个 t_{th1} 值，查出相应温度下的 c_1 值。计算烟气的热量 $Q_1(Vc_1 t_{th1})$ 是否与收入的总热量 $Q(Q_{net} + Q_f + Q_a)$ 相等，如果 $Q_1 > Q$，则将 t_{th} 值再取小一些，直至找到两者相等时的 t_{th} 值，即为理论燃烧温度。为了减少试算次数，可用"内插法"。即设 t_1 查出 c_1 计算 Q_1，若 $Q_1 > Q$，另设较小的 t_2 查出 c_2，使 $Q_2 < Q$。此时，t_{th} 值必定在 t_1 与 t_2 之间，可用"内插法"求得 t_{th} 值。

即

$$\frac{t_1 - t_{th}}{t_1 - t_2} = \frac{Q_1 - Q}{Q_1 - Q_2} \quad (2-58)$$

因 Q_1、Q_2、t_1、t_2 均已知，可求出 t_{th} 值。为计算方便，假设时常使 $t_1 - t_2 = 100℃$。

亦可用图解法求 t_{th} 值（图2-8）：

已知 t_1 及 Q_1，可得 B 点，已知 t_2 及 Q_2，可得 A 点，连 AB 线，由 Q 可找得 t_{th} 值。

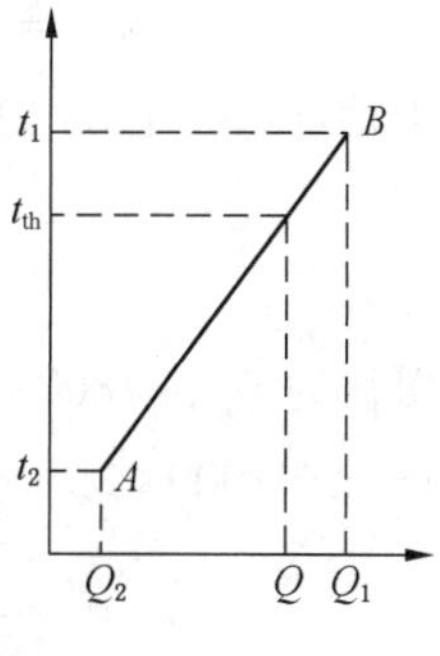

实际燃烧温度可在理论燃烧温度的基础上进行估算，这是因为实际燃烧温度计算式中的各项热损失数据较难获得，但实际生产中，实际燃烧温度本身却较易测定。故一般均从不同窑炉的实际操作情况中总结出实际燃烧温度 t_p 与理论燃烧温度 t_{th} 的比值 η，这一比值称为窑炉的高温系数（或燃烧热效率），用 η 表示。于是：

图2-8　求 t_{th} 值的图解法

$$t_p = \eta t_{th}$$

η 值与窑炉形式和结构、使用燃料的种类和燃烧方式、加工制品的种类、操作条件、机械化程度等许多因素有关，下面列出各种硅酸盐窑炉燃烧不同燃料时的 η 值（表2-19），供参考。

热 工 基 础

表2-19 η 值

窑炉种类	使用燃料	η 值
玻璃池窑	气体或液体燃料	0.70~0.85（窑体保温）
玻璃坩埚窑	固体或液体燃料	0.65~0.75（窑体未保温）
水泥回转窑	煤粉	0.70~0.80
陶瓷隧道窑	气体或液体燃料	0.78~0.90
陶瓷倒焰窑	固体燃料	0.66~0.70
	气体燃料	0.73~0.85

【例 2-7】 已知某地煤的收到基组成为：

成分： C_{ar} H_{ar} O_{ar} N_{ar} S_{ar} A_{ar} M_{ar}

体积百分数（%）： 71.00 8.84 7.55 1.23 0.30 5.08 10.00

煤的温度是 $t_f = 20\ ℃$，比热 $c_f = 1.265\ kJ/(kg·℃)$；煤的低位发热量 $Q_{net,ar} = 28022\ kJ/kg$；空气温度 $t_a = 20\ ℃$，比热 $c_a = 1.296\ kJ/(m^3·℃)$。

当空气过剩系数 $\alpha = 1.2$ 时，计算得：理论空气用量 $V_a^0 = 7.36\ m^3/kg$，烟气生成量 $V = 9.28\ m^3/kg$。高温系数 $\eta = 0.9$。

烟气组成： CO_2 H_2O SO_2 O_2 N_2

体积百分数（%）： 14.55 8.15 0.03 4.08 73.19

试计算理论燃烧温度 t_{th} 和燃烧室实际燃烧温度 t_p。

解 根据式（2-54）得：

$$Q = Vc_p t_{th} = Q_{net,ar} + c_f t_f + \alpha V_a^0 c_a t_a$$

$$= 28022 + 1.256 \times 20 + 1.2 \times 7.36 \times 1.296 \times 20$$

$$= 28276 (kJ/kg)$$

先估计 $c' = 1.65\ kJ/(m^3·℃)$，则：

$$t'_{th} = \frac{Q}{Vc'} = \frac{28276}{9.28 \times 1.65} \approx 1850\ (℃)$$

可认为 t_{th} 在 1800~1900 ℃ 之间。

设 $t_1 = 1900\ ℃$，查表 2-18 并由式（2-56）可得：

$$c_1 = \frac{1}{100}(V_{CO_2}c_{CO_2} + V_{O_2}c_{O_2}V_{H_2O}c_{H_2O} + V_{SO_2}c_{SO_2} + V_{N_2}c_{N_2})$$

$$= \frac{1}{100}(14.55 \times 2.422 + 4.08 \times 1.562 + 8.15 \times 1.943 +$$

$$0.03 \times 2.3 + 73.19 \times 1.478)$$

$$= 1.657[kJ/(m^3·℃)]$$

则 $Q_1 = Vc_1 t_1 = 9.28 \times 1.657 \times 1900 = 29216 (kJ/kg)$

再设 $t_2 = 1800$ ℃，同理得：

$$c_2 = \frac{1}{100}(14.55 \times 2.405 + 4.08 \times 1.544 + 8.15 \times 1.922 + \\ 0.03 \times 2.3 + 73.19 \times 1.470) \\ = 1.647[\text{kJ}/(\text{m}^3 \cdot \text{℃})]$$

则 $Q_2 = Vc_2t_2 = 9.28 \times 1.647 \times 1800 = 27512(\text{kJ/kg})$

则由以上可知 $Q_1 > Q > Q_2$，因此，t_{th} 必定在 1800 ~ 1900 ℃ 之间，用式（2-58）计算得：

$$t_{\text{th}} = t_1 - (t_1 - t_2)\frac{Q_1 - Q}{Q_1 - Q_2} = 1900 - (1900 - 1800) \times \frac{29216 - 28276}{29216 - 27512} = 1845(℃)$$

则得实际燃烧温度：

$$t_{\text{p}} = \eta t_{\text{th}} = 0.9 \times 1845 = 1661(℃)$$

七、提高实际燃烧温度的措施

燃料实际燃烧温度的高低不仅影响燃烧的热效率而且也影响实际生产中产品质量的好坏。因此，应设法不断提高燃料的实际燃烧温度。根据燃烧温度计算公式可以看出，欲使 t_{p} 提高，可以考虑以下措施。

1. 选用产热度高的燃料

在实际燃烧温度的表示式（2-57）中，在相同条件下似乎燃料的发热量越高，其燃烧温度也随之升高，但事实并不完全如此。燃烧产物生成量也随燃料热值增大而增大。燃料的燃烧温度不是单取决于燃料的热值而是取决于热值与燃烧产物的比值，以 CO 和 C_3H_8（丙烷）为例，C_3H_8 的热值是 CO 的 7.2 倍，但 C_3H_8 的理论烟气生成量却是 CO 的 10.84 倍，所以在相同条件下 C_3H_8 的燃烧温度低于 CO 的燃烧温度。为了评价和比较燃料的品质，令空气过剩系数 $\alpha = 1$，且空气和燃料都不预热，即 $t_{\text{f}} = t_{\text{a}} = 0$ ℃，在这种条件下的理论燃烧温度又称为产热度，用 t'_{m} 表示：

$$t'_{\text{m}} = \frac{Q_{\text{net}}}{Vc} \qquad (2-59)$$

产热度越大的燃料，其燃烧温度也越高。硅酸盐工业中常用燃料的产热度如下：发生炉煤气 1700 ~ 1790 ℃，天然气约 2020 ℃，重油约 2100 ℃，液化石油气约 2110 ℃，各种烟煤 2000 ~ 2100 ℃。

2. 控制适当的空气过剩系数

$\alpha < 1$ 时空气不足，产生化学不完全燃烧，将使 t_{p} 降低；若 α 过大，则由于生成的烟气量过多，也会使 t_{p} 降低。因此，在保证完全燃烧的前提下，应采用较小的 α 值，即 α 值应略大于 1。

▶ 热 工 基 础

3. 预热空气或燃料

提高 t_f 或 t_a，使燃料或空气带入显热增加，提高总收入热量，将使 t_p 增加。但若为固体燃料，不易预热；若为液体燃料，预热亦受黏度和安全等条件限制。所以通常采用预热空气的方法。

4. 减少向外界散热损失

加强燃烧室和窑炉的保温，以减少散热，可提高燃烧温度，亦可增加小时燃料燃烧量，以减少单位燃料的散热损失，这样也可提高燃烧温度。但此时应注意传热速度，若传热速度不能相应增加，则往往会使烟气离窑的温度提高，使热效率降低，不符合经济要求。

当实际燃烧温度不能达到工艺要求时，常采用预热助燃空气的办法来满足要求，其计算方法见【例2-8】。

【例 2-8】 某窑炉用发生炉煤气为燃料，其组成干基为：

组成： CO_2　CO　H_2　CH_4　C_2H_4　H_2S　N_2
体积（%）： 4.5　29.0　14.0　1.8　0.2　0.3　50.2

湿煤气含水量为4%，空气过剩系数 $\alpha = 1.1$，高温系数 $\eta = 0.80$，发生炉煤气温度 t_f 与空气温度 t_a 均为 20 ℃，若工艺上要求燃烧温度达到 1450 ℃，则空气至少需预热多少度才能达到要求？

解 当要求 $t_p = 1450$ ℃，若其他条件不变，则：

$$t_{th} = \frac{t_p}{0.8} = 1813 \text{ ℃}$$

根据式（2-16）可知：

$$Q_{net} = 126CO + 108H_2 + 358CH_4 + 590C_2H_4 + 232H_2S = 5998(kJ/m^3)$$

$$V_{fl}c_{fl}t_{th} = Q_{net} + c_f t_f + V_a c_a t_a = 1813 \text{ ℃}$$

根据气体燃料空气量、烟气量计算知识可得 $V_{fl} = 2.07$ Bm^3，$V_a = 1.315$ Bm^3，查表2-18可得发生炉煤气及其燃烧产物比热，则有：

$$2.07 \times 1.68 \times 1813 = 5758 + 1.32 \times 20 + 1.315 c_a t_a$$

$$1.315 c_a t_a = 280.5$$

设 $t_a = 150$ ℃，查表2-12得 $c_a = 1.304$，则：

$$1.315 \times 1.304 \times 150 = 257.2 < 280.5$$

设 $t_a = 200$ ℃，查表得 $c_a = 1.308$，则：

$$1.315 \times 1.308 \times 200 = 344 > 280.5$$

$$\frac{200 - t_a}{200 - 150} = \frac{344 - 280.5}{344 - 257.2}$$

$$t_a = 163 \text{ ℃}$$

空气需要预热到 163 ℃。

任务五 气态燃料的燃烧

【任务目标】

知识目标：

(1) 理解气态燃料的燃烧方式。

(2) 掌握燃烧形式与火焰结构的关系。

能力目标：

能分辨不同的燃烧方式，并根据使用需求，合理控制气态燃料燃烧过程。

情感目标：

通过本任务的学习，培养学生无私奉献、努力为社会做贡献的优秀品质。

【任务描述】

不是每个茧都能成蝴蝶，不是所有燃烧都会产生火焰。本部分内容主要学习燃烧的不同类型以及气态燃料燃烧方式等。

【任务知识】

气体燃料的燃烧过程主要包括混合（燃料与空气的混合）、着火和燃烧三个阶段。其中混合过程远较着火、燃烧过程缓慢，因此混合过程是气体燃料燃烧过程的主要矛盾所在。混合速度和混合完全程度对燃烧速度和燃烧完全程度起决定作用。

根据煤气和空气的混合情况不同，燃烧方法可分为长焰燃烧、短焰燃烧、无焰燃烧三类。不同燃烧方式下，火焰情况和特点各自不同。

一、长焰燃烧（扩散式燃烧）

煤气在烧嘴内完全不和空气混合，喷出后靠扩散作用进行混合而燃烧。它的主要特点是煤气与空气边混合边燃烧，因此火焰的长度、宽度以及火焰内的温度分布情况主要决定于煤气与空气的混合条件，如煤气的喷出速度，煤气与空气的相对速度，煤气与空气的交角，旋流强度等。这种燃烧方法的燃烧速度受到空气和煤气混合速度的限制，火焰较长，故叫长焰燃烧。因为其中的混合过程是一种物质扩散现象，故长焰燃烧的原理属于扩散燃烧，它主要决定于与扩散有关的物理因素。

在长焰燃烧方法中，由于煤气中的部分碳氢化合物不能立即与空气混合而燃烧，使它在高温下受热而裂化，析出微小的碳粒，这种碳粒能辐射出可见光波，呈现出明亮的火焰，因此长焰燃烧亦称有焰燃烧。

1. 层流扩散火焰

当煤气和空气分别以层流流动进入燃烧室时，将得到层流的扩散火焰（图2-9）。在层流中，混合是以分子扩散的形式进行的。在射流的界面上，空气分子向煤气射流扩散，煤气分子向空气扩散，在某一面上，煤气与空气混合物的浓度达到化学当量比（$\alpha=1$）

时，点火后在该面上便形成燃烧焰面。在燃烧焰面上的 α 正好等于 1，不能大于或小于 1。假如在 α<1 的区域内首先着火燃烧，剩下的未燃煤气将继续向空气扩散，与在焰外的空气混合而燃烧，使燃烧焰面向 α=1 的表面移动。假如在 α>1 的区域内先着火燃烧，多余的 O_2 将向煤气扩散，与焰内的煤气混合而燃烧，使燃烧焰面向 α=1 的表面移动。因此在燃烧焰面上，α=1。在燃烧焰面上，燃烧产物的浓度最大，燃烧产物同时向两个相反方向扩散，浓度逐渐降低。因此，在层流扩散火焰中可分为 4 个区域：冷核心（纯煤气，α=0），煤气和燃烧产物区（α<1），空气和燃烧产物区（α>1）和纯空气区（α=∞）。而煤气和燃烧产物区与空气和燃烧产物区被燃烧焰面分隔开，氧气通过混合区向燃烧焰面扩散，煤气通过混合区向燃烧焰面扩散。燃烧焰面层内的温度很高，燃烧的速度（氧化反应速度）远比扩散速度大，只要空气、煤气达到化学当量比便立即燃尽，所以燃烧焰面层很薄。

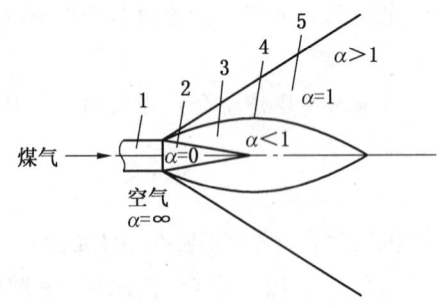

1—单管喷嘴；2—火焰冷核区（纯煤气）；3—煤气和燃烧产物混合内区（α<1）；4—燃烧焰面（α=1）；
5—空气和燃烧产物混合外区（α>1）

图 2-9 层流扩散火焰

层流扩散火焰为圆锥状，这是因为沿火焰轴线方向流动的煤气要穿过较厚的混合区才能遇到氧气，这就需要一定的时间，在这个时间内煤气将流过一段距离，使燃烧焰面拉长。煤气在向前流动的过程中不断燃烧，煤气的体积越来越小，燃烧焰面逐渐移向中心，最后达到中心线，形成圆锥形火焰。锥顶与喷出口间的距离称为扩散火焰的长度。在层流扩散火焰中，燃烧焰面是稳定不动的。

2. 湍流扩散火焰

当从喷嘴喷出的煤气流量逐渐增大时，由于煤气喷出速度的增加，扩散火焰的长度增加，达到某一临界速度时，火焰顶端变得不稳定，并开始颤动，随着煤气喷出速度的进一步增加，这种不稳定现象发展到带有噪声的湍流扩散火焰。图 2-10 表示煤气喷出速度与火焰长度和形状的关系。当煤气喷出速度从零开始增大时，起初火焰的长度几乎按比例增加，在层流区内的火焰轮廓清晰，形状稳定。当达到临界速度时，火焰上部变为湍流火焰，形成稍带毛刷状，而火焰下部仍为层流火焰，此火焰叫过渡火焰。在过渡火焰的高度上有一个层流破裂变为湍流火焰的"破裂点"，随着煤气喷出速度的进一步增加，火焰的破裂点向喷嘴口方向移动,火焰长度随煤气喷出速度的增加而缩短,当达到湍流火焰时(破裂点已很接近喷嘴口),煤气的喷出速度对火焰的长度不再产生明显影响,这是由于达到湍流火焰后,气流的混合速度(湍流扩散速度)是随着气流速度的增加而增加,在喷嘴直径不变的情况下,气流速度的增加意味着煤气流量增大,使火焰变长,混合速度的增加又使火焰变短,一消一长,使湍流火焰的长度与煤气喷出速度的关系不显著。在过渡区内,由于混合速度的增加比煤气喷出速度快,所以火焰长度随煤气喷出速度的增加反而缩短了。

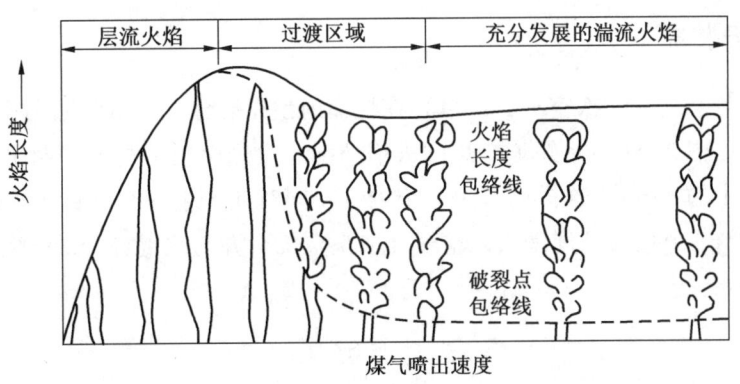

图 2-10 煤气喷出速度与火焰长度和形状的关系

根据流体动力学理论,层流气流转变为湍流气流是根据 Re,当气流属于等温管内流动时,Re 大于 2300 即为湍流流动。对火焰来说,变为湍流火焰的 Re 一般要比此值大一些,有的要大好几倍(表 2-20),这是由于燃烧放热使火焰温度升高,燃烧气体的密度减小,黏度增加的缘故。

表 2-20 层流火焰转变为湍流火焰的 Re

燃料种类	Re	燃料种类	Re
CO(无一次空气)	5×10^3	城市煤气(有一次空气)	$(5.5 \sim 8.5) \times 10^3$
H_2(无一次空气)	2×10^3	丙烷(无一次空气)	$(9 \sim 10) \times 10^3$
H_2(有一次空气)	$(55 \sim 85) \times 10^3$	乙烷(无一次空气)	$(8 \sim 10) \times 10^3$
城市煤气(无一次空气)	$(3 \sim 4) \times 10^3$	甲烷	3×10^3

在湍流扩散火焰中无法区分燃烧焰面和混合区等部分,在整个火焰内都进行着煤气和空气的混合、预热和着火燃烧,这种火焰的形状和长度取决于煤气和空气的交角和流动特性。当空气沿平行于火焰轴线方向流动时,形成细长的圆锥状火焰;当空气强烈旋转时,形成短而宽的火焰。在工业中常采用各种方法来调节和强化湍流火焰。

长焰燃烧与其他燃烧方法比较有如下特点:
(1)从燃烧过程可知,燃气是一边与空气混合一边进行燃烧,因此燃烧速度很慢。
(2)因火焰长,燃气易受热生成一些微小的碳粒,因此火焰的辐射能力很强。

(3) 烧嘴的结构会直接影响燃气与空气的混合速度。

(4) 燃气在烧嘴中喷出时不需要很高的压力，只需 500~3000 Pa 即可，因此长焰烧嘴属于低压烧嘴。

(5) 由于燃气、空气不预先混合，因此可以将燃气及空气预热到较高的温度之后再进行燃烧，有利于提高火焰温度。

(6) 燃烧稳定性好，不会回火，但如果喷出速度过大，可能会发生脱火现象。

二、短焰燃烧

煤气与部分空气（一次空气，$\alpha<1$）在烧嘴内预先混合，喷出后燃烧并进一步与二次空气混合燃烧。图 2-11 表示短焰燃烧的火焰情况。火焰由内焰与外焰两个锥体组成。因为可燃混合物中的 $\alpha<1$，这样就产生一个内锥，同时还产生一个外锥。在内锥燃烧焰面上未燃烧的燃料，靠射流从周围吸入空气（二次空气）并与之混合，继续燃烧，至外锥才燃烧完全。

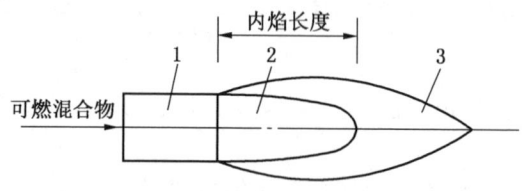

1—喷嘴；2—内焰（$\alpha<1$）；3—外焰
图 2-11 短焰燃烧火焰

在射流中，中心线上的速度最大，边界上的速度最小，速度分布呈抛物线。沿射流截面的燃烧速度不是常数，锥形燃烧焰面为一曲面。在该曲面上的某一点，气流的法向分速度与燃烧正常法向传播速度相等，这样就保持了燃烧焰面在法向方向上的稳定。

内焰的底部略大于烧嘴出口直径，因为烧嘴内混合物的压强大于大气压，故喷出后气流要扩大。内焰的长度与气流喷出速度及一次空气与理论空气量比值（即一次空气系数）有关。气流喷出速度增加，使内焰长度增大；而一次空气系数增加时，使燃烧速度加快，内焰长度缩短。

内焰根部的稳定燃烧极为重要。气流速度增加，根部不断往外移，易发生脱火现象。反之，当气流速度降低至小于火焰传播速度时，则易发生火焰返入烧嘴而形成回火现象。煤气燃烧时，回火与脱火现象都不允许发生，产生回火时易发生爆炸事故；产生脱火时易发生中毒事故。

相应于脱火或回火时的气流速度称为脱火或回火速度。它们与煤气的性质、一次空气量与理论空气量的比值（一次空气系数）及烧嘴出口直径等有关。

短焰燃烧的特点：燃烧速度较大，火焰较短，燃烧温度较高，燃烧较易完全，但稳定性较差。

三、无焰燃烧

煤气与空气在烧嘴内完全混合（$\alpha \geqslant 1$），喷出后立即燃烧。在无焰火焰中无内锥，只有一个锥形燃烧焰面，在燃烧焰面上大部分煤气被烧掉，但没有完全被烧掉，剩余的小部分煤气在燃烧焰面后继续燃烧。由于燃烧迅速完成，火焰短而透明，无明显轮廓，因此这种燃烧方法叫无焰燃烧。

为了使混合气体喷出后立即燃烧，防止脱火，常设置某种形式的稳燃结构，如燃烧道、挡墙、多孔陶瓷板及金属网等。

无焰燃烧的优点是：空气过剩系数小（$\alpha = 1.05$ 左右），燃烧温度高，燃烧热力强度大，不完全燃烧损失极小，但燃烧不稳定性增强。

任务六　液态燃料的燃烧

【任务目标】

知识目标：

（1）了解液体燃料雾化设备。

（2）理解重油的燃烧过程。

（3）掌握液体燃料雾化机理和不同雾化方式的特点。

能力目标：

能在工作实践中正确选用雾化方法和设备，能够控制液体燃料的燃烧过程。

情感目标：

通过本任务的学习，培养学生自律自强、自我加压、努力奋斗的精神品质。

【任务描述】

井无压力不出油，人无压力轻飘飘。液体燃料并不能直接燃烧，必须要经过一定的转化才能够被使用。本部分内容主要学习重油的雾化及其燃烧设备。

【任务知识】

硅酸盐工业所用的液体燃料主要是各种牌号的黏稠的重油。这里以重油为例介绍液体燃料的燃烧技术。

一、重油的燃烧过程

当使用重油作为燃料时，若将其蒸发裂解成油气，那么油气可按煤气来烧，其燃烧过程与煤气的燃烧过程相同。油气的制取要经重油加热、蒸发气化、高温裂解、洗涤净化等过程，制成的油气还需储存在气柜中备用。制取过程烦琐，中间环节多，在硅酸盐工业窑炉中很少采用。普遍采用的方法是将重油雾化成微小的油滴后直接燃烧，这种燃烧方法称为雾化燃烧法。重油雾化燃烧的过程可划分为连续的 4 个阶段：①重油被雾化成微小的油滴；②油滴受热蒸发成油蒸气；③油蒸气与空气混合；④着火燃烧。

前两个阶段是重油燃烧前的准备阶段，后两个阶段则与煤气的燃烧过程基本相同。重油雾化是整个燃烧过程的关键，将直接影响重油能否完全燃烧。油滴受热会蒸发成油气，油气中含有的各种烃类（C_mH_n）与空气混合后迅速燃烧；油滴急剧受热到 500~600 ℃时，会裂解生成较轻的碳氢化合物，急剧受热到 650 ℃以上时，除裂解生成较轻的碳氢化合物以外，还会生成游离的碳粒及难以燃烧的重碳氢化合物，这些物质如果随烟气排出的话，即能看见冒黑烟；在高温缺氧的情况下，各种烃类会发生热解反应，产生少量的 H_2 和碳粒，碳继而吸热生成 CO，若碳粒较多时，随烟气排出也会冒黑烟。由此可见，其燃烧气体中除气态碳氢化合物外，还含有固态的碳粒及液态的重馏分，重油能否完全燃烧取决于雾滴与空气的接触面积以及与空气的混合程度，即雾化质量越好，燃烧速度越快，热效率越高。

二、重油雾化

1. 对雾化质量的要求

（1）油流股断面上油滴的分布要均匀，避免出现边缘密集、中间空心现象。

（2）雾化油滴的大小要均匀，直径在 10~100 μm 范围内，其中直径为 50 μm 或小于 50 μm 的油滴占 85% 以上。研究发现，50 μm 或比 50 μm 稍细的油滴已能达到受热面大、气化迅速、燃烧均匀的目的。

（3）油流股的扩张角要大，以增大火焰覆盖面积，利于传热。

2. 雾化机理

雾化就是使油流股变细，和一般物质的细碎过程一样。各种物质都有一保持其表面状态不被破坏的内力，只有当施加的外力超过此内力时，才能破坏其表面状态，物质才被细碎。保持油流股表面状态的内力是油的黏度和表面张力。在外力大于内力时油流股被分散。当剩余的外力仍大于分散后油流股的内力时，油流股被继续变细成雾。直到外力等于内力，达到相对平衡时，油流股才不会变细，形成大量具有一定直径的雾滴。所以施加外力是进行雾化的必要条件。

对油流股可直接或间接施加外力，比如可直接施加一个力作用在油流股上，另外还可使油流股向外界施加一个力，油流股本身也间接地受到一个相应的反作用力。因此雾化过程实际上是一个物理机械过程。

3. 雾化方法

根据雾化机理，雾化方法可分为机械雾化和介质雾化两种。

1）机械雾化

（1）机械雾化过程。机械雾化是将重油加以高压（一般为 1.01~3.04 MPa），以较大的速度并以旋转运动的方式从小孔喷入气体空间使油雾化。由于是依靠油本身的高压，所以又称油压雾化。

机械雾化时，油流股内部受高压作用产生波形振动；高速旋转运动时，则使油流股受到离心力的作用；此外油流股通过气体空间时还受到来自空气的摩擦力作用。另外气穴现象也在油流股内部产生重油的局部气化和沸腾，使重油加速分裂。

（2）影响雾化效果的因素。机械雾化的效果与油压、油黏度、油喷出速度、涡流程度和喷嘴结构有关。

机械雾化的雾滴直径为 100~200 μm 时，喷出的火焰长 2~3 m，瘦长且刚性较好，喷油量大，设备简单紧凑，动力消耗低，在可调范围内调节方便，运转时无噪声，比较适用于水泥回转窑。

2）介质雾化

（1）介质雾化过程。介质雾化是利用以一定角度高速喷出的雾化介质，使油流股分散成细雾滴。之所以能使油流股雾化是由于雾化介质对其的机械作用。当摩擦力或冲击力大于油的表面张力时，油流先形成夹有气泡的细流，继而破裂成细带或细线，后者又在油本身的表面张力作用下形成雾滴。

（2）影响雾化效果的因素。介质雾化的效果与油的黏度、表面张力，油与雾化介质的相交角度、相对速度、接触时间、接触面积以及雾化介质的用量、密度等因素有关。

①在一定范围内油黏度与雾滴细度成反比。油黏度愈大，破裂成的油带、油线愈粗，形成的雾滴直径愈大。由于重油的温度对其黏度影响较大，所以在操作时应合理控制油温，并保持油温不变。

②油流股在力和速度的作用下被破裂的程度与表面张力有关。若表面张力大，则细带在其尚未达到足够薄之前就很快折断，分离出的雾滴就粗；若表面张力小，则细带会充分伸展、变薄，断裂时产生的雾滴就细。

③在一定程度上油与雾化介质的相交角度愈大，相对速度愈大，接触时间愈长，接触面积愈大，则雾滴愈细。其中相对速度的影响最为明显，相交角度改变时，相对速度、接触时间及接触面积也随之改变。

④雾化介质用量增加时，动量愈大，雾滴愈细。但雾化介质增加到一定限度后，雾化效果提高不明显，动力消耗却明显增大。

⑤雾化介质密度与雾滴细度成正比。雾化介质密度愈大，它对油流股的冲击力愈大，雾滴就愈细。

一般来说，雾化的油滴愈细，雾滴直径的均一性和雾滴分布的均匀性也愈好。

此外，还可采用一些强化雾化的方法，如将重油进行强磁化处理，以降低油的黏度及表面张力，雾化效果及燃烧效率均有较大提高，可节约燃油。

三、燃油烧嘴

1. 硅酸盐工业窑炉对燃油烧嘴的要求

对燃油烧嘴的基本要求主要表现在以下几个方面：

（1）喷出的雾滴要细小均一，因不完全燃烧而形成的火焰黑区要尽可能短，不能有火星,以免污染制品和物料。

(2) 形成的火焰形状、温度及气氛能符合工艺要求,易于控制。

(3) 烧嘴的结构简单,便于维护及管理。

(4) 操作中调节方便,幅度大,精度高,噪声小。

2. 燃油烧嘴的分类

根据雾化方式不同,燃油烧嘴可分为机械雾化烧嘴和介质雾化烧嘴两大类。其中,介质雾化烧嘴又分为低压雾化烧嘴、中压雾化烧嘴及高压雾化烧嘴三种。

低压与高压烧嘴又可按下列特征分类:

(1) 按油流股与雾化介质的相对流向分为直流式(接近平行相遇)、涡流式(切线方向相遇)和交流式(以一定角度相遇)三种。

(2) 按雾化级数分为一级雾化、二级雾化和多级雾化三种。

(3) 按油流股与雾化介质形成混合物的位置分为外混式(在烧嘴外面混合)和内混式(在烧嘴内部混合)两种。

任务七　固态燃料的燃烧

【任务目标】

知识目标:

(1) 理解固态燃料的燃烧过程。

(2) 掌握固态燃料的燃烧方式和特点。

能力目标:

能分析处理燃烧过程出现的不稳定现象。

情感目标:

通过本任务的学习,培养学生科技创新意识。

【任务描述】

从茹毛饮血到灯火通明,从红尘一骑妃子笑到高铁神州嫦娥号,科技的进步推动着社会的发展,技术的变革带给每个人真真切切的实惠。固体燃料是使用历史最悠久、使用范围最广泛的燃料,为了提高其燃烧热效率,从业人员不断地对其燃烧方式及燃烧设备进行改进。本部分内容主要学习固体燃料的燃烧过程,固体燃料的燃烧方法及其对应特点。

【任务知识】

固体燃料包括木柴、油页岩和各种煤——泥煤、褐煤、烟煤和无烟煤。硅酸盐工业中用的固体燃料主要是烟煤和无烟煤。

一、固态燃料的燃烧过程

固体燃料的燃烧过程可以分为准备、燃烧和燃尽三个阶段。

1. 准备阶段

准备阶段包括燃料的干燥、预热和干馏过程。

固体燃料受热后，燃料中所含的水分首先汽化，在 110 ℃ 左右物理水分全部逸出，干燥结束。干燥过程所消耗的热量及需要的时间与燃料的含水量有关，水分越多，热耗越多，时间也越长。

干燥结束后，固体燃料继续吸收热量，温度升高，这一过程称为预热，当温度上升到一定程度后，便开始分解，放出挥发物，最后剩下固体焦炭，这一过程则称为干馏。燃料挥发分越多，开始放出挥发分的温度就越低。如褐煤开始放出挥发分的温度最低，为 130 ℃ 左右；无烟煤最高，约 400 ℃；烟煤介于两者之间。

在固体燃料燃烧的准备阶段，由于燃烧尚未开始，基本上不需要空气。这一阶段中燃料的干燥、预热、干馏等过程都是吸热过程。热量的来源是燃烧室内灼热火焰、烟气炉墙及邻近已经燃着的燃料。一般希望这个阶段所需的时间越短越好，而影响它的主要因素，除煤的性质和水分含量之外，还有燃烧室内温度和燃烧室的结构等。

2. 燃烧阶段

燃烧阶段包括挥发分和焦炭的燃烧。

挥发物中主要是碳氢化合物，比焦炭容易着火，因此当逸出的挥发物达到一定温度和浓度时，它就先于焦炭着火燃烧。通常把挥发物着火燃烧的温度粗略地看作固体燃料的着火温度。挥发分多的燃料，着火温度低；挥发分少的燃料，着火温度就高。应当指出的是，通常所说的着火温度只是固体燃料着火的最低温度条件，在该温度下燃料虽能着火，但燃烧速度很低。在实际生产中，为使燃烧过程稳定，燃烧速度快，往往要求把燃料加热到较高的温度，例如褐煤要加热到 550~600 ℃，烟煤 750~800 ℃，无烟煤 900~950 ℃ 等。

焦炭是固体燃料的主要燃质，其发热量占燃料总发热量的一半以上，是燃料燃烧过程中主要的放热来源。焦炭燃烧时所需的时间比挥发分长得多，完全燃烧也比挥发分困难，因此在这一阶段，保持较高的温度条件、供给充足的空气并使空气与燃料很好地混合，是保证焦炭迅速并完全燃烧的关键。

3. 燃尽阶段

燃尽阶段也称灰渣形成阶段，焦炭即将烧完，但焦炭外壳包了一层灰渣，使空气很难扩散到里面参与燃烧，燃烧速度变得缓慢，燃料的灰分越高就越难燃尽。这一阶段的放热量不大，所需空气量也很少，但仍需保持较高的温度，并给予一定的时间，尽量使灰渣中的剩余焦炭完全燃烧。

燃尽是固体燃料所特有的，气体和液体燃料没有燃尽阶段。

综合以上三个阶段可以看出：固体燃料只有预热到一定温度并与空气接触后，才能完成燃烧过程，而且这一过程也需要较长的时间。

二、层燃燃烧法

硅酸盐工业所用的固体燃料主要是煤,且大部分为烟煤和无烟煤。采用的燃烧方法主要有层燃燃烧法和喷流燃烧法。所谓层燃燃烧即是将块煤放在炉算上铺成一定厚度的煤层进行燃烧;而喷流燃烧则是先把原煤经过破碎、烘干和粉磨,制成一定细度的煤粉,然后随空气喷到燃烧室或窑内进行悬浮燃烧。此外,还有沸腾燃烧等其他燃烧。燃烧方法不同,所采用的燃烧设备构造也有所不同,燃烧过程也各有特点。

1. 层燃燃烧过程

块煤在层燃时,燃料被周期地或连续地投入燃烧室的炉栅上,成层状堆积,如图2-12所示。新的燃料被投到正在燃烧的燃料层上面时,靠下层燃料的热量和燃烧室耐火砌体的辐射热量而进行干燥和干馏。干馏所得挥发物中的CO、H_2和气态烃在燃烧室空间或移入窑内与二次空气混合而燃烧,余下的焦炭逐渐下移并继续燃烧,直至燃烬成为灰渣。炉栅(或称炉算)上的一部分灰渣通过炉栅的空隙掉入积灰坑被周期或连续地清除。炉栅上的灰渣保留一定的厚度以保护炉栅,并起预热一次空气和使空气分布均匀的作用。从炉栅下进入燃料层的空气称为一次空气,一次空气主要供焦炭燃烧之用。

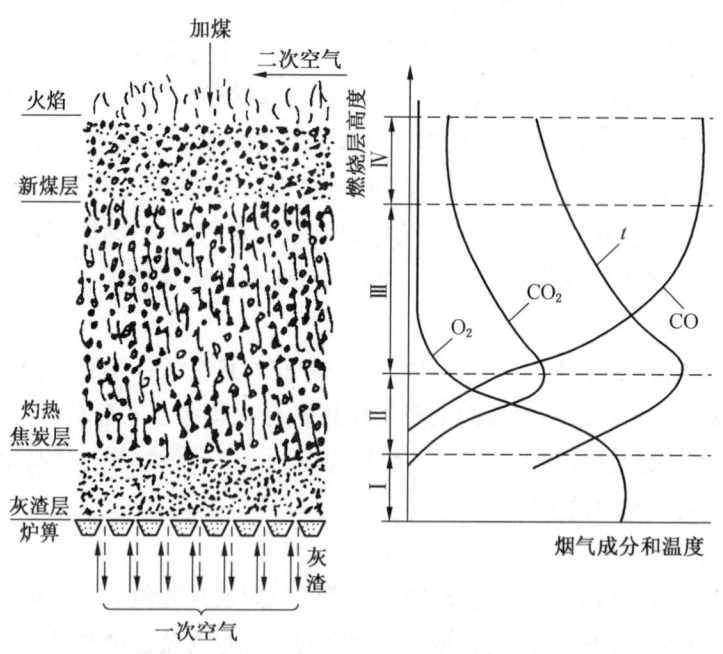

Ⅰ—灰渣层;Ⅱ—氧化层;Ⅲ—还原层;Ⅳ—新燃料层
图 2-12 人工操作燃烧室的燃烧层结构

根据块煤燃料层的厚度及一次空气量的比例,煤的层燃有三种方式。

1) 直火式（或称完全燃烧式）

当炉栅上的燃料层比较薄（对烟煤 100~200 mm，对无烟煤 60~150 mm）时，一次空气量充足，在燃料层中基本上是下列氧化放热反应：

$$C + O_2 \longrightarrow CO_2 + 热量$$
$$2C + O_2 \longrightarrow 2CO + 热量$$
$$2CO + O_2 \longrightarrow 2CO_2 + 热量$$

这就是说直火式层燃的燃料层基本上只有氧化层，层内燃烧温度可达 1300 ℃ 以上，燃烧后的产物主要是 CO_2，几乎没有其他可燃气体。煤的挥发分燃烧所需的助燃空气由二次空气供给，在燃烧室的空间混合并燃烧，其燃烧产物与从燃料层内逸出的燃烧产物混合后排出燃烧室。

直火式层燃的特点是：

（1）燃料层薄，燃料在炉栅上和燃烧室内完全燃烧。

（2）所需的二次空气量少，二次空气量占总助燃空气量的 10%~15%。

（3）由于挥发物与二次空气需在燃烧室空间混合和燃烧，所以要求有较大的燃烧室空间，使气体在燃烧室内停留的时间为 1~15 s。

（4）燃料层和燃烧室内的温度很高，但离开燃烧室进入窑炉内的燃烧产物的温度较低。

2) 半煤气式

在炉栅上燃料层的厚度为直火式的 2~3 倍，一次空气量不足时称为半煤气式层燃，一次空气中的氧气在燃料层的 100~200 mm 厚的范围内已基本消耗完毕。这一层与直火式的氧化层相同，主要是放热的氧化反应。氧化层中产生的 CO_2 向上通过灼热的焦炭层时，发生吸热的还原反应：

$$CO_2 + C \longrightarrow 2CO - 热$$

发生还原反应的焦炭层称为还原层。还原层中 CO_2 不断减少而 CO 不断增加。还原反应是吸热过程，气体温度逐渐降低。随着温度降低，还原反应也逐渐减慢，以致最后停止，燃料层中的气体成分也趋向不变。气流再往上，进入新煤层，一方面把煤加热使之干燥、干馏，另一方面把燃料放出的水汽、挥发物等带离煤层进入炉膛空间。半煤气式层燃燃烧产物中含有较多的可燃气体。可燃气体的含量和成分与燃料性质、燃料层厚度等因素有关。用烟煤时，半煤气的成分为（%）：CO 7~20；H_2 5~12；CH_4 0~2；N_2 50~60；CO_2 10~15，低热值 2500~4000 kJ/Bm^3。

半煤气式层燃的特点是：

（1）燃料层较厚，一次空气量不足，二次空气量大，占空气总量的 30%~60%。

（2）由于有还原层的吸热反应，燃料层内的温度低。

（3）大多数半煤气燃烧室所产生的半煤气并不在燃烧室内燃烧而是在窑炉内与二次空气混合并燃烧，因此半煤气燃烧室的空间小，燃烧室内的温度也较低。半煤气产物的平均温度为 1000~1100 ℃。

3) 全煤气式

当炉栅上的燃料层厚度为直火式的三倍以上，一次空气量不足，燃烧室中的二次空气量为零时，块煤层燃所得的燃烧产物中，含 35%~48% 的可燃气体，这种情况就称为固体燃料的气化。

固体燃料的气化是在高温条件下，以空气（或水蒸气）为气化剂，利用空气中的氧（或水蒸气）与煤中的碳的反应生成可燃气体的一个热化学过程。煤气中含有 CO、H_2、CH_4、CO_2、N_2、H_2O（g）等气体。

全煤气式层燃的特点是：

(1) 将煤制成煤气，易满足窑炉内火焰的气氛和温度要求，而且燃烧温度较直火式、半煤气式高。

(2) 直接烧煤排放的烟气中含有大量的粉尘和 SO_2，而全煤气式则不然，因此劳动条件好，环境污染少。

(3) 可使用劣质煤，燃料费用低。

2. 层燃燃烧室

块煤的层燃是在具有炉栅的燃烧室内进行的。层燃燃烧一般要进行三项主要操作：加煤、拨火和除灰渣。根据加煤、拨火和除灰渣三项操作是人工还是机械化，可分人工操作燃烧室和机械化层燃燃烧室。

3. 层燃燃烧室的计算

层燃燃烧室的计算主要包括炉栅面积、炉膛容积和高度等项目。燃烧室的炉栅面积和炉膛容积可按要求的燃烧室热强度计算。

1) 燃烧室的热强度

热强度也称为热力强度。层燃燃烧室中，大部分燃料是在炉栅上燃烧的，同时也有一部分可燃物在炉膛空间内燃烧，因此燃烧室热力强度用炉栅面积热力强度 q_F 和炉膛容积热力强度 q_V 两个指标来表示。

(1) 炉栅面积热力强度 q_F 是指单位时间内、在单位面积炉栅上燃料燃烧所放出的热量。数学表达式为

$$q_F = \frac{BQ_{net,ar}}{3600F} \quad (2-60)$$

式中　　q_F——炉栅面积热力强度，kW/m^2；

B——每小时进入燃烧室的燃料量，kg/h；

$Q_{net,ar}$——燃料的低位发热量，kJ/kg；

F——炉栅面积（包括炉条及通风孔隙在内的水平投影面积），m^2。

由式 (2-60) 可以看出，炉栅面积 F 与炉栅面积热力强度 q_F 成反比。对于一定形式的燃烧室而言，当燃用某一燃料时，应根据具体情况确定一个合适的数值。各种燃烧室的

值列于表 2-21 中。

表 2-21　燃烧室炉栅面积热力强度 q_F　　　　　　　　kW/m²

通风方式及煤种		燃烧室形式			
		人工操作燃烧室	回转炉栅燃烧室	倾斜推动炉栅燃烧室	振动炉栅燃烧室
人工通风	烟煤	810~930	930~1050	810~930	930~1160
	无烟煤	930~1050	580~810	810~930	900~1160
自然通风	烟煤	350~580	—	520~700	—
	无烟煤	470~700	—	520~700	—

（2）炉膛容积热力强度 q_V 是指在单位时间、单位容积的炉膛空间内燃料燃烧所放出的热量。用数学式表示为

$$q_V = \frac{BQ_{net.ar}}{3600V} \quad (2-61)$$

式中　q_V——炉膛容积热力强度，kW/m³；
　　　V——炉膛空间容积，m³。

过分提高 q_V 会导致不完全燃烧损失增加，因此它应有一个合理的数值范围。层燃燃烧室的容积热力强度一般为 290~350 kW/m³。燃用烟煤时可取低值，而燃用无烟煤时可取高值。

2）燃烧室的计算步骤

（1）首先根据窑或烘干机每小时需要供给多少热量，并考虑燃烧室效率，确定燃烧室需要放出多少热量或烧多少煤。燃烧室的效率可参考表 2-22。

表 2-22　层燃燃烧室的热效率

项目	层燃燃烧室形式			
	人工操作燃烧室	回转炉栅燃烧室	倾斜推动炉栅燃烧室	振动炉栅燃烧室
热效率	0.80	0.85~0.90	0.85	0.85~0.90

（2）根据工艺要求选择燃烧室的形式。燃煤量小于 200 kg/h 可采用人工操作燃烧室，燃煤量大于 200 kg/h 可采用机械化层燃燃烧室。

（3）计算炉栅面积。由式（2-60）可知：

$$F = \frac{BQ_{net.ar}}{3600q_F} \quad (2-62)$$

确定炉栅面积后，即可进一步确定炉栅的宽度和深度。对于人工操作燃烧室，为便于操作，炉栅宽度不宜超过 1.2 m；需要较宽炉栅时，应每隔 1.0~1.2 m 设一个炉门，深度

不宜大于 2 m。机械化层燃燃烧室炉栅的尺寸应尽量符合国家定型产品的尺寸。

(4) 计算炉膛容积。由式 (2-61) 可知：

$$V = \frac{BQ_{net.ar}}{3600q_V} \quad (2-63)$$

炉膛容积是指燃料层以上炉墙所围成的空间。炉膛的形状一般不是立方体，有时内部还砌有炉拱，因此对炉膛容积要注意核算。

炉膛容积 V 求出后，除以炉栅面积 F，即可估算出炉膛高度 H。当采用自然通风时，煤层上自由空间的高度不应小于 $0.3 \sim 1.0$ m，机械通风时还应更大一些，以免大量细屑燃料被烟气带出燃烧室。

三、喷燃燃烧法

将原煤经过破碎、烘干和粉磨，制成一定细度的煤粉，然后随空气喷到燃烧室或窑内进行悬浮燃烧，称为喷流燃烧法，又称喷燃燃烧法。

喷燃燃烧法是水泥厂常见的一种燃烧方法。它具有燃烧速度快、燃烧效率高、燃烧温度高、煤耗低、调节方便等优点。

1. 煤粉的制备

煤粉一般采用风扫式球磨或立式磨等粉磨设备来制备。球磨的结构简单、操作可靠、对煤种的适应性好；立式磨设备体型小，系统简单、噪声低、单位电耗低，但不宜磨硬质煤。

煤粉制备系统分直吹式系统和中间仓式系统两种。这两种系统各有优缺点。前者流程简单，所占厂房面积小，动力消耗也较低；其缺点是煤磨与窑互相牵制，两者的操作要很好配合，煤磨往往不能满负荷运转。后者煤磨操作不受窑的干扰，可在额定负荷下运转，粉磨效率高，较易控制，且煤粉细度较稳定，但该系统需要较多的设备和较大的厂房。

中间仓式系统根据废气处理方法不同，又可分为单风机系统和双风机系统。在单风机系统中，煤磨排风与窑头鼓风共用一台风机，煤磨废气全部入窑。而在双风机系统中，煤磨排风机与窑头鼓风机分开设置，煤磨废气可根据需要一部分入窑另一部分回磨循环。当废气量过大时，还可以把一部分废气经过除尘后排入大气中（通常称为放风）。

对于预热器窑和预分解窑来说，因窑用一次风量较少，宜采用放风流程。烘干车间单独设置煤粉制备系统时，一般采用直吹式，以简化工艺流程。

2. 煤粉的燃烧过程

煤粉的燃烧采用喷燃法，其燃烧空间为窑炉的炉膛或专设的燃烧室。煤粉的燃烧特点是：煤粉随空气喷入燃烧室后呈悬浮状态，一边随气流往前流动，一边依次进行干燥、预热、挥发分逸出及燃烧、焦炭粒子燃烧及燃尽等过程。煤粉受热着火时，首先是挥发分逸出并燃烧，其次是焦炭粒子燃烧，焦炭粒子的燃烧速度相对来说要慢一些。燃烧产生的热烟气进入窑炉或烘干机加热物料，燃尽的煤灰一部分被烟气带走，一部分落入灰坑。煤粉在回转窑内燃烧时,则一边燃烧,一边把热量传给物料,煤灰绝大部分在窑内降落掺入物料。煤粉燃烧所需要的空气一部分随煤粉一起进入燃烧室或窑炉,另一部分则需单独供给。

为改善喷燃的燃烧条件、控制燃烧过程,喷燃时应注意以下几点:

(1) 二次空气的比例:一次风携带煤粉喷入燃烧室或窑炉并供逸出的挥发分燃烧之用,二次风则主要供焦炭燃烧之用。确定一、二次风的比例时,还应考虑煤粉制备系统的设计要求及窑炉的特点。

一般水泥回转窑一次风量为25%~30%,烘干机煤粉燃烧室的一次风量及空气过剩系数见表2-23。

表2-23 烘干机煤粉燃烧室一次风量及空气过剩系数

煤种	无烟煤	贫煤	烟煤		褐煤
挥发分 V_{daf} /%	2~9	10~17	<30	>30	>40
一次风量/%	15~20	20~25	25~30	30~45	40~45
空气过剩系数	1.25	1.25	1.20	1.20	1.20

(2) 一、二次空气的温度:适当提高一次风的温度对煤粉着火和燃烧是有利的,但一次风的温度应控制在150℃以下,以防止煤粉发生爆炸;二次风的温度越高对燃烧越有利,其预热温度不受限制。

(3) 空气过剩系数:空气过剩系数的大小将影响燃料的完全燃烧程度及炉膛温度的高低,烘干机煤粉燃烧室的空气过剩系数可见表2-23,水泥回转窑的空气过剩系数一般为1.05~1.15。若为满足烘干机对烟气温度的要求而需掺入冷空气时,则应在煤粉基本燃尽之后的部位再掺入。

(4) 一次风喷出速度:若其他条件不变,增大一次风喷出速度,黑火头将延长,过大时甚至造成熄火,但一次风喷出速度也不可过小,至少应大于煤粉的火焰传播速度,以避免发生回火危险。

挥发分含量低不易着火的煤,一次风速应小一些,以免黑火头拉得很长;挥发分高容易着火的煤,一次风速应大一些,以加速燃烧,提高火焰温度。一次风速增大,一方面增大煤粉的行程,可使火焰伸长,另一方面也强化了焦炭粒子与二次风的混合,有利于加速炭粒燃烧,可使火焰缩短。

(5) 煤粉的细度和粒度:煤粉细,燃烧迅速。粒度均匀即含粗粒煤粉少,有利于完全燃烧。对水泥回转窑而言,若煤粉细度过细,会使燃烧速度加快,窑头高温带火焰较短,产生短焰急烧,使水泥熟料煅烧时间不足,影响熟料质量。所以为满足工艺要求,煤粉的粒度应控制在50~70 μm范围内。挥发分高的煤或质地疏松的煤,其粒度可以稍大些;无烟煤或硬质煤,粒度应小些。煤粉细度一般控制在0.08 mm方孔筛筛余8%~15%。

▶热 工 基 础

（6）炉膛温度：煤粉的燃烧速度与点火源的温度有关，炉膛温度高时，燃烧速度快，燃烧强度也大。

（7）煤粉烧嘴：合适的煤粉烧嘴，能更好地加强刚入炉煤粉气流与炉内热气流之间的混合，提高传热及保持火焰具有一定的形状。

（8）炉膛空间的大小和形状：要有适当大小和形状的炉膛空间，以使煤粉在其中有足够的停留时间以保证其能充分燃尽。

四、沸腾燃烧法

沸腾燃烧是基于固体颗粒流态化技术，将其应用于碎煤燃烧的一种新型燃烧方法，它是利用空气动力作用使煤在沸腾状态下完成传热、传质和燃烧过程。由于它具有强化燃烧、传热效率高、能燃烧石煤及煤矸石等劣质燃料的优点，在烘干机用燃烧室中有明显的节能效果，因此得到了广泛应用。特别是烘干机沸腾燃烧室作为一种节能技术，已在建材工业推广使用。

1. 沸腾燃烧的过程

燃煤在沸腾燃烧室中的燃烧过程与层燃或喷燃有明显区别。沸腾燃烧室底部安装有布风板炉栅，块煤经锤链式破碎机破碎后，其粒度在 0.5~10 mm，碎煤经喂煤口投放到布风板炉栅上，布风板下为风室，空气由此向上吹送。

当空气以较低速度通过燃料层时，由于碎煤重力大于气流推力，碎煤颗粒就静止在布风板上；当送风速度增大到某一较高的值时，碎煤层的稳定性受到破坏，煤颗粒被风托起，颗粒之间的空隙加大，碎煤层在一定高度范围内上下翻腾，形成松散的沸腾状态。当新煤加入时，其中小颗粒的煤很快被风吹起，在炉膛内进行热交换并着火燃烧；颗粒较大的煤能较长时间在炉膛内上下翻滚沸腾，与其他煤颗粒及空气混合、碰撞后，形成细小的煤粒燃尽或随烟气流带走。所以，煤颗粒能悬浮在空气中，受热完成干燥、预热、干馏、挥发分逸出和燃烧、焦炭的燃烧及燃尽等过程。燃烧形成的烟气及细小的灰渣随烟气一起从燃烧室的喷火口流出，直接进入烘干机。而大部分灰渣则由排渣口排出燃烧室外。

若通过燃料层空气的流速过快（或布风板炉栅下风压过大）时，细小的煤粒可能来不及燃烧就被气流带走，造成不完全燃烧损失。因此合理的送风速度应该是在保证良好沸腾和强烈扰动的条件下，既可以避免细小的煤粒被风吹走，又能使粗煤颗粒在沸腾燃烧室内停留较长的时间。

2. 沸腾燃烧的特点

燃煤在沸腾燃烧室中燃烧时，煤粒之间的相对运动十分激烈，它们互相碰撞，不断更新燃烧表面，因此煤粒与空气之间能充分混合。空气过剩系数达 1.1 时就能得到充分的氧气供应，燃烧速度非常迅速。新加入的煤粒能很快被燃烧着的大量炽热粒子所包围，迅速升温、着火和燃烧。所以沸腾燃烧室是一种强化燃烧设备，具有较高的传热系数 [255~290 W/(m^2·℃)] 和较大的容积热强度（120~240 kW/m^3）。

正常情况下，沸腾燃烧热效率可达95%以上；燃烧温度稳定，可保持在960~1050 ℃范围内，避免了因人工加煤燃烧温度忽高忽低的现象；沸腾燃烧室不仅能燃烧优质煤，还能稳定地燃烧多水、多灰、低挥发物和低发热量的劣质煤，因此煤种适应性广。如灰分为70%~80%，发热量只有3300~4200 kJ/kg的劣质煤，甚至含碳量在15%左右的炉渣，都能在沸腾燃烧室内得到稳定燃烧。因此，沸腾燃烧法对于解决煤炭资源的合理利用具有重要意义。若燃料中硫含量高时，可加入石灰石等脱硫剂，效果明显，有利于环境保护；此外，沸腾燃烧室具有结构简单、操作灵活、易于调节、自动化程度高及操作环境好等优点。

但是，沸腾燃烧室空气动力消耗大，烟气带走的热量较大，烟气中飞灰量较多；操作不当时，烟气中含有较多的可燃物质，造成不完全燃烧损失大；当煤的结焦性强时，给排渣带来困难。

任务八　节能及环境污染防治

【任务目标】

知识目标：

（1）了解燃料燃烧的节能措施。

（2）了解燃烧产物对环境的污染，以及相应的防污措施。

能力目标：

能将所学知识应用于生产实践，切实降低能耗，防止污染。

情感目标：

通过本任务的学习，提高学生节能降耗、防污控污意识。

【任务描述】

古人钻木取火、伐薪烧炭，使用的都是生物能源。而19世纪之后，随着人类文明的进步和经济社会发展，煤炭、石油、天然气等化石能源成为工业进步的重要支撑。然而，燃烧化石燃料，释放出污染环境的气体，同时化石能源的不可再生性，均导致其正在逐渐走向枯竭。本部分内容主要学习如何提高燃料的利用率，以及如何防治化石能源燃烧产生的污染。

【任务知识】

全球气候变暖和生态环境恶化是人类进步过程所面临的挑战，节能减排成为世界各国共同的认识。应对气候变化、实现碳达峰碳中和是全球共同关注的问题。三大化石能源中以煤炭的二氧化碳排放强度最高，工业窑炉燃料中煤炭占70%。从煤炭消耗总量上来说，水泥企业是能耗大户，2020年煤炭年消耗量为1.46亿吨标准煤，生产过程中煤占能源消耗总量的82.4%。因此，合理组织燃烧，提高燃烧效率，是一件非常有意义的工作。

► 热 工 基 础

一、燃料燃烧的节能措施

通过技术改革和创新，改造落后生产工艺和燃烧方法，提高管理和操作水平，都可以达到节能目的。

1. 根据工艺要求合理组织燃烧过程

在水泥、玻璃、陶瓷、耐火材料和其他硅酸盐产品的生产过程中，对燃烧温度的要求各不相同，燃烧气氛的要求也有较大差异。例如水泥熟料的烧成温度为1450 ℃；平板玻璃的熔制温度为1400~1500 ℃，退火温度为550~600 ℃；质地不同的陶瓷制品烧成温度相差很大，其烧成温度均在950 ℃以上。有的要求火焰长，有的要求火焰短；有的要求在氧化气氛下烧成，有的要求在还原气氛下烧成。因此要根据不同的工艺要求，合理组织燃烧过程，选用合适的燃烧设备，避免产生热能的浪费。

在满足工艺要求的条件下，应尽可能使用劣质或低发热量的燃料，综合利用资源也是节能的一项具体措施。

2. 改进燃烧技术、提高燃烧效率

改进燃烧技术、提高燃烧效率是节能的一项非常重要的措施。燃烧效率的高低、燃料是否完全燃烧将直接影响燃料消耗。

1）合理选择燃烧设备

应采用新型节能燃烧设备。一个性能良好的燃烧设备能提供良好的燃料与空气混合条件，使空气过剩系数较低、着火及燃烧条件好、燃烧火焰稳定、热损失小、易于调节、安全可靠、污染小，燃料消耗降低。

2）合理的空气过剩系数

为保证燃料完全燃烧，需要供给足够的空气。若空气过剩系数过大，则烟气量增大，烟气温度下降；若空气过剩系数过小，易造成空气量不足，燃料燃烧不完全，引起热损失。据测定，炉膛内空气过剩系数每增加1%时，就要多消耗3%的燃料。

3）采用燃烧新技术

（1）重油乳化燃烧技术：重油乳化燃烧是将水以液珠的形式均匀分散于重油中，然后雾化燃烧的一种新型燃烧方法。利用此项技术可节约燃油22%~33%，效果十分明显。

（2）磁化油技术：将重油在磁场中流过，经磁化处理后，能改善油的雾化质量，提高燃烧效率，达到节油目的。

（3）富氧燃烧：在助燃空气中增加氧气含量，可降低空气过剩系数，提高燃烧温度，从而节约燃料。

（4）沸腾燃烧：沸腾燃烧可燃烧劣质煤，强化燃烧过程，是一种节能型的燃烧方法。

4）预热一、二次空气

提高一、二次空气的温度，有利于提高燃料的燃烧温度，加快燃烧速度及完全燃烧，从而达到节约燃料的目的。

3. 加强生产管理提高操作水平

为了更好地节约能源，除采用以上各种措施之外，全面加强生产管理是非常重要的。通过健全企业各项管理制度，杜绝生产浪费，及时发现生产中存在的问题，并加以解决，将有利于企业在节能降耗方面作出成绩。

生产人员的操作水平越高，节约燃料的效果就越显著。企业要始终贯彻优质、高产、低消耗的设备操作基本要求。我国水泥熟料烧成实战专家齐砚勇教授指出，对设计规模为5000 t/d 的预分解窑进行窑的热平衡计算可知，在二次风温度1300 ℃，烟室温度1050 ℃，维持回转窑正常煅烧，每千克熟料仅需热量600 kJ。按照6000 t/d 熟料量来计算，回转窑每小时仅需5.4 t 的煤（热值28006 kJ/kg）。然而实际生产中由于二次风温度低，窑内风速过快，煤粉燃烧速度慢，烧成带温度偏低，以辐射换热为主的烧成带传热速度慢，物料升温慢，效率低，导致实际生产用煤远远大于这一理论数据。

4. 充分利用余热降低能源消耗

通常将生产过程中排出的具有一定温度的高温烟气、冷却水，以及产品高温水泥熟料、高温陶瓷制品所载有的、并能回收利用的热能称为余热。按载热体温度的高低，可将余热分为三种：高温余热（>650 ℃）、中温余热（230~650 ℃）和低温余热（<230 ℃）。

在硅酸盐工厂，余热的来源是多方面的，但主要是各种窑炉产生的高温烟气。据分析，烟气带走的热量占总热量的30%以上，回收这部分热量很有必要。在生产中可以将这部分热量用于干燥物料、预热空气、发电、提供热水和热蒸汽等。

具体的回收方法如下：

（1）新型干法水泥生产的窑尾烟气温度在850~950 ℃，为回收这部分热量可在窑尾安装余热锅炉和发电机组，利用余热发电。也可用于预热生料、烘干煤和混合材料以及通入生料磨中烘干生料。可通过窑头循环鼓风、窑尾双压、窑筒体辐射热利用、余热锅炉倒置一体化设计、箅冷机双取气口等措施，提高余热发电量。

（2）平板玻璃熔窑烟气温度在500 ℃左右，可利用余热加热燃料，安装余热锅炉，产生的蒸汽可用于全厂生产和生活用气的需要。通过以上方式，可以提高玻璃厂热利用率10%以上，烟气温度可降至85 ℃。

（3）陶瓷隧道窑的烟气温度为800~900 ℃，可进行多次回收利用。陶瓷厂可利用排烟余热和冷却带抽热，通过换热回收、加热助燃风、预热坯体、缓冷产品，干燥坯体、泥浆及模具等来实现余热的回收利用。通过以上方式强化余热利用，可使辊道窑的热效率达到85%以上。

（4）利用"热管"技术回收低温余热。热管换热器广泛应用于化工、电力、冶金、交通和轻工等领域的余热回收。一般水泥、玻璃窑经一次余热利用后，烟气温度还有200~300 ℃，陶瓷窑的烟气温度也达100~200 ℃，要将这些低温余热加以利用是比较困难的。目前采用的"热管"技术，回收低温余热效果非常明显。如某陶瓷厂窑尾烟气的温度为240 ℃，采用"热管"技术回收热量预热空气，用于烘干素坯等。

总之,余热的回收利用是节约能源、提高能源有效利用率的重要手段,可综合反映企业能源利用的整体水平。

二、燃烧产物对环境的污染

1. 燃料燃烧产生的有害物质

对大气环境污染具有普遍影响的主要来源是燃料的燃烧。煤中通常含有一定量的硫及灰分,由于硅酸盐工业窑炉的燃烧温度较高,较易生成各种气态、固态及综合的污染。燃料燃烧后产生的有害物质主要包括以下几种。

1) 硫氧化物

硫氧化物主要是指 SO_2 和 SO_3,主要是由燃烧含硫煤和重油等燃料产生的。SO_2 在洁净干燥的大气中氧化成 SO_3 的过程是缓慢的,但在相对湿度较大,特别是在有颗粒物存在时,氧化反应生成 SO_3 的速度将加快。SO_3 溶于水滴中使水呈酸性,在相对湿度大、气温低时,形成酸雨和酸雾,导致环境污染,损害人的健康。

2) 氮氧化物

氮氧化物统称为 NO_x,造成大气污染的主要是 NO 和 NO_2。燃料燃烧生成的 NO_x 主要是 NO。在燃烧室或烟道中只有不到 10% 的 NO 氧化成 NO_2。

NO 和 NO_2 会破坏同温层中的臭氧层,使其失去对紫外光辐射的屏蔽作用,危害地面生物。大气中有 NO_x,与 SO_2、粉尘共存,易生成硫酸或硫酸盐溶液和硝酸或硝酸盐溶液,形成酸雨。NO_x 对人类和自然界存在危害,必须控制 NO_x 的生成和排放。

3) 颗粒污染物

颗粒污染物主要有粉尘、飞灰、煤烟尘、烟。粉尘是指分散于气体中的细小固体粒子,粒径一般在 1~200 μm。飞灰是指燃料燃烧后,在烟气中所悬浮的呈灰状的细小粒子。煤粉燃烧时排出的飞灰较多。煤烟尘又称黑烟子,是指伴随燃料燃烧所发生的黑色烟尘,其中含有 50% 未燃烧的碳粒。碳粒粒径为 1~20 μm。一般来说,气体燃料(如天然气)燃烧时,煤烟尘生成量较少;煤、焦炭和重油燃烧时,煤烟尘生成量较多。烟是指固体或液体燃料燃烧后生成的蒸气,在空气中凝结成浮游粒子的气溶胶。燃料在燃烧过程中所生成的细小粒子,在大气中漂浮出现的气溶胶也称为黑烟。黑烟中含有煤烟尘和硫酸微粒,黑烟微粒成为大气中水蒸气的凝结核后,可形成烟雾。黑烟微粒的粒径为 0.05~1 μm。

4) 固体废弃物

固体废弃物主要是灰渣和粉煤灰。煤中含有一定量的灰分,燃烧之后成为灰烬。块煤在层燃时,因煤具有结渣性,形成疏松多孔状的灰渣。灰渣若露天堆放,不仅占用土地,而且易扬尘污染大气、土壤和地表水,造成环境污染。粉煤灰是煤燃烧后形成的细小灰分微粒。粉煤灰因其粒径较小,随烟气一起流出窑炉,当对烟气收尘时,粉煤灰从烟气中被分离出来。粉煤灰虽然可作为原材料生产其他建材产品,但在储存和运输过程易发生扬尘污染环境。

5）热污染

热污染多发生在城市、工厂、火电站等人口稠密和能源消耗大的地区。当前世界各国能源消费正在不断地增加，由此而引起的热污染问题也日趋严重，对地球上的生物将会产生直接或潜在的威胁。

（1）温室效应。燃料燃烧，向周围环境释放出大量CO_2。大气中的CO_2不仅能选择性地吸收太阳的辐射能，还大量吸收地球表面辐射出的红外线，使大气升温。因此，大气中的CO_2就像个巨大的盖子，防止热量散射到宇宙，增强了近地层的热效应，称为"温室效应"。

（2）"热岛"效应。由于城市（特别大城市）消耗大量燃料，在燃烧过程中产生的能量一部分转变成废热，一部分转变为有用功，最终也成为废热向环境散发，使城市的气温升高。市区与郊区的气温差显著增大，市中心区温度最高，往市郊逐渐减低，农村的温度最低。"热岛"效应对环境产生污染效应，并使城市上空云雾和降水量有所增加。

（3）水体的热污染。由于向水体排放废热水及其他形式的"废热"，使水体温度升高，影响水生生物的生存，破坏原有的生态平衡，使水质恶化，影响人类生产和生活的使用，这就称为水体的热污染。水温升高后，水中溶解氧减少，影响鱼类生长，可使一些藻类加速繁殖，加速水体的"富营养化"过程，影响其他生物生存及水体利用。

2. 防治环境污染的方法

1）大气污染的防治

（1）烟尘的防治。含尘烟气必须经除尘后，才能排入大气中。常用的除尘设备是沉降烟室、旋风除尘器、袋式除尘器及高压静电除尘器。

（2）硫氧化物防治。从烟气中除去SO_2的方法主要是脱硫。排烟脱硫的方法可分为湿法和干法两种。用水或水溶液作吸收剂吸收SO_2的方法，称为湿法脱硫；用固体吸收剂或吸附剂吸收烟气中SO_2的方法，称为干法脱硫。

（3）氮氧化物的防治。NO_x是在燃料燃烧过程中形成的，燃烧温度越高，生成的NO_x就越多，因此对氮氧化物的防治应首先采取预防措施，其次才是对烟气中的NO_x进行排烟脱氮。

①减少燃料燃烧过程中形成的NO_x。研究表明，窑炉内生成的NO_x量与燃烧温度、燃烧气体中氧的浓度以及气体在高温区停留的时间等有关。NO_x的生成速度随燃烧温度的增高而加快。所以应尽可能降低最高燃烧温度，减少过剩空气量（降低燃烧气体中O_2的浓度）和缩短气体在高温区的停留时间。例如可在烧成过程中使用低氮喷嘴。

②从烟气中除去NO_x。从烟气中除去NO_x的过程称为排烟脱氮（或称排烟脱硝）。它与排烟脱硫相似，也需要液态或固态的吸收剂或吸附剂来吸收或吸附NO_x。常用的排烟脱氮方法有非选择性催化还原法、选择性催化还原法、吸收法等。

▶ 热 工 基 础

现代工业中,常将脱硫与脱硝共同进行。最新研究结果显示,脱硫脱硝方法主要有离子体法、固相吸附法、溶液吸收法和生物法等,其各自的特点见表2-24。

表2-24 主要的脱硫脱硝方法

方法	特　点	脱除率/%	
		SO_2	NO_x
等离子体法	有电子束辐照法、脉冲电晕法;设备简单、操作简便、运行费用高;技术含量高	>90	>50
活性炭吸附法	吸附剂可循环使用,投资省;工艺简单、操作方便;存在脱硫容量低,脱硫速率慢,再生频繁等缺点	>90	>80
溶液吸收法	吸收剂是脱除效果的关键;成本低	>90	—
催化氧化法	催化剂与氧化剂的配比,催化剂的活性是关键;腐蚀性的废液难处理	98	>60
微生物法	设备简单,无二次污染;脱硫脱硝效率高;环境要求高	99.0	88.90

(4) CO_2 的防治。燃料燃烧生成大量 CO_2,对全球气候变化产生不利影响。全世界已经在积极行动,努力减少 CO_2 排放量,我国也承诺,2030年实现碳达峰,2060年实现碳中和。

减少 CO_2 排放,主要采取可燃废弃物代替化石燃料、碳捕集、重视森林碳汇和海洋碳汇等方法。

可燃废弃物有很多种类,按物理状态一般可分为固态、液态和气态三大类,有不少可燃废弃物通过简单处理后便可作为水泥窑炉的替代燃料单独使用或者混合使用,如石油焦、废轮胎、动物骨粉、液态和气态的可燃废弃物等。

碳捕集、利用与封存(CCUS)是指将 CO_2 从工业或其他排放源中分离出来,并运输到特定地点加以利用或封存,以实现被捕集 CO_2 与大气的长期隔离,其简易流程如图2-13所示。CCUS技术是我国实现2030碳达峰和2060碳中和目标的重要技术组成部分。

森林碳汇和海洋碳汇称为生态系统碳汇,是利用自然界生物能够吸收转化 CO_2 的特性,对实现碳中和产生贡献。

2) 其他污染的防治

为减少灰渣及粉煤灰对土壤的污染,应尽可能将其资源化,例如粉煤灰可用于制造加气混凝土砌块,修建道路,也可作为生产水泥的原料。灰渣及粉煤灰如需堆放储存应妥善管理,避免产生扬尘,污染大气、土壤和水体环境。

煤气洗涤过程中产生的含酚废水应采用溶剂萃取脱酚或生物法处理后,方可排入江湖,防止产生水体污染。

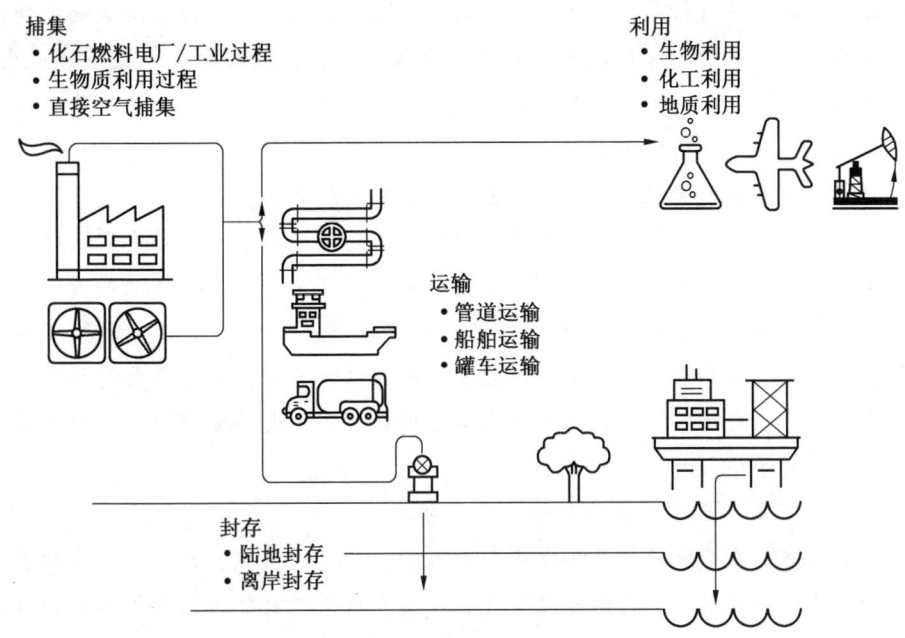

图 2-13 碳捕集、利用与封存的流程示意图

总之,硅酸盐工业对环境的污染是比较严重的,只有充分认识到污染的危害,才能采取有效的措施,对污染进行治理,为人类的可持续发展做出积极的贡献。

【知识拓展】

人类利用能源的发展史

1. 从普罗米修斯盗火到燧人氏钻木取火

无论是在古希腊神话的普罗米修斯盗火的传奇中,还是在早期人类对火的发现的过程中,火的发现和利用无疑都是人类文化演化的转折点。在普罗米修斯的神话中,他盗取了太阳神阿波罗的火种送予人类,为人类驱赶了黑暗和寒冷,给他们带来光明和温暖。而在早期人类社会中,火的使用对人类文明演化有非同寻常的重要意义。火的使用令人类烹煮食物,并从加热过的食物中摄取蛋白质和碳水化合物。火又提供温暖,使人类在寒冷的夜间以及寒冷的气候中活动。火提供了天然光源外的另一选择,也给予了人类抵御外来食肉动物入侵的能力。

人类从发现火到利用火,这中间是有个过程的。最初,我们的祖先对自然界因雷电或者其他原因引发的熊熊燃烧的火是无知的,甚至可以说是恐惧的。但当我们的祖先从野火燃烧过的地方捡到并食用了被火烧过的野兽、野菜和野果等,他们发现这样的食物不仅容易咀嚼、口感更好,而且不容易导致生病。于是我们的祖先渐渐地敢于接近火了。同时,他们也发现火发出的光亮和产生的热能可以帮助他们抵御寒冷,防范野兽侵袭。

► 热 工 基 础

最初我们的祖先将自然火用火把点燃之后带回居住的洞穴,居住在附近的人再到这里借火,这样的火称为火种。人们取回火种之后要细心照料,以防火种熄灭或者造成火灾。但当时人们对火的利用还处于比较被动的状态,因为一旦火种熄灭,人们可能就要到很远的地方去借火或者找火。这样相当不方便,于是人类根据自身的经验试着去造火,在不断尝试的过程中,人类逐渐掌握了用石块敲击、摩擦取火的方法,后来人类发现了一旦在木材上以较快的速度钻孔时,会有火花产生的现象,从而进一步发明了钻木取火的方法。中国古代有燧人氏钻木取火。其实燧人氏未必确有其人,只是由于这种方法的发明,给人类利用火带来了极大的方便,人类为了纪念这一伟大创举,便创造了燧人氏钻木取火的传说。总之,火的发现和利用是人类第一次支配了一种自然力量,从刀耕火种的原始农业的出现,到烧制陶器、冶炼铜器等都离不开火的发现和利用。火的发现和利用对人类生产力和社会的进步起到了极大的作用。

2. 历史悠久而具有无限前景的水能、风能利用

从能量的角度来看,流动的水和空气都能做功,具有机械能。大自然中流动的水和拂过的风是取之不尽用之不竭的天然能源,并且人类在很早以前就开始利用水能和风能来满足人类对能源的需求。

人类利用水能的历史相当悠久,而中国也是世界上最早利用水能的国家之一。早在 1900 多年前,智慧的中国古代人民就发明了木制的水轮,让流水冲击水轮转动,从而将流动的水的机械能转化成水轮的动能,进一步带动其他装置,完成汲水、磨粉、碾谷、灌溉、排涝等工作。我国宋代科学家宋应星的著作《天工开物》中,就详细记载了古代人民对水能的利用。

至于风能利用,那就更早了。在蒸汽机发明之前,风能曾经作为重要的动力,用于船舶航行、农田灌溉、排水磨面等。最早的利用方式是"风帆行舟",埃及被认为可能是最早利用风能的国家,几千年前,古埃及人的风帆船就在尼罗河上航行。我国也是最早使用帆船和风车的国家之一,唐代诗仙李白诗云:"乘风破浪会有时,直挂云帆济沧海",可见唐代时风帆船广泛应用于江河航行。至于风帆船最辉煌的时期则要数中国的明代,明朝时郑和七下西洋,远扬国威,成熟的风帆船制造技术功不可没。明朝以后,风车在中国得到了广泛利用,宋应星的《天工开物》一书中记载有:"扬郡以风帆数扇,俟风转车,风息则止",这就是对风车比较完整的一个描述。16 世纪,荷兰人利用风车排水,与海争地,在低洼的海滩地上发展,逐渐成为一个经济相当发达的国家。当今的荷兰人将风车视为国宝,而在北欧国家保留的那些荷兰式的风车已成为了人类利用风能的历史见证。

在蒸汽机出现之前,水力机械和风力机械都是重要的动力机械,其后随着煤、石油、天然气的大规模开采和廉价电力的获得,曾经被广泛使用的风力、水力机械,由于成本高、效率低、使用不方便等原因,逐渐失去主流地位。

但是,水能、风能作为大自然中取之不尽、储量充沛的可持续能源,在一度被冷落之后却又焕发了新的生机。19 世纪末,丹麦人首先研发了风力发电机,建成了世界上第一

— 204 —

座风力发电站。风力发电站在解决无电农牧区人民的用电问题方面起到了非常重要的作用，特别是在20世纪70年代之后，利用风力更进入了一个蓬勃发展的阶段，在世界不同地区建立了许多风力发电站。至于利用水能的水力发电站更是遍布全世界各个蕴藏丰富水资源的地区，为人类提供着大量的清洁、可持续能源。可以预见的是，水能、风能作为储量极其丰富、清洁无污染的自然能源，必将会有进一步发展，成为多能源结构的一个重要组成部分。

3. 从远古生命到现代化石燃料

化石燃料也称矿石燃料，其包括的天然资源为煤炭、石油及天然气等。这些资源都是埋藏在地下和海洋下的不可再生的燃料资源。煤炭是埋藏在地下的植物受地下和地热的作用，经过几千万年乃至几亿年的炭化过程，释放出水分、二氧化碳、甲烷等气体后，含氧量减少而形成的。煤中有机质是复杂的高分子有机化合物。石油是水中堆积的微生物残骸在高压作用下形成的碳氢化合物。

瓦特在1776年制造出第一台有使用价值的蒸汽机，以后又经过了一系列重大改进，使之成了"万能的原动机"，同时他也开创了人类利用能源的新时代，这也标志工业革命的开始。此后人类对煤炭的需求突飞猛进，煤炭突然之间就成了人类能源的支柱。内燃机的发明，其意义不亚于瓦特对蒸汽机的改良，它造就了20世纪的石油世纪，使石油变成了极其重要的战略资源，打开了石油的"潘多拉魔盒"。

化石燃料已经成为现代社会生活中不可或缺的一部分。然而随之而来的对环境的影响也是人类不可以忽视的。人类在发现了化石燃料之后，需要加以开采并且进行加工，才能使之被人类利用。而开采过程中对环境影响最典型的就是煤炭开采。据不完全统计，迄今为止平均每开采一万吨煤炭会造成农田0.2公顷塌陷，在开采的同时还会对地下水造成污染。除此之外，开采时所释放的甲烷等气体以及粉尘在相当程度上破坏了空气环境。在化石燃料的利用过程中，化石燃料中的碳转变成二氧化碳进入大气，使大气中的二氧化碳浓度增大，造成了所谓的温室效应。而温室效应作为当代环境的一个重大问题，随之而来的是全球气候变暖、冰川融化、海平面上升、生物种类的灭绝等环境问题，同时由于化石燃料大量使用，产生的硫氧化物和氮氧化物，经过复杂的化学反应，形成了硫酸或硝酸，进一步形成酸雨，腐蚀建筑物、危害农田，对环境也造成了很大影响。

4. 我国工业用燃料及能源政策

节能减排已成为国家战略，从政策发展看，经历了从"十一五"期间的重点领域节能，到"十四五"期间的新兴领域节能。"十一五"期间，强调钢铁、有色、煤炭等行业节能。"十二五"期间，开始关注合同能源管理、节能技术及产品的发展。"十三五"期间，重点实施锅炉（窑炉）、照明、电机系统升级改造及余热暖民等重点工程。到"十四五"期间，工业节能已经从传统领域扩大到5G、大数据中心等新兴行业的节能减排。

自2016年以来，国务院、国家发展改革委、国家能源局等多部门陆续印发了支持、规范工业节能行业的发展政策，内容涉及促进节能服务发展，大力发展工业节能设备等，

▶ 热 工 基 础

鼓励高耗能行业使用节能环保装备等。

2020年9月22日，中国在联合国大会上表示："将提高国家自主贡献力度，采取更加有力的政策和措施，二氧化碳排放力争于2030年前达到峰值，争取在2060年前实现碳中和。"2021年3月5日，"碳达峰、碳中和"被首次写进政府工作报告，政府工作报告要求制定2030年前碳排放达峰行动方案。为达成2030年前实现碳达峰、2060年前实现碳中和，"十四五"是我国履行这一庄严承诺的关键期，也是促进绿色低碳高质量发展的深刻变革期。构建新发展格局，工业行业既是主战场、主力军，又是排头兵和第一方阵。

2022年1月25日，中共中央政治局就努力实现碳达峰、碳中和目标进行第三十六次集体学习时，习近平总书记强调把系统观念贯穿"双碳"工作全过程，提出要进一步完善能耗"双控"制度，新增可再生能源和原料用能不纳入能源消费总量控制；要健全"双碳"标准，构建统一规范的碳排放统计核算体系，推动能源"双控"向碳排放总量和强度"双控"转变。2021年底召开的中央经济工作会议同样提出，新增可再生能源和原料用能不纳入能源消费总量控制，创造条件尽早实现能耗"双控"向碳排放总量和强度"双控"转变。

【项目习题】

1. 固体燃料的组成为什么要用4种基准表示？它们分别适用于哪些场合？

2. "燃料的发热量越高，其理论与实际燃烧温度就越高。"请分析该说法是否正确并说明原因。

3. 煤在储存过程中，要注意哪些事项？

4. 什么叫空气过剩系数，它与火焰气氛的性质有什么关系？

5. 什么叫燃烧效率，它与哪些因素有关？

6. 提高燃料燃烧温度的过程实质上是节约能源的过程，从燃烧过程上看，你认为采取哪些措施可以节约能源？

7. 已知烟煤的干燥无灰基组成（%）如下：

组成：　　　　C_{daf}　H_{daf}　O_{daf}　N_{daf}　S_{daf}

体积（%）：　82.4　6.0　9.2　1.7　0.7

测得空气干燥基水分组成 $M_{ad}=3.0\%$；灰分组成 $A_d=15\%$，收到基水分 $M_{ar}=5.0\%$。计算：

（1）1 kg 干燥无灰基煤折合成空气干燥基、收到基时各为多少？

（2）收到基时该烟煤的组成。

8. 某窑炉使用发生炉煤气作为燃料，其组成（%）为：

组成：　　CO_2　CO　H_2　CH_4　C_2H_4　O_2　N_2　H_2S　H_2O

体积（%）：5.6　25.9　12.7　2.5　0.4　0.2　46.9　1.4　4.4

燃烧时 $\alpha=1.1$。计算：

（1）燃烧所需实际空气量（$m^3/m^3_{煤气}$）。

(2) 实际生产湿烟气量（$m^3/m^3_{煤气}$）。

(3) 干烟气和湿烟气的组成百分率。

(4) 高温系数 $\eta = 0.75$，空气、煤气均为 20 ℃ 的实际燃烧温度，若空气预热到 1000 ℃ 时，实际燃烧温度比空气不预热时提高了多少摄氏度？

9. 燃料在什么条件下才能着火燃烧？

10. 火焰传播速度的大小对煤气的燃烧过程有哪些不利影响？

11. 气体燃料燃烧的方式有哪几种？各有什么特点？

12. 详细说明固体燃料燃烧的过程。

13. 层燃的方式有哪些？各有什么特点？

14. 燃料燃烧产生的污染物有哪些？对人的危害有哪些？如何防治？

▶热 工 基 础

项目三 传 热 学

传热学是一门研究热能传递的客观规律的科学。热量总是自发地从高温物体传向低温物体,这是客观规律,就像水总是从高处流向低处;电流总是从高电位流向低电位一样。在物体内或物体之间,只要有温度差就有热量传递。

在硅酸盐工业窑炉上存在众多的传热现象,对于硅酸盐工艺人员来说就是要运用各种有效的办法提高窑炉的生产率,以达到优质、高产、低消耗的目的。因此,掌握窑炉内的传热过程,熟悉传热的基本原理,最大限度地将热量传给被加热的物体(或物料),减少热损失,提高窑炉的热效率,具有十分重要的意义。

从生产角度来看,任何工业窑炉的传热现象都可以分成两大类:一类是用于加热或熔化物料的有益的传热现象,如窑炉内高温火焰对物料的传热,废气对换热器壁的传热等;另一类是造成热损失的有害传热现象,如窑体外壁的散热等。掌握传热的基本规律,强化有益传热,削弱有害传热是我们研究传热学的主要目标。

任务一 传热的基本方式

【任务目标】

知识目标:
(1) 了解传热过程。
(2) 理解各传热方式的特点。
(3) 掌握传热条件和基本方式。

能力目标:
能够正确识别生产生活中热量传递所发生的方式。

情感目标:
通过本任务学习,将传热与社会主义核心价值观结合,培养学生的爱心传递、温暖社会的社会道德素养。

【任务描述】

一个人会影响一群人,每一份善举都能让世间多一分温暖。爱心的传递,善良的扩散,会让生活充满阳光。热量也会传递,它是指系统热学平衡条件破坏而引起的能量传递,是个物理概念。本部分内容主要学习热量传递的方式及其本质特点。

【任务知识】

热量传递有三种基本方式：热传导、热对流和热辐射。在实际的热量传递过程中，有时只存在一种热量传递基本方式，有时两种或三种基本方式同时进行。不同的换热方式有不同的换热规律，本任务分别介绍这三种热量传递基本方式的特点及传热过程。

一、热传导

在物体内部或相互接触的物体表面之间，由于分子、原子及自由电子等微观粒子的热运动而产生的热量传递现象称为热传导（简称导热）。例如，手握金属棒的一端，将另一端伸进灼热的火炉，就会有热量通过金属棒传到手掌，这种热量传递现象就是由导热而引起的。导热现象既可以发生在固体内部，也可以发生在静止的液体或气体之中。

按照热力学的观点，温度是物体微观粒子热运动强度的宏观标志。当物体内部或相互接触的物体表面之间存在温差时，热量就会通过微观粒子的热运动（位移、振动）或碰撞从高温传向低温。有关导热微观机理的详细论述已超出本书的范围，这里只讨论导热的宏观规律。

在工业上和日常生活中，大平壁的导热是最简单、最常见的导热问题，例如通过炉墙以及房屋墙壁的导热等。当平壁两表面分别维持均匀恒定的温度时，可以近似认为平壁内的温度只沿垂直于壁面的方向发生变化，并且不随时间而变，热量也只沿垂直于壁面的方向传递，如图 3-1 所示。这样的导热称为一维稳态导热。

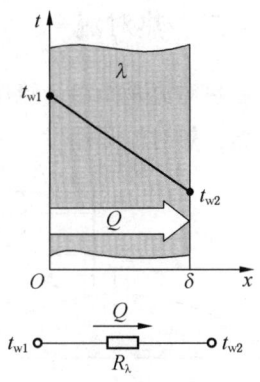

图 3-1 大平壁的稳态导热

在传热学中，单位时间传递的热量称为热流量（或传热量），用 Q 表示，单位为 W。

实验证实，平壁一维稳态导热的热流量与平壁的表面面积 F 及两侧表面的温差 $t_{w1} - t_{w2}$ 成正比，与平壁的厚度 δ 成反比，并与平壁材料的导热性能有关，可表示为

$$Q = \lambda F \frac{t_{w1} - t_{w2}}{\delta} \qquad (3-1)$$

式中的比例系数 λ 称为材料的热导率，或称导热系数，单位为 W/(m·℃)，其数值大小反映了材料的导热能力，导热系数愈大，材料导热能力愈强。例如，常温（20℃）下，纯铜的导热系数为 398 W/(m·℃)，而干空气的导热系数只有 0.0259 W/(m·℃)。材料的导热系数一般由实验测定。

借鉴电学中欧姆定律表达式的形式（电流＝电位差/电阻），式（3-1）可改写成"热流＝温度差/热阻"的形式：

$$Q = \frac{t_{w1} - t_{w2}}{\dfrac{\delta}{\lambda F}} = \frac{t_{w1} - t_{w2}}{R_\lambda}$$

式中 $R_\lambda = \dfrac{\delta}{\lambda F}$ 称为平壁的导热热阻,单位为℃/W。平壁的厚度愈大,导热热阻愈大;平壁材料的导热系数愈大,导热热阻愈小。平壁的导热可以用图3-1下方所示的热阻网络来表示。

像电阻在电学中所起的作用一样,热阻是传热学中的一个重要概念,它表示物体对热量传递的阻力,热阻愈小,传热愈强。

单位时间通过单位面积的热流量称为热流密度(简称热流),用 q 来表示,单位为 W/m²。由式(3-1)可得,通过平壁一维稳态导热的热流密度为

$$q = \frac{Q}{F} = \lambda \frac{t_{w1} - t_{w2}}{\delta} \quad (3-2)$$

二、热对流

热对流是指由于流体的宏观运动使温度不同的流体相对位移而产生的热量传递现象。显然,热对流只能发生在流体之中,而且必然伴随有微观粒子热运动产生的导热。

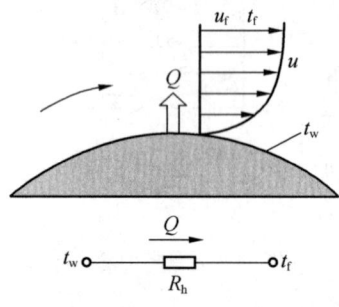

图 3-2 对流换热

在日常生活和生产实践中,经常遇到流体和它所接触的固体表面之间的热量交换,如锅炉水管中的水和管壁之间、室内空气和暖气片表面及墙壁面之间的热量交换等。一般情况下,当流体流过物体表面时,由于黏滞作用,紧贴物体表面的流体是静止的,热量传递只能以导热方式进行。离开物体表面,流体有宏观运动,热对流方式将发生作用。所以,流体与固体表面之间的热量传递是热对流和导热两种基本传热方式共同作用的结果,这种传热现象在传热学中称为对流换热,如图3-2所示。

1701年,牛顿提出了对流换热的基本计算公式,称为牛顿冷却公式,形式如下:

$$Q = \alpha F(t_w - t_f) \quad (3-3)$$
$$q = \alpha(t_w - t_f) \quad (3-4)$$

式中 t_w——固体壁面温度,℃;

t_f——流体温度,℃;

α——对流换热的表面传热系数,习惯上称为对流换热系数,W/(m²·℃)。

牛顿冷却公式也可以写成欧姆定律表达式的形式:

$$Q = \frac{t_w - t_f}{\dfrac{1}{\alpha F}} = \frac{t_w - t_f}{R_h}$$

式中 $R_h = \dfrac{1}{\alpha F}$ 称为对流换热热阻,单位为℃/W。于是,对流换热也可以用图3-2下方的热

阻网络来表示。

表面传热系数的大小反映了对流换热的强弱，它不仅取决于流体的物性（导热系数、黏度、密度、比热容等）、流动的形态（层流、湍流）、流动的成因（自然对流或强迫对流）、物体表面的形状和尺寸，还与换热时流体有无相变（沸腾或凝结）等因素有关。常见对流换热的表面传热系数数值范围见表3-1。

表3-1 一些对流换热的表面传热系数数值范围

对流换热类型	表面传热系数 $\alpha/(W \cdot m^{-2} \cdot ℃^{-1})$
空气自然对流换热	1~10
水自然对流换热	100~1000
空气强迫对流换热	10~100
水强迫对流换热	1000~15000
水沸腾	2500~35000
水蒸气凝结	5000~25000

三、热辐射

从物质的微观结构来看，物质由分子、原子和电子等基本粒子组成。当原子内部的电子受激和振动时，产生交替变化的电场和磁场，发出电磁波向空间传播［也有另外一种理论认为，辐射能是不连续的微观粒子（光子）所携带的能量］。不同波长的电磁波投射到物体上可以产生不同的效应，人们根据这些不同的效应将电磁波分成许多波段，称为电磁波。电磁波的波谱如图3-3所示，其中可见光波长为0.38~0.76 μm，红外线波长为0.76~10^3 μm。波长在10^3~10^6 μm 范围的电磁波称为微波。微波炉就是利用微波加热食物的，因为微波可以穿透塑料、玻璃和陶瓷制品，但会被食物中水分子吸收，产生内热源，使食物均匀受热。

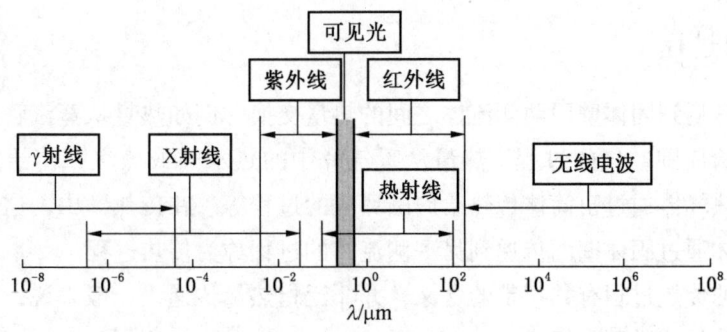

图3-3 电磁波谱

► 热 工 基 础

由于物体内部微观粒子的热运动（或者说由于物体自身的温度）而使物体向外发射辐射能的现象称为热辐射。理论上，热辐射的波长范围从零到无穷大，但在日常生活和工业上常见的温度范围内，热辐射的波长主要在 0.01~100 μm，包括部分紫外线、可见光和部分红外线三个波段。

所有温度大于 0 K 的实际物体都具有发射热辐射的能力，并且温度愈高，发射热辐射的能力愈强。物体发射热辐射时，其热能转化为辐射能。所有实际物体也都具有吸收热辐射的能力，在物体吸收热辐射时，辐射能又转化为物体的热能。当物体之间存在温差时，以热辐射方式进行能量交换的结果使高温物体失去热量，低温物体获得热量，这种热量传递现象称为辐射换热。

热辐射具有以下特点：

（1）热辐射总是伴随热能与辐射能这两种能量形式之间的相互转化。

（2）热辐射不依靠中间媒介，可以在真空中传播，太阳辐射穿过浩瀚的太空到达地球就是典型的实例。

（3）物体间以热辐射方式进行的热量传递是双向的。当两个物体温度不同时，高温物体向低温物体发射热辐射，低温物体也向高温物体发射热辐射，即使两个物体温度相等，辐射换热量等于零，但它们之间的热辐射交换仍在进行，只不过处于动态平衡而已。

任何实际物体都在不断地发射热辐射和吸收热辐射，物体之间的辐射换热量既与物体本身的温度、辐射特性有关，也与物体的大小、几何形状及相对位置有关。

以上分别介绍了热传导、热对流和热辐射三种热量传递的基本方式。实际上，这三种方式往往不单独出现，如前面所指出的，对流换热是导热和对流两种方式共同作用的结果。再如，在暖气片的散热过程中，三种基本传热方式同时存在：暖气片内蒸汽或热水与内壁面的对流换热、暖气片壁的导热、外壁面与周围空气的对流换热以及与房间内墙壁、物体之间的辐射换热同时发生。这样的例子数不胜数。在分析传热问题时，首先应该弄清楚有哪些传热方式在起作用，然后再按照每一种传热方式的规律进行计算。有时，某一种传热方式虽然存在，但与其他传热方式相比作用非常小，往往可以忽略。

四、传热过程

工程上经常遇到固体壁面两侧流体之间的热量交换，例如热量从蒸汽管道内的高温蒸汽通过管壁传给周围空气的过程，热量从暖气片中的热水（或蒸汽）传给室内空气的过程，回转窑内热气体通过窑筒体传热给周围环境的过程等。在传热学中，这种热量从固体壁面一侧的流体通过固体壁面传递到另一侧流体的过程称为传热过程。

这里定义的传热过程有其特定的含义，并非泛指热量传递。一般来说，传热过程由三个相互串联的热量传递环节组成：

（1）热量以对流换热方式从高温流体传给壁面，有时还存在高温流体与壁面之间的辐射换热，如窑炉内高温烟气与窑筒体壁之间的热量交换。

（2）热量以导热方式从高温流体侧壁面传递到低温流体侧壁面。

（3）热量以对流换热方式从低温流体侧壁面传给低温流体，有时还须考虑壁面与低温流体及周围环境之间的辐射换热。

传热过程存在于各种类型的换热设备中。这里先介绍最简单的通过平壁的稳态传热过程，其他传热过程将在后续章节进行讨论。

如图 3-4 所示，一个导热系数 λ 为常数、厚度为 δ 的大平壁，平壁左侧远离壁面处的流体温度为 t_{f1}，表面传热系数为 α_1，平壁右侧远离壁面处的流体温度 t_{f2}，表面传热系数为 α_2，且 $t_{f1} > t_{f2}$。假设平壁两侧的流体温度及表面传热系数都不随时间变化。显然，这是一个稳态传热过程，由平壁左侧的对流换热、平壁的导热及平壁右侧的对流换热三个相互串联的热量传递环节组成。

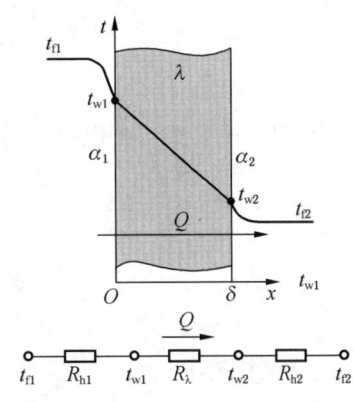

图 3-4 通过平壁的传热过程

对于平壁左侧流体与左侧壁面之间的对流换热，根据牛顿冷却公式，得：

$$Q = \alpha_1 F(t_{f1} - t_{w1}) = \frac{t_{f1} - t_{w1}}{\frac{1}{\alpha_1 F}} = \frac{t_{f1} - t_{w1}}{R_{h1}}$$

对于平壁的导热，根据式（3-1），得：

$$Q = F\lambda \frac{t_{w1} - t_{w2}}{\delta} = \frac{t_{w1} - t_{w2}}{\frac{\delta}{F\lambda}} = \frac{t_{w1} - t_{w2}}{R_\lambda}$$

对于平壁右侧流体与右侧壁面之间的对流换热，同样可得：

$$Q = \alpha_2 F(t_{w2} - t_{f2}) = \frac{t_{w2} - t_{f2}}{\frac{1}{\alpha_2 F}} = \frac{t_{w2} - t_{f2}}{R_{h2}}$$

式中 R_{h1}、R_λ、R_{h2} 分别为平壁左侧对流换热热阻、平壁导热热阻和平壁右侧对流换热热阻。在稳态情况下，由上述 3 个公式计算得到的热流量 Q 是相同的，由此可得：

$$Q = \frac{t_{f1} - t_{f2}}{\frac{1}{\alpha_1 F} + \frac{\delta}{F\lambda} + \frac{1}{\alpha_2 F}} = \frac{t_{f1} - t_{f2}}{R_{h1} + R_\lambda + R_{h2}} = \frac{t_{f1} - t_{f2}}{R_k}$$

上式中的总热阻 $R_k = R_{h1} + R_\lambda + R_{h2}$，称为传热热阻，单位为 ℃/W，它由 3 个热阻串联而成，如图 3-4 中的热阻网络所示。上式还可以写成：

$$Q = Fk(t_{f1} - t_{f2}) = F \cdot k \cdot \Delta t \qquad (3-5)$$

式中

▶ 热 工 基 础

$$k = \frac{1}{\frac{1}{\alpha_1} + \frac{\delta}{\lambda} + \frac{1}{\alpha_2}}$$

称为总传热系数,单位为 W/(m²·℃);Δt 为传热温差。通过单位面积平壁的热流密度为

$$q = k(t_{f1} - t_{f2}) = \frac{t_{f1} - t_{f2}}{\frac{1}{\alpha_1} + \frac{\delta}{\lambda} + \frac{1}{\alpha_2}} \tag{3-6}$$

利用上述公式,可以很容易求得通过平壁的热流量 Q、热流密度 q 及壁面温度 t_{w1}、t_{w2}。

任务二　传 导 传 热

【任务目标】

知识目标:

(1) 了解导热的基本概念。

(2) 理解传导传热的基本定律——傅里叶定律。

(3) 掌握导热系数的定义和物理意义,掌握不同壁面情况导热的计算。

能力目标:

能利用所学知识解决生产生活中所遇到的导热量、壁厚、效率等问题。

情感目标:

通过本任务的学习,增强学生的社会责任感、民族自豪感、专业荣誉感。

【任务描述】

导热理论奠基人傅里叶,少年多磨难,随军征战多年,终在晚年著成大作;中国传热学前辈陶文铨院士、杨世铭教授,发扬西迁精神,不畏艰难,奠定我国传热学基础。时代从来不缺英雄,每一个时代,都有属于它的英雄。本部分内容主要学习导热的基本概念,不同材质导热系数,讨论分析不同壁面情况下导热量的计算。

【任务知识】

一、导热的基本概念和基本定律(傅里叶定律)

物体的传热和温度的分布情况有密切关系,因此,在研究传热问题时,需首先建立与温度分布有关的基本概念。

1. 导热的基本概念

1) 温度场

温差是热量传递的动力,每一种传热方式都和物体的温度密切相关。在某一时刻 τ,物体内所有各点的温度分布称为该物体在 τ 时刻的温度场。一般情况下,温度场是空间坐

标和时间的函数，在直角坐标系中温度场可表示为

$$t = f(x, y, z, \tau) \tag{3-7}$$

式中 t 表示温度，x、y、z 为空间直角坐标。

随时间变化的温度场称为非稳态温度场，例如窑炉内刚点火升温或停窑冷却过程中，窑内各点温度随时间而变化。非稳态温度场中的导热称为非稳态导热。

不随时间变化的温度场称为稳态温度场，可表示为

$$t = f(x, y, z) \tag{3-8}$$

稳态温度场中的导热称为稳态导热。

根据温度在空间三个方向的变化情况，温度场又可分为一维温度场、二维温度场和三维温度场。这里重点讨论一维稳态温度场中的传热。

2）等温面与等温线

在同一时刻，温度场中温度相同的点所连成的线或面称为等温线或等温面。等温面上的任何一条线都是等温线。如果用一个平面和一组等温面相交，就会得到一组温度各不相同的等温线。物体的温度场可以用一组等温面或等温线来表示。很显然，在同一时刻，物体中温度不同的等温面或等温线不能相交，因为任何一点在同一时刻不可能具有两个或两个以上的温度值。此外，在连续介质的假设条件下，等温面（或等温线）或者在物体中构成封闭的曲面（或曲线），或者终止于物体的边界，不可能在物体中中断。

3）温度梯度

在温度场中只有沿穿过等温面的方向才能观察到温度的变化。在两相邻的等温面之间以法线方向的距离为最短，故沿等温面法线方向（n 的方向）的温度变化率最大。两等温面之间的温度差 Δt 与其沿法线方向两等温面的距离 Δn 的比值的极限称为温度梯度，记为"$\mathrm{grad}\, t$"。它是一个矢量，正向朝着温度增加的方向，如图3-5所示。

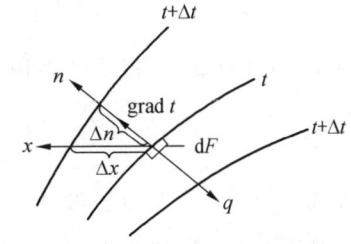

图3-5　等温面、温度梯度与热流示意图

$$\mathrm{grad}\, t = \lim_{\Delta n \to 0} \frac{\Delta t}{\Delta n} \tag{3-9}$$

4）热流和传热量

单位时间内，通过单位面积传递的热量称为热流，以符号 q 来表示，单位为 $\mathrm{W/m^2}$。必须指出：热流亦是矢量，其正负方向恰与温度梯度相反，其正方向指向温度降低的方向。

单位时间内，通过总传热面积 F 传递的热量，称为传热量，用符号"Q"表示，单位为 W。显然：

$$Q = qF \tag{3-10}$$

5) 稳定传热和不稳定传热

在稳定温度场中的传热为稳定传热。温度场和传热量都不随时间变化,即 $\frac{dt}{d\tau} = 0$,因而 $\frac{dq}{d\tau} = 0$。在一维稳定温度场中,还有 $\frac{dt}{dx} = 0$。

在不稳定温度场内的传热称为不稳定传热。温度场和传热量随时间而变化,即 $\frac{dt}{d\tau} \neq 0$,因而 $\frac{dq}{d\tau} \neq 0$。

稳定传热和不稳定传热的规律各不相同,在连续作业的窑炉中可近似看成稳定传热;在间歇作业的窑炉中,如连续作业的窑炉在升温、烤窑和停窑过程中以及蓄热室的工作过程中等都属于非稳定传热。这里重点研究稳定传热。

2. 导热基本定律

在物体中,任何地方的热流都是沿温度降低的方向传递的。法国物理学家傅里叶(J. B. J. Fourier)在对导热过程进行大量实验研究的基础上,发现了导热热流与温度梯度之间的关系,于 1822 年提出了著名的导热基本定律——傅里叶定律:单位时间内传递的热量 Q,与温度梯度及垂直于导热方向的截面积 F 成正比,其数学表达式为

$$Q = -\lambda \,\mathrm{grad}\, t \cdot F = -\lambda \cdot \frac{dt}{dn} \cdot F \qquad (3-11)$$

对于单位时间内通过单位面积的传热量即热流 $q(\mathrm{W/m^2})$,有:

$$q = \frac{Q}{F} = -\lambda \,\mathrm{grad}\, t = -\lambda \cdot \frac{dt}{dn} \qquad (3-12)$$

公式中的负号说明传热量或热流是与温度梯度方向相反而与温度降度方向一致的矢量。比例系数 λ [W/(m·℃)] 称为导热系数。

导热系数是衡量物质导热能力大小的物理量。由上式得:

$$\lambda = \frac{q}{-\frac{dt}{dn}} \qquad (3-13)$$

可见,导热系数的数值是当物体内温度梯度为 1 ℃/m 时,单位时间内单位面积的导热量。各种物质的导热系数都是用实验方法测定的。

需要指出,傅里叶定律只适用于各向同性物体。然而有许多天然和人造材料,其导热系数随方向而变化,存在导热系数具有最大值和最小值的方向,这类物体称为各向异性物体,例如木材、石英、沉积岩、经过冷冲压处理的金属、层压板、强化纤维板、一些工程塑料等。在各向异性物体中,热流的方向不仅与温度梯度有关,还与导热系数的方向性有关,因此热流与温度梯度不一定在同一条直线上。对各向异性物体中导热的一般性分析比较复杂,这里不进行讨论。

二、导热系数

导热系数是物质的重要热物性参数，表示该物质导热能力的大小。根据傅里叶定律的数学表达式，有：

$$\lambda = \frac{q}{|\text{grad}\,t|}$$

该式说明，导热系数的值等于温度梯度的绝对值为 1 ℃/m 时的热流密度值。绝大多数材料的导热系数值都是根据上式通过实验测得的。

各种材料导热系数数值的差别很大，为了使读者对不同类型材料的导热系数数值的量级有所了解，表 3-2 中列出了一些典型材料在常温下的导热系数数值。书后附录 2、3 中摘录了一些工程上常用材料在特定温度下的导热系数数值，可供读者进行一般工程计算时参考。对于特殊材料或者在特殊条件下的导热系数数值，请参阅有关工程手册或专著。

表 3-2　一些典型材料在 20 ℃ 时的导热系数数值　　W/(m·℃)

	材料名称	λ		材料名称	λ
金属（固体）	纯银	427	非金属（固体）	松木（平行木纹）	0.35
	纯铜	398		冰	2.22
	黄铜（70%Cu，30%Zn）	109	液体	水	0.551
	纯铝	236		水银	7.90
	铝合金（87%Al，13%Si）	162		变压器油	0.124
	纯铁	81.1		柴油	0.128
	碳钢（约 0.5%C）	49.8		润滑油	0.146
非金属（固体）	石英晶体	19.4	气体	空气	0.0257
	石英玻璃	1.13		氦气	0.0256
	大理石	2.70		氢气	0.177
	玻璃	0.65~0.71		水蒸气	0.0183
	松木（垂直木纹）	0.15			

从表 3-2 可以看出，物质的导热系数在数值上具有下述特点：①对于同一种物质来说，固态的导热系数值最大，气态的导热系数值最小。例如，同样是在 0 ℃ 时，冰的导热系数为 2.22 W/(m·℃)，水的导热系数为 0.551 W/(m·℃)，水蒸气的导热系数为 0.0183 W/(m·℃)。②一般金属的导热系数大于非金属的导热系数（相差 1~2 个数量级）。金属的导热机理与非金属有很大区别，金属的导热主要靠自由电子的运动，而非金属

的导热主要依靠分子或晶格的振动。③导电性能好的金属，其导热性能也好。金属的导热和导电都主要依靠自由电子的运动。如表 3-2 中的银是最好的导电体，也是最好的导热体。④纯金属的导热系数大于它的合金。例如，纯铜在 20 ℃时的导热系数为 398 W/(m·℃)，而黄铜的导热系数只有 109 W/(m·℃)，其他金属也如此。这主要是由于合金中的杂质（或其他金属）破坏了晶格的结构，并且阻碍自由电子运动。⑤对于各向异性物体，导热系数的数值与方向有关。例如松木，顺木纹方向的导热系数为 0.35 W/(m·℃)，而垂直于木纹方向的导热系数只有 0.15 W/(m·℃)。这是由于一般木材顺纹方向的质地密实，而垂直于木纹方向的质地较为疏松的缘故。⑥对于同一种物质而言，晶体的导热系数要大于非晶体物体的导热系数。例如，石英晶体（各向异性物体）在平行于轴的方向上的导热系数为 19.4 W/(m·℃)，而石英玻璃（非晶体石英）的导热系数要比石英晶体小一个数量级，约为 1.13 W/(m·℃)。

导热系数的影响因素较多，主要取决于物质的种类、物质结构与物理状态，此外温度、密度、湿度等因素对导热系数也有较大影响。由于导热是在非均匀温度场中进行的，所以温度对导热系数的影响尤为重要。一般来说，所有物质的导热系数都是温度的函数，在工业上和日常生活中常见的温度范围内，绝大多数材料的导热系数可以近似地认为随温度线性变化，并可表示为

$$\lambda = \lambda_0(1 + bt) \quad (3-14)$$

式中 λ_0 为按上式计算的 0 ℃下的导热系数值，并非材料在 0 ℃下的导热系数真实值 $\lambda(0)$，如图 3-6 所示；b 为由实验确定的常量，其数值与物质的种类有关。

各种物质的导热系数随温度的变化规律大不相同，下面分别对固体、液体及气体导热系数的特点加以说明。

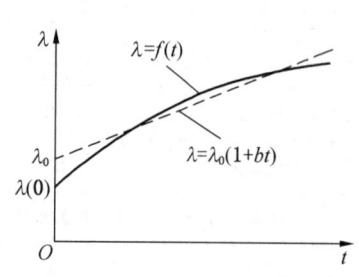

图 3-6 导热系数 λ 与温度 t 的关系

1. 固体的导热系数

由于导热机理上的区别，各类固体导热系数的数值范围相差很大，随温度的变化规律也不相同。

1）金属的导热系数

金属的导热系数最大，在 2.2~428 W/(m·℃) 范围内，其中以银的导热系数为最大 [428 W/(m·℃)]，其次是铜、铝等。纯金属的导热系数一般随温度升高而减小，见表3-3。这是由于金属的导热主要依靠自由电子，而温度升高时，晶格的振动阻碍了自由电子的运动，以致导热系数下降。纯金属中若掺有少许杂质，其导热系数将降低很多（因为杂质妨碍了自由电子的运动），因此合金的导热系数比纯金属低．一般合金的导热系数随温度的升高而增大。低温下，纯金属具有非常高的导热系数。例如，在 10 K 的温度下，纯铜的导热系数可达 12000 W/(m·℃)；在 15 K 的温度下，纯铝的导热系数可达 7000 W/(m·℃)。

表3-3 几种不同的金属在不同温度下的导热系数　　　　　W/(m·℃)

材料名称	0 ℃	100 ℃	200 ℃	300 ℃	400 ℃	600 ℃	800 ℃
银	428	422	415	407	399	384	
纯铜	401	393	389	384	379	366	352
黄铜（70%Cu，30%Zn）	106	131	143	145	148		
青铜（89%Cu，11%Sn）	24	28.4	33.2				
纯铝	236	240	238	234	228	215	
纯铁	83.5	72.1	63.5	56.5	50.3	39.4	29.6
碳钢[$w(C)=1\%$]	43.0	42.8	43.2	46.5	40.6	36.7	32.2
铬钢[$w(Cr)=5\%$]	36.3	35.2	34.7	33.5	31.4	28.0	27.2
镍钢[$w(Ni)=1\%$]	13.4	15.4	17.1	18.6	20.1	23.1	
铅	35.5	34.3	32.8	31.5			

2) 建筑材料的导热系数

建筑材料的导热系数在 0.16~2.2 W/(m·℃)，见表3-4。这类材料的导热系数大多数随温度升高而增大，并且和材料的结构、孔隙率、湿度、密度等因素有关。

表3-4 常见建筑材料和耐火材料的导热系数和温度系数

材料名称	密度/(kg·m^{-3})	λ_0/(W·m^{-1}·℃$^{-1}$)	温度系数 b	材料名称	密度/(kg·m^{-3})	λ_0/(W·m^{-1}·℃$^{-1}$)	温度系数 b
半酸性砖	1600~2300	0.872	0.45×10^{-3}	轻质黏土砖	1300	0.407	0.30×10^{-3}
黏土砖	2000~2100	0.697	0.55×10^{-3}		1000	0.291	0.22×10^{-3}
高铝砖	2190~2500	1.532	0.16×10^{-3}		800	0.209	0.37×10^{-3}
莫来石砖（烧结）	2200~2400	1.686	0.20×10^{-3}		400	0.093	0.14×10^{-3}
刚玉砖（烧结）	2600~2900	2.093	1.60×10^{-3}	轻质高铝砖	770~1500	0.656	0.07×10^{-3}
硅砖	1900	1.047	0.80×10^{-3}	轻质硅砖	1200	0.582	0.37×10^{-3}
镁砖	2600~2800	4.303	−0.40×10^{-3}	硅藻土砖	450	0.063	0.12×10^{-3}
铬镁砖	2800	2	−0.30×10^{-3}		650	0.100	0.196×10^{-3}
碳化硅制品	2400~2650	9.3~13.96	−9.00×10^{-3}	膨胀蛭石	60~280	0.057~0.07	0.27×10^{-3}
石墨制品	1600	162.82	35.00×10^{-3}	水玻璃蛭石砖	400~450	0.081~0.105	0.22×10^{-3}
炭砖	1350~1500	23.26	30.00×10^{-3}	硅藻土石棉粉	450	<0.069	0.27×10^{-3}

表3-4(续)

材料名称	密度/($kg \cdot m^{-3}$)	λ_0/($W \cdot m^{-1} \cdot ℃^{-1}$)	温度系数 b	材料名称	密度/($kg \cdot m^{-3}$)	λ_0/($W \cdot m^{-1} \cdot ℃^{-1}$)	温度系数 b
锆石英制品	3100~3400	1.303	0.55×10^{-3}	石棉绳	800	0.073	0.27×10^{-3}
高岭土砖（浇注）	2300~2400	1.047~1.861	(200~1000℃)	石棉板	1150	0.057	0.16×10^{-3}
白云石砖（不浇）	2800~2900	3.256	(200~1000℃)	矿渣棉	150~180	0.052~0.058	0.135×10^{-3}
氧化锆制品	3200~3300	1.075	(1000℃)				
锆莫来石砖（电熔）	2800~3000	2.326~2.908	(200~1000℃)	矿渣棉砖	350~450	0.07	0.135×10^{-3}
锆刚玉（电熔）	3300~3700	2.326~2.908	(200~1000℃)	红砖	1750~2100	0.465	0.44×10^{-3}
石英砖（电熔）	2000	2.093	(200~1000℃)	珍珠岩制品	220	0.052	0.025×10^{-3}

国家标准《设备及管道绝热技术通则》（GB/T 4272—2008）中规定，将温度低于350℃时导热系数小于0.12 W/(m·℃)的材料称为保温材料（或绝热材料），如膨胀塑料、膨胀珍珠岩、矿渣棉等，都是很好的保温材料。绝热材料都是多孔材料，孔内都充满着空气，常温下空气的导热系数为0.0257 W/(m·℃)，比固体的导热系数小得多，因此多孔材料的导热系数都较小。一般优质绝热材料导热系数值在0.035~0.07 W/(m·℃)。

耐火材料导热系数在0.7~5.8 W/(m·℃)，绝大部分耐火材料的导热系数是随温度升高而增大，见表3-4。但是镁砖和铬镁砖例外，其导热系数是随温度升高而减小，因为它们是由晶体组成的。

绝大多数建筑材料和绝热材料都具有多孔或纤维结构（如砖、混凝土、石棉、炉渣等），不是均匀介质，所以将傅里叶定律应用于这些物体的导热计算是有条件的，只有当孔隙的大小与物体的总体几何尺寸相比非常小时，才可以近似地把这些物体看作是均匀介质。多孔材料的导热系数是指它的表观导热系数，或称折算导热系数，它相当于和多孔材料物体具有相同的形状、尺寸和边界温度，且通过的导热热流量也相同的某种均质物体的导热系数。

一般多孔材料的孔隙中充满空气，由于空气的导热系数要比多孔材料中固体的导热系数小得多，所以多孔材料的导热系数都较小。之所以多孔材料的导热系数随温度升高而增大，主要原因是孔隙中气体的导热系数随温度的升高而增大，此外随着温度升高，孔隙内壁面间的辐射传热加强，使综合的表观导热系数增大。

多孔材料的导热系数与密度有关。一般密度愈小，多孔材料的孔隙率就愈大，导热系数就愈小。如石棉的密度从800 kg/m³减小到400 kg/m³时，导热系数从0.248 W/(m·℃)减小到 0.105 W/(m·℃)。但是，当密度小到一定程度后，由于孔隙较大，孔隙中的空气出现宏观流动，由于对流换热的作用反而使多孔材料的表观导热系数增大。

多孔材料的导热系数受湿度的影响较大。湿材料的导热系数比干材料和水的导热系数都大。例如，干砖的导热系数为 0.35 W/(m·℃)，水的导热系数为 0.60 W/(m·℃)，而湿砖的导热系数为 1.0 W/(m·℃)。这一方面是由于水分的渗入，替代了多孔材料孔隙中的空气，水的导热系数要比空气大很多；另一方面由于毛细力的作用，高温区的水分向低温区迁移，由此而产生热量传递，使湿材料的表观导热系数增大。一般非金属的导热系数随温度的升高而增大。

2. 液体的导热系数

液体的导热系数数值在 0.07~0.7 W/(m·℃) 范围内。大多数液体的导热系数随温度的升高而减小，而水、甘油等强缔合液体的导热系数随温度的升高而增大，见表3-5。

表3-5 几种液体物质导热系数　　　　　　　　　　　W/(m·℃)

温度/℃	水	乙醇	甲醇	丙酮	甲苯	苯	甘油	蓖麻油
0	0.551	0.188	0.24	0.175	0.154	—		0.184
25	0.613	0.184	0.211	0.169	0.136	0.144	0.279	0.180
50	0.648	0.177	0.207	0.163	0.129	0.138	0.283	0.177
100	0.683		—	0.151	0.119	0.126	0.286	0.171

3. 气体的导热系数

气体的导热系数数值在 0.006~0.6 W/(m·℃) 范围内。在一般的温度和压力范围内，气体的导热可认为是由于分子的热运动及相互碰撞产生的热量传递，因此气体的导热系数随温度的升高而增大，见表3-6。在气体中，氢和氦的导热系数比其他气体要大 4~9 倍，这是由于氢和氦的分子质量很小，其分子平均运动速度较大的缘故。

混合气体的导热系数不等于各组分的导热系数之和，一般需要通过实验方法测定。

表3-6 几种气体的导热系数　　　　　　　　　　　W/(m·℃)

温度/℃	空气	氧气	二氧化碳	水蒸气	烟气*
0	0.0244	0.0246	0.0147	0.0162	0.0228
50	0.0279	0.0291	0.0186	0.0198	0.0271
100	0.0321	0.0329	0.0228	0.0240	0.0313
200	0.0293	0.0406	0.0301	0.0330	0.0401
300	0.0460	0.0480	0.0390	0.0433	0.0484
400	0.0520	0.0550	0.0472	0.0550	0.0570

热 工 基 础

表 3-6（续） W/(m·℃)

温度/℃	空气	氧气	二氧化碳	水蒸气	烟气*
500	0.0574	0.0614	0.0548	0.0675	0.0656
600	0.0621	0.0674	0.0620	0.0820	0.0742
700	0.0665	0.0727	0.0686	0.0975	0.0827
800	0.0705	0.0775	0.0750	0.1150	0.0915
900	0.0740	0.0817	0.0809	0.1332	0.1000
1000	0.0770	0.0856	0.0860	0.1520	0.1090
1100	0.0802	0.0936	—	—	0.1170
1200	0.0843	0.0982	—	—	0.1260

* 烟气成分：CO_2，13%；H_2O，11%；N_2，76%。

三、平壁稳定导热

稳态导热是指温度场不随时间变化的导热过程。当平壁的两表面分别维持均匀恒定的温度时，平壁的导热为一维稳态导热。

1. 单层平壁导热

如图 3-7 所示，一厚度为 δ 的单层平壁，设材料的导热系数 λ 为常数。平壁两侧各保持均匀稳定的温度 t_{w1} 和 t_{w2}，若平壁的高度和宽度远大于其厚度（可称为大平壁），则可认为沿高与宽两个方向温度没有变化，而仅沿厚度方向改变，即为一维稳定导热。通过实际计算证明，当高度和宽度是厚度的 8~10 倍时，作为一维问题处理，误差不大于 1%。根据傅里叶定律可写出：

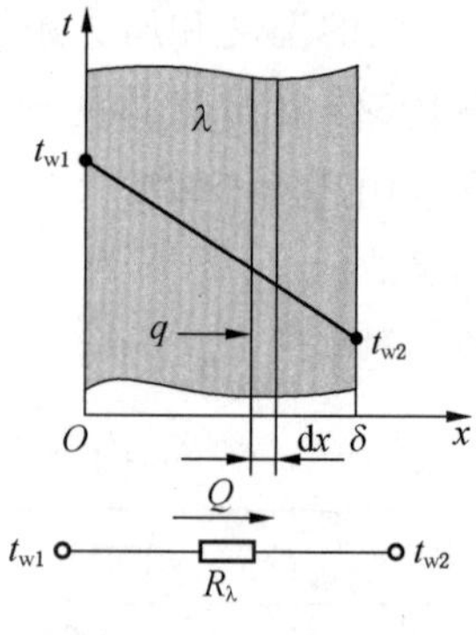

$$q = -\lambda \cdot \frac{dt}{dx} = -\lambda_0(1+bt)\frac{dt}{dx}$$

将上式分离变量并积分化简后得：

$$q = \lambda \frac{t_1 - t_2}{\delta} \tag{3-15}$$

图 3-7 平壁的稳态导热

从式（3-15）可看出，当两平壁内各处温度不随时间变化时，平壁两侧面的温度差愈大，壁愈薄，壁的面积愈大，材料导热系数愈大，则单位时间内通过此平壁的导热热量愈多。同时，还应指出，热流的大小不是取决于温度的绝对值，而是取决于温度的差值——温差，即 $\Delta t = t_1 - t_2$。

如果平壁的表面积为 F 时，那么其总传热量 Q 为

$$Q = qF = F\frac{\lambda}{\delta}(t_1 - t_2) \tag{3-16}$$

将式（3-16）改写成：

$$Q = \frac{t_1 - t_2}{\dfrac{\delta}{\lambda F}} = \frac{\Delta t}{R_\lambda}$$

可见类似于欧姆定律 $I = \dfrac{\Delta u}{R}$ 的表示式，其中温度差 Δt 类似于电位差 Δu，$\dfrac{\delta}{\lambda F}$ 类似于电阻 R，称为热阻 R_λ，它的作用是阻止热量传递。当温度差一定时，热阻愈大，单位时间内通过平板的热量愈少。热阻的数值决定了通过单位传热量 Q 时所需要的温度差 Δt。

热阻不但可按式（3-16）来定义，也可按式（3-15）来定义。将式（3-15）改写成如下形式：

$$q = \frac{t_1 - t_2}{\dfrac{\delta}{\lambda}} = \frac{\Delta t}{R_\lambda}$$

按式（3-15）定义的热阻为 $\dfrac{\delta}{\lambda}$，即通过单位导热面积时的热阻。

上述曾假定导热系数为常数，但在实际情况中导热系数并不是常数，而是随温度变化的量。当导热系数随温度变化时，导热系数的数值是取物体两端温度的算术平均值所对应的数值，在工程计算中把它当作常数处理是完全正确的。即取 λ 为平均温度 $\dfrac{t_1+t_2}{2}$ 时的导热系数。

为了求出此平壁内的温度分布，在壁内 x 处取一与壁表面平行的平面，设此平面上的温度为 t_a，因为是稳定传热，通过 x 厚和 δ 厚度的 q 是相等的。根据式（3-15）可得出：

$$t_a = t_1 - \frac{t_1 - t_2}{\delta}x \tag{3-17}$$

式（3-17）是单层平壁温度场的表达式。它表明当 λ 作为常数处理时，壁内温度按直线规律分布，并由此可知壁内的等温面是一系列平行于壁侧表面的平面。

2. 多层平壁导热

由几层不同材料组成的平壁叫作多层平壁，如炉墙以耐火材料为主体砌成，有的部位内有耐火砖，中间有保温砖，最外层还砌有红砖。再如锅炉炉墙等都是由多层平壁组成的。

图 3-8 表示一个由三层不同材料构成的大平壁。各层的厚度分别为 δ_1、δ_2 和 δ_3，导热系数为 λ_1、λ_2

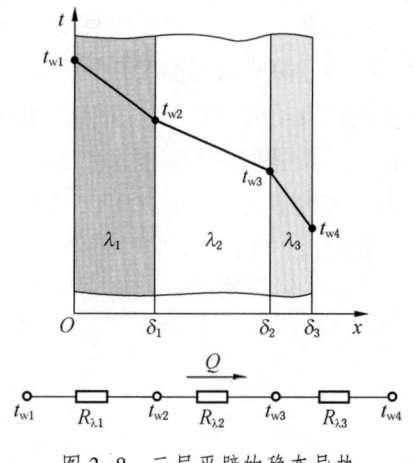

图 3-8　三层平壁的稳态导热

▶ 热 工 基 础

和 λ_3，且均为常数。已知壁的两表面各保持均匀稳定的温度 t_1 与 t_4，且 $t_1 > t_4$。下面来确定通过此三层平壁的热流及其中的温度分布。

若各层之间结合严密，则相接触的两表面具有相同的温度。设两个接触面温度分别为 t_2 和 t_3，在稳定情况下通过各层的热流相同，根据式（3-15），对于三层可分别写出：

$$\begin{cases} q = \dfrac{t_1 - t_2}{\dfrac{\delta_1}{\lambda_1}} = \dfrac{1}{R_{\lambda 1}}(t_1 - t_2) \\[2ex] q = \dfrac{t_2 - t_3}{\dfrac{\delta_2}{\lambda_2}} = \dfrac{1}{R_{\lambda 2}}(t_2 - t_3) \\[2ex] q = \dfrac{t_3 - t_4}{\dfrac{\delta_3}{\lambda_3}} = \dfrac{1}{R_{\lambda 3}}(t_3 - t_4) \end{cases} \quad (3-18)$$

式中 $R_{\lambda i} = \dfrac{\delta_i}{\lambda_i}$ 为各层的导热热阻。由式（3-18）得：

$$q = \frac{t_1 - t_4}{R_{\lambda 1} + R_{\lambda 2} + R_{\lambda 3}} = \frac{\Delta t}{\sum\limits_{i=1}^{3} R_{\lambda i}} \quad (3-19)$$

式中 $\sum\limits_{i=1}^{3} R_{\lambda i} = R_{\lambda 1} + R_{\lambda 2} + R_{\lambda 3} = \dfrac{\delta_1}{\lambda_1} + \dfrac{\delta_2}{\lambda_2} + \dfrac{\delta_3}{\lambda_3}$ 是三层平壁的总热阻（$m^2 \cdot ℃/W$）。

式（3-19）与串联电路的情况相似，它表明多层平壁的总热阻等于各层热阻之和。对于 n 层平壁的导热：

$$q = \frac{t_1 - t_{n+1}}{R_{\lambda 1} + R_{\lambda 2} + \cdots + R_{\lambda n}} = \frac{t_1 - t_{n+1}}{\sum\limits_{i=1}^{n} R_{\lambda i}} \quad (3-20)$$

因为在每一层中温度按直线分布，所以在整个多层平壁中，温度分布图将为一条折线。因为导热系数与温度有关，而中间层温度 t_2 和 t_3 为未知数，各层导热系数 λ_1、λ_2 和 λ_3 在平均温度下的值就无法求得。对三层平壁来说，用"试算逼近法"求解，即必须先假设 t_2 和 t_3，根据假设的温度求出 λ_1、λ_2 和 λ_3，再算热流。假设的温度是否正确，要根据求出的热流按下式求出 t_2 和 t_3，再与假设的值进行比较。

据式（3-18）可得：

$$t_2 = t_1 - q \frac{\delta_1}{\lambda_1}$$

$$t_3 = t_1 - q \left(\frac{\delta_1}{\lambda_1} + \frac{\delta_2}{\lambda_2} \right)$$

或

$$t_3 = t_2 - q\left(\frac{\delta_2}{\lambda_2}\right)$$

由此可知在 n 层平壁中，第 i 层与 $i+1$ 层之间接触面的温度 t_{i+1} 可由下式求出：

$$t_{i+1} = t_1 - q(R_{\lambda 1} + R_{\lambda 2} + \cdots + R_{\lambda i})$$

式（3-19）和式（3-20）有一个重要的假定，即接触面处平板的温度相同。实际中这个假定条件不存在，因为任何光洁整齐的固体表面在放大镜下都是凹凸不平的面，这样的两个面靠在一起，不可能处处都接触。放大了看，接触面上的接触情况如图 3-9 所示。

在这种情况下，两板间只有在接触地点才直接导热，在不接触处由于存在空隙，两板间的热量传递就增加了一个阻力。由于接触原因而在两板间产生了热阻称为接触热阻。有时接触热阻的值远大于导热热阻，这主要是因为空隙中贮留着不动的空气，使通过空隙的热量传递只能依靠空气的导热（辐射传热很小时），而空气的导热系数远低于固体的导热系数。这种热阻广泛存在。

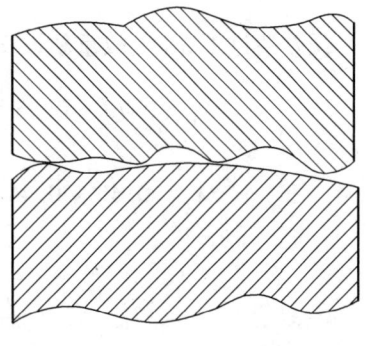

图 3-9 形成接触热阻示意图

显然，接触表面越光滑，即绝对粗糙度越小，中间的空隙也越小，接触热阻就小；空隙中充填介质的导热系数越大，接触热阻越小；对两接触物体施加压紧力，可以减小接触热阻。应该注意，当接触面温度升高时，由于辐射传热作用加强，接触热阻会相应减小。

【例 3-1】 设有一窑墙，用黏土砖和红砖两种材料砌成，厚度均为 230 mm，窑墙内表面温度为 1200 ℃，外表面温度为 100 ℃。红砖允许使用温度为 800 ℃。求每平方米窑墙热损失及红砖在此条件下能否使用。

解 由表 3-4 已知：

黏土砖的导热系数 $\lambda_1 = 0.70 + 0.55 \times 10^{-3} t$

红砖的导热系数 $\lambda_2 = 0.46 + 0.44 \times 10^{-3} t$

假设交界面处温度为 600 ℃，则黏土砖与红砖的导热系数分别是：

$$\lambda_1 = 0.70 + 0.55 \times 10^{-3} \times \frac{1200 + 600}{2} = 1.195 [\text{W}/(\text{m} \cdot \text{K})]$$

$$\lambda_2 = 0.46 + 0.44 \times 10^{-3} \times \frac{600 + 100}{2} = 0.614 [\text{W}/(\text{m} \cdot \text{K})]$$

根据式（3-19）：

$$q = \frac{1200 - 100}{\frac{0.23}{1.195} + \frac{0.23}{0.614}} = 1939.83 (\text{W}/\text{m}^2)$$

检验交界面温度：

► 热 工 基 础

$$t_2 = t_1 - q\frac{\delta_1}{\lambda_1} = 1200 - 1939.83 \times \frac{0.23}{1.195} = 826.64(℃)$$

与假设温度相比较：

$$误差 = \frac{826.64 - 600}{600} \times 100\% = 37.77\%$$

误差超过了5%，故重新设交界面温度为826 ℃。

$$\lambda_1 = 0.70 + 0.55 \times 10^{-3} \times \frac{1200 + 826}{2} = 1.257[\text{W}/(\text{m} \cdot \text{K})]$$

$$\lambda_2 = 0.46 + 0.44 \times 10^{-3} \times \frac{826 + 100}{2} = 0.664[\text{W}/(\text{m} \cdot \text{K})]$$

$$q = \frac{1200 - 100}{\frac{0.23}{1.257} + \frac{0.23}{0.664}} = 2079.4(\text{W}/\text{m}^2)$$

$$t_2 = t_1 - q\frac{\delta_1}{\lambda_1} = 1200 - 2079.4 \times \frac{0.23}{1.257} = 819.52(℃)$$

与假设温度相比较：

$$误差 = \frac{826 - 819.52}{819.52} \times 100\% = 0.79\%$$

误差小于5%，表示第二次假设正确。由此可得通过窑墙的热流量为2079.4 W/m²，交界面温度为826 ℃，红砖在此温度下使用不适宜。

3. 复合平壁导热

在生活中以及硅酸盐窑炉中，还经常遇到另一种类型的平壁，在它的高度和宽度方向上，由几种不同材料砌成，这种炉壁称为复合壁，如图3-10所示。

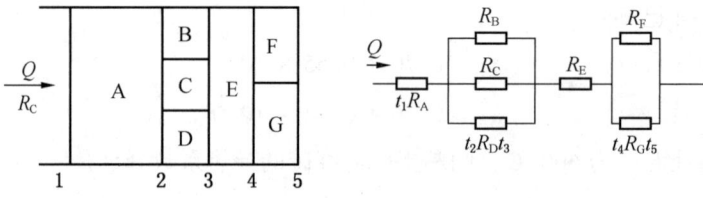

图3-10 复合平壁导热

由于不同材料的热阻不同，热流沿垂直于壁面方向上的分布是不均匀的，在热阻较小的部位传导的热量较多，在热阻较大的部位传导的热量较少。对于解决这样的导热问题，应用电热模拟则比较方便。

这里，将热阻 $\frac{\delta}{\lambda F}$（F 为导热面积）用符号 R 表示。这样，利用热阻串联和并联类似电路里串联和并联的原则，可以确定总热阻 $\sum R$，然后根据传热方程求出传热量，即

项目三 传 热 学

$$Q = \frac{\Delta t}{\sum R}$$

但应当注意，只有 B、C、D 三种材料的导热系数相差不太多时，才能按一维稳定传热方程来求解。

四、圆筒壁稳定导热

1. 单层圆筒壁导热

图 3-11 表示一内半径为 r_1，外半径为 r_2，长度为 l 的单层圆筒壁。设壁的导热系数 λ 为常数。圆筒内外表面分别维持均匀稳定的温度 t_1 和 t_2，且 $t_1 > t_2$。现确定经过该圆筒壁的导热量及壁内的温度分布。

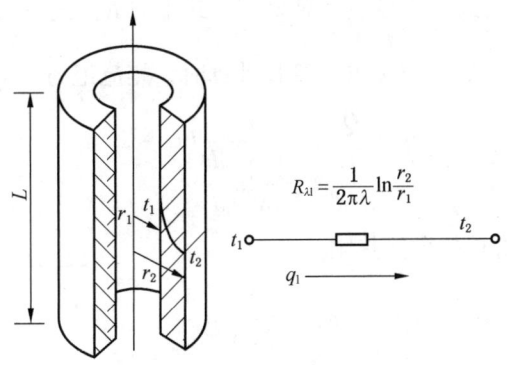

图 3-11 单层圆筒壁导热

在工程上遇到的圆筒壁，通常是长度远大于壁厚，沿轴向的温度变化可以忽略不计。所以若用圆柱坐标来表示，侧壁内温度仅依坐标 r 而改变，即温度场是一维的。但是应该看到，对圆筒壁来说，它的导热面积 F 是随半径而改变的。由于在稳定导热情况下通过 l 长圆筒壁的导热量 Q 是恒定的，圆筒壁单位面积上的热流量将随半径的增加而减小。因此，在根据傅里叶定律积分求解时，必须按圆筒全长计算热流量或按单位长度计算热流量，而不宜按圆筒壁单位面积计算。

根据傅里叶定律：

$$Q = -\lambda \frac{dt}{dr} F = -\lambda \frac{dt}{dr} 2\pi r l \qquad (3-21)$$

将式（3-21）分离变量并积分得：

$$t = -\frac{Q}{2\pi\lambda l} \ln r + c \qquad (3-22)$$

式（3-22）即单层圆筒壁的温度场表达式。将边界条件 $r = r_1$，$t = t_1$；$r = r_2$，$t = t_2$，代入式（3-22）并化简得：

$$t_1 - t_2 = \frac{Q}{2\pi\lambda l}(\ln r_2 - \ln r_1) = \frac{Q}{2\pi\lambda l}\ln\frac{r_2}{r_1}$$

故：

$$Q = \frac{2\pi\lambda l}{\ln\frac{r_2}{r_1}}(t_1 - t_2) = \frac{1}{\frac{1}{2\pi\lambda l}\ln\frac{d_2}{d_1}}(t_1 - t_2) \tag{3-23}$$

式中 d 为圆筒直径（m）。

或写成：

$$Q = \frac{1}{R_\lambda}(t_1 - t_2)$$

式（3-23）即为单层圆筒壁导热计算公式。式中的 $R_\lambda = \frac{1}{2\pi\lambda l}\ln\frac{d_2}{d_1}$ 是长度为 l 的圆筒壁的导热热阻，单位为℃/W。若按单位管长计算时，热流记为"q_l"。由式（3-23）得：

$$q_l = \frac{Q}{l} = \frac{1}{\frac{1}{2\pi\lambda}\ln\frac{d_2}{d_1}}(t_1 - t_2)$$

则单层圆筒壁每米管长的导热热阻为

$$R_{\lambda l} = \frac{1}{2\pi\lambda}\ln\frac{d_2}{d_1}$$

2. 多层圆筒壁导热

对于由不同材料构成的多层圆筒壁，与多层平壁一样，其导热量也按总温差和总热阻来计算。图3-12所示的三层圆筒壁，已知各层相应的半径分别为 r_1、r_2、r_3 和 r_4；各层的导热系数 λ_1、λ_2 和 λ_3 均为常数。圆筒壁内外表面的温度为 t_1、t_4，且 $t_1 > t_4$。在稳定情况下，通过每单位长圆筒壁各层的热流 q_l 是相同的。仿照式（3-19）可写出三层圆筒壁的导热计算式为

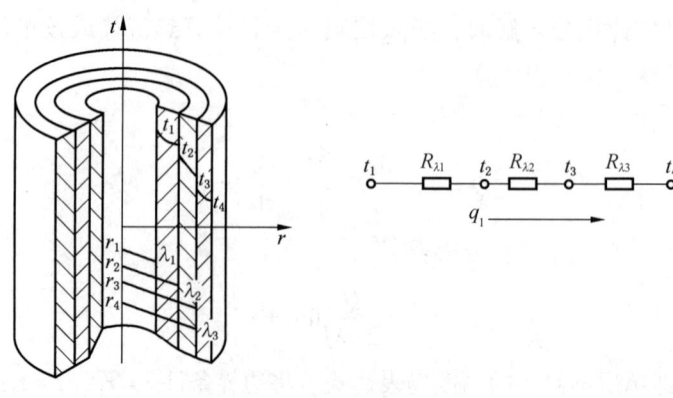

图3-12 多层圆筒壁导热

$$q_l = \frac{t_1 - t_4}{R_{\lambda 1} + R_{\lambda 2} + R_{\lambda 3}} = \frac{t_1 - t_4}{\frac{1}{2\pi\lambda_1}\ln\frac{d_2}{d_1} + \frac{1}{2\pi\lambda_2}\ln\frac{d_3}{d_2} + \frac{1}{2\pi\lambda_3}\ln\frac{d_4}{d_3}} \quad (3-24)$$

同理对于 n 层圆筒壁：

$$q_l = \frac{t_1 - t_{n+1}}{\sum_{i=1}^{n} R_{\lambda i}} = \frac{t_1 - t_{n+1}}{\sum_{i=1}^{n}\frac{1}{2\pi\lambda_i}\ln\frac{d_{i+1}}{d_i}} \quad (3-25)$$

多层圆筒壁各层之间交界面的温度 t_2，t_3，…，t_n，也可按类似于多层平壁的方法计算。

3. 圆筒壁导热计算的简化公式

圆筒壁的计算比平壁麻烦，但对于比较薄的圆筒壁可以简化，即把它当作平壁来处理。

例如，一长度为 l，内、外直径分别为 d_1 和 d_2 的圆筒壁，其内表面面积 $F_1 = \pi d_1 l$，外表面面积 $F_2 = \pi d_2 l$。若将此圆筒壁沿轴向割开，展成一块平壁，则可取圆筒壁的平均面积作为它的导热面积，即

$$F_m = \frac{1}{2}(F_1 + F_2) = \frac{\pi}{2}(d_1 + d_2)l = \pi d_m l$$

平壁的厚度 $\delta = \frac{1}{2}(d_1 - d_2)$。根据平壁导热式，通过此平壁的导热量应为

$$Q = \frac{\lambda}{\delta} \cdot \Delta t \cdot F_m = \frac{\lambda}{\delta} \cdot \pi d_m l \cdot (t_1 - t_2)$$

对于每米管长的导热量则为

$$q_l = \frac{Q}{l} = \frac{t_1 - t_2}{\frac{\delta}{\pi d_m \lambda}} \quad (3-26)$$

式中　　d_m——圆筒壁的平均直径，$d_m = \frac{1}{2}(d_1 + d_2)$，m；

　　　　$\frac{\delta}{\pi d_m \lambda}$——简化计算时，每米长圆筒壁导热热阻，m·℃/W。

按式（3-26）计算会有一定的误差，但计算结果表明，当 $\frac{d_2}{d_1} < 2$ 时，式（3-26）与式（3-24）比较，计算误差不大于 4%，这在一般工程计算中是允许的。因此可根据 $\frac{d_2}{d_1}$ 的数值来判断可否采用简化计算。

【例 3-2】已知一蒸汽管的内径和外径各为 0.16 m 和 0.17 m，管外面包着两层绝热材料，第一层厚度 $\delta_1 = 0.03$ m，第二层厚度 $\delta_2 = 0.05$ m，管壁和两层绝热材料的平均导热系数各等于 $\lambda_1 = 81.5$ W/(m·K)，$\lambda_2 = 0.174$ W/(m·K)，$\lambda_3 = 0.093$ W/(m·K)，蒸

汽管的内表面温度 $t_1 = 300$ ℃，第二层绝热材料外表面温度 $t_4 = 50$ ℃，试求每米长蒸汽管的热损失和各层的交界面温度 t_2 和 t_3。

解 已知 $d_1 = 0.16$ m，$d_2 = 0.17$ m，$d_3 = d_2 + 2\delta_1 = 0.23$ m，$d_4 = d_3 + 2\delta_2 = 0.33$ m。

故 $\ln \dfrac{d_2}{d_1} = \ln \dfrac{0.17}{0.16} = 0.06$，$\ln \dfrac{d_3}{d_2} = \ln \dfrac{0.23}{0.17} = 0.302$，$\ln \dfrac{d_4}{d_3} = \ln \dfrac{0.33}{0.23} = 0.362$。

根据式（3-25）：

$$q_l = \frac{t_1 - t_{n+1}}{\sum_{i=1}^{n} R_{\lambda i}} = \frac{2 \times 3.14 \times (300 - 50)}{\dfrac{0.06}{81.5} + \dfrac{0.302}{0.174} + \dfrac{0.362}{0.093}} = 278.92 (\text{W/m})$$

交界面温度

$$t_2 = t_1 - \frac{ql}{2\pi}\left(\frac{1}{\lambda_1}\ln \frac{d_2}{d_1}\right) = 300 - \frac{278.92}{2 \times 3.14}\left(\frac{1}{81.5} \times 0.06\right) = 299.9(\text{℃})$$

$$t_3 = t_1 - \frac{ql}{2\pi}\left(\frac{1}{\lambda_1}\ln \frac{d_2}{d_1} + \frac{1}{\lambda_2}\ln \frac{d_3}{d_2}\right)$$

$$= 300 - \frac{278.92}{2 \times 3.14}\left(\frac{1}{81.5} \times 0.06 + \frac{1}{0.174} \times 0.302\right) = 222.9(\text{℃})$$

五、球壁导热

设有单层空心球，内外半径各为 r_1 和 r_2，壁的平均温度下导热系数为 λ，内外表面温度均匀并各为 t_1 和 t_2，且 $t_1 > t_2$。这时壁内的等温面均为同心球面。

根据傅里叶定律，可得通过球壁的热流为

$$Q = -\lambda \frac{dt}{dr} F = -\lambda \frac{dt}{dr} \times 4\pi r^2$$

平均温度下导热系数 λ 可视为常数，同时根据边界条件 $r = r_1$，$t = t_1$，将上式分离变量并积分，将边界条件代入化简后可得：

$$t_1 - t_2 = \frac{Q}{4\pi\lambda} \times \left(\frac{1}{r_1} - \frac{1}{r_2}\right)$$

或

$$Q = \frac{4\pi(t_1 - t_2)}{\dfrac{1}{\lambda}\left(\dfrac{1}{r_1} - \dfrac{1}{r_2}\right)} \tag{3-27}$$

式中 $\dfrac{1}{4\pi\lambda}\left(\dfrac{1}{r_1} - \dfrac{1}{r_2}\right)$ ——单层球壁导热热阻，℃/W。

式（3-27）可改写如下：

$$Q = \frac{4\pi\lambda(t_1 - t_2)r_2 r_1}{r_2 - r_1} = \frac{\lambda(t_1 - t_2)}{r_2 - r_1}\sqrt{4\pi r_1^2 \times 4\pi r_2^2} = \frac{\lambda}{\delta}(t_1 - t_2)F_{\text{均}} \tag{3-28}$$

式中　　δ——球壁厚度，$\delta = r_2 - r_1$，m；

$F_均$——球壁内外面积的几何平均值，$F_均 = \sqrt{F_1 \cdot F_2}$，m²。

将式（3-28）与平壁导热中热流公式（3-16）比较，其形式完全相同。此处热阻为 $\dfrac{\delta}{\lambda F_均}$，只是传热面积用几何平均值来代替。

对 n 层球壁，可按前面推导多层圆筒壁公式的方法，参照式（3-27）的形式直接写出：

$$Q = \frac{4\pi(t_1 - t_{n+1})}{\dfrac{1}{\lambda_1}\left(\dfrac{1}{r_1} - \dfrac{1}{r_2}\right) + \dfrac{1}{\lambda_2}\left(\dfrac{1}{r_2} - \dfrac{1}{r_3}\right) + \cdots + \dfrac{1}{\lambda_n}\left(\dfrac{1}{r_n} - \dfrac{1}{r_{n+1}}\right)} \quad (3-29)$$

也可以按式（3-28）的形式直接写为

$$Q = \frac{t_1 - t_{n+1}}{\dfrac{\delta_1}{\lambda_1 \overline{F}_1} + \dfrac{\delta_2}{\lambda_2 \overline{F}_2} + \cdots + \dfrac{\delta_n}{\lambda_n \overline{F}_n}} \quad (3-30)$$

式中　　$\overline{F}_1, \overline{F}_2, \cdots, \overline{F}_n$——各层球壁的几何平均面积，m²。

【例3-3】 有一中空铁球，内径为 150 mm，外径为 300 mm，球内、外表面温度分别为 $t_1 = 248\ ℃$，$t_2 = 38\ ℃$。试求球壁向外的导热量以及球壁中心的温度。[已知铁的导热系数为 73 W/(m·℃)]

解 球壁的厚度 $\delta = \dfrac{1}{2}(d_2 - d_1) = \dfrac{1}{2}(0.3 - 0.15) = 0.075\ (\text{m})$

球壁中心处的直径 $d = d_1 + \delta = 0.15 + 0.075 = 0.225\ (\text{m})$

球壁向外的导热量：

$$Q = \frac{\pi\lambda(t_1 - t_2)d_1 d_2}{\delta} = \frac{3.14 \times 73 \times (248 - 38) \times 0.15 \times 0.3}{0.075} = 28900\ (\text{W})$$

球壁中心处的温度为

$$t = t_1 - \frac{t_1 - t_2}{\dfrac{1}{d_1} - \dfrac{1}{d_2}}\left(\dfrac{1}{d_1} - \dfrac{1}{d}\right) = 248 - \frac{248 - 38}{\dfrac{1}{0.15} - \dfrac{1}{0.3}} \times \left(\dfrac{1}{0.15} - \dfrac{1}{0.225}\right) = 108\ (℃)$$

任务三　对　流　换　热

【任务目标】

知识目标：

(1) 了解对流换热的基本概念和对流换热过程。

(2) 理解影响对流换热的因素，以及对流换热的基本定律——牛顿冷却定律。

(3) 掌握对流换热准数方程，以及对流换热的计算。

能力目标：

能应用所学知识，分析解决生产生活中涉及对流换热的问题。

情感目标：

通过本项目的学习，培养学生志存高远、修身立德、胸怀祖国、全心全意为人民服务的高尚品质。

【任务描述】

对流换热的最大特点是流体与固体间的边界层理论。"流体的本质就是涡，因为流体经不住搓，一搓就搓出了涡。"普朗特教授唯一的女博士生、新中国流体力学的奠基人之一陆士嘉的这句话，大道至简，道出了流体与固体的本质区别。认识涡旋在流体中的本质作用，可对理解对流换热起到决定性的作用。本部分内容主要学习对流换热的物理过程，对流换热的基本定律，以及利用准数方程进行对流换热的计算。

【任务知识】

对流传热发生在流体流动的时候，流体由于质点的位移和相互混合，从而将热量由高温处传到低温处。工程上常遇到的是流体和固体壁之间的热交换。例如，窑炉炉墙的外表面向空气中散热。对流传热中，由于不同温度的质点之间及质点与壁面之间的碰撞，必然也有传导传热，尤其是流体与固体壁面之间的热交换，在固体壁面上有一薄层边界层，在边界层中有层流流动，是以传导方式传热的，因此在对流传热中既有对流传热，也有传导传热，总称对流换热。

一、对流换热的物理过程

由前面流体力学知识可知，流体流动时根据速度不同，形成不同的流动状态，而不同流动状态下，所产生的对流换热过程也不同。下面以流体平行外掠平板的强迫对流换热为例，来说明流动边界层的含义及其在对流换热过程中的影响。

1. *流动边界层*

由实验观察可知，当连续性黏性流体流过固体壁面时，由于黏性力的作用，靠壁面的一薄层流体内的速度变化最为显著，紧贴壁面（$y=0$）的流体速度为零，随着与壁面距离的增加，速度越来越大，逐渐接近主流速度，速度梯度越来越小，如图3-13所示。根据牛顿黏性应力公式，随着与壁面距离 y 的增加，黏性力的作用也越来越小。这一速度发生明显变化的流体薄层称为流动边界层（或速度边界层）。

通常规定速度达到 $0.99\omega_{主流区}$ 处的 y 值作为边界层的厚度，用 δ 表示。实测表明，温度为 20 ℃ 的空气以 $\omega_{主流区} = 10$ m/s 的速度掠过平板时，离平板前沿 100 mm 处的边界层厚度只有 1.8 mm。可见，流动边界层的厚度 δ 与流动方向的平板长度 l 相比非常小，相差一个数量级以上。

由于流动边界层的存在，流场分成了两个区：边界层区（$0 \leqslant y \leqslant \delta$）和主流区（$y>$

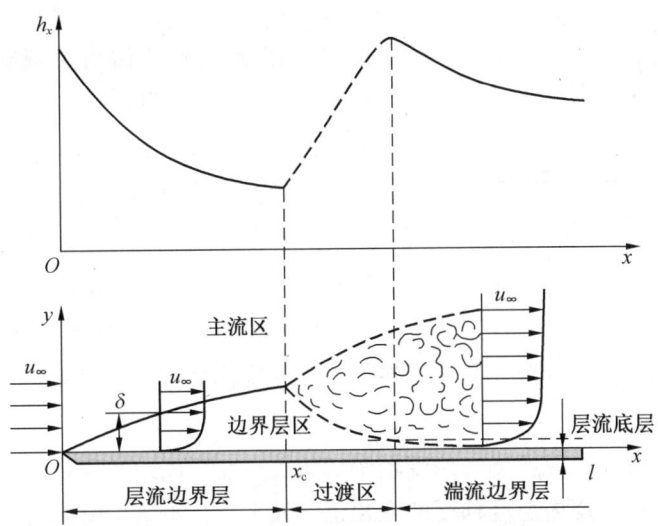

图 3-13 流体外掠平板时流动边界层的形成与发展及局部表面传热系数变化示意图

δ）。流动边界层是存在速度梯度与黏性力的作用区，也就是发生动量传递的主要区域；边界层以外的区域称为主流区，在主流区内速度梯度趋近于零，黏性力的作用忽略，流体可近似为理想流体。

假设来流是速度均匀分布的层流，平行流过平板。在平板的前沿 $x=0$ 处，流动边界层的厚度 $\delta=0$。随着流体向前流动，由于动量传递，壁面处黏性力的影响逐渐向流体内部发展，流动边界层越来越厚。在距平板前沿的一段距离之内，边界层内的流动处于层流状态，这段边界层称为层流边界层。随着边界层的加厚，边界层边缘处黏性力的影响逐渐减弱，惯性力的影响相对加大。当边界层达到一定厚度之后，边界层的边缘开始出现扰动，并且随着向前流动，扰动范围越来越大，逐渐形成旺盛的湍流区（或称湍流核心），边界层过渡为湍流边界层。即使在湍流边界层内，在紧靠壁面处，黏性力与惯性力相比还是占绝对优势，仍然有一薄层流体保持层流，称为层流底层（又称黏性底层）。层流底层内具有很大的速度梯度，而湍流核心内由于强烈的扰动混合使速度趋于均匀，速度梯度较小。层流底层和湍流核心中间有一层从层流到湍流的过渡层，通常称为缓冲层。这种将湍流边界层分为三层不同流动状态的模型称为湍流边界层的三层结构模型。

边界层从层流开始向湍流过渡的距离 x_c 称为临界距离，其大小取决于流体的物性、固体壁面的粗糙度等几何因素以及来流的稳定度，由实验确定，通常用称为临界雷诺数的特征数 Re_c 给出。对于流体外掠平板的流动，$Re_c = \dfrac{\omega_{主流区} x_c}{\nu} = 2 \times 10^5 \sim 3 \times 10^6$，一般情况下取 $Re_c = 5 \times 10^5$。

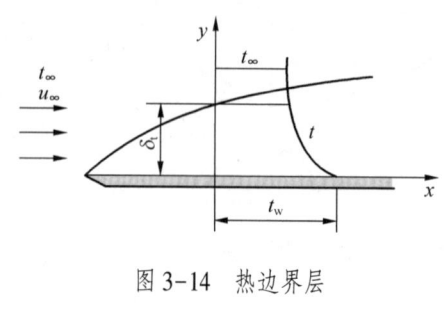

图 3-14 热边界层

2. 热边界层

当温度均匀的流体与它所流过的固体壁面温度不同时，在壁面附近会形成一层温度变化较大的流体层，称为热边界层或温度边界层。如图 3-14 所示，在热边界层内，紧贴壁面的流体温度等于壁面温度 t_w，随着远离壁面，流体温度逐渐接近主流温度 $t_{主流}$。此处存在一定厚度的热边界层，热边界层就是温度梯度存在的流体层，因此也是发生热量传递的主要区域。热边界层之外，温度梯度极小，可忽略不计，此区域内流体温度为主流温度 $t_{主流}$。

前面曾指出，流体的温度场与速度场密切相关。在层流边界层内，速度梯度由大到小变化比较平缓；热边界层内温度梯度的变化也比较平缓，垂直于壁面方向上的热量传递主要依靠导热。湍流边界层内，层流底层中具有很大的速度梯度，也具有很大的温度梯度，热量传递主要靠导热；而湍流核心内由于强烈的扰动混合使速度和温度都趋于均匀，速度梯度和温度梯度都较小，热量传递主要靠对流。对于工业上和日常生活中常见流体（液态金属除外）的湍流对流换热，热阻主要在层流底层。

以上分别介绍了流动边界层与热边界层的概念。综上所述，边界层具有以下几个特征：

（1）边界层的厚度 δ 与壁面特征长度 l 相比是很小的量。

（2）流场划分为边界层区和主流区。流动边界层内存在较大的速度梯度，是发生动量扩散（即黏性力作用）的主要区域。在流动边界层之外的主流区，流体可近似为理想流体。热边界层内存在较大的温度梯度，是发生热量扩散的主要区域，热边界层之外的温度梯度可以忽略。

（3）根据流动状态，边界层分为层流边界层和湍流边界层。湍流边界层分为层流底层、缓冲层与湍流核心三层。层流底层内的速度梯度和温度梯度远大于湍流核心。

（4）在层流边界层与层流底层内，垂直于壁面方向上的热量传递主要靠导热。湍流边界层的主要热阻在层流底层。

二、影响对流换热的因素

对流换热是流体的导热和热对流两种基本传热方式共同作用的结果。因此，凡是影响流体导热和热对流的因素都将对对流换热产生影响。

1. 流体的流动状态——层流和紊流

流体的流动有两种方式，即层流和紊流。

层流状态下流体内的各个质点都平行壁面流动，没有垂直壁面方向的分速度，因此流体和固体表面之间的热量传递主要依靠流体内部的传导传热。由于气体和液体的导热系数都较小，因此传热量也小，并且传热量与流速无关。但是沿着流体流动方向（即壁面方向）在流体内不但存在对流传热而且它还起很重要的作用。

当流体是紊流流动时，流体中各质点不但有平行于壁面的流动，而且有垂直于壁面的分速度，只是在边界层内还保留着层流流动。由于在层流流动中以传导传热为主，所以热阻大，温度降落也大，而在主流区是以对流为主，温度降落小，如图3-15所示。在工业中遇到的对流换热多数是紊流流动。

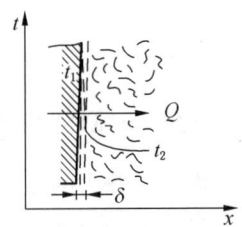

图3-15 对流换热

从固体表面到流体的传热过程是这样进行的：壁面以传导方式将热量传给边界层并升高了边界层的温度，同时主流区各质点由于有垂直壁面的分速度，因此流体质点就撞击边界层的表面，甚至冲入边界层内或冲击壁面，并将温度较高的边界层内的质点挤入主流区，这些温度高的质点很快与主流内温度较低的质点混合进行热交换。

显然，任何减小边界层热阻的措施对于增大传热都是有利的。当增加流体的流动速度时，会增加流体紊乱程度而使边界层减薄，从而减小了边界层热阻，增加了换热量。在流体内放置障碍物，以增强旋涡和扰乱程度，也可以得到良好的效果。

2. 流体的物理性质

影响对流换热的物理性质有比热 $c_p [kJ/(kg \cdot ℃)]$、密度 $\rho(kg/m^3)$、导热系数 $\lambda [W/(m \cdot ℃)]$、黏度 $\mu [kg/(m \cdot s)]$。

比热和密度大的流体，单位体积能够携带更多的热量，以对流作用转移热量的能力也大。例如，常温下水的 $\rho c_p = 4186 \, kJ/(m^3 \cdot ℃)$ 而空气为 $121 \, kJ/(m^3 \cdot ℃)$，两者相差悬殊，造成它们的对流换热系数差别巨大。

导热系数较大的流体，层流层的热阻小，换热就强。以水和空气为例，水的导热系数是空气的20多倍，这也是水的对流换热系数远比空气大的原因之一。

黏度大的流体，流动时黏性剪应力大，边界层增厚，换热系数将降低。除了由于流体种类不同而黏度不同之外，还要注意温度对黏度的影响。液体的黏度随温度增加而降低，气体黏度则随温度增加而升高。这是因为气体分子之间距离比较大，分子内聚力小，故黏度主要由分子传递动量能力来决定。温度增加，分子运动加快，传递动量能力提高，黏度也相应升高。

3. 流体流动的动力——自然流动或受迫流动

流体流动必须有动力。按动力来源，流动分为两类。

一类动力来自流体内部的浮升力。浮升力是由于流体内部各处温度不同（密度也不同，受地心引力也不同）引起的。

设 ρ 和 ρ_1 代表流体在温度 t 和 t_1 两点上的密度，单位体积的流体产生的浮升力为 $\rho g - \rho_1 g$，因为 $\rho = \rho_1(1 + \beta \Delta t)$，其中 $\Delta t = t_1 - t$，则：

$$\rho g - \rho_1 g = [\rho_1(1 + \beta \Delta t) - \rho_1]g = \rho_1 g \beta \Delta t$$

单位质量的流体产生的浮升力为

$$\frac{\rho g - \rho_1 g}{\rho_1} = g\beta\Delta t$$

式中　g——重力加速度，g=9.8 m/s²；

　　　β——流体的体积膨胀系数 $\frac{1}{T}\left(\beta = \frac{1}{273+t}\right)$，$\frac{1}{℃}$。

由于浮升力的存在引起流体的流动，称自然对流。炉墙外表面的散热就是自然对流。

另一类动力来自流体以外的机械力，例如水泵、风机等所提供的机械力，在该力作用下，流体流动时的阻力得到克服，并得到一定的流速，这类流动称为受迫流动或者称为强制流动。例如平板玻璃池窑，为了延长熔化部池壁使用寿命，在外表面用鼓风机吹风冷却，就是受迫对流。

把自然对流换热和受迫对流换热区分开来，并不是因为它们的传热机理不同，而且因为计算这两种情况下的对流换热量的依据不同，前者主要是温度差，后者主要是流速。

在受迫对流换热中或多或少要包括有自然对流换热，这与流体内部温度差的大小有关系。

4. 壁面的几何形状

图 3-16 描绘了几种几何条件下的流动。换热表面的几何形状、尺寸、相对位置以及表面粗糙度等几何因素将影响流体的流动状态，因此影响流体的速度分布和温度分布，对对流换热产生显著影响。

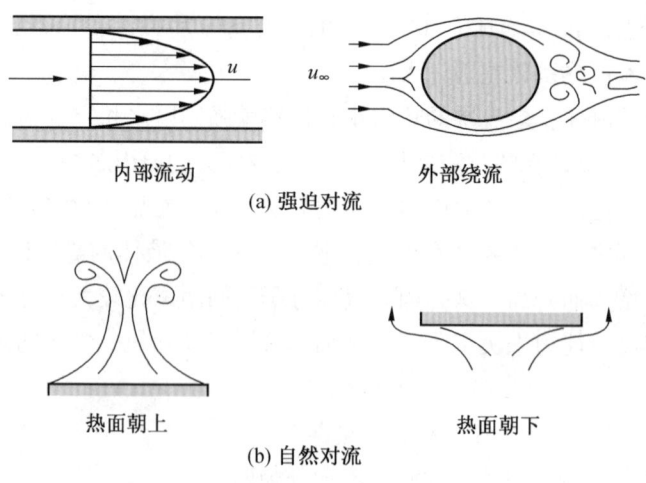

图 3-16　影响对流换流的几何因素示意图

5. 流体有无相变

有时，在对流换热过程中流体会发生相变，如液体在对流换热过程中被加热而沸腾，由液态变为气态；蒸气在对流换热过程中被冷却而凝结，由气态变为液态。由于流体在沸腾和凝结换热过程中吸收或者放出汽化潜热（相变热），沸腾时流体还受到气泡的强烈扰动，所以流体发生相变时的对流换热规律以及换热强度和单相流体不同。

三、对流换热的基本定律（牛顿冷却定律）

牛顿通过实验得出，对流换热量与接触面积及固体壁面与流体的温度差成正比。可按下列公式计算对流换热量：

$$Q = \alpha(t_1 - t_2)F = \alpha \cdot \Delta t \cdot F \qquad (3-31)$$

式中　F——传热面积，m^2；

　　　Δt——壁面 F 的平均温度和流体的平均温度之差，℃；

　　　α——沿 F 面的平均对流换热系数，$W/(m^2 \cdot ℃)$。

上式可改写成：

$$Q = \frac{\Delta t}{\frac{1}{\alpha F}}$$

此式与欧姆定律表示式类似，其中 $\frac{1}{\alpha F}$ 称为对流换热热阻。就单位面积而言，对流换热热阻为 $\frac{1}{\alpha}$。

牛顿冷却定律是计算对流换热量的基本公式。从上式可以看出对流换热系数的定义为：单位时间内，当流体与表面间温差为 1 ℃ 时，通过单位面积所传递的热量，单位为 $W/(m^2 \cdot ℃)$。此式表面看起来十分简单，实际是将前面所述及影响对流换热的所有重要因素统统放在对流换热系数中考虑。对流换热系数 α 和傅里叶定律中导热系数 λ 不同，λ 是物质的物理性质，而 α 是代表对流换热能力大小的一个参数，一切影响对流换热量的因素都影响 α 值。如前所述影响 α 值的因素有：流道尺寸 l、流体密度 ρ、流体黏度 μ、流体导热系数 λ、流体比热 c_p、流体流速 ω 及流体内部的浮升力等。由此可见影响对流换热系数因素很多，它们之间可用函数关系式表示：

$$\alpha = f[l, \rho, \mu, \lambda, \omega, c_p, (gB\Delta t)] \qquad (3-32)$$

由此可见 α 是影响整个对流换热过程很多变数的复杂函数，因此确定 α 值就成为研究对流换热的关键所在。

四、对流换热的准数方程

为了计算对流换热量，首先要计算出对流换热系数。目前应用较多的方法有两种：一种是相似原理的应用，另一种是因次分析方法。本书只介绍因次分析方法。

1. 因次（量纲）和因次（量纲）分析

量纲分析的基础是 1889 年由瑞利（Rayleigh）、里布钦斯基（Riabouchisky）及瓦斯奇

(Vasch) 等人创立的。1911 年，俄国学者费德尔曼（A. O. ёpuaH）提出了相似第三定理。1914 年，美国学者柏金汉（E. buckingham）在特定条件下证明了量纲分析的定理，完成了量纲分析理论。布里奇曼（Bridgman）进一步发展了量纲理论。从那时起，量纲分析就在工程界得到了广泛应用。

1）量纲

"量纲"一词，在英语中用"dimension"表示。译法有多种，如在工程界已使用多年的"因次"即为其中的一种译法。本书根据《中华人民共和国计量单位名称与符号方案》（试行）、国家标准《量和单位》（GB 3100~3102.1~13—1993）的规定，选择"量纲"的译法。

（1）物理量。描述现象或物体可定量测量的属性称为物理量。在制定一种单位制度前，首先要选定一组彼此相互独立的量作为基础，其他的量则由它们通过物理方程导出。

通常规定，所有最初被定为彼此独立而作为其他量的基础的量，称为基本量，更准确地说，是某一单位制的基本量。

由基本量通过物理关系导出的量，称为导出量。导出量是以基本量的函数关系来定义的。

例如，国际单位制中规定的基本物理量有 7 个，即长度、质量、时间、热力学温度、电流、物质的量、发光强度。它们彼此都是独立的，其中任何一个量都不能通过物理方程由其他的量来导出。但以长度为基本量，则能导出其他几何量如面积、体积等，如果将长度与时间作为基本量，则可通过物理关系导出运动学的各种量如速度、加速度等；如果以长度、时间、质量作为基本量时，则可导出力学的各种量如力、力矩、动量等。

（2）量纲及物理量的量纲表达式。以量制中的基本量的幂的乘积表示该量制中一个量的表达式，称为该量的量纲。在一特定的单位制中，可以分为基本量纲和导出量的量纲。

当某一单位制的基本量用来确定某一体系的特点或本质时，称该单位制的基本量为基本量纲。除基本量纲外的其他量纲则为导出量的量纲，可用其量纲表达式表示，以便进行量纲分析。

一般来讲，导出量的度量单位与基本量的度量单位之间存在一定的关系，这种关系可用公式表示，这种公式称为物理量的量纲表达式。

1971 年后，国际上普遍采用国际单位制（简称 SI），选定由 7 个基本量构成的量制，7 个基本量的量纲分别用长度 L、质量 M、时间 T、电流 I、温度 Θ、物质的量 N 和光强度 J 表示。除此之外均为导出量的量纲。例如一物体受力运动，可由方程式 $f = ma$ 表示之。式中 f 表示作用于物体上的力，m 为物体质量，a 为物体的加速度。方程式中 f 的数值一定等于 $m \times a$ 的数值。而且等号两边的因次也必须相同：

f 的因次：f 的单位是牛顿 $N = kg \cdot m/s^2$，所以因次是 MLT^{-2}；

m 的因次：m 的单位是 kg，所以因次是 M；

a 的因次：a 的单位是 m/s^2，所以因次是 LT^{-2}。

将这些因次代入 $f=ma$ 中得
$$(MLT^{-2}) = (M)(LT^{-2})$$
可见两边的因次是相同的。

从量纲表达式的导出过程，可以看出一个物理量可表示为其他相关物理量指数幂的乘积。它的这种性质，是应用量纲分析的重要依据。

应该说明的是，量纲和单位之间的区别在于，量纲只反映物理量的特点和性质。单位除表明物理量的性质外，还涉及数值大小。例如，对时间来说，无论测量单位是用秒、分，还是用小时，它们都是衡量时间长短的单位，不会改变时间的性质。

还要说明的是，量纲的实际意义是可以定性地确定量之间的关系，特别是基本量和导出量之间的关系。如果一个量的表达式是正确的，则其等号两边的量纲必然相同，该规则称为量纲法则。应用量纲法则可以检查物理公式的正确性。

2) 物理方程式的量纲和谐性

（1）概念。表现物理规律的方程式中各项的量纲应相等，同名物理量应采用同一种单位，这就是物理方程式的量纲和谐性（或称因次一致性）。

（2）检验方法。用量纲表达式可以简捷、方便地检验物理方程量纲的和谐性问题，从而确定物理方程的正确性及完整性。其步骤如下：①写出物理方程表达式；②对物理方程左右两端的物理量代入各物理量所对应的基本量纲或导出量纲；③整理物理方程式左右两边的量纲表达式；④判断物理方程是否和谐，若物理方程左右两端的量纲表达式相同，则该物理方程是量纲和谐的；否则该物理方程是量纲不和谐的。

3) 量纲分析法

应用量纲理论确定相似特征数和特征数方程的方法，叫作量纲分析法。

应用量纲分析法来确定相似特征数和特征数方程，只需要对描述所研究现象的各种物理量的量纲进行分析，不需要建立描述该现象的物理方程，这种分析可以大大减少变量的个数，减少实验工作量。

上述量纲和谐原理可用于推导对流换热的准数方程。

2. 对流换热准数方程的导出

由前述可知，影响对流换热系数的因素很多，可用下面的函数式表示：
$$\alpha = f[l, \rho, \mu, \lambda, \omega, c_p, (gB\Delta t)]$$
上述用幂函数表示得：
$$\alpha = Al^a \rho^b \mu^c \lambda^d \omega^e c_p^f (gB\Delta t)^i \qquad (3-33)$$
式中 A——比例系数。

列出上式等号左右两边各物理量的因次式：
$$MT^{-3}\Theta^{-1} = AL^a(ML^{-3})^b(L^{-1}MT^{-1})^c(LMT^{-3}\Theta^{-1})^d(LT^{-1})^e(L^2T^{-2}\Theta^{-1})^f(LT^{-2})^i$$
根据物理方程式量纲和谐性，等号两边的每个物理量的个数都应相等。

对于 M $\qquad\qquad\qquad 1 = b + c + d$

▶ 热 工 基 础

对于 L $\qquad 0 = a - 3b - c + d + e + 2f + i$

对于 T $\qquad -3 = c - 3d - e - 2f - 2i$

对于 Θ $\qquad -1 = -d - f$

上面四个式子联立求解得：

$$d = 1 - f$$
$$c = 3 - 3d - e - 2f - 2i = 3 - 3(1-f) - e - 2f - 2i = -e + f - 2i$$
$$b = 1 - c - d = 1 - (-e + f - 2i) - (1-f) = e + 2i$$
$$a = 3b + c - d - e - 2f - i = 3(e + 2i) + (-e + f - 2i) - (1-f) - e - 2f - i = -1 + e + 3i$$

将求得的值代入式（3-33）得：

$$\alpha = A l^{-1+e+3i} \rho^{e+2i} \mu^{-e+f-2i} \lambda^{1-f} \omega^{-e} c_p^{f} (gB\Delta t)^i$$

或

$$\frac{\alpha l}{\lambda} = A \left(\frac{l\rho\omega}{\mu}\right)^e \left(\frac{\mu c_p}{\lambda}\right)^f \left(\frac{l^3 \rho^2 g\beta\Delta t}{\mu^2}\right)^i$$

用准数符号表示，得准数方程式：

$$Nu = A \cdot Re \cdot P_r^f \cdot G_r^i$$

或

$$Nu = f(Re, Pr, Gr) \tag{3-34}$$

式中　Re——雷诺准数，$Re = \dfrac{l\rho\omega}{\mu} = \dfrac{l\omega}{\nu}$；

　　　Nu——努谢尔准数，$Nu = \dfrac{\alpha l}{\lambda}$；

　　　Pr——普兰特准数，$Pr = \dfrac{\mu c_p}{\lambda} = \dfrac{\nu}{\alpha}$；

　　　Gr——葛拉晓夫准数，$Gr = \dfrac{l^3 \rho^2 g\beta\Delta t}{\mu^2}$。

准数中所含物理量为

　　　α——对流换热系数，$W/(m^2 \cdot ℃)$；

　　　λ——流体的导热系数，$W/(m^2 \cdot ℃)$；

　　　ω——流体的流速，m/s；

　　　ρ——流体的密度，kg/m^3；

　　　μ——流体的动力黏度，$Pa \cdot s$ 或 $kg/(m \cdot s)$；

　　　ν——流体的运动黏度，m^2/s；

　　　c_p——流体的定压比热，$J/(kg \cdot ℃)$；

　　　β——流体的体积膨胀系数 $\dfrac{1}{T}\left(\beta = \dfrac{1}{273 + t_m}\right)$，$t_m$ 是流体与壁面的平均温度（℃）；

g——重力加速度，m/s^2；

Δt——流体温度与固体表面温度差，℃；

l——固体表面有代表性的几何尺寸（定性尺寸），m。

3. 准数的物理意义

各种准数都是反映某一现象特殊本质的无因次数群。

（1）努谢尔准数中包含有 α，所以又称为待定准数。将其表达式写成如下形式：

$$Nu = \frac{\alpha l}{\lambda} = \frac{\dfrac{l}{\lambda}}{\dfrac{1}{\alpha}}$$

表示流体层流底层的导热热阻与对流换热热阻的比例。Nu 大，说明层流底层的热阻大，温度梯度也大；反之，温度梯度小。所以也可以说 Nu 是对流换热强度与层流底层内温度分布之间的关系。Nu 代表了对流换热现象的本质。

（2）雷诺准数：

$$Re = \frac{l\rho\omega}{\mu} = \frac{l\omega}{\nu} = \frac{惯性力}{黏性力}$$

流体在强制流动中，决定流体性质的参数一方面是各种外力的合力（或称惯性力），另一方面是流体内部的黏性力。各种外力的合力越大，流体扰动与混合趋势越强。但黏性力越大，则流体的扰动与混合越困难，两个力互相矛盾。雷诺准数的大小表示这两个力的相对大小，Re 大，说明惯性力大，即流速增大，所以 Re 是判别强制流动状态的准数。$Re \leqslant 2300$ 时流体作层流流动，$Re \geqslant 4\times10^3$ 时流体作紊流流动，两者之间，$2300 < Re < 4\times10^3$ 时流体为过渡流动。

（3）普兰特准数：

$$Pr = \frac{\mu c_p}{\lambda} = \frac{\nu}{\alpha}$$

在普兰特准数中只有流体的物性参数，又称为物性准数，它反映了流体的物理性质。对于一些气体而言，Pr 随气体的原子数目而异。单原子的气体 $Pr = 0.67$；双原子的气体 $Pr = 0.72$；三原子的气体 $Pr = 0.80$；多原子的气体 $Pr = 1$。

对原子数相同的气体，Pr 也相同。

（4）葛拉晓夫准数：

$$Gr = \frac{\beta g \Delta t l^3 \rho^2}{\mu^2} = \frac{\beta g \Delta t l^3}{\nu^2} = \frac{浮升力}{黏性力}$$

Gr 值反映了浮升力与黏性力的相对大小，流体自然流动是浮升力与黏性力相互矛盾的结果，Gr 大表明浮升力大。Gr 值是判别流体自然流动时流动状态的。一般 $Gr \cdot Pr > 10^9$ 时流态为紊流。

准数方程式（3-34）在不同情况下还可简化。

▶ 热 工 基 础

当流体强制流动，自然流动可忽略时：
$$Nu = f(Re, Pr) \tag{3-35}$$
如流体种类已定，Pr 是已知常数，则：$Nu = f(Re)$。

当流体自然流动时：
$$Nu = f(Pr, Gr) \tag{3-36}$$
如流体种类已定，则：$Nu = f(Gr)$。

可见，利用准数方程可将一般函数关系大为简化，由式（3-33）的复杂函数式简化成 2~3 个准数之间的函数关系，这给通过实验确定函数关系创造了条件。

4. 定性温度和定性尺寸

在准数方程中，各准数都含有流体的物理参数，这些物理参数都受温度影响。因此必须选定一个合适的温度来确定物理参数的值，这个决定物理参数值的温度称为定性温度。

定性温度可以取壁面温度 t_w，可以取流体的平均温度 t_f，也可以取流体与壁面的平均温度 $t_m = \dfrac{t_w + t_f}{2}$，不同研究过程常取不同的定性温度。在今后讨论具体对流换热过程时，常常遇到采用不同定性温度的准数方程，必须引起注意，为了不产生混淆，常在准数的右下角标上角码，如 Re_f、Re_w、Re_b 分别表示以流体温度、壁面温度、边界层温度作为定性温度的 Re。

对流体流动有决定性意义的固体壁与流体相接触的几何尺寸称为定性尺寸。工程中常遇到的情况：流体在管内流动，取管子内径（非圆管用当量直径）为定性尺寸；流体横向掠过单管或管束，取管子外径为定性尺寸；流体纵向掠过平板，取流动方向的壁面长度为定性尺寸。

五、对流换热的计算

1. 自然对流换热

由于流体温度差造成密度差所引起的流体流动称为自由运动或自然对流。其运动情况可由下例说明。

如图 3-17 所示，一块热板竖直地放在充满冷空气的大空间内。靠近板的空气受热后密度变小，向上浮起。在上浮过程中，它还不断从板面吸取热量，温度继续升高，其邻近的空气受它影响，温度也将升高并向上浮起，这样就造成向上运动的流体层愈来愈厚。由实验看出，在板的下端，流体呈层流状态，向上为过渡状态，再上为紊流状态。这种情况和流体受迫流过平板时边界层发展情况相类似。由层流到紊流的转变点取决于 t_w 和 t_f 之差及流体性质。由 Gr 和 Pr 之积来判断，一般认为 $Gr \cdot Pr > 10^9$ 时，流态为紊流。

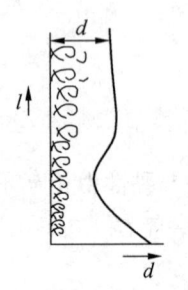

图 3-17 大空间自然对流

上例是就空气受热而言的，若空气被冷却，也将发生上述情况，不过空气运动方向和上例相反。

如果流体作自然对流所在空间不是很大，流体上浮或下沉的运动将受到空间因素的影响，这时的自然对流称为有限空间的自然对流，它的运动情况较大空间中的自然对流更为复杂。

本书只介绍大空间的自然对流换热。

由式（3-36）可知：$Nu = f(Pr, Gr)$，工程中广泛使用的计算式通常都整理成下列幂函数形式：

$$Nu = c(Pr \cdot Gr)^n \qquad (3-37)$$

式中 c 和 n 的值由实验确定，根据换热面的形状及 $Pr \cdot Gr$ 的数值范围，列于表3-7中。其中 c 与加热表面形状及位置有关；n 值决定于是层流还是紊流，层流时 $n = 1/4$，紊流时 $n = 1/3$。

表3-7 实验常数 c 和 n 的值

表面形状及位置	流动情况示意图	流态	c	n	定性尺寸	适用范围 $(Pr \cdot Gr)$
垂直平壁及直筒壁		层流 紊流	0.59 0.10	$\frac{1}{4}$ $\frac{1}{3}$	高度 h	$10^4 \sim 10^9$ $10^9 \sim 10^{13}$
水平圆筒		层流 紊流	0.53 0.13	$\frac{1}{4}$ $\frac{1}{3}$	外径 d	$10^4 \sim 10^9$ $10^4 \sim 10^{12}$
热面朝上或冷面朝下的水平壁		层流 紊流	0.54 0.15	$\frac{1}{4}$ $\frac{1}{3}$	平板取面积与周长之比值，圆盘取 $0.9d$	$2\times10^4 \sim 8\times10^6$ $8\times10^6 \sim 10^{11}$
热面朝下或冷面朝上的水平壁		层流	0.58	$\frac{1}{5}$	矩形取两个边长的平均值，圆盘取 $0.9d$	$10^5 \sim 10^{11}$

▶ 热 工 基 础

空气自然对流是工程中最常见的，假定壁面与空气的温度差以 50 ℃ 为近似平均数，压力为 1 个大气压，可得到常压下空气自然对流换热的简化公式，见表 3-8。

表 3-8 常压下空气自然对流换热的简化公式

加热表面形状及位置		对流换热系数/(W·m^{-2}·℃$^{-1}$)	($Pr·Gr$) 范围	定性尺寸
垂直平壁 垂直圆筒	层流	$\alpha = 1.49 \left(\dfrac{\Delta t}{L}\right)^{\frac{1}{4}}$	$10^4 \sim 10^9$	高度 H
	紊流	$\alpha = 1.35 (\Delta t)^{\frac{1}{3}}$	$10^9 \sim 10^{12}$	
水平圆柱		$\alpha = 1.34 \left(\dfrac{\Delta t}{L}\right)^{\frac{1}{4}}$	$10^4 \sim 10^9$	外径 d
热面向上 的水平板	层流	$\alpha = 1.36 \left(\dfrac{\Delta t}{L}\right)^{\frac{1}{4}}$	$2 \times 10^7 \sim 3 \times 10^{10}$	正方形取边长，矩形取两边平均值，圆盘取 $0.9d$
	紊流	$\alpha = 1.58 (\Delta t)^{\frac{1}{3}}$		

在表 3-8 的公式中，紊流时定性尺寸 l 从计算公式中消失，说明当流体的自然对流进入紊流状态后，加热表面的尺寸已不再影响到传热。

在窑炉内部，自然对流一般不是传热的主要因素，但在窑墙向外散热时，空气的自然对流就是主要因素了。常用的经验公式如下：

$$\alpha = K(t_w - t_a)^{0.25} \tag{3-38}$$

式中 K——系数，在垂直壁面上 $K = 2.56$；在水平壁面上、给热面向上 $K = 3.26$；在水平壁面上、给热面向下 $K = 1.63$。

在计算窑墙向外散热时，还必须考虑窑墙向外辐射传热部分。

【例 3-4】 一水平蒸汽管外包保温材料。保温材料的表面温度为 90 ℃，外直径为 100 mm，远离蒸汽管的空气温度为 10 ℃。试计算每米长的散热损失。

解 定性温度：

$$t_m = \frac{1}{2}(t_w - t_f) = \frac{1}{2}(90 + 10) = 50(℃)$$

空气在 50 ℃ 时的物性参数：

$$\lambda = 2.83 \times 10^{-2} W/(m·℃)$$
$$\nu = 17.95 \times 10^{-6} \text{ m}^2/\text{s}$$
$$Pr = 0.698$$
$$\beta = \frac{1}{273+t} = \frac{1}{273+50} = 3.1 \times 10^{-3}(1/℃)$$

则 $Pr·Gr = \dfrac{\beta g \Delta t l^3}{\nu^2} \cdot \dfrac{\nu}{\alpha} = \dfrac{3.1 \times 10^{-3} \times 9.81 \times (90-10) \times 0.1^3}{(17.95 \times 10^{-6})^2} \times 0.698 = 5.27 \times 10^6$

说明是层流流动,可用表3-8中层流简化公式计算:

$$\alpha = 1.34 \left(\frac{\Delta t}{d}\right)^{\frac{1}{4}} = 1.34 \left(\frac{90-10}{0.1}\right)^{\frac{1}{4}} = 7.1 [W/(m^2 \cdot ℃)]$$

每米管长所散失的热量:$q_l = \alpha \Delta t \pi d = 7.1 \times (90-10) \times 3.14 \times 0.1 = 178.35 (W/m)$。

2. 强制(受迫)对流换热

1) 管内对流换热

(1) 管内紊流(湍流)流动。强制紊流在不考虑自然流动时,其准数方程由式(3-35)可知:

$$Nu = f(Re, Pr)$$

或

$$Nu = c Re^m Pr^n$$

流体在管内流动时,不同的研究者得出了不同的实验常数,主要是由于测定方法和装置、测定范围、所用定性温度及使用参数表等的不同。目前应用较广泛的形式为迪图斯-贝尔特(Dittus-Boelter)公式:

当加热液体或冷却气体时:

$$Nu_f = 0.023 Re_f^{0.8} Pr_f^{0.4} \qquad (3-39)$$

当冷却液体或加热气体时:

$$Nu_f = 0.023 Re_f^{0.8} Pr_f^{0.3} \qquad (3-40)$$

方程式中是取管子进出口截面处流体温度的算术平均值作为定性温度,取管子内径为定性尺寸。对于非圆形管,定性尺寸取管内当量直径 d_e。

$$d_e = \frac{4f}{s}$$

式中 f——流体截面面积,m^2;

s——流体润湿流道周边,m。

式(3-39)和式(3-40)的应用条件如下:

①管长 l 与管内径 d 之比 $\frac{l}{d} \geq 60$;当 $\frac{l}{d} < 60$ 时,α 应乘以校正系数 ε_1。ε_1 值见表3-9。

表3-9 校正系数 ε_1

Re_f \ $\frac{l}{d}$	1	2	5	10	20	30	40	50
$<2.2\times10^3$	1.90	1.70	1.44	1.21	1.13	1.07	1.03	1.00
1×10^4	1.65	1.50	1.34	1.23	1.13	1.07	1.03	1.00

表3-9（续）

Re_f \ $\dfrac{l}{d}$	1	2	5	10	20	30	40	50
2×10^4	1.51	1.40	1.27	1.18	1.10	1.05	1.02	1.00
5×10^4	1.34	1.27	1.18	1.13	1.08	1.04	1.02	1.00
1×10^5	1.28	1.22	1.15	1.10	1.06	1.03	1.02	1.00

② $Re = 10^4 \sim 12\times10^4$，旺盛紊流区。

对于 $Re = 2300 \sim 10^4$，在过渡区，则求得的对流换热系数 α 须乘以校正系数 ϕ：

$$\phi = 1 - \frac{6\times10^5}{Re_f^{1.8}} \tag{3-41}$$

③ $Pr = 0.7 \sim 120$。

④流道是直管或无急转弯。

⑤管壁光滑 $\left(\dfrac{d}{e}>10^5，e\text{ 为管壁绝对粗糙度}\right)$。

⑥流体与壁面具有中等以下温差。一般来说，气体 $\Delta t<50\ ℃$，水 $\Delta t<30\ ℃$，油 $\Delta t<10\ ℃$。

温差超过以上幅度时，可用米海耶夫提出的关系式：

$$Nu_f = 0.021 Re_f^{0.8} Pr_f^{0.43} \left(\frac{Pr_f}{Pr_w}\right)^{0.25}$$

式中，除 Pr_w 用壁温为定性温度外，其余均采用流体平均温度为定性温度，管内径为定性尺寸。

显然上述计算式比较烦琐，在一般工程中也可用下面的简化公式：

$$\alpha = A_n \frac{\omega_0^{0.8}}{d^{0.2}} \tag{3-42}$$

式中　ω_0——流体在管道内的标态流速，Bm/s；

　　　d——管道的内直径或内当量直径，m；

　　　A_n——因流体种类而异的系数，查表3-10。

表3-10　常用温度下某些流体的 A_n 值

水	温度/℃	0	20	40	60	80	100
	A_n	1425	1850	2330	2760	3080	3370
空气	温度/℃	0	200	400	600	800	1000
	A_n	3.97	4.32	4.68	4.96	5.16	5.35

表3-10(续)

废气	温度/℃	0	200	400	600	800	1000
	A_n	3.96	4.63	5.35	5.76	6.42	6.65
水蒸气	温度/℃	0	150	200	250	300	350
	A_n	4.07	4.13	4.30	4.53	4.72	4.99
重油	温度/℃	40	60	80	100	120	140
	A_n	31.4	52.4	88.5	119	146.5	179

(2) 管内层流流动。由席德和塔特（Sieder and Tate）提出的计算公式如下：

$$Nu_f = 1.86\left(Re_f \cdot Pr_f \cdot \frac{d}{l}\right)^{\frac{1}{3}} \left(\frac{\mu_f}{\mu_w}\right)^{0.14} \tag{3-43}$$

或

$$Nu_f = 1.86\left(Re \cdot \frac{d}{l}\right)^{1/3} \cdot \left(\frac{\mu_f}{\mu_w}\right)^{0.14} \tag{3-44}$$

式中 $\left(\frac{\mu_f}{\mu_w}\right)^{0.14}$——修正不均匀物性场影响的修正系数项。

适用条件是：$Re_f \cdot Pr_f \cdot \frac{d}{l} > 10$，$Re_f = 13 \sim 2300$。

不适合用在管子很长的情况，因为 $\frac{d}{l}$ 将趋于零；没有考虑自然流动的影响，当管子粗、流速低和温差大时，自然流动的影响就不可忽略。

(3) 管内过渡流流动。气体时的计算公式：

$$Nu_f = 0.0214(Re_f^{0.8} - 100) \cdot Pr_f^{0.4} \cdot \left[1 + \left(\frac{d}{l}\right)^{2/3}\right] \cdot \left(\frac{T_f}{T_w}\right)^{0.45} \tag{3-45}$$

式中 $\left(\frac{T_f}{T_w}\right)^{0.45}$——修正不均匀物性场影响的修正系数项。

上式的适用条件是：$2300 < Re_f < 10^6$；$0.6 < Pr_f < 1.5$（气体或100℃的水）；$0.5 < \frac{T_f}{T_w} < 1.5$。

液体时的计算公式：

$$Nu_f = 0.012(Re_f^{0.87} - 280) \cdot Pr_f^{0.4} \cdot \left[1 + \left(\frac{d}{l}\right)^{1/3}\right] \cdot \left(\frac{Pr_f}{Pr_w}\right)^{0.11} \tag{3-46}$$

式（3-46）的适用条件是：$2300 < Re_f < 10^4$；$1.5 < Pr_f < 500$；$0.05 < \frac{Pr_f}{Pr_w} < 20$。

【例3-5】 水以 0.8 m/s 的速度，在直径为 50 mm、长 3 m 的直管内流动。如果管子进口水流温度 40 ℃，出口为 60 ℃，管壁的温度为 70 ℃，试求平均对流换热系数。

解 水的平均温度

$$t_f = \frac{1}{2}(t'_f - t''_f) = \frac{40+60}{2} = 50(℃)$$

水在 50 ℃ 时的物性参数为

$$\nu_f = 0.55 \times 10^{-6} \text{ m}^2/\text{s}$$

$$\lambda_f = 64.8 \times 10^2 \text{ W}/(\text{m·s})$$

$$\mu_f = 5.49 \times 10^{-6} \text{ kg}/(\text{m·s})$$

$$\mu_w = 4.06 \times 10^{-6} \text{ kg}/(\text{m·s})（由 t_w = 70 ℃ 查得）$$

$$Re_f = \frac{\omega d}{\nu_f} = \frac{0.8 \times 0.05}{0.556 \times 10^{-6}} = 7.19 \times 10^4$$

$$Pr_f = 3.54$$

可见属于层流，应采取式 (3-39) 计算:

$$Nu_f = 0.023 Re_f^{0.8} Pr_f^{0.4} = 0.023 \times (7.19 \times 10^4)^{0.8} \times (3.54)^{0.4} = 292.89$$

平均对流换热系数为

$$\alpha = Nu_f \frac{\lambda}{d} = 292.89 \times \frac{64.8 \times 10^{-2}}{0.05} = 3924 [\text{W}/(\text{m}^2·℃)]$$

由于 $\frac{l}{d} = \frac{3000}{50} = 60$，可不用进行管长修正。

2）流体掠过平板

（1）流体掠过平板紊流流动:

$$Nu_m = (0.037 Re_m^{0.8} - 850) Pr_m^{\frac{1}{3}}$$

适用条件是: $5 \times 10^5 \leqslant Re \leqslant 10^7$; $Pr_f = 0.5 \sim 50$。

定性温度取边界层平均温度 $t_m = \frac{t_f + t_w}{2}$，定性尺寸是板长。

（2）流体掠过平板层流流动:

$$Nu_m = 0.664 Re_m^{\frac{1}{2}} \cdot Pr_m^{\frac{1}{3}} \tag{3-47}$$

适用条件是: $Re < 5 \times 10^5$; $Pr_f > 1$。

气体也可近似使用，只有液态金属不能用。定性温度为边界层平均温度，定性尺寸是板长。

3）流体外掠单管

$$Nu_m = c Re_f^n \cdot Pr_f^{\frac{1}{3}} \tag{3-48}$$

式中 c、n 是实验常数，随 Re 而变化，其值列于表 3-11。

以单管外径为定性尺寸,流体温度为定性温度。

表3-11 常数 c 和 n 的数值

Re	0.4~4	4~40	40~4×10^3	4×10^3~4×10^4	4×10^4~4×10^5
c	0.989	0.911	0.683	0.193	0.0266
n	0.330	0.385	0.466	0.618	0.805

4)流体外掠光滑管束

换热设备中管束的排列方式以顺排和叉排两种为最普遍,如图3-18所示。叉排时,流体在管间交替收缩和扩张的弯曲通道中流动,而顺排时流体通道相对比较平直。因此,一般的叉排流体扰动较大,换热比顺排强。

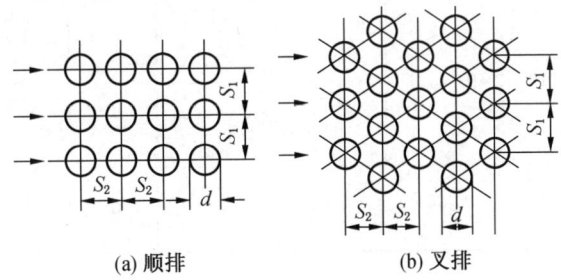

(a) 顺排　　　　(b) 叉排

图3-18 顺排与叉排管束

流体在管束中流动,除第一排管子保持了外掠管的特征外,从第二排管子起,流动情况将被前面几排管子引起的涡旋所干扰,因此管束中流动状态比较复杂。用 $\left(\dfrac{Pr_f}{Pr_w}\right)^{0.25}$ 来反映不均匀物性场影响时,茹卡乌思卡斯汇集了大量实验数据,总结出计算管束平均表面传热系数的关联式为

$$Nu = CRe_f^m \cdot Pr_f^{0.36} \cdot \left(\dfrac{Pr_f}{Pr_w}\right)^{0.25} \cdot \varepsilon_z \qquad (3-49)$$

该式的适用范围为 $1<Re_f<2\times10^6$,$0.6<Pr_f<500$。式中除 Pr_w 采用管束平均壁面温度 t_w 下的数值外,其他物性参数的定性温度为管束进出口流体的平均温度。Re_f 中的流速采用管束最窄流通截面处的平均流速。

式中　C、m——常数,其值见表3-12;

ε_z——排数影响的校正系数,因前排的扰动加强了后排的换热,故各排的换热将逐渐增大,原则上只有管束的排数和每排的管数都大于10,才可以消除进口和边缘条件对管束平均换热系数产生的影响。工程中则近似认为排数大于10的管束平均换热系数就不再与排数有关,ε_z 值列于表3-13。

表3-12 常数 C 及 m 的数值

排列方式	Re_f	C	m
顺排	$1 \sim 10^2$	0.9	0.4
顺排	$10^2 \sim 10^3$	0.52	0.5
顺排	$10^3 \sim 2 \times 10^5$	0.27	0.63
顺排	$2 \times 10^5 \sim 2 \times 10^6$	0.033	0.8
叉排	$1 \sim 5 \times 10^2$	1.04	0.4
叉排	$5 \times 10^2 \sim 10^3$	0.7	0.5
叉排	$10^3 \sim 2 \times 10^5$, $\frac{s_1}{s_2} \leq 2$	$0.35 \left(\frac{s_1}{s_2}\right)^{0.2}$	0.6
叉排	$10^3 \sim 2 \times 10^5$, $\frac{s_1}{s_2} > 2$	0.4	0.6
叉排	$2 \times 10^5 \sim 2 \times 10^6$	$0.31 \left(\frac{s_1}{s_2}\right)^{0.2}$	0.8

表3-13 ε_z 数值

排数		1	2	3	4	5	7	9	10	13	15	≥ 16
顺排	$Re_f > 10^3$	0.07	0.80	0.86	0.91	0.93	0.95	0.97	0.98	0.99	0.994	1.0
叉排	$10^2 < Re_f < 10^3$	0.83	0.87	0.91	0.94	0.95	0.97	0.98	0.984	0.993	0.996	1.0
叉排	$Re_f > 10^3$	0.62	0.76	0.84	0.90	0.92	0.95	0.97	0.98	0.99	0.997	1.0

顺排与叉排管束平均换热系数,当排数大于 10 的时候可采用表 3-14 中的公式。表中各式定性温度用流体在管束中的平均温度,定性尺寸为管外径。

表3-14 管束的平均换热系数准数方程

排列方式	适用范围	准数方程式	对空气或烟气简化式
顺排	$Re_f = 10^3 \sim 2 \times 10^5$	$Nu_f = 0.27 Re_f^{0.6} \cdot Re_f^{0.36} \cdot \left(\frac{Pr_f}{Pr_w}\right)^{0.25}$	$Nu_f = 0.24 Re^{0.63}$
顺排	$Re_f > 2 \times 10^5$	$Nu_f = 0.21 Re_f^{0.84} \cdot Re_f^{0.36} \cdot \left(\frac{Pr_f}{Pr_w}\right)^{0.25}$	$Nu_f = 0.018 Re_f^{0.84}$

表3-14(续)

排列方式	适用范围		准数方程式	对空气或烟气简化式
叉排	$Re_f = 10^3 \sim 2 \times 10^5$	$\dfrac{s_1}{s_2} \leq 2$	$Nu_f = 0.35 Re_f^{0.6} \cdot Re_f^{0.36} \cdot \left(\dfrac{Pr_f}{Pr_w}\right)^{0.25} \cdot \left(\dfrac{s_1}{s_2}\right)^{0.2}$	$Nu_f = 0.31 Re_f^{0.6} \left(\dfrac{s_1}{s_2}\right)^{0.2}$
		$\dfrac{s_1}{s_2} > 2$	$Nu_f = 0.40 Re_f^{0.6} \cdot Re_f^{0.36} \cdot \left(\dfrac{Pr_f}{Pr_w}\right)^{0.25}$	$Nu_f = 0.35 Re_f^{0.6}$
	$Re_f > 2 \times 10^5$		$Nu_f = 0.022 Re_f^{0.84} \cdot Re_f^{0.36} \cdot \left(\dfrac{Pr_f}{Pr_w}\right)^{0.25}$	$Nu_f = 0.019 Re_f^{0.84}$

计算表明，在相同条件下叉排管束的换热系数比顺排高，但阻力损失大。如果仅从能量观点考虑，把换热器单位面积的传热量与克服流体阻力所耗能量之比作为它的能量经济性指标（可通过传热和流体阻力计算得到），则从叉排和顺排的比较中发现，在 $Re_f = 5 \times 10^2 \sim 5 \times 10^4$ 范围内，顺排是有利的。尽管在此范围内，顺排换热系数是低的，但能量经济性则因流体阻力低可以超过叉排。在更高的 Re_f 数值下，各种管束的经济性则和它们的管间距有很大关系。当然仅仅只从能量观点看，低流速似乎能带来高经济性。因为单位面积的放热量与 ω 的 0.6~0.8 次幂成正比，而功率消耗则与 ω^3 成正比。降低流速，泵或鼓风机功率消耗下降更快，但是这将导致换热面积扩大、设备费用增加等。

5) 强制对流时某些经验公式

(1) 火焰炉膛内，烟气对物料的对流换热系数 α。

当 $\omega_0 < 8$ m/s 时：

$$\alpha = 4.9 + 2.7 \rho_0 \omega_0 \qquad (3-50)$$

式中　ω_0——烟气在标准状态下的流速，m/s；

　　　ρ_0——烟气在标准状态下的密度，kg/m³。

(2) 气体穿过散料层时的对流换热系数 α。

当 $Re_f > 200$ 时：

$$\alpha = 0.71 \frac{\lambda}{d^{0.33}} \left(\frac{\omega}{\nu}\right)^{0.67} \qquad (3-51)$$

式中　ω——折算至中空截面积时的气体流速，m/s；

　　　d——散料粒的平均直径，m；

　　　λ——气体的导热系数，W/(m²·℃)；

　　　ν——气体的运动黏度，m²/s。

当 $Re_f < 200$ 时：

▶热 工 基 础

$$\alpha = 0.123 \frac{\lambda \omega \rho}{\mu} \quad (3-52)$$

（3）在隧道窑冷却带及预热带中气体与制品及窑墙间的换热系数 α。

$$\alpha = K \frac{5.93 \omega_0^{0.69}}{d_{当}^{0.33}} \quad (3-53)$$

式中　　K——温度校正系数，1~1.4；

　　　　$d_{当}$——空隙当量直径，m。

3. 强化对流换热的因素分析

从对流换热的计算公式中可以看出，影响对流换热的因素主要有三个方面：壁面与流体之间的温度差 Δt，对流换热系数 α，传热面积 F。这三个方面无论哪一项增大，均能提高对流换热效果。

在强制流动时，流速对于对流换热有较大影响，要加强对流换热，提高流体的流速是一个重要措施。但必须指出，增加流速可以提高对流换热的热流量，但单位流体传递的热量反而少了，这是因为流体的流速加大后，流体的质点和固体的接触时间短了。

在自然对流情况下，壁面与流体的温度差对对流换热系数 α 起重要作用，温度差越大，α 也越大。

不论是自然对流还是强制对流，流体种类对对流换热系数 α 有较大影响，在相同条件下，水、重油、烟气和空气的对流换热系数依次降低。增加流体与壁面的温差和增加流体与固体的接触面积均可增加对流换热量。

任务四　辐　射　传　热

【任务目标】

知识目标：

（1）了解辐射传热的本质和特点，以及辐射传热的基本概念。

（2）理解辐射传热的基本定律：普朗克辐射定律、斯蒂芬-波尔茨曼定律、兰贝特定律、克希荷夫定律和克希荷夫恒等式。

（3）掌握辐射传热的计算。

能力目标：

能利用所学知识，分析计算生产生活中不同类型的辐射传热计算。

情感目标：

通过本任务的学习，培养学生力争上游、勇于担当、提高自我、奉献社会的责任感与使命感。

【任务描述】

世界上能为别人减轻负担的都不是庸庸碌碌之徒。然而，只有你自己足够强大，才能

项目三 传 热 学

帮别人遮风挡雨。你拥有的越多，才能有足够的光和热照亮别人的前方。克希荷夫定律从物理角度证实了这一点。本部分内容主要学习辐射传热的基本概念、基本定律，以及不同物质间的辐射传热计算。

【任务知识】

辐射传热是传热的三种基本方式之一，在科学技术领域中得到了广泛应用。在硅酸盐工业中存在大量辐射传热问题。如对窑炉内辐射传热的分析和计算，辐射换热器的工作原理，利用辐射原理测定物体的温度（辐射高温计），还有辐射采暖及辐射干燥等。当前在新能源方面对太阳能的利用等都涉及辐射传热问题。

在任务一中已经指出，辐射传热是由电磁波来传递能量的现象，它与导热和对流的热传递方式有本质区别。在本任务中，我们将首先阐述辐射传热的本质、特征以及有关的基本概念和基本定律；接着通过两个黑体表面之间的辐射传热计算引出辐射传热的几何特征——角系数；进而应用有效辐射法，求解两个灰体表面之间换热的典型问题——平行平板以及一物体被另一物体包围的辐射传热。在此基础上，引入辐射换热的网络求解法，并以两个灰体表面之间的辐射换热为例，说明网络法的应用。气体和火焰辐射区别于固体辐射，它们有自身特点，因此专作为两个问题，重点讨论黑度的确定方法。

一、辐射传热的基本概念

1. 辐射传热的本质和特点

如前所述，物体以电磁波方式向外传递能量的过程称为辐射，被传递的能量称为辐射能。但是，我们通常亦把辐射这个术语用来表明辐射能本身。物体可因多种不同的原因产生电磁波从而发出辐射能。无线电台利用强大的高频电流通过天线向空间发出无线电波，就是辐射过程的例子。无线电波是电磁波的一种，此外，尚有由于其他种种原因而产生的宇宙射线、γ射线、X射线、紫外线、可见光和红外线等电磁波。

从热传递的角度出发，并不需要涉及全部的电磁波类型，而只研究起因于热的原因的电磁波辐射。我们把这种由于热的原因而发生的辐射称为热辐射。热辐射的电磁波是由物体内部微观粒子在运动状态改变时所激发出来的。在热辐射过程中，物体把它的热能不断地转换成辐射能。只要设法维持物体的温度不变，其发射辐射能的数量就不变。当物体的温度升高或降低时，辐射能也相应增加或减少。此外，任何物体在向外发出辐射能的同时，还在不断地吸收周围其他物体发出的辐射能，并把吸收的辐射能重新转换成热能。所谓辐射换热是指物体之间的相互辐射和吸收过程的总效果。例如，在两个温度不等的物体之间进行的辐射换热，温度较高的物体辐射多于吸收，而温度较低的物体则辐射少于吸收，因此辐射换热的结果是高温物体向低温物体转移了热量。若两个换热物体温度相等，此时它们辐射和吸收的能量恰好相等，因此，物体间辐射换热量等于零。值得注意的是，此时物体间的辐射和吸收过程仍在进行，这种情况称为热动平衡。

电磁波的性质取决于波长或频率，在热辐射分析中，通常用波长来描述电磁波。电磁波的波长有很宽的变化范围,例如宇宙射线的波长极短($\lambda < 10^{-8}$ μm),而某些无线电波的波长又很长(可以以千米计)。实用上常常把它们按波长划分成若干区段,每个区段给予一个专门的名称。图3-3给出了电磁波按波长区分的大致情况,以及每个区段的相应名称。

从理论上说,物体热辐射的电磁波波长可以包括电磁波的整个波谱范围,即波长从零到无穷大。然而,在工业上所遇到的强度范围内,有实际意义的热辐射波长位于波谱的0.38~1000 μm之间,而且大部分能量位于红外线区段的0.76~40 μm范围内。可见光的波长只占全部波谱的很小区间,位于0.4~0.76 μm。显然,当热辐射的波长大于0.76 μm时,人们的眼睛将看不见它们。

红外线又有近红外和远红外之分,大体上以4 μm为界限,把波长在4 μm以下的红外线称为近红外,4 μm以上的红外线称为远红外。但因两者的物理作用并无本质差异,这种区分界限并没有统一的规定。

若把不允许热辐射透过的物体(如固体)置于电磁波的行进途中,它将对热辐射起遮蔽作用。这就表明,只有相互能看见的物体之间才可以进行辐射能的交换。

热辐射的特点可归纳为如下三点:

(1) 传导传热和对流换热都必须由冷、热物体直接接触或通过中间介质相接触,才能进行热量传递,而辐射传热与导热和对流不同,它不依靠常规物质的接触而进行热量传递。如太阳的热辐射能穿过太空辐射到地面。

(2) 在热辐射过程中能量形式发生了两次转换,即物体的一部分内能转换为电磁能发射出去,并在真空中以光速传播,当此波能射到另一物体表面而被吸收时,电磁波能又转换为物体的内能。

(3) 热射线产生于物质内部电子的振动或激动,支配这种振动或激动的因素是物体的温度。一切物体只要其温度在绝对温度为零度以上,不论温度高低都在不停地发射电磁波。当两个物体温度不同时,高温物体辐射给低温物体的能量大于低温物体辐射给高温物体的能量,总的效果是高温物体将热量传给了低温物体。即使两物体温度相同,这种辐射过程仍在不停地进行着,只是物体辐射出去的能量等于其吸收的能量,处于热动态平衡罢了。

2. 吸收、反射和透过

当热辐射的能量投射到物体表面上时,同可见光投射到物体表面相似,也有吸收、反射和透过现象发生,如图3-19所示。假设外界投射到物体表面上的总能量为Q。其中一部分Q_A在进入表面后被物体吸收,另一部分Q_R被物体反射;其余部分Q_D透过物体。于是,按能量守恒定律:

$$Q = Q_A + Q_R + Q_D$$

或

$$\frac{Q_A}{Q} + \frac{Q_R}{Q} + \frac{Q_D}{Q} = 1$$

其中：$\frac{Q_A}{Q} = A$，称为吸收率；$\frac{Q_R}{Q} = R$，称为反射率；$\frac{Q_D}{Q} = D$，称为透过率。可写成，$A + R + D = 1$。

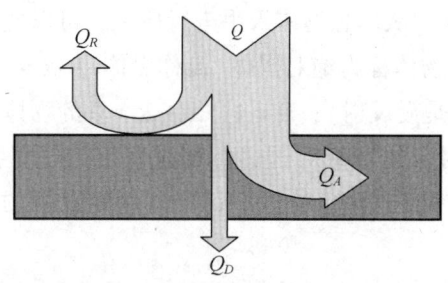

图 3-19　物体对热辐射的吸收、反射与透射示意图

实际上，当辐射能进入固、液体表面以后，在很短距离内就被吸收完了，并被转换成热能使物体温度升高。比如对金属来说，热辐射进入表面内的距离极短，只有 1 μm 的数量级厚度。对大多数非金属材料来说，这一距离也小于 1 mm。实际应用的工程材料厚度一般都大于这个数值，因此可以认为固体和液体不允许热辐射透过。即透过率 $D = 0$，$A + R = 1$。由此可见，吸收能力大的物体，其反射本领就小；反之，其反射本领就大。

辐射能投射到物体表面后的反射现象和光一样，有镜面反射和漫反射的区别，它取决于表面不平整尺寸的大小，即表面的粗糙程度，这里所指的表面粗糙程度是相对于热辐射的波长而言的。当表面不平整尺寸小于投射辐射的波长时，形成镜面反射，此时入射角等于反射角，如图 3-20a 所示。当表面不平整尺寸大于投射辐射的波长时，形成漫反射，如图 3-20b 所示。漫反射的射线是非常不规则的，一般工程材料表面大多数是形成漫反射现象。

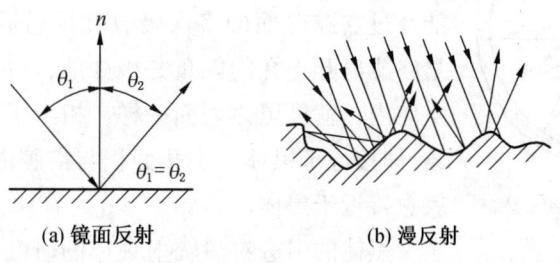

(a) 镜面反射　　　　　　(b) 漫反射

图 3-20　镜面反射和漫反射

当辐射能投射到气体中时，情况就不同了，气体对辐射能几乎没有反射能力，可以认为反射率 $R = 0$，$A + D = 1$，显然吸收率大的气体透过率就小。

▶ 热 工 基 础

由上述可知，固体和液体对外界的辐射特性，以及它们对外界投射来的辐射能所呈现的吸收和反射特性，都具有在物体表面上进行的特点，不涉及物体内部。因此物体表面状态对这些特性的影响是非常重要的。而气体的辐射和吸收则在整个容器中进行。

自然界中所有物质（固、液、气）的吸收率、反射率和透过率的值都在 0～1 范围内变化，每个值又因具体条件不同而千差万别，把这些问题孤立地逐个研究，其复杂性是可以想象到的。为了方便起见，从理想物体入手进行研究，可以使问题简化。

把 $A = 1$，$D + R = 0$ 的物体称为绝对黑体（简称黑体）；$R = 1$，$A + D = 0$ 的物体称为绝对白体（无论是镜面反射还是漫反射）；$D = 1$，$A + R = 0$ 的物体称为绝对透热体。

显然，绝对黑体、绝对白体和绝对透热体都是假想的理想物体，在自然界中并不存在。但是它们是实际物体热辐射性能的极限情况。例如煤烟的 $A = 0.96$，高度磨光纯金 $R = 0.98$。

必须指出，这里的黑体、白体和透热体与日常生活中所说的白色物体与黑色物体不同，颜色只是对可见光而言，而这里是对热射线而言的。例如白雪对可见光的反射率很高，呈白色，但是对来自温度不太高的物体所发射的热射线，其吸收率 $A = 0.98$ 左右，非常接近黑体。再比如夏天在外面太阳光下穿白衣服比穿黑衣服感到凉（太阳温度可达 5800 K，其单色辐射能力的最大值位于可见光范围内，其最大辐射能力的波长约为 0.5 μm，处在可见黄色光范围内），因为白色衣服对可见光的反射率大、吸收率小。但是对红外线的吸收率它们是相同的，所以在炉子边上（2000 K 以下）穿黑衣服和白衣服的感觉基本是相同的。因此不能单凭颜色来判断物体对热射线的吸收和反射能力，必须看到物体的性质、表面状态和本身所处温度等都会影响它们的吸收率。

3. 黑体辐射模型

黑体和灰体一样，是一种理想物体，在自然界是不存在的，但可以人工制造出接近于黑体的模型。如图 3-21 所示是一个人工黑体模型：一个内表面吸收比较高的空腔，空腔的壁面上有一个小孔。只要小孔的尺寸与空腔相比足够小，则从小孔进入空腔的辐射能经过空腔壁面的多次吸收和反射后，几乎全部被吸收，最终能离开小孔的能量是极少的，可以认为完全被吸收在空腔内，就像黑体表面一样，相当于小孔的吸收比接近于 1，即接近于黑体。小孔面积与空腔内壁表面积之比愈小，就愈接近于黑体。

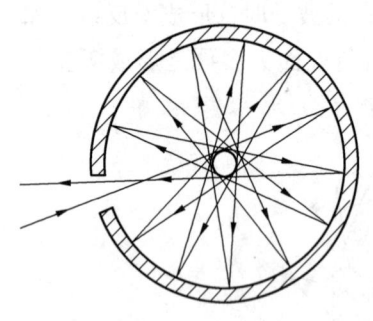

图 3-21 黑体模型

黑体的引进对热辐射规律的研究具有重要意义：由于实际物体的热辐射特性和规律非常复杂，黑体辐射相对简单，所以人们首先研究黑体辐射的性质和规律，再把实际物体的辐射特性与之比较，找出与黑体辐射的区别，就可以将黑体辐射的规律进行修正后用于实际物体。

二、辐射传热的基本定律

1. 普朗克辐射定律

为了阐明普朗克定律,先说明两个基本概念。

1)辐射能力(全辐射能力)

物体每单位表面积,在单位时间内,向半球空间辐射出去的波长从 $0 \sim \infty$ 范围的总能量,称为物体的辐射能力,用符号"E"表示,其单位是 W/m^2。对于黑体用"E_0"表示。

2)辐射强度(单色辐射能力)

物体的辐射能力按波长分布是不均匀的,如果物体每单位表面积,在单位时间内向半球空间辐射出去的波长从 $\lambda \sim \lambda + d\lambda$ 这一段范围内的辐射能力为 dE,则 dE 与波长间隔的比值称为辐射强度(或单色辐射能力),用 E_λ 表示,单位是 $W/(m^2 \cdot \mu m)$ 或 W/m^3,即

$$E_\lambda = \frac{dE}{d\lambda}$$

对于黑体用"$E_{0\lambda}$"表示。

普朗克定律说明了黑体辐射能力按照波长的分布规律,或者说它给出了黑体单色辐射能力 $E_{0\lambda}$ 随波长 λ 和绝对温度 T 而变化的函数关系,即 $E_{0\lambda} = f(\lambda, T)$,根据量子理论而得到的普朗克定律有如下的数学表达式:

$$E_{0\lambda} = \frac{C_1 \lambda^{-5}}{e^{\frac{C_2}{\lambda T}} - 1} \tag{3-54}$$

式中 λ——波长,μm 或 m;

T——黑体绝对温度,K;

e——自然对数的底数,2.718;

C_1、C_2——实验常数,其中 $C_1 = 3.74 \times 10^{-16} \ W \cdot m^2$,$C_2 = 1.4387 \times 10^{-2} \ m \cdot K$。

将式(3-54)所表达的普朗克定律描绘在图 3-22 中,可以更清楚地显示出不同温度下黑体辐射能力按照波长的分布情况。

由图 3-22 可见:

(1)某一波长的单色辐射能力随温度升高而增大。

(2)在一定的温度下,黑体的辐射能力随波长连续变化,并在某一波长下具有最大值。

(3)随着温度的升高,辐射能力取得最大值的波长 λ_{max} 愈来愈小,即在 λ 坐标中的位置向短波方向移动。

(4)可见光的波长为 $0.38 \sim 0.76 \ \mu m$。由图 3-22 可见,当 $T < 1000 \ K$ 时,在辐射能中可见光的比例是很微弱的,当 $T > 2000 \ K$ 时也只有约 2%,随着温度升高,可见光相应增多,亮度也逐渐增强,最先出现红色光,以后依次为橙色、黄色和白色的光。

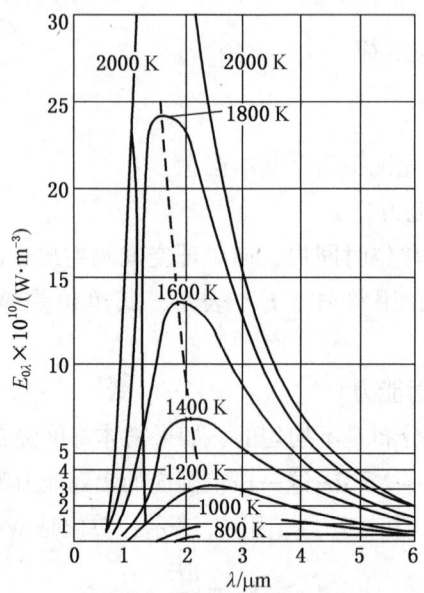

图 3-22 黑体单色辐射能力随波长的变化

工业生产上常依据窑炉中物料的颜色和亮度来判断其温度。

在温度不变的情况下,由普朗克定律表达式(3-54)求极值,可以确定黑体的辐射能力取得最大值的波长 λ_{max} 与热力学温度 T 之间的关系为

$$\lambda_{max} T = 2.8976 \times 10^{-3} \approx 2.9 \times 10^{-3} (\text{m} \cdot \text{K})$$

此关系式称为维恩(Wien)偏移定律。

根据维恩偏移定律,可以确定任一温度下黑体的单色辐射能力取得最大值的波长。例如,太阳辐射可以近似为表面温度约为 5800 K 的黑体辐射,由上式可求得太阳光单色辐射能力取得最大值的波长 $\lambda_{max} = 0.5\ \mu m$,位于可见光范围内。所以,可见光的波长范围虽然很窄(0.38~0.76 μm),但所占太阳辐射能的份额却很大(约为 44.6%)。再如,工业上常见的高温一般低于 2000 K,由上式可以确定,2000 K 温度下黑体的单色辐射能力取得最大值的波长 $\lambda_{max} = 1.45\ \mu m$,处于红外线范围内。加热炉中铁块升温过程中颜色的变化也能体现黑体辐射的特点:当铁块的温度低于 800 K 时,所发射的热辐射主要是红外线,人的眼睛感受不到,看起来还是暗黑色的。随着温度升高,铁块的颜色逐渐变为暗红色、鲜红色、橘黄色、亮白色,这是由于随着温度升高,铁块发射的热辐射中可见光的比例逐渐增大的缘故。

2. 斯蒂芬-波尔茨曼定律

普朗克辐射定律中确立了黑体的单色辐射能力与波长、温度之间的函数关系。由普朗克定律可知黑体全辐射能力应为

$$E_0 = \int_0^\infty E_{0\lambda} d\lambda = \int_0^\infty \frac{C_1 \lambda^{-5}}{e^{\frac{C_2}{\lambda T}} - 1} d\lambda$$

积分后得：
$$E_0 = \sigma_0 T^4$$

式中 σ_0——黑体辐射常数，等于 5.669×10^{-8} W/(m² · K⁴)。

为了便于工程计算，上式常写成如下形式：

$$E_0 = c_0 \left(\frac{T}{100}\right)^4 \tag{3-55}$$

式中 c_0——黑体辐射系数，等于 5.669 W/(m² · K⁴)。

式（3-55）是斯蒂芬-波尔茨曼定律的数学表达式。它说明了绝对黑体的辐射能力同它的绝对温度四次方成正比，所以又称为四次方定律。

3. 兰贝特定律

斯蒂芬-波尔茨曼定律只指出了黑体表面在半球面空间中辐射的总能量，而没有说明在半球面各个方向上能量的分布情况。实际上，在半球面空间的不同方向上其辐射能的分布是不均匀的。在生活实践中可以感觉到，在辐射面 dF_1 为中心的半球面上，以表面法线方向的辐射能量为最大，而随着离开法线方向角的增加，辐射能量将逐渐减弱，直至 $\varphi = \dfrac{\pi}{2}$ 时减少到零。为了研究表面辐射力在空间分布的规律，必须先定出两个物理量。

（1）方向辐射力 $E_{\varphi 0}$ [单位：W/(m² · sr)]：指表面 dF_1 在单位时间内，单位面积与表面法线力方向成 φ 角的 P 方向上，单位立体角内所发射的能量。对于黑体有（参见图 3-23）：

$$E_{\varphi 0} = \frac{dQ_{\varphi 0}}{d\omega dF} \tag{3-56}$$

（2）辐射强度 $I_{\varphi 0}$ [单位：W/(m² · sr)]：指表面 dF_1 在单位时间内，与辐射方向（P 方向）相垂直的单位面积上，单位立体角内所发射的能量。对于黑体有（参见图 3-24）：

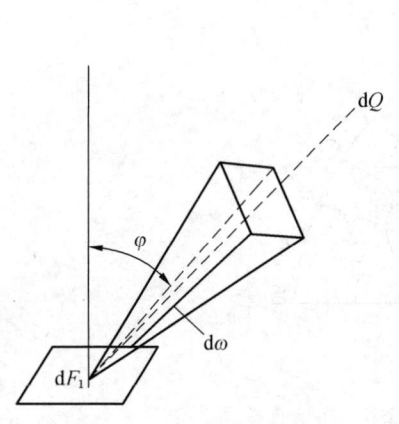

图 3-23 方向辐射力

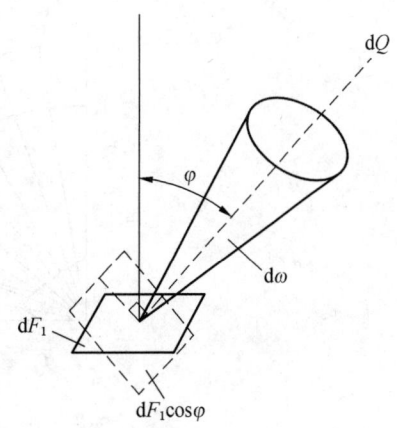

图 3-24 辐射强度

$$I_{\varphi 0} = \frac{dQ_{\varphi 0}}{d\omega dF\cos\varphi} \tag{3-57}$$

比较式 (3-56) 和式 (3-57)，得：

$$E_{\varphi 0} = I_{\varphi 0}\cos\varphi \tag{3-58}$$

可以证明或由实验证实，黑体表面辐射时，在半球面空间内各个方向上的辐射强度为定值，即：

$$I_{\varphi 10} = I_{\varphi 20} = I_{\varphi 30} = \cdots = I \tag{3-59}$$

因为在法线方向上 $\varphi = 0$，$\cos\varphi = 1$，所以：

$$E_{n0} = I_{\varphi 0}\cos\varphi = I_0$$

从而式 (3-56) 可写成：

$$E_{\varphi 0} = E_{n0}\cos\varphi \tag{3-60}$$

上式表示的是黑体表面的辐射力按不同方向的分布规律，称为兰贝特余弦定律。各个方向的辐射能量分布之所以不同，是因为该表面在不同方向上的可见辐射面积不同。在法线方向，可见辐射面积就是原有面积 dF_1，但在 P 方向上，可见辐射面积减小为 $dF_1\cos\varphi$，所以，辐射能量较法线方向减小。

对于黑体，兰贝特定律是极其正确的；对于灰体，兰贝特定律也是适用的，但其法线方向上的辐射力需用下式计算：

$$E_n = \varepsilon\, E_{n0} = \frac{\varepsilon E_0}{\pi} = \frac{E}{\pi} \tag{3-61}$$

对于工程材料，兰贝特定律仅在一定的 φ 值范围内适用。图 3-25 是用极坐标表示金属、非金属、黑体和灰体各个方向上的黑度 $\varepsilon_\varphi = \dfrac{E_\varphi}{E_{\varphi 0}}$ 与 φ 之间的关系。如果物体遵守兰贝特定律，那么不论 φ 是何值，ε_φ 都应保持不变。实际上，ε_φ 值与物体内部的结构及它的表

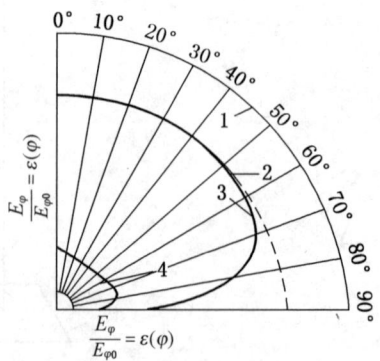

1—黑体；2—灰体；3—非金属；4—金属

图 3-25 工程材料在各个方向上黑度与 φ 之间的关系

面状态有关。对于黑体 $\varepsilon_\varphi = 1$；对于灰体 ε_φ 为小于 1 的常数，对于非金属材料，ε_φ 值在较大范围内（$\varphi < 60°$）等于常数，但当 $\varphi > 60°$ 时，ε_φ 值随着 φ 角的增加而急剧减小；对于金属材料，值在比较小的范围（$\varphi < 40°$）内等于常数，当 $40° < \varphi < 80°$ 时，ε_φ 值随 φ 角的增加而增大，但当 $\varphi > 80°$ 时，ε_φ 值又随 φ 角值的增加而急剧减小。

4. 灰体和黑度的概念

同温度下物体在某波长射线的辐射能力 E_λ，总是小于黑体在相应波长射线的辐射能力 $E_{0\lambda}$，其比值为物体的单色黑度 ε_λ，即 $E_\lambda < E_{0\lambda}$，$\dfrac{E_\lambda}{E_{0\lambda}} = \varepsilon_\lambda$。

假如某物体的辐射光谱是连续的，而且在任何温度下所有各波长射线的单色黑度 ε_λ 是一常数，则此物体称为灰体。灰体的概念也可以从图 3-26 中比较清楚地看出，凡是符合 $\dfrac{E_{\lambda_1}}{E_{0\lambda_1}} = \dfrac{E_{\lambda_2}}{E_{0\lambda_2}} = \dfrac{E_{\lambda_3}}{E_{0\lambda_3}} = \cdots = \varepsilon_\lambda$ 的物体就是灰体。

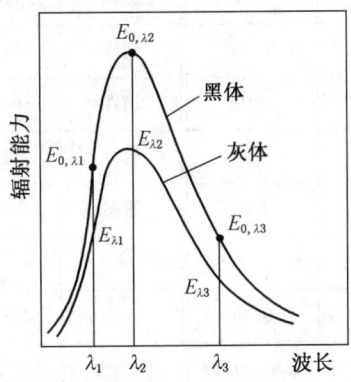

图 3-26 黑体和灰体在同温度下的单色辐射能力

灰体的辐射能力 E，总是小于同温度下黑体的辐射能力 E_0，其比值称为该灰体的黑度 ε，即 $E < E_0$，$\dfrac{E}{E_0} = \varepsilon$。

灰体的黑度等于其单色黑度，即 $\varepsilon = \varepsilon_\lambda$。灰体辐射能力可用下式计算：

$$E = \varepsilon E_0 = \varepsilon \sigma_0 T^4 = \varepsilon c_0 \left(\dfrac{T}{100}\right)^4 \tag{3-62}$$

式中　ε ——灰体的黑度，其值在 0~1。

因为灰体的黑度与能量和波长的分布无关，也即与温度无关，所以式（3-62）说明了灰体的辐射能力也与绝对温度的四次方成正比，即它也符合斯蒂芬-波尔茨曼定律。实际物体都不是灰体，但为了计算方便起见，把大多数工程材料看成是灰体，由此引起的误差可在工程计算允许范围内。

大多数物体的黑度不仅随温度的升高而增大，而且还与物体的性质、表面状态有关。

表面越粗糙，物体的黑度愈大。各种物体的黑体都是用实验方法测得的，某些工程材料的黑度见表3-15。

表3-15 常见工程材料黑度

名称	温度/℃	表面状态	ε	名称	温度/℃	表面状态	ε
红砖	20	粗糙	0.93	水泥			0.54
硅砖	100	粗糙	0.8~0.85	水泥板	1000		0.63
硅砖	高温	粗糙	0.66	白金	500~1300	光滑	0.054~0.138
黏土砖	高温	粗糙	0.8~0.9	白金	1800	光滑	0.176
镁砖	高温	粗糙	0.8	铁	420~1020	磨光	0.144~0.377
刚玉砖	高温	粗糙	0.64	铁	100	氧化	0.736
高铝砖	高温	粗糙	0.8	铸铁	500~1200	粗糙	0.85~0.95
玻璃液	高温	光滑	0.806	钢件	770~1040	磨光	0.52~0.56
石英玻璃	20	光滑	0.93	钢件	940~1100	氧化	0.8
玻璃	20	光滑	0.94	钢板	20	生锈	0.69
石棉板	40	粗糙	0.93	纯铜	80~115	磨光	0.018~0.023
水	0~100		0.95~0.96	铜		氧化	0.69
重油	0~100		0.96	铝	225~575	磨光	0.039~0.057
煤	100~900		0.81~0.79	白铁皮	20	光滑	0.228
石棉水泥板	20		0.96	白铁皮	20	养护	0.276

【例3-6】 设有一块钢板，求温度为30 ℃时，它的辐射能力有多大？如果钢板加热到600 ℃，它的辐射能力又为多大？（钢板黑度 $\varepsilon = 0.82$）

解 设钢板温度为30 ℃时的辐射能力为 E_1，则：

$$E_1 = \varepsilon c_0 \left(\frac{T}{100}\right)^4 = 0.82 \times 5.669 \left(\frac{30 + 273}{100}\right)^4 = 392(\text{W/m}^2)$$

设钢板温度为600 ℃时的辐射能力为 E_2，则：

$$E_2 = \varepsilon c_0 \left(\frac{T}{100}\right)^4 = 0.82 \times 5.669 \left(\frac{600 + 273}{100}\right)^4 = 27001(\text{W/m}^2)$$

上式中 $\frac{T_2}{T_1} = \frac{600 + 273}{30 + 273} = 2.88$ 倍，而 $\frac{E_2}{E_1} = \frac{27001}{392} = 68.9$ 倍。即当钢板的温度变化为2.88倍时，辐射能力增加了68.9倍。

5. 克希荷夫定律

克希荷夫定律确定了任意物体的辐射能力 E 和吸收率 A 之间的关系。

设有两平行的无限大平板（一表面辐射出去的能量可以认为完全落在另一表面上）：平板Ⅰ为任意物体，其温度、辐射能力及吸收率分别为 T_1、E_1、A_1；平板Ⅱ为黑体，其温度、辐射能力和吸收率分别为 T_0、E_0、A_0，如图 3-27 所示。

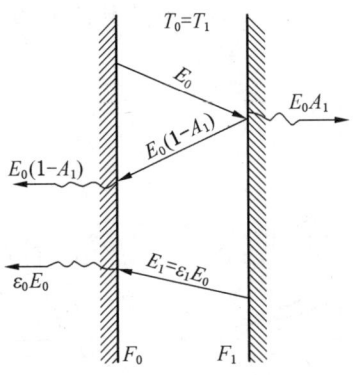

图 3-27　两无限大平面间的热辐射

灰体Ⅰ所发射的能量 E_1 投射到黑体Ⅱ上被全部吸收，而由黑体Ⅱ所发射的能量 E_0 投射到灰体Ⅰ上则只能部分被吸收，即 A_1E_0 的能量被吸收。其余部分 $(1-A_1)E_0$ 被反射回去，仍落到黑体Ⅱ上又被黑体Ⅱ全部吸收。因此，两壁间热交换的结果，就灰体Ⅰ而论，发射的能量为 E_1，吸收的能量为 A_1E_0，其差额为

$$Q = E_1 - A_1E_0$$

当两壁间的辐射换热达到平衡时，即当 $T_1 = T_0$ 时，灰体所发射的辐射能必与其所吸收的能量相等，即：

$$E_1 = A_1E_0 \quad \text{或} \quad \frac{E_1}{A_1} = E_0$$

对于任何壁面而言，可写为

$$\frac{E}{A} = \frac{E_1}{A_1} = E_0$$

此式称为克希荷夫（Kirchhoff）定律。此定律说明任何物体的辐射能力与其吸收率的比值恒为常数，且等于同温度下绝对黑体的辐射能力，故其值仅与物体的温度有关，而和物体性质、表面状态及投射来的辐射光谱特点均无关。

根据黑度的定义 $\varepsilon = \dfrac{E}{E_0}$ 可得：

$$\frac{E}{E_0} = A = \varepsilon \tag{3-63}$$

上式称为克希荷夫恒等式，它说明在同一温度下，物体的吸收率与黑度在数值上相等，善于吸收的物体也善于辐射，在一定温度条件下，黑体具有最大的辐射能力也有最大

的吸收能力。这样，实际物体难以确定的吸收率均可用其黑度的数值。如前述，大多数工程材料可视为灰体，对于灰体，在一定温度范围内，其黑度 ε 为一定值，故灰体的吸收率在一定温度范围内亦为一定值。

黑体的辐射特性已由普朗克定律说明，灰体和实际物体的辐射特性与黑体比较如图 3-28 所示。

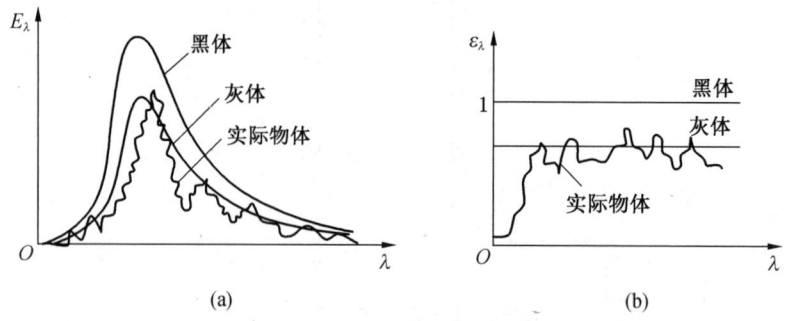

图 3-28 黑体、灰体和实际物体辐射特性

图 3-28a 中三条曲线分别表示黑体、实际物体和灰体单色辐射能力 E_λ，在某一温度 T 下，随波长的变化规律。从图中可以看出：实际物体随波长的变化是不规则的；而灰体是实际物体在某一温度下，一定波长范围内的平均值，其曲线形状与黑体相似，但小于黑体。图 3-28b 中三条曲线分别表示黑体、实际物体和灰体在某一温度 T 下，其单色吸收率 A_λ 或单色黑度 ε_λ 随波长的变化规律。从图中可以看出：实际物体的 A_λ 或 ε_λ 是随波长作不规则变化；灰体是实际物体在某一温度下，一定波长范围内的平均值，其 A_λ 或 ε_λ 是不随波长变化的，与黑体相似，但小于黑体。

在热辐射范围内，工程上使用的固体和液体多数具有灰体性质或具有近似灰体性质，它们之间的辐射换热可以用四次方定律和克希荷夫定律进行计算。这样就大大简化了辐射换热的复杂运算。

由式（3-62）可知：

$$E = \varepsilon E_0 = \varepsilon c_0 \left(\frac{T}{100}\right)^4 = c\left(\frac{T}{100}\right)^4 \qquad (3-64)$$

式中 c——实际物体辐射系数，$c = \varepsilon c_0$，$W/(m^2 \cdot K^4)$。

在以后的计算中，对于灰体无论是吸收率还是辐射率均用黑度 ε 表示。

三、固体间的辐射传热

为了使辐射换热的计算简化，假设：①进行辐射换热的物体表面之间是不参与辐射的介质（如单原子或具有对称分子结构的双原子气体、空气）或真空；②参与辐射换热的物体表面都是漫射（漫发射、漫反射）灰体或黑体表面；③每个表面的温度、辐射特性及投入辐射分布均匀。

实际上,能严格满足上述条件的情况很少,但工程上为了计算简便,常近似地认为满足上述条件,因此计算结果会有一定的误差。

1. 角系数

两固体表面间的辐射传热,除了与物体的温度与黑度有关外,还与两个物体的表面形状和相对位置有关。当两物体之间进行辐射换热时,由一个物体表面辐射出去的热量不一定全部落到另一物体上。把物体 F_1 表面投射到 F_2 表面上的热量与 F_1 表面辐射出去的总热量之比称为角系数,用符号 φ 表示。

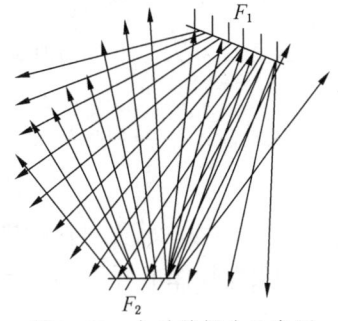

图 3-29 角系数概念示意图

如图 3-29 所示,平面 F_1 对 F_2 的角系数为

$$\varphi_{12} = \frac{\text{从 } F_1 \text{ 投射到 } F_2 \text{ 上的热量}}{\text{从 } F_1 \text{ 辐射出去的总热量}}$$

平面 F_2 对 F_1 的角系数为

$$\varphi_{21} = \frac{\text{从 } F_2 \text{ 投射到 } F_1 \text{ 上的热量}}{\text{从 } F_2 \text{ 辐射出去的总热量}}$$

可见角系数是表示一个物体辐射出去的辐射热量落到另一个物体上的百分数,其大小与物体的形状和两物体之间的相互位置有关,而与物体的温度和黑度都无关。

1) 角系数的性质

(1) 互变性。对于任何两个物体表面而言,由于角系数与物体表面的黑度和温度无关,可以设想有两个任意放置的黑体表面 F_1 和 F_2,它们的温度相等,辐射能力为 E_0,于是 F_1 面的辐射热量被 F_2 面吸收的量为 $E_0 F_1 \varphi_{12}$。F_2 面的辐射热量被 F_1 面吸收的量为 $E_0 F_2 \varphi_{21}$,既然两个黑体表面的温度相等,处于动平衡状态,则:

$$E_0 F_1 \varphi_{12} = E_0 F_2 \varphi_{21}$$
$$F_1 \varphi_{12} = F_2 \varphi_{21}$$

(2) 完整性。对于由几个物体组成的封闭体系来说(图3-30),任何一个表面辐射出去的热量将全部分配到体系内的各个表面上,即:

$$Q_{11} + Q_{12} + Q_{13} + \cdots + Q_{1n} = Q_1$$
$$\frac{Q_{11}}{Q_1} + \frac{Q_{12}}{Q_1} + \frac{Q_{13}}{Q_1} + \cdots + \frac{Q_{1n}}{Q_1} = 1$$
$$\varphi_{11} + \varphi_{12} + \varphi_{13} + \cdots + \varphi_{1n} = 1$$

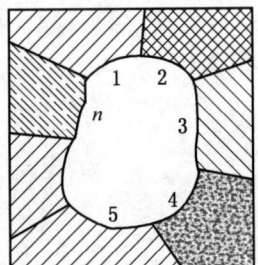

图 3-30 封闭空间诸黑表面的辐射换热

(3) 自见性。一个物体表面辐射出去的热量,有投向自身的性质称为自见性。物体如果是平面和凸面,则没有自见性,即 $\varphi_{11} = 0$,只有凹面才有自见性。

(4) 兼顾性。如图 3-31 所示,在任意两物体 1 和 3 之间设置一透热体 2,当不考虑路程对辐射热量的影响时,那么就有:

$$\varphi_{12} = \varphi_{13}$$

这是因为从物体 1 辐射到物体 2 上的热量为

$$Q_{12} = E_1 F_{12} = E_1 \varphi_{12} F_1$$

从物体 1 辐射到物体 3 上的热量为

$$Q_{13} = E_1 F_{13} = E_1 \varphi_{13} F_1$$

由于不考虑路程对辐射热量的影响,所以 $Q_{12} = Q_{13}$,即 $\varphi_{12} = \varphi_{13}$。

如果在物体 1 与 3 之间设有一不透过的物体,则 $\varphi_{13} = 0$。

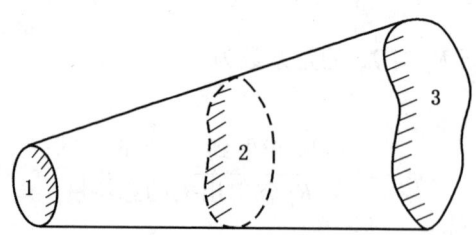

图 3-31 角系数的兼顾性

(5) 分解性。当两个平面之间辐射换热时,如单独把 F_1 表面分解为 F_3 与 F_4 (图 3-32 a),则有下列关系式:

$$F_1 \varphi_{12} = F_3 \varphi_{32} + F_4 \varphi_{42}$$

如果单独把 F_2 表面分解为 F_5 与 F_6 (图 3-32b),则有下列关系式:

$$F_1 \varphi_{12} = F_1 \varphi_{15} + F_1 \varphi_{16}$$

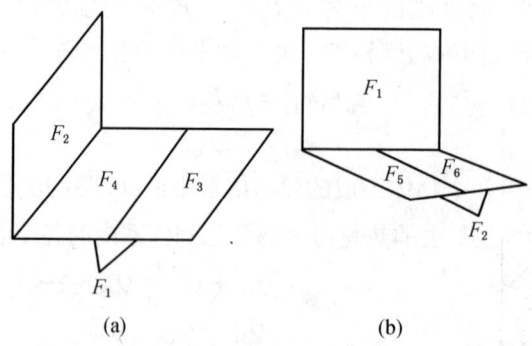

图 3-32 角系数的分解原理

2) 常见的几种角系数值

图 3-33 所示为各种形式的辐射表面关系。

(1) 两无限大平行平面,如图 3-33a 所示。

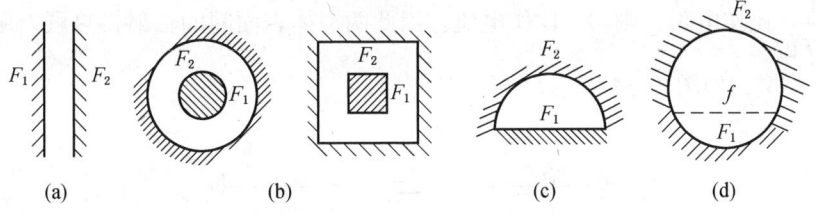

图 3-33 各种形式的辐射表面关系

无限大是指两平板的面积远大于它们之间的距离,一平板辐射出去的能量完全落到另一平板上。平面 1 对平面 2 的角系数等于平面 2 对平面 1 的角系数,并等于 1:$\varphi_{12} = \varphi_{21} = 1$。

(2) 一物体被另一物体包围,如图 3-33b 所示。

对于物体 1:$\varphi_{11} = 0$,$\varphi_{12} = 1$

对于物体 2:$\varphi_{21} = \varphi_{12}\dfrac{F_1}{F_2} = \dfrac{F_1}{F_2}$, $\varphi_{22} = 1 - \varphi_{21} = \dfrac{F_2 - F_1}{F_2}$

(3) 一个平面被另一凹面包围时,如图 3-33c 所示。

$$\varphi_{11} = 0 \quad \varphi_{12} = 1 \quad \varphi_{21} = \dfrac{F_1}{F_2} \quad \varphi_{22} = 1 - \varphi_{21} = \dfrac{F_2 - F_1}{F_2}$$

(4) 两个曲面组成的封闭体系,如图 3-33d 所示。

$$\varphi_{11} = \dfrac{F_1 - f}{F} \quad \varphi_{22} = \dfrac{F_2 - f}{F_2} \quad \varphi_{12} = \dfrac{F_2}{F_1 + F_2} \quad \varphi_{21} = \dfrac{F_1}{F_1 + F_2}$$

2. 两固体间辐射传热计算

1) 两黑体表面之间的辐射传热

设有两个黑体,表面面积分别为 F_1、F_2,其辐射能分别为 E_{01} 和 E_{02},F_1 对 F_2 的角系数为 φ_{12},F_2 对 F_1 的角系数为 φ_{21}。系统中每个表面所辐射的能量都只有一部分可到达另一表面,其余部分则落到体系以外的空间去了。

因为两个表面都是黑体,所以落到表面上的能量分别被它们全部吸收,由兰贝特定律得出两个表面之间的净换热量 Q_{12} 应为

$$Q_{12} = E_{01}F_1\varphi_{12} - E_{02}F_2\varphi_{21}$$

根据角系数的互变性有 $F_1\varphi_{12} = F_2\varphi_{21}$,得:

$$Q_{12} = F_1\varphi_{12}(E_{01} - E_{02}) = F_2\varphi_{21}(E_{01} - E_{02})$$

或

$$Q_{12} = \dfrac{E_{01} - E_{02}}{\dfrac{1}{F_1\varphi_{12}}} \tag{3-65}$$

将上式与电学中的欧姆定律相比较,把黑体表面的辐射能力比作电位,$E_{01} - E_{02}$ 比作

电位差，$\dfrac{1}{F_1\varphi_{12}}$ 比作电阻，则 Q_{12} 比作电流，因此两黑体表面间的辐射换热可以用简单的电热网络图来模拟，如图 3-34 所示。

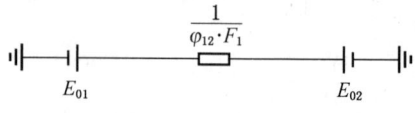

图 3-34 电热网络模拟

将 $\dfrac{1}{F_1\varphi_{12}}$ 称为空间热阻。这个热阻与导热热阻不同，它不取决于物体性质，而取决于物体间的几何关系。一个物体辐射出去的热量，只有一部分是落到另一物体上，这可以看作两物体之间存在辐射热阻。两物体间的角系数愈小，表面积愈小，则空间热阻愈大。

2) 两灰体间的辐射传热

灰体间的辐射传热比黑体间辐射传热要复杂，因为灰体对外界投射来的辐射热只能吸收一部分，其余部分要反射出去，这样在灰体表面就形成了多次往返、逐次吸收的现象。这类问题通常引进有效辐射的概念，使计算得到简化。如图 3-35 所示，图中表示了灰体 1 的有效辐射 J_1，它是灰体每单位表面积的本身辐射 E_1 和反射辐射 R_1G 之和；而返射辐射 R_1G 是投射辐射 G 与吸收辐射 A_1G 之差，即：

$$J_1 = \varepsilon_1 E_{01} + R_1 G = \varepsilon_1 E_{01} + (G - A_1 G) = \varepsilon_1 E_{01} + G(1 - A_1) \tag{3-66}$$

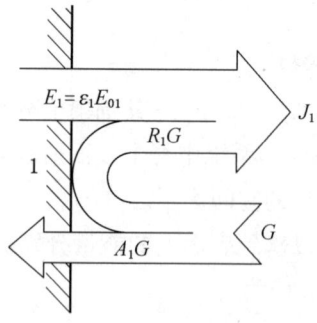

图 3-35 有效辐射示意图

两灰体之间单位面积的净辐射热量，从物体外部表面来看，应该是该表面的有效辐射与投射辐射之差，即 $J_1 - G$。从物体内部来看，应该是本身辐射与吸收辐射之差，即 $\varepsilon E_{01} - A_1 G$。因此物体 1 单位面积向外的净辐射热量是：

$$\dfrac{Q}{F_1} = J_1 - G = \varepsilon_1 E_{01} - A_1 G \tag{3-67}$$

式中 Q——F_1 面积上向外辐射的总热量，W。

将式（3-66）变形得到 $G = \dfrac{J_1 - \varepsilon_1 E_{01}}{1 - A_1}$，与 $\varepsilon_1 = A_1$ 都代入式（3-67）中得：

$$G_1 = \frac{\varepsilon_1 F_1}{1 - \varepsilon_1}(E_{01} - J_1) = \frac{E_{01} - J_1}{\dfrac{1 - \varepsilon_1}{\varepsilon_1 F_1}} \qquad (3-68)$$

式（3-68）给灰体表面之间辐射换热的电热网络模拟提供了依据，前面提到的黑体表面之间的辐射换热是以黑体表面的辐射能力 E_{01} 比作电位，对于灰体则应把有效辐射 J_1 比作电位，而 $\dfrac{1-\varepsilon_1}{\varepsilon_1 F_1}$ 比作 E_{01} 和 J_1 之间的电阻，称为表面热阻，如图 3-36 所示。此热阻的产生显然是由于黑度小于 1 的原因，这表明灰体的表面吸收和辐射热量时都受到阻碍。

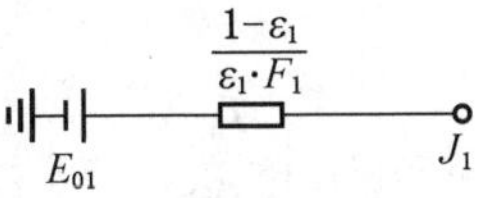

图 3-36　灰体表面热阻

物体表面黑度愈大，物体表面愈接近黑体，表面热阻就愈小。对于黑体，其表面热阻为零，在此情况下 $J_1 = E_{01}$。因此可以把前面介绍过的黑体间的辐射换热网络应用到灰体间的辐射换热，只要增加表面热阻就可以，如图 3-37 所示。

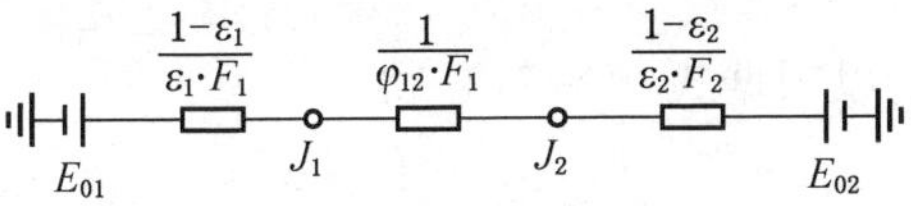

图 3-37　两灰体表面间的辐射换热网络

图 3-37 说明了温度分别为 T_1、T_2 的两灰体的辐射换热是温度为 T_1、T_2 的两黑体的辐射能之差和串联的各辐射热阻作用的结果。也就是说，一灰体表面向外投射辐射能时，在受到第一次阻力（表面热阻）和受到第二次阻力（空间热阻）的作用后才落到另一灰体表面上，这部分落到另一灰体表面上的辐射能，在进入表面时受到第三次阻力（表面热阻）的作用。

因此两灰体之间的净辐射热交换量为

$$Q_{12} = \frac{E_{01} - E_{02}}{\dfrac{1-\varepsilon_1}{\varepsilon_1 F_1} + \dfrac{1}{\varphi_{12} F_1} + \dfrac{1-\varepsilon_2}{\varepsilon_2 F_2}}$$

由斯蒂芬-波尔茨曼定律简化得：

▶ 热 工 基 础

$$Q_{12} = \frac{c_0\left[\left(\frac{T_1}{100}\right)^4 - \left(\frac{T_2}{100}\right)^4\right]}{\frac{1-\varepsilon_1}{\varepsilon_1 F_1} + \frac{1}{\varphi_{12}F_1} + \frac{1-\varepsilon_2}{\varepsilon_2 F_2}} \qquad (3-69)$$

或

$$\varphi_{12} = \frac{\varphi_{12}F_1 c_0\left[\left(\frac{T_1}{100}\right)^4 - \left(\frac{T_2}{100}\right)^4\right]}{\varphi_{12}\left(\frac{1}{\varepsilon_1} - 1\right) + 1 - \varphi_{21}\left(\frac{1}{\varepsilon_2} - 1\right)} \qquad (3-70)$$

令

$$\varepsilon_n = \frac{1}{\varphi_{12}\left(\frac{1}{\varepsilon_1} - 1\right) + 1 + \varphi_{21}\left(\frac{1}{\varepsilon_2} - 1\right)} \qquad (3-71)$$

则

$$Q_{12} = \varepsilon_{12}F_{12}c_0\left[\left(\frac{T_1}{100}\right)^4 - \left(\frac{T_2}{100}\right)^4\right] \qquad (3-72)$$

式中　ε_n——导来黑度；

F_{12}——换算面积，$F_{12} = \phi_{12}F_1$，m^2。

式（3-69）至式（3-72）对两个灰体表面组成的封闭体系或任意放置的两灰体表面之间的辐射换热都是适用的。

3）常见封闭体系的辐射热交换

（1）两无限大的平行平板。

因为 $\varphi_{12} = \varphi_{21} = 1$，所以根据式（3-71）得：

$$\varepsilon_n = \frac{1}{\frac{1}{\varepsilon_1} + \frac{1}{\varepsilon_2} - 1} \qquad (3-73)$$

$$F_{12} = F_1 = F_2 = F$$

$$Q_{12} = \varepsilon_n F c_0\left[\left(\frac{T_1}{100}\right)^4 - \left(\frac{T_2}{100}\right)^4\right] \qquad (3-74)$$

（2）一物体被另一物体包围。

因为 $\varphi_{12} = 1$，$\varphi_{21} = \frac{F_1}{F_2}$，所以 $F_{12} = \varphi_{12}F_1 = F_1$。根据式（3-71）得：

$$\varepsilon_n = \frac{1}{\frac{1}{\varepsilon_1} + \frac{F_1}{F_2}\left(\frac{1}{\varepsilon_2} - 1\right)} \qquad (3-75)$$

$$Q_{12} = \varepsilon_n F_1 c_0\left[\left(\frac{T_1}{100}\right)^4 - \left(\frac{T_2}{100}\right)^4\right] \qquad (3-76)$$

(3) 两个表面组成封闭体系，其中一个为凹面，另一个为平面（图 3-33c）。

因为 $\varphi_{12} = 1$，$\varphi_{21} = \dfrac{F_1}{F_2}$，所以：

$$\varepsilon_n = \dfrac{1}{\dfrac{1}{\varepsilon_1} + \left(\dfrac{1}{\varepsilon_2} - 1\right)\dfrac{F_1}{F_2}} \tag{3-77}$$

$$Q_{12} = \dfrac{c_0}{\dfrac{1}{\varepsilon_1} + \left(\dfrac{1}{\varepsilon_2} - 1\right)\dfrac{F_1}{F_2}}\left[\left(\dfrac{T_1}{100}\right)^4 - \left(\dfrac{T_2}{100}\right)^4\right]F_1 \tag{3-78}$$

【例 3-7】 有一空气夹层，热表面温度 $t_1 = 300\ ℃$，冷表面温度 $t_2 = 50\ ℃$，两表面黑度 $\varepsilon_1 = \varepsilon_2 = 0.85$。当此夹层的尺寸远大于空气层的厚度时，求此夹层单位表面积的辐射换热量。

解 由于表面尺寸远大于两表面间的距离，故属于平行平壁的辐射换热。应用式（3-73）、式（3-74）得：

$$q_{12} = \dfrac{Q_{12}}{F} = \varepsilon_n c_0 \left[\left(\dfrac{T_1}{100}\right)^4 - \left(\dfrac{T_2}{100}\right)^4\right]$$

$$\varepsilon_n = \dfrac{1}{\dfrac{1}{\varepsilon_1} + \dfrac{1}{\varepsilon_2} - 1}$$

根据已知条件求得：

$$\varepsilon_n c_0 = \dfrac{c_0}{\dfrac{1}{\varepsilon_1} + \dfrac{1}{\varepsilon_2} - 1} = \dfrac{5.669}{\dfrac{1}{0.85} + \dfrac{1}{0.85} - 1} = 4.19\ [\text{W}/(\text{m}^2 \cdot \text{K}^4)]$$

$$T_1 = t_1 + 273 = 300 + 273 = 573(\text{K})$$
$$T_2 = t_2 + 273 = 50 + 273 = 323(\text{K})$$
$$q_{12} = 4.19\left[\left(\dfrac{573}{100}\right)^4 - \left(\dfrac{323}{100}\right)^4\right] = 4060(\text{W}/\text{m}^2)$$

3. 遮热板、隔热罩的作用

减少两表面间辐射换热的方法之一，是在两表面之间加设遮热板，称为辐射隔热。例如在有热辐射的场合，用温度计来测量气温时，常因不注意辐射隔热而带来测温误差，合理采用遮热板就能提高测温的精确度。

遮热板的原理如图 3-38 所示，设有两块无限大平行平壁 Ⅰ 和 Ⅱ，它们的温度、黑度分别为 T_1、ε_1 和 T_2、ε_2，在未加遮热板时的辐射换热量可按式（3-73）和式（3-74）计算：

$$q_{12} = \dfrac{\sigma_0(T_1^4 - T_2^4)}{\dfrac{1}{\varepsilon_1} + \dfrac{1}{\varepsilon_2} - 1} \tag{3-79}$$

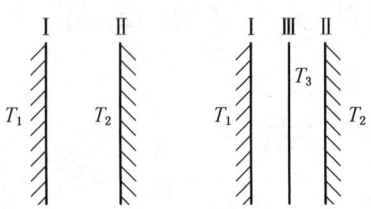

图 3-38 遮热板原理

当在Ⅰ和Ⅱ之间加入遮热板Ⅲ后,由于遮热板并不发热或带走热量,它仅在热量传递过程中附加了阻力,使板Ⅰ与Ⅲ和Ⅲ与Ⅱ之间的温差较原先降低了。因此热量不再是由板Ⅰ通过辐射直接传给板Ⅱ,而是由板Ⅰ先辐射给遮热板Ⅲ,再由遮热板Ⅲ辐射给板Ⅱ。如果板Ⅲ很薄,其导热系又很大,则遮热板Ⅲ两表面的温度可以认为相等,设此温度为 T_3,则板Ⅰ与板Ⅲ、板Ⅲ与板Ⅱ的辐射换热量 q_{13} 和 q_{32} 分别为

$$q_{13} = \frac{\sigma_0(T_1^4 - T_3^4)}{\frac{1}{\varepsilon_1} + \frac{1}{\varepsilon_3} - 1} \tag{3-80}$$

$$q_{32} = \frac{\sigma_0(T_3^4 - T_2^4)}{\frac{1}{\varepsilon_3} + \frac{1}{\varepsilon_2} - 1} \tag{3-81}$$

在稳定辐射换热时,$q_{13} = q_{32} = q$,为了便于比较,假定三块平板的黑度均相等,即 $\varepsilon_1 = \varepsilon_2 = \varepsilon_3 = \varepsilon$,可得:

$$q_{12} = \frac{1}{2} \frac{\sigma_0(T_1^4 - T_2^4)}{\frac{1}{\varepsilon_1} + \frac{1}{\varepsilon_2} - 1} \tag{3-82}$$

比较式(3-79)和式(3-82),可见在加入一块黑度与壁面相同的遮热板以后,可使壁面的辐射换热量减少原来的二分之一。可以推论,当加入 n 块黑度均为 ε 的遮热板,则辐射换热量将减少为原来的 $\frac{1}{n+1}$。这表明遮热板层数愈多,遮热效果愈好。以上是按壁面黑度都相同时所作分析的结论。实际上如果选用反射率较高的材料作遮热板,ε_3 远小于 ε_1 和 ε_2,此时遮热效果要比上述分析结果显著得多。因此,为了获得良好的遮热效果,遮热板应尽可能选用反射率较高的材料,如镀铝的涤纶薄膜等。在一些要求不影响人们视线的地方,可选用能透过可见光而透不过长波热射线的材料如玻璃等。

当两块平壁及遮热板的黑度都不相同时,用网络法来分析遮热板的遮热效果是非常简便,如图 3-39 所示。

$$Q_{12} = \frac{E_{01} - E_{02}}{\frac{1-\varepsilon_1}{\varepsilon_1 F_1} + \frac{1}{\varphi_{13} F_1} + \frac{2(1-\varepsilon_3)}{\varepsilon_3 F_3} + \frac{1}{\varphi_{32} F_3} + \frac{1-\varepsilon_2}{\varepsilon_2 F_2}} \tag{3-83}$$

对于平壁，$F_1 = F_2 = F_3 = F$。

$$Q_{12} = \frac{(E_{01} - E_{02})F}{\dfrac{1-\varepsilon_1}{\varepsilon_1} + \dfrac{1}{\varphi_{13}} + \dfrac{2(1-\varepsilon_3)}{\varepsilon_3} + \dfrac{1}{\varphi_{32}} + \dfrac{1-\varepsilon_2}{\varepsilon_2}}$$

或

$$q_{12} = \frac{Q_{12}}{F} = \frac{E_{01} - E_{02}}{\dfrac{1-\varepsilon_1}{\varepsilon_1} + \dfrac{1}{\varphi_{13}} + \dfrac{2(1-\varepsilon_3)}{\varepsilon_3} + \dfrac{1}{\varphi_{32}} + \dfrac{1-\varepsilon_2}{\varepsilon_2}}$$

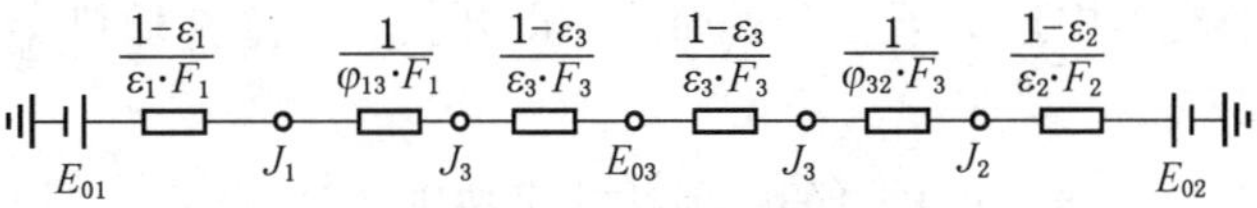

图 3-39 有遮热板或隔热罩的辐射网络图

在两无限大平行平面之间设置遮热板时，其隔热效果与遮热板设置的位置无关。但是在球形或圆柱形体系中设置遮热罩时，其隔热效果与遮热罩设置的位置有关，这是因为遮热罩在它们之间改变位置时，其角系数 φ_{22}、φ_{23}、φ_{32} 和 φ_{31} 都会引起相应的改变。

【例 3-8】 两平行大平壁之间的辐射换热，平壁的黑度各为 $\varepsilon_1 = 0.5$ 和 $\varepsilon_2 = 0.8$，如果中间加进一块铝箔遮热板，黑度为 $\varepsilon_3 = 0.05$，试计算辐射传热减少的百分率。

解 在未加遮热板时，单位面积的辐射换热为

$$q_{12} = \frac{\sigma_0(T_1^4 - T_2^4)}{\dfrac{1}{\varepsilon_1} + \dfrac{1}{\varepsilon_2} - 1} = \frac{\sigma_0(T_1^4 - T_2^4)}{2.25}$$

加入遮热板后，按图 3-39 辐射热阻，单位面积各表面热阻为

$$\frac{1-\varepsilon_1}{\varepsilon_1} = \frac{1-0.5}{0.5} = 1$$

$$\frac{1-\varepsilon_2}{\varepsilon_2} = \frac{1-0.8}{0.8} = 0.25$$

$$\frac{1-\varepsilon_3}{\varepsilon_3} = \frac{1-0.05}{0.05} = 19$$

空间辐射热阻为

$$\frac{1}{\varphi_{13}} = 1 \quad \frac{1}{\varphi_{32}} = 1$$

辐射总热阻为

$$1 + 2 \times 19 + 2 \times 1 + 0.25 = 41.25$$

因此，加入遮热板后的热辐射换热，根据式（3-83）：

▶ 热 工 基 础

$$q_{12} = \frac{c_0(T_1^4 - T_2^4)}{41.25}$$

辐射减少的百分率为

$$\frac{41.25 - 2.25}{41.25} \times 100\% = 94.5\%$$

4. 通过窑墙小孔的辐射散热

在窑炉的热工计算中，常遇到通过窑墙上的测温孔、观察孔等的辐射散热问题，这些开孔都是在较厚的炉墙上。在这种情况下的辐射传热，不能按式（3-74）计算。因为在炉膛与外界的辐射热交换中还有第三个表面——即开孔的围壁参加热交换，炉墙的厚度愈大，围壁的影响也愈大。

经实验研究，通过窑墙上小孔口的辐射传热可按下式计算：

$$Q_2 = \frac{1 + \varphi_{12}}{2}(E_{01} - E_{02})F = \varphi c_0 \left[\left(\frac{T_1}{100}\right)^4 - \left(\frac{T_2}{100}\right)^4\right]F \qquad (3-84)$$

式中　φ——综合角系数，或称门孔系数，取决于小孔的形状、尺寸及窑墙壁的厚度，可查图 3-40，$\varphi = \dfrac{1 + \varphi_{12}}{2}$；

φ_{12}——F_1 对 F_2 的角系数；

T_1——炉膛内的温度，K；

T_2——外界环境温度，K；

F——小孔口的截面积，m^2。

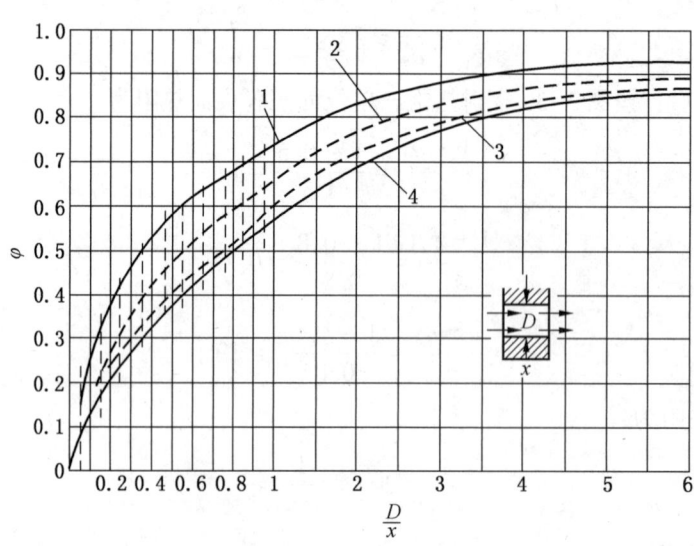

1—伸长的长方形；2—长方形；3—正方形；4—圆形

图 3-40　门孔系数计算图

若小孔口用金属板盖住时，辐射传热量可按下式计算：

$$Q = \varepsilon_m c_0 \left[\left(\frac{T_1}{100}\right)^4 - \left(\frac{T_2}{100}\right)^4 \right] \frac{\varphi}{1+\varphi} F \tag{3-85}$$

式中　ε_m——金属板的黑度，一般取 $\varepsilon_m = 0.8$。

四、气体辐射

前面所述及的固体间的辐射传热，都把固体之间的介质看作透热体，没有考虑气体和固体之间的辐射传热。但实际上气体也具有辐射和吸收辐射能的能力。

1. 气体辐射的特点

气体的辐射和吸收与固体、液体比较主要有以下特点：

(1) 不同气体，其放射和吸收辐射的能力不同。

分子结构对称的双原子气体，在工业上常见的温度范围内发射和吸收辐射能的能力很小，可以认为是热辐射的透明体。例如 H_2、N_2、O_2 及空气等都属于这类介质。但是对于多原子的气体（三原子以上）或不对称的双原子气体，例如烟气中的 CO_2、H_2O、SO_2、CH_4 等，以及不对称的双原子 CO 等，一般都具有相当大的辐射能力。当有这类气体出现在换热场合中时，就要涉及气体和固体间的辐射换热计算。

由于工业燃烧产物中通常只含有一定浓度的二氧化碳和水蒸气，而且它们是烟气中的主要辐射成分，所以这两种气体的辐射对工程计算来说特别重要。

(2) 气体的辐射和吸收对波长有选择性。

液体和固体具有比较完整的辐射光谱，几乎能辐射和吸收从 $0\sim\infty$ 所有波长的电磁波。而对气体来说，一种气体只在某些波段范围内具有辐射能力，相应地也只在同样的波段范围内才有吸收能力。通常把这种具有辐射能力的波段称为光带，在光带以外的波段，气体既不辐射也不吸收，对热射线呈现透热体的性质，即气体的辐射和吸收具有选择性。

图3-41中表示了 CO_2 和水蒸气的主要光带，由图可见，CO_2 和水蒸气的主要光带有两处是重合的，这些光带都是处在红外线波长范围内。

由于气体的辐射光谱是不连续的，而固体和液体的辐射光谱是连续的，所以气体在一般情况下不能看成是灰体。

(3) 气体的辐射和吸收是在整个容器中进行。

固体和液体的辐射和吸收是在很薄的表面上进行的，而气体的辐射和吸收是在整个气体容积中进行的。当热射线穿过吸收性气体层时，沿途被气体分子吸收而减弱，这种减弱的程度取决于沿途所遇到的分子数目，遇到的分子数目越多，被吸收的辐射能量也越多。所以射线减弱的程度就直接和射线穿过气体的路程长短以及气体的分压力有关。射线穿过气体的路程称为射线行程或辐射层厚度。在一定分压力条件下，气体的温度愈高，则单位容积中的分子数目就愈少。因此，气体辐射率和吸收率将是气体温度、气层厚度与气体分压力乘积的函数。

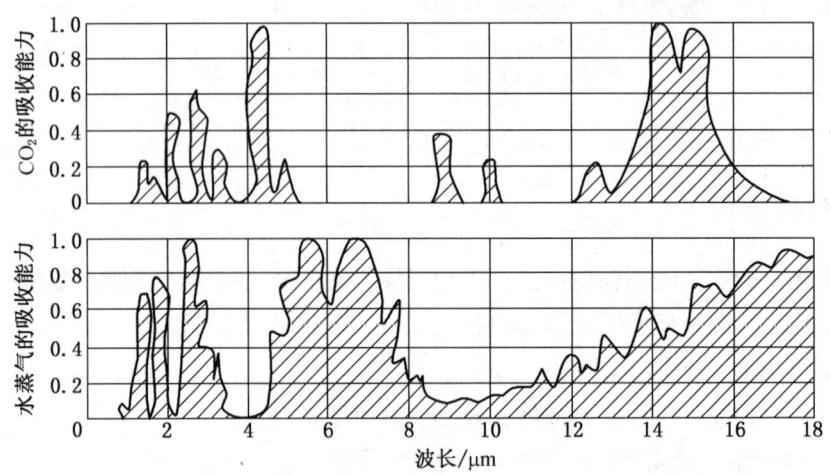

图 3-41 厚层 CO_2 及水蒸气对黑体辐射的吸收能力

2. 气体的黑度和吸收率

1) 气体的黑度

气体的辐射能力 E_g 与同温度下黑体的辐射能力 E_0 之比称为气体的黑度，用符号 ε_g 表示：

$$\varepsilon_g = \frac{E_g}{E_0} \quad \text{或} \quad E_g = \varepsilon_g \cdot E_0$$

上面讲过，气体的辐射能力与其本身的温度、气体分压、气层厚度（或平均射线行程）有关，由实验证明，有如下关系：

$$E_{CO_2} = 4.07 \times (P_{CO_2} \cdot l_g)^{1/3} \cdot \left(\frac{T_g}{100}\right)^{3.5} \qquad (3-86)$$

$$E_{H_2O} = 4.07 \times (P_{H_2O}^{0.8} \cdot l_g^{0.6}) \cdot \left(\frac{T_g}{100}\right)^{3} \qquad (3-87)$$

式中 P_{CO_2}、P_{H_2O}——气体中 CO_2 和 H_2O 的分压，atm；

T_g——气体绝对温度，K；

l_g——气体的有效平均射线行程，或气体气层有效厚度，m。

由于气体容积辐射特点，辐射能力与射线行程的长短有关，而射线行程取决于气体容积形状和尺寸，从图 3-42 中可以看到，球形气体容积中不同部位的气体所发射出的辐射能落到球壁上面积处所经历的路程是各不相同的。这就使问题复杂化了，为了寻求解决问题的简化方法，可以从图 3-43 中得到启示。显然图 3-43 中所示的半球状气体对底面中心的辐射，从各个不同方向上射来的射线行程都等于球半径。若是能将球形空间按辐射效果相等的条件折算变换成一个假想的半球形空间，使得半球内气体对球心的辐射能力恰好与球形空间内气体对球内壁的辐射能力相等，这时，半球体的半径即可代表球体内各个方向射线的平均行程，此半球称为当量半球。经实验和理论推导，这半球的半径 $l_{均}$ 约为原来球体直径的三分之二，即 $l_{均} = \frac{2}{3}d$。对于其他的气体形状（由容器形状而定），也可用当量半球的半径作为平均射线行程。

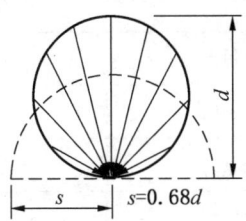 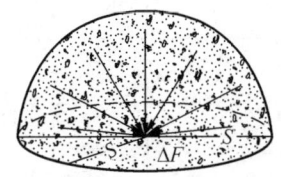

图 3-42　球形空间内气体的平均射线行程　　　图 3-43　半球内气体对球心的辐射

平均射线行程确定以后，还应考虑射线通过气体时，将不断被自身吸收而减弱。因而超出一定射程之外的射线将完全被自身吸收而无法到达对面，即相当于气体实际射程较几何上的平均射程要短。实际上的平均射程称为有效平均射线行程，通常用 l_g 表示，即：

$$l_g = \eta l_{均}$$

式中　　η——气体射线行程的有效系数，工程计算中一般取 0.85~0.9（几何尺寸大及气体分压高时取低值）。

对于球形体内，各方向上的平均有效射线行程为

$$l_g = \frac{2}{3} \times 0.9d = 0.6d$$

经实验和理论推导，几种不同几何条件下的气体对整个包壁或对某一指定地区的有效平均射线行程见表 3-16。

表 3-16　气体辐射的平均射线行程

气体容积的形状	特性尺寸	受到气体辐射的位置	平均射线行程 l_g/m
球	直径 d	整个包壁或壁上的任何地方	$0.6d$
立方体	边长 b	整个包壁	$0.6b$
高度等于直径的圆柱体	直径 d	底面圆心	$0.7d$
		整个包壁	$0.6d$
两个无限大的平行平板之间	平板间距 H	平板	$1.8H$
无限长圆柱体	直径 d	整个包壁	$0.9d$

表3-16(续)

气体容积的形状	特性尺寸	受到气体辐射的位置	平均射线行程 l_g/m
高度等于底圆直径两倍的圆柱体	直径 d	上下底面	$0.6d$
		侧面	$0.76d$
		整个包壁	$0.73d$
1×1×4 的立方体	短边 b	1×4 表面	$0.82b$
		1×1 表面	$0.71b$
		整个包壁	$0.81b$
位于叉排或者顺排管束间的气体	节距 S_1、S_2，外径 d	管束表面	$0.9d\left(\dfrac{4S_1 S_2}{\pi d^2} - 1\right)$

表中未列出的形状可近似用下式计算：

$$l_g = \eta \frac{4V}{F} = 3.6 \frac{V}{F} \tag{3-88}$$

式中　V——气体体积，m^3；

　　　F——气体的表面积，m^2。

从式（3-86）和式（3-87）中看出，E_{CO_2} 和 E_{H_2O} 与温度不是四次方关系，在实际计算中为了方便，仍以四次方定律为基础，而在气体黑度中加以修正，即：

$$E_{CO_2} = \frac{4.07(P_{CO_2} \cdot l_g)^{1/3}}{c_0 \left(\dfrac{T_g}{100}\right)^{0.5}} \cdot c_0 \left(\frac{T_g}{100}\right)^4$$

$$E_{H_2O} = \frac{4.07(P_{H_2O}^{0.8} \cdot l_g^{0.6})}{c_0 \left(\dfrac{T_g}{100}\right)^{0.5}} \cdot c_0 \left(\frac{T_g}{100}\right)^4$$

或

$$E_{CO_2} = \varepsilon_{CO_2} \cdot c_0 \left(\frac{T_g}{100}\right)^4$$

$$E_{H_2O} = \varepsilon_{H_2O} \cdot c_0 \left(\frac{T_g}{100}\right)^4$$

其中

$$\varepsilon_{CO_2} = \frac{4.07(P_{CO_2} \cdot l_g)^{1/3}}{c_0 \left(\dfrac{T_g}{100}\right)^{0.5}} = f(T_g, P_{CO_2} \cdot l_g) \tag{3-89}$$

$$\varepsilon_{H_2O} = \frac{4.07(P_{H_2O}^{0.8} \cdot l_g^{0.6})}{c_0\left(\dfrac{T_g}{100}\right)} = f(T_g, P_{H_2O} \cdot l_g) \qquad (3-90)$$

根据式（3-89）、式（3-90）作图，可画出图 3-44 和图 3-45，在计算时可直接查图，这样简化了复杂的运算。

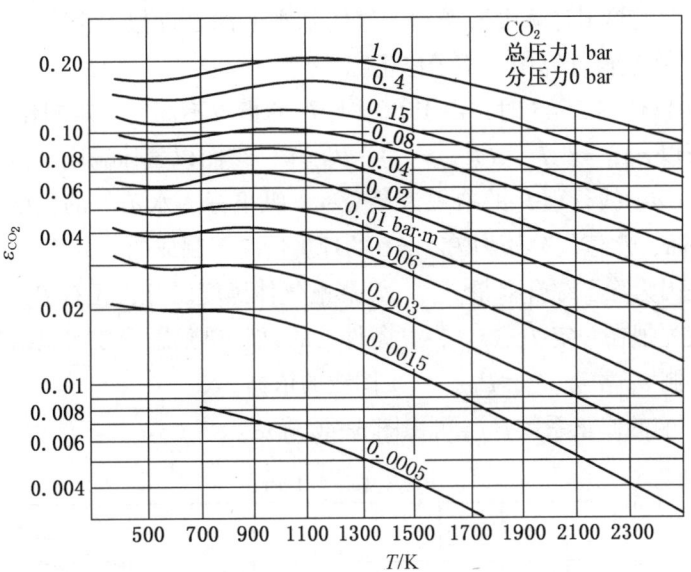

$\varepsilon_{CO_2} = f(T_g, P_{CO_2} \cdot l_g)$

图 3-44 二氧化碳的黑度

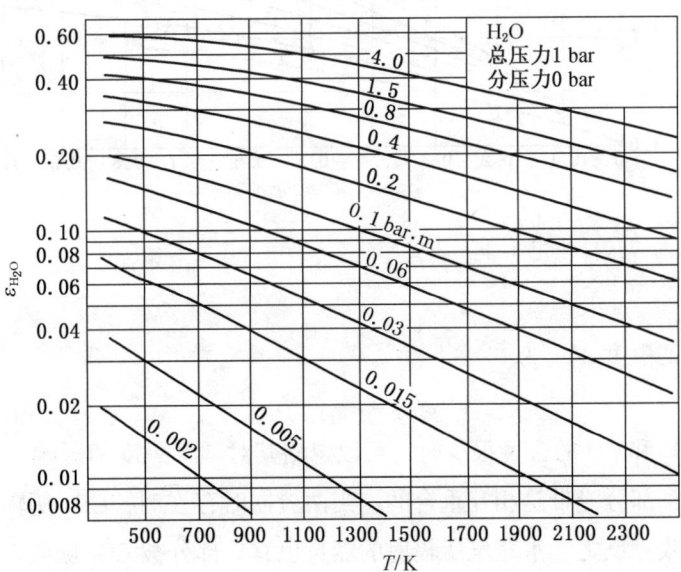

$\varepsilon_{H_2O} = f(T_g, P_{H_2O} \cdot l_g)$

图 3-45 水蒸气的黑度

由式（3-89）作图为图3-44，它是以气体温度 T_g 为横坐标，CO_2 分压和平均射线行程的乘积（$P_{CO_2} \cdot l_g$）为参变量，纵坐标为 CO_2 黑度（ε_{CO_2}），并且是在气体总压力 $P = 1$ bar（巴），CO_2 分压 $P_{CO_2} = 0$（即没有 P_{CO_2} 单独影响）的理想情况下制成的。当混合气体总压力不等于一个大气压时应进行修正，乘修正系数

$$\varepsilon'_{CO_2} = \varepsilon_{CO_2} \cdot \beta_{CO_2} \tag{3-91}$$

在硅酸盐工业的热工计算中所遇到的气体基本上都是近似一个大气压，所以从图3-44中查得的 ε_{CO_2} 在近似计算中可不予修正。

由式（3-90）作图3-45时，由于 P_{H_2O} 与 l_g 的指数不同，较难制作，为了制图方便，取指数相同，所以 $\varepsilon_{H_2O} = f[T_g, (P_{H_2O} \cdot l_g) \cdot P'_{H_2O}]$。该图以气体温度 T_g 为横坐标，水蒸气分压力 P_{H_2O} 和平均射线行程 l_g 的乘积为参变量，纵坐标为水蒸气的黑度 ε_{H_2O}。它是在气体总压力 $P = 1$ bar，水蒸气分压力 $P'_{H_2O} = 0$ 的理想情况下制成的。为什么要取 $P'_{H_2O} = 0$ 的理想情况呢？这是因为除了综合参量 $P_{H_2O} \cdot l_g$ 影响气体黑度以外，还有 P'_{H_2O} 的单独影响。为了方便起见，就先把在一定 T_g、$P_{H_2O} \cdot l_g$ 条件下的 P'_{H_2O} 单独影响按实验结果外推到 $P'_{H_2O} = 0$ 的情况，作为绘制 $\varepsilon_{H_2O} = f(T_g, P_{H_2O} \cdot l_g)$ 图线的依据。

考虑 P'_{H_2O} 影响的修正系数 β_{H_2O} 可由图3-46确定。

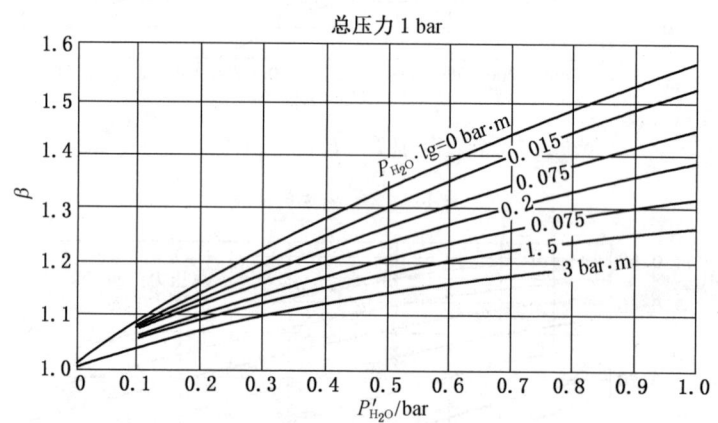

图3-46 水蒸气分压力影响的修正系数 β

于是水蒸气的黑度 ε'_{H_2O} 为

$$\varepsilon'_{H_2O} = \varepsilon_{H_2O} \cdot \beta_{H_2O} \tag{3-92}$$

在烟气中 SO_2 和 CO 的含量很少时，可以忽略其对烟气黑度的影响，但是 CO_2 和 H_2O 在辐射光谱中有一部分光带是相互重合的。当两者同时存在时，CO_2 所辐射的能量将有一部分被水蒸气吸收；反之，水蒸气所辐射的能量也有一部分被 CO_2 吸收。因此混合气体的黑度比它们单独的黑度之总和要小，用校正黑度 $\Delta\varepsilon$ 修正。

$$\varepsilon_g = \varepsilon'_{CO_2} + \varepsilon'_{H_2O} - \Delta\varepsilon$$

$$\Delta\varepsilon = \varepsilon_{CO_2} \cdot \beta_{H_2O} \cdot \varepsilon_{H_2O}$$

2) 气体的吸收率

气体吸收外界辐射来的辐射能，对波长是有选择性的，是不连续的，不能看成是灰体。因此其吸收率不但与气体本身的温度有关，也与投射物体（固体壁）的温度 t_w 有关。当气体与固体壁温度不同时 $t_w \neq t_g$，对气体来说不能用克希荷夫恒等式（$\varepsilon_g \neq A_g$）。

对烟气中的 CO_2 和 H_2O 的吸收率，由实验结果给出：

$$A_{CO_2} = \varepsilon_{CO_2} \cdot \left(\frac{T_g}{T_w}\right)^{0.65} \qquad (3-93)$$

式中 $\varepsilon_{CO_2} = f\left[T_w, \left(P_{CO_2} \cdot l_g \cdot \frac{T_w}{T_g}\right)\right]$，$\varepsilon_{CO_2}$ 称为 CO_2 的条件黑度，仍可从图 3-44 查得。在查图时用 T_w 代替原图中 T_g，用 $\left(P_{CO_2} \cdot l_g \cdot \frac{T_w}{T_g}\right)$ 代替原图中 $(P_{CO_2} \cdot l_g)$。

$$A_{H_2O} = \varepsilon_{H_2O} \cdot \left(\frac{T_g}{T_w}\right)^{0.45} \qquad (3-94)$$

式中 $\varepsilon_{H_2O} = f\left[T_w, \left(P_{H_2O} \cdot l_g \cdot \frac{T_w}{T_g}\right)\right]$，$\varepsilon_{H_2O}$ 称为水蒸气条件黑度，仍从图 3-45 查得。在查图时用 T_w 代替图中横坐标 T_g，用 $\left(P_{H_2} \cdot l_g \cdot \frac{T_w}{T_g}\right)$ 代替图中 $(P_{H_2O} \cdot l_g)$。

CO_2 和 H_2O 混合气体的吸收率为 CO_2 和 H_2O 的吸收率之和。

$$A_g = A_{CO_2} + A_{H_2O} \cdot \beta_{H_2O} - \Delta A \qquad (3-95)$$

式中 β_{H_2O} 仍是式（3-92）中的值，查图 3-46 可得到。ΔA 是考虑了 CO_2 和 H_2O 在辐射光谱中有一部分是重合的，当两者同时存在时，其混合气体吸收率比它们单独存在时要小，用校正吸收率 ΔA 修正，其值 $\Delta A = A_{CO_2} \cdot \beta_{H_2O} \cdot A_{H_2O}$，因为其值很小，在一般工程计算中可忽略。

3. 气体与固体之间的辐射换热

烟气、煤气和蒸汽与通道内壁的传热，火焰炉内与炉壁的辐射传热等均属气体与固体间的辐射换热。

当气体在通道内或炉内流动时，气体与通道壁之间有辐射换热，这中间的热交换是很复杂的。气体辐射的能量，被通道壁吸收一部分，其余的由通道壁反射回去，一部分被气体吸收，一部分则透过气体投到通道壁上，又在通道壁上部分吸收和部分反射。同时，通道壁本身也放射辐射能，一部分在通过气体时被气体吸收，另一部分透过气体投射到通道壁上，在通道壁上又发生吸收和反射。通道壁的有效辐射中既包括有自身辐射和一再反射自身的辐射，又包括有反射来自气体的辐射。所以离开通道壁的辐射射线和反射的辐射射线，当其再次到达通道壁过程中，都要受到气体的吸收。

对于通道壁一般可以按黑度为 ε_w 的灰体考虑。这时，气体投射到通道壁的辐射能中,通道壁只吸收 $\varepsilon_w\varepsilon_g c_0 T_g^4$,其余部分 $(1-\varepsilon_w)\varepsilon_g c_0 T_g^4$ 反射回气体,其中 $A_g'(1-\varepsilon_w)\varepsilon_g c_0 T_g^4$ 被气体所吸收,$(1-A_g')(1-\varepsilon_w)\varepsilon_g c_0 T_g^4$ 则透过气层再次投射到通道壁,通道壁再次吸收 $\varepsilon_w(1-A_g')(1-\varepsilon_w)\varepsilon_g c_0 T_g^4$。如此反复进行吸收和反射,气体与通道壁之间辐射热交换量是气体辐射的能量与气体吸收固体壁面辐射来的能量之差,即:

$$q = \varepsilon_w c_0 \left[\varepsilon_g \left(\frac{T_g}{100}\right)^4 - A_g \left(\frac{T_w}{100}\right)^4\right] \tag{3-96}$$

式(3-96)是仅考虑一次辐射与吸收的情形,即将固体壁面视为黑体时,气体与固体壁面辐射传热的计算公式。当把固体壁面视为灰体时,气体与固体壁面间的辐射无限往返并逐次削弱。由于这种多次反射和吸收,使固体壁面的有效黑度 ε_w' 将大于固体壁面的黑度 ε_w,当 $\varepsilon_w = 0.8 \sim 1.0$ 时,$\varepsilon_w' = \dfrac{\varepsilon_w + 1}{2}$,故气体和固体壁面之间的辐射传热公式可改写成:

$$q = \varepsilon_w' c_0 \left[\varepsilon_g \left(\frac{T_g}{100}\right)^4 - A_g \left(\frac{T_w}{100}\right)^4\right]$$

在工程计算中,为了简化计算过程,可以忽略炉墙温度对气体吸收率的影响,近似采用 $A_g = \varepsilon_g$(ε_g 按 t_g 求出),此时:

$$q = \varepsilon_w' \varepsilon_g c_0 \left[\left(\frac{T_g}{100}\right)^4 - \left(\frac{T_w}{100}\right)^4\right] \tag{3-97}$$

为了和传导、对流换热的计算公式形式统一,将(3-97)式改写为

$$q = \alpha_R (t_g - t_w)$$

$$\alpha_R = \frac{\varepsilon_w' c_0 \left[\varepsilon_g \left(\dfrac{T_g}{100}\right)^4 - A_g \left(\dfrac{T_w}{100}\right)^4\right]}{t_g - t_w}$$

式中 α_R 称为辐射换热系数 [W/(m²·℃)],$\dfrac{1}{\alpha_R}$ 称为辐射换热热阻。

【例3-9】 常压下流过换热器圆筒形通道的烟气,其进出口温度分别为 $t_1' = 1000$ ℃,$t_1'' = 780$ ℃,烟气成分为 $CO_2 = 8\%$,$H_2O = 10\%$,通道表面进出口处温度为 $t_2' = 625$ ℃,$t_2'' = 575$ ℃,通道直径 $d = 0.6$ m,内表面黑度 $\varepsilon_w = 0.8$。求烟气对换热器壁的辐射换热量。

解 将换热器通道近似看成无限大圆筒,按表3-16查得有效平均射线行程为

$$l_g = 0.9d = 0.9 \times 0.6 = 0.54(\text{m})$$

按烟气成分可计算出:

$$P_{CO_2} l_g = 0.08 \times 0.54 = 0.043(\text{bar}\cdot\text{m})$$
$$P_{H_2O} l_g = 0.1 \times 0.54 = 0.054(\text{bar}\cdot\text{m})$$

烟气在通道内的平均温度为

$$t_g = \frac{1}{2}(t_1' + t_1'') = \frac{1}{2} \times (1000 + 780) = 890(℃)$$

即: $T_g = 890 + 273 = 1163(K)$

由图 3-44、图 3-45 和图 3-46 查得在 1163 K 下烟气各组成的黑度及 β_{H_2O} 值为

$$\varepsilon_{CO_2} = 0.08 \quad \varepsilon_{H_2O} = 0.07 \quad \beta_{H_2O} = 1.08$$

则烟气黑度为

$$\varepsilon_g = \varepsilon_{CO_2} + \varepsilon_{H_2O}\beta_{H_2O} = 0.08 + 1.08 \times 0.07 = 0.156$$

壁面的平均温度为

$$t_w = \frac{1}{2}(t_2' + t_2'') = \frac{1}{2} \times (625 + 575) = 600(℃)$$

则: $T_w = 600 + 273 = 873(K)$

$$P_{CO_2} \cdot l_g \cdot \frac{T_w}{T_g} = 0.043 \times \frac{873}{890 + 273} = 0.032$$

$$P_{H_2O} \cdot l_g \cdot \frac{T_w}{T_g} = 0.054 \times \frac{873}{890 + 273} = 0.0405$$

查图 3-44 和图 3-45 得:

$$\varepsilon_{CO_2} = 0.075 \quad \varepsilon_{H_2O} = 0.08$$

则:

$$A_{CO_2} = \varepsilon_{CO_2} \cdot \left(\frac{T_g}{T_w}\right)^{0.65} = 0.075 \times \left(\frac{1163}{873}\right)^{0.65} = 0.09$$

$$A_{H_2O} = \varepsilon_{H_2O} \cdot \left(\frac{T_g}{T_w}\right)^{0.45} = 0.08 \times \left(\frac{1163}{873}\right)^{0.45} = 0.091$$

$$A_g = A_{CO_2} + A_{H_2O}\beta_{H_2O} = 0.09 + 0.091 \times 1.08 = 0.188$$

单位换热面积上的辐射换热量为

$$q = \varepsilon_w' c_0 \left[\varepsilon_g \left(\frac{T_g}{100}\right)^4 - A_g \left(\frac{T_w}{100}\right)^4\right]$$

$$= \frac{0.8 + 1}{2} \times 5.669 \left[0.156 \left(\frac{1163}{100}\right)^4 - 0.188 \left(\frac{873}{100}\right)^4\right]$$

$$= 8991.236(W/m^2)$$

五、火焰辐射

一般的燃料燃烧除了生成 CO_2、H_2O 及 SO_2 等气体外,还有固体小微粒存在。比如水泥回转窑在燃烧煤粉时,煤粉和燃烧后的灰粒成为火焰中的固体微粒;重油和煤气燃烧时,由于有机物烃类在燃烧过程中的裂解,所生成的炭粒成为火焰中的固体微粒。这种固体碳黑微粒的辐射能力比气体大得多($\varepsilon = 0.95$),而且可以辐射可见光波。由于这种发光火焰的存在,使火焰辐射能力提高。所以火焰辐射主要决定于固体微粒的辐射。但是这些微粒的数量要受到燃料种类、燃烧方法、窑炉形状和大小,以及所供应的空气数量和方式等的影响。在实际生产中,增加火焰黑度的方法通常是在气体火焰中喷入少量重油或焦

油,叫作"火焰掺碳"。此法被广泛应用。但必须指出,产生固体炭黑的同时,将使燃料不完全燃烧,降低了火焰温度。这样虽然黑度增加了,但温度降低,有可能使辐射能力下降,反而对辐射不利。在生产过程中,固体微粒的大小及数量都在不断变化,火焰温度也在变化。由于影响因素较复杂,所以目前用理论计算方法求火焰黑度较困难,因此火焰黑度由实验测定。常见火焰(也有称辉焰)黑度值见表3-17。

表3-17 各种火焰的黑度值(ε_g)

火焰种类	ε_g	火焰种类	ε_g
烟煤、褐煤和泥煤层燃时的发光火焰	0.70	净化发生炉煤气发光火焰	0.20~0.25
无烟煤层燃时的发光火焰	0.40	天然气有焰燃烧	0.60
烟煤、褐煤和泥煤喷燃时的发光火焰	0.70	天然气无焰燃烧	0.20
无烟煤喷燃时的发光火焰	0.45	石油气燃烧	0.25~0.32
重油发光火焰	0.65~0.85	高炉煤气燃烧	0.30~0.35
未净化发生炉煤气的发光火焰	0.65~0.85	高炉煤气与焦炉煤气混合气体燃烧	0.35~0.45

通过对上述辐射传热知识的学习,我们可以看出,要想强化气固间辐射传热,基本措施有以下几方面:

(1)适当提高烟气温度。在符合工艺要求,不影响炉衬使用寿命的条件下,适当提高烟气温度,能显著强化辐射传热。因此,合理控制燃料与空气的配合、空气预热、加快燃烧速度及减少散热损失均是提高烟气温度,强化辐射传热的措施。

(2)增大烟气与物料接触的表面积,提高物料黑度;采用反射隔热罩,减少辐射热损失。

(3)提高烟气黑度。增大气层厚度、提高气体中CO_2和H_2O气的浓度,特别是增大气体中固体微粒的含量,均可提高烟气黑度。

任务五 综合传热

【任务目标】

知识目标:

(1)了解综合传热的本质。

(2)理解传热计算公式的统一表达式。

(3)掌握火焰空间的传热以及其他特定情况下综合传热的计算。

能力目标:

能够利用所学知识,分析解决生产生活中遇到的综合传热问题。

情感目标：

通过本任务的学习，培养学生识大体、顾大局，分析处理问题要有整体观。

【任务描述】

综合就是将已有的关于研究对象各个部分的认识联结起来，形成对研究对象统一整体的认识。从整体的角度去认识问题，将使我们站在一个新的高度，更加有利于处理各个部分间的关系。本部分内容主要学习三种传热方式结合到一起的综合传热。

【任务知识】

前面分别讨论了传导传热、对流传热和辐射传热。在实际生产设备中往往不是一种传热方式单独存在，而是两种或三种传热方式同时存在。比如窑炉内热气体通过炉墙向外界空气中传热，换热器内烟气向空气的传热及炉内火焰向物料或炉墙的传热都是综合传热现象。

一、传热计算公式的统一表达式

传导传热与对流换热公式基本类似，辐射传热则复杂得多，但也可以将它们的传热量、热流量及传热阻力转换成统一的形式。

1. 传导传热计算公式

传热量：
$$Q_{导热} = \frac{\lambda(t_1 - t_2)}{\delta}F = \frac{t_1 - t_2}{\dfrac{\delta}{\lambda F}}$$

热流量：
$$q_{导热} = \frac{\lambda(t_1 - t_2)}{\delta} = \frac{t_1 - t_2}{\dfrac{\delta}{\lambda}}$$

导热阻力：
$$R_\lambda = \frac{\delta}{\lambda}$$

2. 对流换热计算公式

传热量：
$$Q_{对流} = \alpha(t_g - t_w)F = \frac{t_g - t_w}{\dfrac{1}{\alpha F}}$$

热流量：
$$q_{对流} = \alpha(t_g - t_w) = \frac{t_g - t_w}{\dfrac{1}{\alpha}}$$

对流换热阻力：
$$R_h = \frac{1}{\alpha}$$

3. 辐射传热计算公式

1) 固体与固体之间的辐射传热

传热量：
$$Q_{辐射} = \varepsilon_n c_0 \left[\left(\frac{T_1}{100}\right)^4 - \left(\frac{T_2}{100}\right)^4\right]\varphi_{12}F_1$$

热流量：$$q_{\text{辐射}} = \varepsilon_n c_0 \left[\left(\frac{T_1}{100} \right)^4 - \left(\frac{T_2}{100} \right)^4 \right] \varphi_{12} = \alpha_R (t_1 - t_2)$$

辐射传热系数：$$\alpha_R = \frac{1}{t_1 - t_2} \left\{ \varepsilon_n c_0 \left[\left(\frac{T_1}{100} \right)^4 - \left(\frac{T_2}{100} \right)^4 \right] \varphi_{12} \right\}$$

辐射热阻：$$R_R = \frac{1}{\alpha_R}$$

2）气体与固体之间的辐射传热

传热量：$$Q_{\text{辐射}} = \varepsilon'_w \cdot \varepsilon_g \cdot c_0 \left[\left(\frac{T_g}{100} \right)^4 - \left(\frac{T_w}{100} \right)^4 \right] F$$

热流量：$$q_{\text{辐射}} = \varepsilon'_w \cdot \varepsilon_g \cdot c_0 \left[\left(\frac{T_g}{100} \right)^4 - \left(\frac{T_w}{100} \right)^4 \right]$$

辐射传热系数：$$\alpha_R = \frac{1}{t_g - t_w} \left\{ \varepsilon'_w \cdot \varepsilon_g \cdot c_0 \left[\left(\frac{T_g}{100} \right)^4 - \left(\frac{T_w}{100} \right)^4 \right] \right\}$$

辐射热阻：$$R_R = \frac{1}{\alpha_R}$$

二、一种气体通过平壁向另一种气体传热

设平壁两边气体的温度分别为 t_{f_1} 及 t_{f_2}，平壁厚度为 δ，其平均导热系数为 λ，平壁两边表面温度分别为 t_{w_1} 及 t_{w_2}，两边气体与壁面的总传热系数（放热系数）分别为 α_{k1} 与 α_{k2}。两边气体与壁面的传热都是对流加辐射的综合传热，平壁两侧则以传导的方式进行传热，如图 3-47 所示。

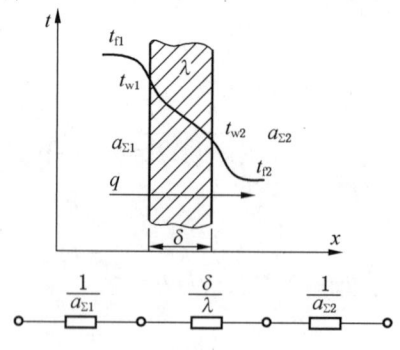

图 3-47 通过平壁的综合传热

在这种情况下，首先是高温气体以辐射和对流的传热方式向壁面 1 传热，壁面 1 以传导传热方式向壁面 2 传热，壁面 2 再以对流和辐射的传热方式传热给低温气体。根据前面介绍的牛顿冷却定律，可分别写出各段的热流公式。

$$q_1 = \alpha_{k1}(t_{f1} - t_{w1}) = \frac{t_{f1} - t_{w1}}{\dfrac{1}{\alpha_{k1}}}$$

$$q_2 = \frac{\lambda}{\delta}(t_{w1} - t_{w2}) = \frac{t_{w1} - t_{w2}}{\dfrac{\delta}{\lambda}}$$

$$q_3 = \alpha_{k2}(t_{w2} - t_{f2}) = \frac{t_{w2} - t_{f2}}{\dfrac{1}{\alpha_{k2}}}$$

式中 α_{k1}——高温气体对壁面 1 的对流和辐射传热系数之和，即 $\alpha_{k1} = \alpha_1 + \alpha_{R_1}$，W/(m²·℃)；

α_{k2}——壁面 2 对低温气体对流和辐射传热系数之和，即 $\alpha_{k2} = \alpha_2 + \alpha_{R_2}$，W/(m²·℃)。

稳定传热时：$q_1 = q_2 = q_3 = q$，联立上述公式并求解得：

$$q = \frac{t_{f1} - t_{f2}}{\dfrac{1}{\alpha_{k1}} + \dfrac{\delta}{\lambda} + \dfrac{1}{\alpha_{k2}}} \qquad (3-98)$$

单位传热面积的热阻 R_k(m²·℃/W) 为

$$R_k = \frac{1}{\alpha_{k1}} + \frac{\delta}{\lambda} + \frac{1}{\alpha_{k2}}$$

单位面积的综合传热系数 k [W/(m²·℃)] 为

$$k = \frac{1}{\dfrac{1}{\alpha_{k1}} + \dfrac{\delta}{\lambda} + \dfrac{1}{\alpha_{k2}}}$$

$$Q = k \cdot \Delta t \cdot F = \frac{t_{f1} - t_{f2}}{\dfrac{1}{\alpha_{k1}} + \dfrac{\delta}{\lambda} + \dfrac{1}{\alpha_{k2}}} \cdot F \qquad (3-99)$$

从传热热阻的组成可以看出，这种条件下的传热可看成是三段传热过程的串联。其热阻的构成与串联电路类似，即总热阻等于各分段热阻之和。

从上面两式可知，只要已知平壁两侧气体温度、换热系数、平壁的导热系数、壁面积和壁厚度，就可以计算出通过平壁的热流量。从而也可以求出壁两侧的表面温度。

$$t_{w1} = t_{f1} - q\frac{1}{\alpha_{k1}}$$

或

$$t_{w1} = t_{f2} + q\left(\frac{1}{\alpha_{k2}} + \frac{\delta}{\lambda}\right)$$

▶ 热 工 基 础

$$t_{w2} = t_{f1} - q\left(\frac{1}{\alpha_{k1}} + \frac{\delta}{\lambda}\right)$$

或

$$t_{w2} = t_{f2} + q\frac{1}{\alpha_{k2}}$$

按上述概念和方式可直接写出通过多层平壁的综合传热公式。设平壁由 n 层组成，各层厚度分别为 δ_1，δ_2，…，δ_n，各层平壁导热系数分别为 λ_1，λ_2，…，λ_n；多层壁两侧气体温度为 t_{f1} 与 t_{f2}；则通过该平壁的热流量为

$$q = \frac{t_{f1} - t_{f2}}{\frac{1}{\alpha_{k1}} + \frac{\delta_1}{\lambda_1} + \frac{\delta_2}{\lambda_2} + \cdots + \frac{\delta_n}{\lambda_n} + \frac{1}{\alpha_{k2}}} = \frac{t_{f1} - t_{f2}}{\frac{1}{\alpha_{k1}} + \sum_{i=1}^{n} \frac{\delta_i}{\lambda_i} \cdots + \frac{1}{\alpha_{k2}}} \quad (3-100)$$

$$R_k = \frac{1}{\alpha_{k1}} + \sum_{i=1}^{n} \frac{\delta_i}{\lambda_i} + \frac{1}{\alpha_{k2}}$$

$$k = \frac{1}{R_k}$$

$$Q = \frac{t_{f1} - t_{f2}}{\frac{1}{\alpha_{k1}} + \sum_{i=1}^{n} \frac{\delta_i}{\lambda_i} + \frac{1}{\alpha_{k2}}} \cdot F = k \cdot (t_{f1} - t_{f2}) \cdot F \quad (3-101)$$

【例3-10】 试求锅炉壁 [$\delta = 20$ mm，$\lambda = 58$ W/(m·℃)] 两表面的温度和通过锅炉壁的热流。已知烟气的温度为 1000 ℃，水的温度为 200 ℃，从烟气到水的对流和辐射换热系数 $\alpha_{k1} = 116$ W/(m²·℃)，从壁面到水的对流换热系数 $\alpha_{k2} = 2320$ W/(m²·℃)。

解

$$q = \frac{t_g - t_{H_2O}}{\frac{1}{\alpha_{k1}} + \frac{\delta}{\lambda} + \frac{1}{\alpha_{k2}}} = \frac{1000 - 200}{\frac{1}{116} + \frac{0.02}{58} + \frac{1}{2320}} = 85144.42 (\text{W/m}^2)$$

$$q = \alpha_{k1}(t_g - t_{w1})$$

$$85144.42 = 116(1000 - t_{w1})$$

$$t_{w1} = 1000 - \frac{85144.42}{116} = 266 (\text{℃})$$

$$q = \frac{\lambda}{\delta}(t_{w1} - t_{w2})$$

$$85144.42 = \frac{58}{0.02}(266 - t_{w2})$$

$$t_{w2} = 266 - \frac{85144.42 \times 0.02}{58} = 236.64 (\text{℃})$$

三、一种气体通过圆筒壁向另一种气体传热

设圆筒壁内外直径分别为 d_1、d_2，其平均导热系数为 λ，筒内外气体温度分别为 t_{f1} 及 t_{f2}，壁内外表面温度分别为 t_{w1} 及 t_{w2}，如图 3-48 所示。

传热过程与平壁不同之处在于圆筒壁导热面积沿热流方向不断变化，故一般不计算单位面积传热量，而是计算单位长度圆筒壁的传热量 q_l。为使问题简化，设圆筒长度比其直径大很多，以致可忽略圆筒轴向传热的影响。

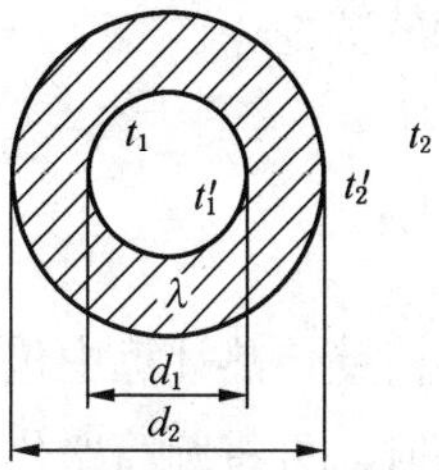

圆筒内气体与内筒壁间的传热热流为

$$q_{l1} = \frac{Q}{l} = \alpha_{k1}(t_{f1} - t_{w1})\pi d_1 = \frac{t_{f1} - t_{w1}}{\dfrac{1}{\pi d_1 \alpha_{k1}}}$$

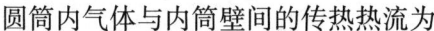

图 3-48 通过圆筒壁传热

圆筒壁本身的导热热流为

$$q_{l2} = \frac{Q}{l} = \frac{t_{w1} - t_{w2}}{\dfrac{1}{2\pi\lambda}\ln\dfrac{d_2}{d_1}}$$

筒外壁表面与流体间传热热流为

$$q_{l3} = \frac{Q}{l} = \alpha_{k2}(t_{w2} - t_{f2})\pi d_2 = \frac{t_{w2} - t_{f2}}{\dfrac{1}{\pi d_2 \alpha_{k2}}}$$

对稳态传热：$q_{l1} = q_{l2} = q_{l3} = q_l$，上述 3 个公式联立求解得：

$$q_l = \frac{t_{f1} - t_{f2}}{\dfrac{1}{\pi d_1 \alpha_{k1}} + \dfrac{1}{2\pi\lambda}\ln\dfrac{d_2}{d_1} + \dfrac{1}{\pi d_2 \alpha_{k2}}} \quad (3-102)$$

$$R_l = \dfrac{1}{\pi d_1 \alpha_{k1}} + \dfrac{1}{2\pi\lambda}\ln\dfrac{d_2}{d_1} + \dfrac{1}{\pi d_2 \alpha_{k2}}$$

$$k_l = \frac{1}{R_l}$$

圆筒壁内外两侧壁温分别为

$$t_{w1} = t_{f1} - q_l \dfrac{1}{\pi d_1 \alpha_{k1}}$$

或

$$t_{w2} = t_{f1} - q_l\left(\dfrac{1}{\pi d_1 \alpha_{k1}} + \dfrac{1}{2\pi\lambda}\ln\dfrac{d_2}{d_1}\right)$$

▶热 工 基 础

$$t_{w2} = t_{f2} + q_l \frac{1}{\pi d_2 \alpha_{k2}}$$

如果圆筒壁是由 n 层不同材料组成的多层壁面，则多层圆筒壁的单位长度传热量 q_l 可用下式计算：

$$q_l = \frac{t_{f1} - t_{f2}}{\frac{1}{\pi d_1 \alpha_{k1}} + \sum_{i=1}^{n} \frac{\delta_i}{\lambda_i} + \cdots + \frac{\delta_n}{\lambda_n} + \frac{1}{\pi d_{i+1} \alpha_{k2}}}$$

圆筒壁传热计算中包含有对数，工程上为简便起见，当圆筒壁不太厚时或计算精度要求不高时，可将圆筒壁化成平壁计算，对于单层圆筒壁：

$$q_l = \frac{(t_{f1} - t_{f2})\pi d}{\frac{1}{\alpha_{k1}} + \frac{\delta}{\lambda} + \frac{1}{\alpha_{k2}}} \tag{3-103}$$

式中直径 d 可按如下选取：当 $\alpha_{k1} \approx \alpha_{k2}$ 时，取 $d = \frac{1}{2}(d_1 + d_2)$；当 $\alpha_{k1} \ll \alpha_{k2}$ 时，取 $d = d_1$；当 $\alpha_{k1} \gg \alpha_{k2}$ 时，取 $d = d_2$。即应选用 α 较小一侧的直径。

工程上一般常用金属管，因壁薄，导热系数大，$\frac{\delta}{\lambda}$ 很小，在计算中与其他热阻相比往往可略去不计。当 $\frac{d_2}{d_1} \leq 2$ 时，工程上为简便起见，可将圆筒壁化为平壁计算。

【例 3-11】 蒸气导管直径 $d_1 = 200$ mm，$d_2 = 216$ mm，外表面敷有 120 mm 厚的白云石隔热层，其导热系数 $\lambda_2 = 0.1$ W/(m·℃)，蒸气温度 $t_{f1} = 300$ ℃，周围空气温度 $t_{f2} = 25$ ℃，管壁导热系数 $\lambda_1 = 45$ W/(m·℃)，管内蒸气与壁面间放热系 $\alpha_{k1} = 120$ W/(m²·℃)，管外壁与空气间放热系数 $\alpha_{k2} = 10$ W/(m²·℃)，求单位管长的传热量及隔热层外表面温度。

解 已知：$d_1 = 0.2$ m，$d_2 = 0.216$ m，$d_3 = 0.216 + 0.12 \times 2 = 0.456$ m。

$$k_l = \frac{1}{\frac{1}{\pi d_1 \alpha_{k1}} + \frac{1}{2\pi\lambda_1}\ln\frac{d_2}{d_1} + \frac{1}{2\pi\lambda_2}\ln\frac{d_3}{d_2} + \frac{1}{\pi d_3 \alpha_{k2}}}$$

$$= \frac{1}{\frac{1}{0.2 \times 120} + \frac{1}{2 \times 45}\ln\frac{0.216}{0.2} + \frac{1}{2 \times 0.1}\ln\frac{0.456}{0.216} + \frac{1}{0.456 \times 10}}$$

$$= 0.786[\text{W}/(\text{m} \cdot ℃)]$$

$$q_l = 0.786 \times (300 - 25) = 216(\text{W/m})$$

$$t_w = t_{f2} + q_l \frac{1}{\pi d_3 \alpha_{k2}} = 25 + 216 \times \frac{1}{3.14 \times 0.456 \times 10} = 40.1(℃)$$

四、窑内火焰空间的传热

窑炉内火焰空间的传热是一个十分复杂的综合传热过程,硅酸盐窑炉的种类较多,不同窑炉内综合传热是不同的,情况复杂,以下概略介绍一般窑炉内的综合传热。

在一个充满了火焰或高温炉气的窑炉内,存在着三个不同的温度区域:炉气(或火焰)、炉衬(炉墙及炉顶)、物料。

因为火焰的温度很高,所以窑炉内主要的传热方式是辐射,而传导及对流在热流量中只占较小的比重。此外,炉墙对于外围空气还会散失热量,这个热损失对窑炉内温度也有一些影响。因此,要用数学分析方法来精确计算窑炉内的热交换是非常复杂和困难的。只有结合实际情况进行一些简化的假设,才能使近似的计算成为可能。

常用的简化假设是:①炉气(火焰)有一个平均温度 T_g 在窑炉的各处是相同的;②受热物料表面的温度各处都是一样的,等于 T_m;③炉墙及炉顶的温度均匀一致而且也是不变的;④炉气(火焰)可以看成是一个灰体,它的吸收率(或辐射率)不因辐射来的波长或温度不同而变更,其值为 ε_g,它是根据气体的温度 T_g 而求得的;⑤受热的物体也是灰体,它的吸收率(或辐射率)ε_m 是一个定值;⑥炉墙及炉顶的热损失恰好等于由炉气以对流方式传给炉墙及炉顶的热量。

图 3-49 表明了炉膛中各项热流的传送情况。对于物料来说,它所接受的热量有三部分:①气体以辐射方式传给物料的净热量 Q_{gm};②气体以对流方式传给物料的热量 Q_{gm}^c;③炉墙以辐射方式传给物料的净热量 Q_{wm}。

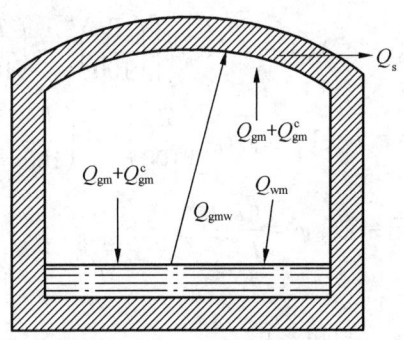

图 3-49 炉膛内传热分析

物料所接受的总热量:

$$Q_m = Q_{gm} + Q_{gm}^c + Q_{wm}$$

其中

$$Q_{gm} = \varepsilon_m \varepsilon_g c_0 \left[\left(\frac{T_g}{100} \right)^4 - \left(\frac{T_m}{100} \right)^4 \right] F_m \qquad (3-104)$$

$$Q_{gm}^c = \alpha_{gm}(T_g - T_m)F_m \qquad (3-105)$$

▶热 工 基 础

$$Q_{wm} = \varepsilon_w \varepsilon_m (1-\varepsilon_g) c_0 \left[\left(\frac{T_w}{100}\right)^4 - \left(\frac{T_m}{100}\right)^4\right] F_m \quad (3-106)$$

式中 ε_m——物料黑度；

ε_g——炉气黑度；

ε_w——炉墙黑度；

α_{gm}——炉气与物料间的对流换热系数，$W/(m^2 \cdot ℃)$；

F_m——暴露于炉气中的物料表面积，m^2。

对于炉墙来说，它主要是作为传热的媒介，它所接受的热量有三部分：①气体以辐射方式传给它的净热量 Q_{gm}；②气体以对流方式传给它的热量 Q_{gw}^c；③气体辐射传热给物料的热量中，一部分被物料反射，透过气层而落到炉墙上的热量 Q_{gmw}。

炉墙放出的热量有两部分：①炉墙以辐射方式传给物料的热量 Q_{wm}；②通过炉墙散失于周围的热量 Q_s。

根据上述简化假设⑥，$Q_{gw}^c = Q_s$，则炉墙的热平衡公式可简化为

$$Q_{gw} + Q_{gmw} = Q_{wm}$$

其中

$$Q_{gw} = \varepsilon_m \varepsilon_g c_0 \left[\left(\frac{T_g}{100}\right)^4 - \left(\frac{T_w}{100}\right)^4\right] F_w \quad (3-107)$$

$$Q_{gmw} = \varepsilon_g (1-\varepsilon_m)(1-\varepsilon_g) \varepsilon_w c_0 \left[\left(\frac{T_g}{100}\right)^4 - \left(\frac{T_w}{100}\right)^4\right] F_w \varphi$$

$$= \varepsilon_g (1-\varepsilon_m)(1-\varepsilon_g) \varepsilon_w c_0 \left[\left(\frac{T_g}{100}\right)^4 - \left(\frac{T_w}{100}\right)^4\right] F_m \quad (3-108)$$

$$Q_{wm} = \varepsilon_w \varepsilon_m (1-\varepsilon_g) c_0 \left[\left(\frac{T_w}{100}\right)^4 - \left(\frac{T_m}{100}\right)^4\right] F_m \quad (3-109)$$

式中 φ——物料对炉墙的角系数，$\varphi = \dfrac{F_m}{F_w}$；

F_w——炉墙的表面积，m^2。

由上述炉墙的热平衡公式，可以求出：

$$Q_{wm} = \varepsilon_g \varepsilon_m \varepsilon_w c_0 \frac{[1+\varphi(1-\varepsilon_m)(1-\varepsilon_g)]}{\dfrac{\varepsilon_g}{1-\varepsilon_g} + \varphi[\varepsilon_m + \varepsilon_g(1-\varepsilon_m)]} \left[\left(\frac{T_g}{100}\right)^4 - \left(\frac{T_m}{100}\right)^4\right] F_m \quad (3-110)$$

五、窑体表面散热

在进行窑炉或烘干机的热平衡计算时，需计算窑炉表面散热损失；在进行窑炉热工设计时，亦需计算表面散热损失。窑体表面散热的过程实质上是具有一定温度的窑外壁通过对流传热给周围的空气和通过辐射传热给四周的墙壁。

当已知窑墙外壁温度 t_w 和空气温度 t_a 时,可用下式计算其单位表面积的散热量:

$$q = \alpha_k(t_w - t_a) \tag{3-111}$$

式中 α_k——窑墙与空气的对流及辐射总传热系数,$W/(m^2 \cdot ℃)$。

对于不断转动着的水泥回转窑或回转烘干机来说,其外表面的传热系数除用经验公式计算外,还可采用表3-18的实测计算数据。

表3-18 回转窑在不同条件下的窑体总传热系数 α_k $W/(m^2 \cdot ℃)$

温度差/℃	空气速度/(m·s^{-1})				
	0	2	4	6	8
40	9.77	20.93	26.75	31.63	36.05
50	10.47	22.56	27.56	32.45	36.98
100	13.96	25.59	31.87	36.75	41.17
150	17.45	29.42	36.29	41.17	45.47
200	20.93	33.61	40.71	—	—
250	24.54	—	—	—	—

【拓展阅读】

传热学的发展史

18世纪30年代首先从英国开始的工业革命促进了生产力的空前发展。生产力的发展为自然科学的发展和成长开辟了广阔道路。传热学这一门学科就是在这种大背景下发展成长起来的。

导热和对流两种基本热量传递方式早为人们所认识,第三种热量传递方式则是在1803年发现了红外线后才确认的,它就是热辐射方式。三种方式基本理论的确立则经历了各自独特的历程。直到20世纪初,传热学才从物理学中的热学部分独立出来而成为一门学科。目前,通过对热传导、对流和辐射三种传热方式的研究,传热学已经具备了较为完整的理论基础,形成了相对成熟的学科体系。

1. 导热

确认热是一种运动的过程中,科学史上有两个著名的实验起着关键作用:其一是1798年伦福特钻炮筒大量发热实验;其二是1799年戴维两块冰块摩擦生热化成水的实验。

19世纪初,兰贝特、毕渥和傅里叶都从固体一维导热的实验研究入手开展研究。1804年毕渥根据实验提出了一个公式,认为每单位时间通过每单位面积的导热热量正比例于两侧表面温差,反比例于壁厚,比例系数是材料的物理性质。这个公式提高了对导热规律的认识,只是粗糙了一点。

▶ 热 工 基 础

傅里叶在进行实验研究的同时，十分重视数学工具的运用，很有特色。他从理论解与实验的对比中不断完善理论公式，取得的进展令人瞩目。1807年他提出了求解场微分方程的分离变量法和可以将解表示成一系列任意函数的概念，得到了学术界的重视。1812年法国科学院以"热量传递定律的数学理论及理论结果与精确实验的比较"为题设项竞奖。经过努力，傅里叶于1822年发表了他的著名论著《热的解析理论》，成功地完成了创建导热理论的任务。他提出的导热定律正确概括了导热实验的结果，现称为傅里叶定律，奠定了导热理论的基础。傅里叶被公认为导热理论的奠基人。

2. 对流

流体流动的理论是对流换热理论的必要前提。

1823年纳维提出的流动方程可适用于不可压缩性流体。此方程1845年经斯托克斯改进为纳维-斯托克斯方程，完成了建立流体流动基本方程的任务。

1880年雷诺提出了一个对流动有决定性影响的无量纲物理量群，1880—1883年雷诺进行了大量实验研究，发现管内流动层流向湍流的转变发生在雷诺数的数值为1800至2000之间，澄清了实验结果之间的混乱，对指导实验研究作出了重大贡献。

在雷诺的基础上，1881年洛仑兹获得自然对流解。

1885年格雷茨和1910年努谢尔获得管内换热的理论解。

1916年努谢尔又获得凝结换热理论解。

具有突破意义的进展要推1909年和1915年努谢尔两篇论文的贡献。他对强制对流和自然对流的基本微分方程及边界条件进行量纲分析，并获得了有关无量纲数之间的原则关系。开辟了在无量纲数原则关系正确指导下，通过实验研究求解对流换热问题的一种基本方法，有力地促进了对流换热研究的发展。

1921年波尔豪森在流动边界层概念的启发下又引进了热边界层的概念。1930年他与施密特及贝克曼合作，成功地求解了竖壁附近空气的自然对流换热。

1925年的普朗特比拟，1939年的卡门比拟以及1947年马丁纳利的引申，记录着湍流边界早期的发展轨迹。由于湍流问题在应用上的重要性，湍流计算模型的研究随着对湍流机理认识的不断深化而蓬勃发展，逐渐发展成为传热学研究中的一个令人瞩目的热点。它也有力地推动着理论求解向纵深发展。

还应该提到，在对流换热理论的近代发展中，麦克亚当、贝尔特和埃克特先后作出了重要贡献。

3. 热辐射

在热辐射的早期研究中，认识黑体辐射的重要意义并用人工黑体进行实验研究对于建立热辐射的理论具有重要作用。

1889年卢默等人测得了黑体辐射光谱能量分布的实验数据。

19世纪末斯蒂芬（J. Stefan）根据实验确立了黑体辐射力正比于它的绝对温度的四次方的规律，后来在理论上被波尔茨曼所证实。这个规律被称为斯蒂芬-波尔茨曼定律。

热辐射基础理论研究中的最大挑战在于确定黑体辐射的光谱能量分布。1896年维恩通过半理论半经验的方法推导出一个公式。这个公式虽然在短波段与实验比较符合，但在长波段与实验显著不符。几年后，瑞利从理论上也推导出一个公式，此公式1905年又经过金斯改进，后人称它为瑞利-金斯公式。这个公式在长波段与实验结果比较符合而在短波段与实验差距很大，而且随着频率的增高，辐射能量将增至无穷大，这显然是十分荒唐的。瑞利-金斯公式在高频部分即紫外部分遇到了无法克服的困难，简直是理论上的一场灾难，因此被称为"紫外灾难"。

"紫外灾难"的出现使人们强烈地意识到，原先以为已经相当完美的经典物理学理论确实存在问题。问题的解决有赖于观念上新的突破。普朗克决心找到一个与实验结果相符的新公式。经过艰苦努力，他终于在1900年提出了一个公式。其后的实验证实普朗克公式与实际情况在整个光谱段完全符合。在寻求这个公式的物理解释中，他大胆地提出了与经典物理学的连续性概念根本不同的新假说，这就是能量子（现称量子）假说。按照量子理论确立的普朗克定律正确地揭示了黑体辐射能量光谱分布的规律，奠定了热辐射理论的基础。

在辐射热量交换方面有两个重要的理论问题。其一是物体的发射率与吸收比之间的关系问题。1859年和1860年基尔霍夫的两篇论文提供了解答。其二是物体间辐射换热的计算方法。1935年波略克提出净辐射法，1954年霍特尔提出、1967年又加以改进的交换因子法以及1956年奥本海姆提出的模拟网络法，是三种受到重视的计算方法。他们分别为完善此类复杂问题的计算方法作出了贡献。

一百多年来，传热学研究者们对传热现象进行了广泛深入的研究，发表了大量科学论著和研究报告，并出版了大量有价值的学术专著。研究成果在工业、农业、空间和生物技术等各个领域都有广泛应用，在提高传热效率、降低材料消耗和产品成本方面产生了重大的经济效益。总结和概括一下现有的工作，包括传热学的基本概念和基本规律，指出存在的问题和今后的发展方向有十分重要意义。总之，传热学本身是一门跨行业专业技术的基础性交叉学科，它是在数学（主要是微分方程理论）、热力学、流体力学和量子力学的基础上发展起来的，同时它还必须建立在实验的基础上。因此传热学的发展一方面依赖数学、热力学、流体力学和量子力学理论的进展，另一方面还需不断发展的科学测量技术来配合。

【项目习题】

1. 试分析传导传热、对流传热和辐射传热各有什么特点。
2. 什么是温度梯度？它的物理意义是什么？
3. 简述导热系数的物理意义。
4. 试比较固体、液体、气体的导热系数大小，如何合理利用它们来强化传热或隔热保温。
5. 天气晴朗干燥时，将被褥晾晒后使用会感觉到暖和，如果晾晒后再拍打一阵，效果会更好，为什么？
6. 将一盛有热水的玻璃杯置于盛有冷水的面盆中，冷水的表面约在热水高度的一半

▶ 热 工 基 础

处。过一段时间后，上部的水和下部的水的温度会有显著差别。试解释这种现象，此时杯中的水有无导热现象？有无剧烈的对流现象？

7. 辐射换热角系数的含义是什么？简述角系数的特性。

8. 什么是黑度？什么是黑体？什么是灰体？

9. 气体辐射有哪些特点？

10. 为了测定某材料的导热系数，选用一块厚 20 mm、直径 120 mm 的圆板作试件。控制两表面温度分别为 180 ℃ 和 30 ℃。若测得通过试件的导热量为 10.6 W，试计算该材料的导热系数。

11. 现有一厚度为 250 mm 的隔热砖墙，内壁温度为 650 ℃，外壁温度为 145 ℃。试求通过单位面积向外的散热量，已知红砖的导热系数 $\lambda = 0.465 + 0.44 \times 10^{-3} t$。

12. 锅炉的炉墙由三层材料组成，内层为黏土砖 [$\delta_1 = 120$ mm，$\lambda_1 = 0.93$ W/(m·℃)]，外层为红砖 [$\delta_3 = 250$ mm，$\lambda_3 = 0.7$ W/(m·℃)]，中间填入隔热保温材料硅藻土 [$\delta_2 = 50$ mm，$\lambda_2 = 0.14$ W/(m·℃)]，若内墙温度为 1000 ℃，外墙温度为 50 ℃。

(1) 试计算单位面积的散热量和各个交接面的温度。

(2) 如果不采用硅藻土隔热保温材料而以红砖代替，而且要求散热量不变，问红砖层需要多厚？

13. 某厂蒸汽管道为 φ175 mm×5 mm 的钢管，外面包了一层 95 mm 厚的石棉保温层，管壁和石棉的导热系数分别是 50 W/(m·℃) 和 0.1 W/(m·℃)。管道内表面温度为 200 ℃，保温层外表面温度为 50 ℃。试求每米管长散热损失。

14. 空气按 10 m/s 的流速流过直径为 50 mm，长度为 1.75 m 的管道，如果空气的平均温度是 100 ℃，求空气对管道内壁的对流换热系数。

15. 已知锅炉管道管壁的平均温度是 250 ℃，水的进口温度是 160 ℃，出口温度是 240 ℃，平均流速是 1 m/s，热流是 3.84×10^5 W/m²。试求所需管道内径和长度。

16. 水平输气管道外径为 0.3 m，壁温为 450 ℃，环境温度是 30 ℃。试求每米长管道自由流动时的散热损失。

17. 试分别计算温度为 27 ℃、327 ℃、827 ℃ 时，表面积为 0.5 m² 的黑体在单位面积所发射出的能量。

18. 试求直径为 0.3 m，黑度为 0.8 的裸气管的辐射散热损失。已知裸气管的表面温度为 440 ℃，周围环境温度为 10 ℃。

19. 在厂房内铺设有蒸汽管道，已知管道外保温层的黑度为 0.8，保温层的外径 $d = 550$ mm，保温层外表面温度 $t_1 = 45$ ℃，室温 $t_2 = 18$ ℃，求每米长管道表面辐射散热损失。

20. 两无限大平行平面，其表面温度分别是 20 ℃、600 ℃，黑度均为 0.8。试求这两块平面：①本身辐射；②投射辐射；③有效辐射；④净辐射热量。

21. 在上题中的两平面中安放一块黑度为 0.8 或者 0.5 的遮热板，试求这两无限大平行平面间的净辐射热量。

项目四 干燥过程与设备

用加热蒸发的方法除去物料中部分物理水分的过程称为干燥。

湿物料置于空气中时，只要其表面的水蒸气分压大于空气中水蒸气的分压，则物料表面的水蒸气就会向空气中扩散，这个过程称为外扩散。物料表面的水蒸气扩散后，表面的水分又被汽化同时从空气中吸收热量。与此同时，物料内部与表面原有的水分浓度平衡被破坏，造成内部水分浓度大于表面水分浓度，在此浓度差的推动下，物料内部的水分向表面扩散，此过程称为内扩散。可见物料的干燥过程是包含连续的内扩散、外扩散同时伴随热量传递的过程。

在稳定蒸发时，物料表面获得的热量主要消耗于水的相变及提高水蒸气的温度。

物料的干燥方法有自然干燥和人工干燥两种。自然干燥就是将湿物料堆置于露天或室内场地上，借风吹和日晒的自然条件使物料脱水。这种干燥方法的特点是不需要专用设备，也不消耗动力和燃料，操作简单，但干燥速度慢，产量低，劳动强度高，受气候条件的影响大。人工干燥是指将湿物料放在专用设备——干燥器中进行加热，使物料干燥。人工干燥的特点是干燥速度快，产量大，不受气候条件限制，便于实现自动化，但需消耗动力和燃料。

人工干燥的加热方式，以物料的受热特征来分有外热源法和内热源法两种类型。所谓外热源法是指在物料外部对物料表面进行加热，其方式有三种：①对流加热，通常用热空气或热烟气作介质以对流方式对物料表面进行加热；②辐射加热，利用红外灯、灼热金属或高温陶瓷表面产生的红外线，对物料表面进行辐射加热；③对流-辐射加热，上述两种加热方式的综合，既有对流加热又有辐射加热。

外热源法的特点是物料表面温度高于内部，因此在物料内部，热量传递的方向与水分内扩散的方向相反。

所谓内热源法是指将物料通电或将物料置于高频电磁场中，利用物料通电后产生的焦耳效应或分子运动产生热量。内热源法的特点是物料的内部温度高于表面，因此在物料内部，热量传递的方向与水分内扩散的方向是一致的，这就能够增加水分的内扩散速率。

在硅酸盐工业的矿物原料或半成品中，通常含有高于生产工艺要求的水分，因此在生产过程中需脱去原料或半成品中的部分水分，以满足生产工艺的要求。例如在水泥生产过程中，干法粉磨的物料如黏土、石灰石、矿渣及煤等，都需干燥至含水率低于2%才能入磨，否则会影响磨机效率。玻璃厂用的天然石英砂及用湿法加工的砂岩粉等原料需经干燥后入库，再配料，否则不仅输送困难还会影响配料的准确性。陶瓷、耐火材料和砖瓦的半成品——坯体必须先经干燥后才能入窑烧成，否则会因强度等原因而造成变形和开裂。玻璃纤维及其制品在加工过程中亦常涉及干燥问题。

不同的物料，性质各异，干燥的工艺制度及设备的差别很大。例如砂子和石灰石可在较高的温度和干燥速率下进行干燥；而黏土的干燥温度不宜高于400 ℃，否则高岭土会因失去结晶水而失去塑性；煤的干燥温度不宜高于150 ℃，否则会引起碳氢化合物挥发。陶瓷、耐火材料、砖瓦等半成品的干燥，要求严格的工艺制度，否则坯体会产生变形或开裂。

在干燥设备方面，块状制品应采用室式干燥器；颗粒状物料通常采用回转干燥器；陶瓷泥浆可采用喷雾干燥器。大型或异型的陶瓷、耐火材料坯体常采用自然干燥或辅之以内热源加热，使其缓慢干燥，避免开裂。

干燥作业还可与破碎、粉磨及选粉过程同时进行，以简化工艺流程及设备，减少能源消耗。风扫式煤磨系统即属此类。但这种系统一般只适合含水分较低的物料。对含水率高的物料仍需另设烘干设备，以保证粉磨系统的作业。

任务一　湿空气的性质

【任务目标】

知识目标：

(1) 了解干空气与水蒸气的分压强、湿空气的密度、比容概念。

(2) 理解干空气与湿空气的区别，以及热含量的概念。

(3) 掌握湿空气的湿度、温度的不同表达方式。

能力目标：

能区别并使用不同场合下湿空气物理参数。

情感目标：

通过本任务的学习，培养学生热爱祖国传统文化，增强和提升文化自信。

【任务描述】

蒹葭苍苍，白露为霜。白露，是我国二十四节气中的第十五个节气，这个节气代表暑热结束，秋意渐浓。勤劳智慧的中国人民早在2500年前就已经发现，气温降低，空气中的水汽会凝结成露。本部分内容主要学习湿空气的温度、湿度、热含量等基本性质。

【任务知识】

通常将载热介质——热空气或热烟气，称为干燥介质。干燥介质不仅是载热体，它还将湿物料表面蒸发的水蒸气带走。研究对流加热的干燥过程必须了解干燥介质的性质。因烟气的性质与空气相近，因此对空气性质研究的结果也适用于烟气。

一、干空气与水蒸气的分压强

自然界的空气不是绝对干燥的，因江河湖海水的蒸发，空气中或多或少地总含有一定量的水蒸气,所以可把自然界的空气看成是由完全不含水蒸气的干空气和水蒸气两部分组成的混合气体,称为湿空气。由于湿空气中水蒸气的含量极少,在某些情况下往往可以忽略水蒸气的影响。但是,在干燥、空气调节以及精密仪表和电绝缘的防潮等对空气中的水蒸气特殊敏感的领域,则必须考虑空气中水蒸气的影响。由于湿空气中水蒸气的分压力很低,可视水蒸气为理想气体。所以,一般情况下湿空气可以看作理想混合气体。如果令 p 代表湿空气的总压(即大气压),p_a 和 p_w 代表干空气与水蒸气的分压,根据道尔顿分压定律有:

$$p = p_a + p_w \qquad (4-1)$$

此外,如果将干空气与水蒸气近似看成理想气体,则按理想气体状态方程有:

$$\begin{cases} p_a = \rho_a R_a T \\ p_w = \rho_w R_w T \end{cases} \qquad (4-2)$$

式中　　T——湿空气(也是干空气和水蒸气的)的温度,K;

ρ_a、ρ_w——在温度 T 和相应分压下的干空气及水蒸气的密度,kg/m³;

R_a、R_w——干空气与水蒸气的气体常数,其数值等于通用气体常数 R [8314.3 J/(kmol·K)] 除以气体的分子量。

二、空气的湿度

湿空气中所含水蒸气的量称为空气的湿度。表示湿度的方法有三种。

1. 绝对湿度

1 m³ 湿空气中含有水蒸气的质量叫作空气的绝对湿度,用 ρ_{ah} 表示,单位为 kg/m³。按此定义可知,湿空气的绝对湿度正是同温度时在水蒸气分压下的水蒸气密度 ρ_w,由式(4-2)得:

湿空气的绝对湿度:
$$\rho_{ah} = \rho_w = \frac{p_w}{R_w T} \qquad (4-3)$$

由上式可知,湿空气的绝对湿度与空气中的水蒸气分压及温度有关。

根据湿空气中所含水蒸气的状态是否饱和,或者根据湿空气是否具有吸收水分的能力,可分为未饱和湿空气与饱和湿空气。

如果湿空气中所含水蒸气的分压力 p_w 低于湿空气温度 T 所对应的水蒸气的饱和压力 $p_{sw}(T)$,则水蒸气处于过热状态,或者说湿空气还具有吸收水分的能力,这样的湿空气称为未饱和湿空气。

如果维持未饱和湿空气的温度不变,而使其中的水蒸气含量增加,其压力 p_w 也随之不断增大。当 p_w 等于湿空气的温度 T 所对应的饱和压力 $p_{sw}(T)$ 时,湿空气中的水蒸气达到饱和状态,湿空气不再具有吸收水分的能力。这种由干空气与饱和水蒸气组成的湿空气,称为饱和湿空气(或饱和空气)。

空气中的水蒸气含量达到最大值时,称为饱和空气,此时的绝对湿度称为饱和空气的绝对湿度，用 ρ_{sw} 表示，相应的饱和水蒸气分压用 p_{sw} 表示。

饱和空气的绝对湿度：
$$\rho_{sw} = \frac{p_{sw}}{R_w T} \tag{4-4}$$

各种温度下饱和空气的绝对湿度和饱和水蒸气分压，可用实验测得，其数据见表 4-1。由表中数据可知，饱和空气的绝对湿度和饱和水蒸气分压随空气温度升高而增大。当饱和湿空气的温度提高时，饱和湿空气即变成未饱和湿空气。例如，当湿空气的温度为 20 ℃、水蒸气的分压力 $p_w = 0.0023385$ MPa 时，是饱和湿空气。而在定压下将湿空气的温度提高到 30 ℃时，对应的饱和压力 $p_{sw} = 0.0042451$ MPa。因 $p_{sw} > p_w$，这时的湿空气就是未饱和湿空气。

表 4-1 饱和空气的绝对湿度及水蒸气分压

饱和温度/℃	绝对湿度 ρ_{sw}/(kg·m^{-3})	饱和水蒸气分压/Pa	饱和温度/℃	绝对湿度 ρ_{sw}/(kg·m^{-3})	饱和水蒸气分压/Pa
-15	0.00139	165.2	45	0.06524	9584.0
-10	0.00214	259.9	50	0.08294	12333.8
-5	0.00324	401.2	55	0.10428	15737.7
0	0.00484	610.6	60	0.13009	19916.3
5	0.00680	872.4	65	0.16105	25005.0
10	0.00940	1227.8	70	0.19795	31156.7
15	0.01282	1703.2	75	0.24165	38516.0
20	0.01720	2337.9	80	0.29299	47346.5
25	0.02303	3167.4	85	0.35323	57810.2
30	0.03036	4243.0	90	0.42307	70097.0
35	0.03959	5623.1	95	0.50411	84533.3
40	0.05113	7376.4	99.4	0.58625	99321.4

空气的绝对湿度可以用下述方法测定：将一定容积的湿空气通过已知质量的干燥剂（如五氧化二磷、氯化钙、浓硫酸等），则空气中的水蒸气被干燥剂吸收，从干燥剂质量的增量即可求出湿空气的绝对湿度。

2. 相对湿度

空气的绝对湿度 ρ_w 与同温度下饱和空气的绝对湿度 ρ_{sw} 之比，称为相对湿度，用 φ 表

示,由定义及式(4-3)和式(4-4)得

$$\varphi = \frac{\rho_w}{\rho_{sw}} = \frac{p_w}{p_{sw}} \times 100\% \qquad (4-5)$$

由上式可知,湿空气的相对湿度是其中水蒸气的分压与同温度下饱和水蒸气分压之比。相对湿度 φ 是个无因次数,数值范围为 0~1,用百分比表示。它表示空气被水蒸气饱和的程度,即空气的干湿程度。绝对干燥的空气 $\varphi = 0\%$,饱和空气 $\varphi = 100\%$。相对湿度越低的空气吸收水蒸气的能力越大,物料在其中越容易干燥;反之,越不容易干燥。在 $\varphi = 100\%$ 的饱和空气中,湿物料已不能被干燥。

3. 湿含量

以空气作为干燥介质时,在干燥过程中,水蒸气量不断变化,但干空气的质量保持不变。因此,为了分析和计算方便,通常采用单位质量干空气作为计算基准。

单位质量干燥空气所携带的水蒸气质量,称为空气的湿含量,用 x 表示,单位是 $kg_{H_2O}/kg_{干空气}$。

由质量守恒定律可知,$1\ m^3$ 湿空气的质量,即湿空气的密度 ρ 应等于同温度同体积及相应分压 p_a 和 p_w 时干空气与水蒸气的密度之和,即:

$$\rho = \rho_a + \rho_w \qquad (4-6)$$

按湿含量的定义及式(4-1)、式(4-2)和式(4-5)得:

$$x = \frac{\rho_w}{\rho_a} = \frac{\dfrac{p_w}{R_w T}}{\dfrac{p_a}{R_a T}} = \frac{R_a}{R_w} \cdot \frac{p_w}{p_a} = \frac{287.7}{462} \times \frac{p_w}{p - p_w} = 0.622 \times \frac{\varphi p_{sw}}{p - \varphi p_{sw}} \qquad (4-7)$$

由上式可知,在一定温度(温度已知时,饱和水蒸气分压 p_{sw} 为定值)和总压 p 下,空气的湿含量 x 仅与相对湿度 φ 有关。

湿空气的绝对湿度 ρ_{ah} 与相对湿度 φ 和湿含量 x 均表示湿空气中水蒸气含量的多少,只要知道其中任何一个,便可计算出其余两个。

用三种方法表示空气的湿度是为了适应不同使用场合的需要:提出绝对湿度是为了测定方便;提出相对湿度是为了能表示出该空气的相对干燥能力;提出湿含量是为了便于干燥计算,因它以不变量 1 kg 干空气为计算基准,干燥前后的湿含量可直接相减,使计算大为简化。

三、湿空气的密度和比容

1. 湿空气的密度

每立方米湿空气所具有的质量就是湿空气的密度。将式(4-2)代入式(4-6)中,并根据式(4-1)和式(4-5)可得湿空气的密度为

▶热 工 基 础

$$\rho_s = \rho_a + \rho_w = \frac{p_a}{R_a T} + \frac{p_w}{R_w T} = \frac{p-p_w}{R_a T} + \frac{p_w}{R_w T} = \frac{p}{R_a T} - \frac{p_w}{\frac{R_a \cdot R_w}{R_w - R_a}T} = \frac{p}{287.7T} - \frac{\varphi p_{sw}}{762T}$$

(4-8)

式中 $\dfrac{p}{287.7T}$ 是干空气在总压 p 下的密度。

由此可知,在大气压力和温度相同的情况下,湿空气的密度总是小于干空气的密度。湿空气的相对湿度 φ 越大时,其密度 ρ 越小。

2. 比容

单位质量湿空气的体积称为比容,用 v_s(单位:m³/kg)表示,显然它是密度的倒数,即:

$$v_s = \frac{1}{\rho_s} = \frac{462(0.622+x)T}{p(1+x)}$$

(4-9)

总压 p 一定时,湿空气的密度和比容与温度及湿含量有关。

四、湿空气的热含量（热焓）

由物理化学可知,气体的内能与压力能之和称为气体的热含量或热焓,理想气体的热焓只是温度的函数。热焓通常用符号 I 表示,单位为 kJ,单位质量气体的热焓单位是 kJ/kg。热焓是能量的含义,所以具有相对的意义,通常以 0 ℃ 作为计算基准。

湿空气的热含量是干空气和水蒸气两者热含量之和。在干燥过程中,水蒸气的质量不断变化,而干燥介质中的干空气质量是不变的。因此,为了方便起见,湿空气的热含量以 1 kg 干空气为基准,那么,以 1 kg 干空气为基准的湿空气的热含量则为 1 kg 干空气热含量+x 千克水蒸气的热含量之和,可写成:

$$I = c_a t + (2490 + c_w t)x = (c_a + c_w x)t + 2490x$$

(4-10)

式中　　x——空气的湿含量,$kg_{H_2O}/kg_{干空气}$;

　　　　t——湿空气的温度,℃;

　　　　2490——0 ℃ 时水的汽化潜热,kJ/kg_{H_2O};

　　　　c_a、c_w——干空气和水蒸气的定压比热容,$kJ/(kg \cdot ℃)$。

由于湿空气中干空气和水蒸气的分压力都不高,温度与室温相差也不大,可以认为它们的比热容分别为常数,通常干空气的定压比热容取 $c_a = 1.005\ kJ/(kg \cdot ℃)$,水蒸气的定压比热容取 $c_w = 1.842\ kJ/(kg \cdot ℃)$。干空气和水蒸气不同温度下的平均比热容见表 4-2。工程上常取 0 ℃ 时干空气的热含量值为零,所以温度为 t 的湿空气热含量为

$$I = (1.005 + 1.842x)t + 2490x$$

(4-11)

式中右边第一项为湿空气的显热,第二项为水蒸气的潜热。在干燥过程中能利用的只是湿空气的显热。

式（4-11）表明湿空气的热含量是随温度 t 和湿含量 x 而变化的。

表4-2 水蒸气和干空气的平均比热容　　　　　　　[kJ/(kg·℃)]

温度/℃	水蒸气	干空气	温度/℃	水蒸气	干空气
0	1.8575	1.0015	1100	2.1759	1.0996
100	1.8719	1.0057	1200	2.0292	1.1080
200	1.8299	1.0112	1300	2.2418	1.1165
300	1.9177	1.0196	1400	2.2733	1.1243
400	1.9463	1.0281	1500	2.3039	1.1314
500	1.9760	1.0384	1600	2.3331	1.1382
600	2.0072	1.0495	1700	2.3617	1.1443
700	2.0406	1.0650	1800	2.3893	1.1502
800	2.0744	1.0708	1900	2.4156	1.1560
900	2.1082	1.0809	2000	2.4409	1.1612
1000	2.1421	1.0903			

五、湿空气的温度

1. 干球温度

湿空气的真实温度称为该空气的干球温度，用 t 表示。可将玻璃液体温度计置于湿空气中，所测得的温度就是干球温度。

2. 湿球温度

大量不饱和的空气流经水面时，液面上的水蒸气压力大于空气中水蒸气的分压，于是液面上的水就被汽化并逸出液面而进入空气中。液面上的水汽化时要从空气和水本身吸收热量，因空气的量很大，可以认为空气的温度和湿含量近似不变，而水的量是一定的，所以液面因水的蒸发而温度比原来的降低了。空气与液面的初温原来相等，而此时会出现温差。在这个温差影响下，空气以对流方式向液面传热。当液面水分蒸发所消耗的热量恰等于空气传给液面的热量时，液面温度就维持一定值，进行等温蒸发。把等温蒸发时液面的温度称为湿空气的湿球温度，用 t_b 表示，空气的湿球温度 t_b 可用湿球温度计测定。其方法是在一支玻璃液体温度计的温包上裹以清洁的纱布，纱布的一端置于水中，温度计置于空气中，平衡时温度计上的指示值就是空气的湿球温度。

湿球温度是表明空气状态或性质的一种参数，它不是空气的真实温度。湿球温度是由空气的干球温度及湿含量或相对湿度所控制，对于某一定干球温度的空气，其相对湿度越低时，湿纱布表面的水蒸气分压与空气中水蒸气分压之差越大，水分的汽化速率越快，传

▶ 热 工 基 础

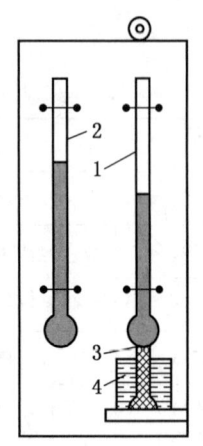

1—湿球温度计；2—干球温度计；
3—纱布；4—盛水容器

图 4-1 干湿球温度计

热速率也随之增大，所达到的湿球温度越低。

如果同时用另一根温度计测空气的干球温度，就构成干湿球温度计，如图 4-1 所示。

通常在干湿球温度计上直接标有相对湿度值 φ，根据干湿球温差及干球或湿球温度可直接读出相对湿度 φ。也可根据干湿球的温差及干球（或湿球）温度从附录 7 中查出湿空气的相对湿度 φ。

3. 绝热饱和温度

除上面讲的湿球温度外，另有一种情况，若一定量的空气和大量的水相接触，在绝热情况下，水蒸发时所需的热量只有取自空气的显热。故空气的温度将逐渐降低，同时其相对湿度逐渐增加，直至饱和（$\varphi = 100\%$）。达到饱和时，空气温度就不再降低，此时的空气温度称为绝热饱和温度，用 t_{as} 表示。

绝热饱和温度与湿球温度在物理意义上显然不同，但在水蒸气-空气系统中，两者数值近似相等。这一关系对以后求空气的状态参数带来了很大方便。

4. 露点

未饱和的湿空气，在湿含量（x）不变的条件下，冷却到饱和（$\varphi = 100\%$）状态下的空气温度称为露点，用符号 t_d 表示。冷却过程中，当湿空气温度降到与水蒸气分压力相对应的饱和温度时，湿空气中的水蒸气便由过热状态变为饱和状态，相应的湿空气也就由未饱和湿空气变为饱和湿空气。若继续冷却降温，则其中的部分水蒸气将凝结为水，即出现所谓的结露现象。结露在初秋早晨的草地上最为常见，即使在盛夏，当空气湿度较大时，在自来水管的外表面也会出现结露。如果露点温度低于 0 ℃，就会出现结霜，因此测定露点还可以预报是否会有霜冻出现。此过程的特点是湿含量不变而热含量不断下降。若令 p_d 表示露点时湿空气中的饱和水蒸气分压，则令式（4-7）中的 $p_{sw} = p_d$，$\varphi = 100\%$，可得露点时的饱和水蒸气分压 p_d 与湿含量 x 的关系：

$$p_d = \frac{px}{0.622 + x} \quad (4-12)$$

已知空气的总压（即大气压强）和湿含量 x 时，即可求出 p_d，由 p_d 可查得相应的露点。

空气的干球温度 t、湿球温度 t_b 和露点 t_d 三者之间的关系是：对不饱和空气，$t > t_b > t_d$；对饱和空气，$t = t_b = t_d$。

【例 4-1】 已知空气的干球温度 $t = 30$ ℃，湿球温度 $t_b = 25.6$ ℃，求该空气的相对湿度 φ 及绝对湿度 ρ_{ah}。

解 已知干湿球温差 $\Delta t = t - t_b = 30 - 25.6 = 4.4$（℃）。根据此温差及干球温度可在附

— 304 —

录7中查得相对湿度 $\varphi = 70\%$，再从表4-1中查得空气在30 ℃时饱和状态下的绝对湿度 $\rho_{sw} = 0.03036 \text{ kg/m}^3$，由式（4-5）可求得空气在 $t = 30$ ℃ 和 $\varphi = 70\%$ 时的绝对湿度 ρ_{ah}。

$$\rho_{ah} = \rho_w = \varphi \rho_{sw} = 0.7 \times 0.03036 = 21.25 \times 10^{-3} (\text{kg/m}^3)$$

【例4-2】 已知空气的干球温度 $t = 20$ ℃，相对湿度 $\varphi = 80\%$，大气压 $p = 100062$ Pa。求空气的湿含量 x、热含量 I 和露点 t_d。

解 从表4-1查出空气在20 ℃下的饱和水蒸气分压 $p_{sw} = 2337.9$ Pa。

（1）空气的湿含量[由式（4-7）得]：

$$x = 0.622 \times \frac{\varphi p_{sw}}{p - \varphi p_{sw}} = 0.622 \times \frac{0.8 \times 2337.9}{100062 - 0.8 \times 2337.9} = 0.01185 (\text{kg}_{H_2O}/\text{kg}_{干空气})$$

（2）热含量[由式（4-10）得]：

$$I = (1.015 + 1.915x)t + 2490x = (1.015 + 1.915 \times 0.01185) \times 20 + 2490 \times 0.01185$$
$$= 50.26 (\text{kJ/kg}_{干空气})$$

（3）露点[由式（4-12）得]：

$$p_d = \frac{px}{0.622 + x} = \frac{100062 \times 0.01185}{0.622 + 0.01185} = 1870.7 (\text{Pa})$$

由 p_d 查表4-1，用线性内插法可得空气的露点为 $t_d = 16.3$ ℃。

任务二　湿空气的 I-x 图

【任务目标】

知识目标：

（1）了解湿空气 I-x 图构成和坐标系的特殊性。

（2）理解湿空气 I-x 图中各线条所代表的物理量。

（3）掌握湿空气 I-x 图求解空气、烟气状态参数的方法。

能力目标：

能看懂并利用湿空气的 I-x 图求解气体的状态参数。

情感目标：

通过本任务学习，培养学生提高工作效率的良好职业道德。

【任务描述】

效率是做好工作的灵魂。铁牛代替了耕牛，信息化代替了飞鸽传书，人类在不断改进工作方式，发明能够提高生产效率的工具，以此来提高工作效率。图表使抽象的概念具象化，使复杂的事物简单化，直观便捷的图表能够在平面上展现全面的信息。本部分内容主要学习将湿空气各状态参数同时画在一张图上的方法。

【任务知识】

用数学公式的分析法计算空气的状态参数及干燥过程是相当烦琐的。工程上为简化计

▶ 热 工 基 础

算过程，将有关湿空气性质的数学解析式制成各种湿度图，借助湿度图可使计算大为简化。湿度图有多种表达方式，这里介绍一种在工程上应用较为广泛的湿度图，称为焓-湿图（I-x 图）。

一、湿空气 I-x 图的构成

I-x 图是以湿含量 x 为横坐标，热含量 I 为纵坐标，由等湿线、等热线、等干球温度线、等湿球温度线（绝热饱和线）、等相对湿度线及水蒸气分压线等组成。为了使各种线条能较好地分布，不致聚集在一起而看不清楚，因此采用夹角为 135°的斜坐标系，如图 4-2 所示。因斜坐标使用不便，所以在 O 点作水平轴 Ox 与 I 轴正交，而将斜横轴 Ox' 上的值投影在 Ox 轴上，这样就可以将 Ox 轴以下的部分删去，而使用正交坐标系 IOx，如图 4-2b 所示。

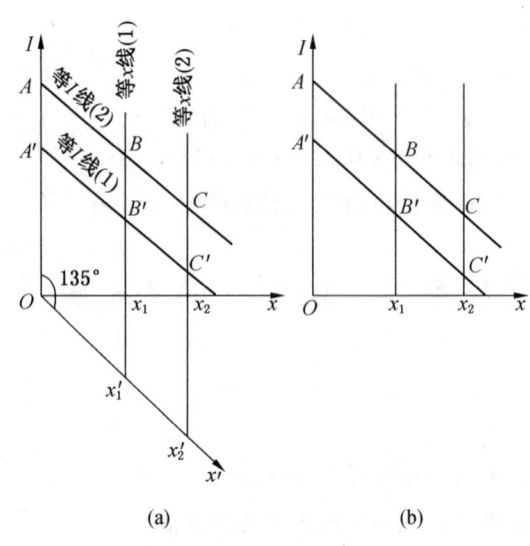

图 4-2 I-x 图

现对 I-x 图主要参数的定值线簇，分别介绍如下。

1. 等热含量线（简称等 I 线）

为了读数方便，等热含量线绘成一组与纵坐标轴（等 x 线）成 135°夹角的相互平行的倾斜直线，并取温度 $t=0$ ℃时的热含量值为零。在同一根斜直线上，所有空气状态点的热含量都相同，即 I 为常数。若 $\overline{OA}$ 线段的长度以毫米计，纵轴的比例尺为 $m_i\left(\dfrac{\mathrm{kJ/\ kg_{干空气}}}{\mathrm{mm}}\right)$，则等热含量线（$I$）上所有点的热含量值为 $I=m_i\cdot\overline{OA}(\mathrm{kJ/\ kg_{干空气}})$。比例尺 m_i 的大小，在 I-x 图中都有注明。

2. 等湿含量线（简称等 x 线）

等湿含量线是一簇平行于纵轴的垂直线，因此纵坐标轴即为 $x=0$ 的等湿含量线。

在等湿含量线上，所有空气状态点的湿含量是相等的，即 x 为常数。自左向右，湿含量逐渐增加。

若令 Ox 轴的比例尺为 $m_x\left(\dfrac{\text{kg/ kg}_{干空气}}{\text{mm}}\right)$，则 $\overline{Ox_1}$ 线段代表的湿含量的值为 $x = m_x \cdot \overline{Ox_1}$ (kg/ kg$_{干空气}$)，其中 $\overline{Ox_1}$ 线段的长度以毫米计。比例尺 m_x 的大小，在 I-x 图中都有注明。

3. 等干球温度线（简称等温线或等 t 线）

根据湿空气的热含量定义式 (4-10)：

$$I = c_a t + (2490 + c_w t)x$$

当空气温度 t 为常数时 c_a 和 c_w 都是已知数，热含量 I 与湿含量 x 成线性关系，图形表现为一根直线，在这根直线上，所有空气状态点的温度都相等。

应该注意的是上式是对斜坐标系而言的，即在斜坐标系 IOx' 中，等温线 $I = f(x)$ 在纵轴上的截距是 $c_a t$，斜率（相对于 Ox'）是 $(2490 + c_w t)$，但在直角坐标系 IOx 中，此等温线的斜率并不是 $(2490 + c_w t)$。显然，不同的等温线斜率各不相同，t 值愈高，斜率愈大，即等温线是互相不平行的。但由于 2490 kJ/kg 远大于 1.842 kJ/[(kg·℃)·t]，所以这种差别并不显著，如图 4-3 所示。

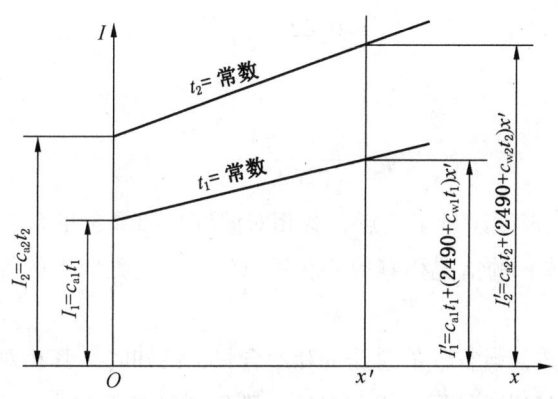

图 4-3 等温线的作法

4. 等相对湿度线（简称等 φ 线）

等相对湿度线是利用式 (4-7)，即 $x = 0.622 \times \dfrac{\varphi p_{sw}}{p - \varphi p_{sw}}$ 绘制的。可以看出在一定大气压力下，当 φ 值一定时，x 与 p_{sw} 有一系列相对应的值。而 p_{sw} 亦即水的饱和蒸气压，仅与温度有关。所以当 φ 为某一定值时，把不同温度下的饱和蒸气压之值（可查表 4-1 得到）代入上式，就可以求出相应温度下的 x 值，这样在 I-x 图上可得到许多点（这些点也就是许多等温线与等湿含量线的交点），联结这些点即得出该 φ 值的等相对湿度线，如图 4-4 所示。

▶ 热 工 基 础

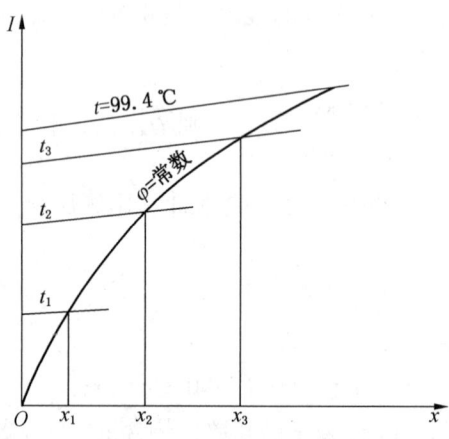

图 4-4 等相对湿度线的作法

在 I-x 图上，全部等 φ 线都是从原点开始，向上向右弯曲延伸，在与沸点等温线（t = 99.4 ℃）相交后又垂直向上（略向左偏），其原因是当湿空气的温度上升至 99.4 ℃（总压为 99.321 kPa 时水的沸点），饱和蒸气压 p_{sw} 达到湿空气的总压 p。温度再升高 p_{sw} 也不再增高，即 $p_{sw} = p$，此时式（4-7）可改写成：

$$x = 0.622 \times \frac{\varphi}{1-\varphi}$$

或写作：

$$\varphi = \frac{px}{(0.622+x)p_{sw}} \tag{4-13}$$

上式说明当湿空气温度超过了沸点，其相对湿度只和湿含量有关。又因为实际气体与湿空气（当作理想气体）的情况稍有偏差，所以沸点温度处向上的等 φ 线是沿等 x 线垂直向上且向左略偏斜。

由式（4-13）可知，当空气的总压 p 和湿含量 x 已知时，其相对湿度 φ 与饱和蒸气压 p_{sw} 成反比。这就是说在此情况下，相对湿度 φ 随气温升高而减小。因此，在 I-x 图中，相对湿度越小的等 φ 线越在上方。因此，$\varphi = 100\%$ 的等 φ 线处于最下位置，称为饱和湿空气线，线上各点分别代表不同温度下的饱和湿空气。饱和湿空气线将 I-x 图分为上、下两部分，上部是未饱和湿空气。

$\varphi = 100\%$ 的等相对湿度线也是不同湿含量时的露点线。$\varphi = 0$ 时，$x = 0$，即为干空气，所以纵坐标轴就是 $\varphi = 0$ 的等相对湿度线。

5. 水蒸气分压线

水蒸气分压线表示水蒸气分压 p_w 与湿含量 x 之间的关系。利用式（4-13）：

$$p_w = \varphi p_{sw} = \frac{px}{0.622+x}$$

空气的总压力 p 给定后，水蒸气分压 p_w 只是湿含量 x 的函数，它是一条从原点开始，自左而右微向上凸起的曲线，如图 4-5 所示。水蒸气分压线通常绘制在 $\varphi = 100\%$ 的饱和湿空气线下部，I-x 图的右下部，并在右边的纵轴上标出水蒸气分压力的数值。

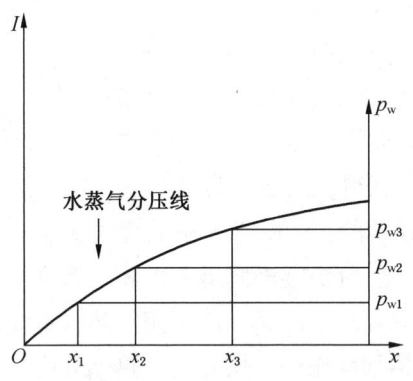

图 4-5 水蒸气分压线的作法

由上述五组线簇组成的 I-x 图，如图 4-6 所示。I-x 图都是在一定的大气压力下绘制而成的。本书后附录 8 是在大气压力 $p = 0.1$ MPa 的条件下绘制的。大气压力在 (0.1 ± 0.01) MPa 的范围内时，按此图计算引起的误差不超过 2%。

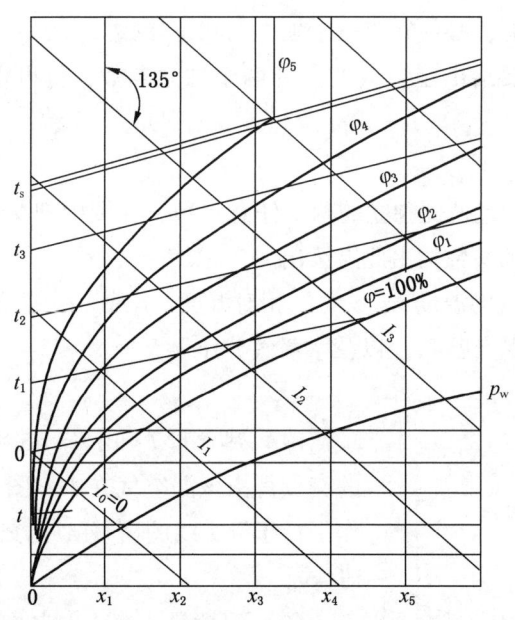

图 4-6 完整湿空气 I-x 图示意

更完整的 I-x 图除上述五组线簇外，还有绝热饱和线（见附录 8）。

▶ 热 工 基 础

6. 绝热饱和线（即等湿球温度线）

我们已经知道湿空气在绝热饱和过程中，其温度 t 逐渐降低，而湿含量 x 逐渐增大直至饱和，并且绝热饱和温度就等于湿球温度 t_b。湿球温度 t_b 与湿含量 x 及热含量 I 的关系可由空气的绝热饱和方程给出：

$$I = (I_{as} - ct_{as}x_{as}) + c \cdot t_{as}x \tag{4-14}$$

绝热饱和温度 t_{as}（即湿球温度 t_b）给定时，水的比热 $c[kJ/(kg \cdot ℃)]$ 为已知数（一般可用 $c \approx 4.2$），湿空气在绝热饱和温度 t_{as} 下的湿含量 x_{as} 和热含量 I_{as} 可由 $t=t_{as}$ 的等湿线与 $\varphi=100\%$ 的等 φ 线的交点获得，因而亦为已知数，于是湿空气在绝热增湿过程中其热含量 I 与湿含量 x 的关系是线性的，如附录 8 中的虚线所示。由此线可知：湿空气在绝热饱和过程中，湿含量不断增大，气温逐渐降低，但相对湿度增大，热含量略有增加。

当空气的温度较低或计算要求不高时，亦可用等热含量线近似代替等湿球温度线。

在实际生产过程中常用热烟气作为干燥介质，热烟气的性质与热空气相近。湿物料在干燥器内的干燥过程近似于绝热饱和过程。湿物料表面的温度近似等于干燥介质的湿球温度，物料表面的水蒸气压就等于干燥介质在湿球温度下的饱和水蒸气压。干燥介质与湿物料接触时间过长时，会达到饱和状态而失去干燥能力。实际上，由于干燥设备不可能是绝热的，总有热损失，所以不待干燥介质接近湿球温度而早已失去干燥能力。

二、湿空气 I-x 图的应用

要确定湿空气的状态，必须知道三个独立的状态参数。由于 I-x 图都是在一定的大气压力下绘制的，所以只要给出湿空气的另外两个独立参数，就可以利用 I-x 图确定其他参数。

1. 湿空气的状态参数图解法

在 I-x 图上，只要知道彼此独立的两个任意参数，在图中把交点找到，这个交点称为湿空气的状态点，其他的参数均由此点读出。

【例 4-3】 某湿空气的温度 $t=45℃$，相对湿度 $\varphi=60\%$，求该湿空气的热含量 I、湿含量 x、湿球温度 t_b、露点温度 t_d 以及水蒸气分压 p_w。

解 如图 4-7 所示。

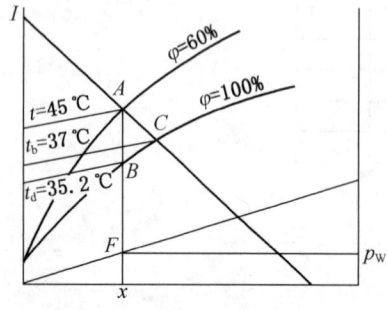

图 4-7 湿空气状态参数图解法

(1) 热含量 I。由 $t=45℃$，相对湿度 $\varphi=60\%$ 的交点得出该湿空气在 I-x 图上的状态点 A。过 A 点作平行于等 I 线的直线 AI，交纵轴于 I，读出 $I=142$ kJ/kg$_{干空气}$。

(2) 湿含量 x。过 A 点作等 x 线 Ax 交水平轴于 x，读出湿含量 $x=0.039$ kg$_{H_2O}$/kg$_{干空气}$。

(3) 湿球温度 t_b。由前述可知，空气-水系统的湿球温度与空气的绝热饱和温度非常接近，故可按空

— 310 —

气绝热冷却达到饱和的绝热冷却线来确定湿球温度。即从 A 点出发,延伸等热含量线 IA 和 $\varphi = 100\%$ 相交于 C 点,C 点所示的温度为该湿空气的湿球温度:$t_b = 37$ ℃。

(4) 露点 t_d。由露点的定义可知,湿空气的露点是该空气的湿含量不变而被冷却到饱和状态时的温度,在 I-x 图上表示为等 x 过程。因此由 A 点作垂直于水平轴 Ox 的垂线,交 $\varphi = 100\%$ 曲线于 B 点,B 点所示温度即为露点温度:$t_d = 35.2$ ℃。

(5) 水蒸气分压 p_w。由 A 点向水平轴作垂线交水蒸气分压线于 F 点,然后由 F 点作平行于水平轴的直线交右边纵坐标轴于 p_w 点,读出水蒸气分压 $p_w = 5.79$ kPa。

2. 空气预热后的状态参数图解法

令冷空气初始状态的参数为 x_0、I_0、t_0、φ_0,即 A 点,预热到温度为 t_1 时的状态参数为 x_1、I_1、t_1、φ_1,即 B 点。由于空气在预热过程中湿含量是不变的,即 $x_1 = x_0$,所以预热后热空气的状态点 B,可由等 x_0 线和等 t_1 线的交点获得,如图 4-8 所示。

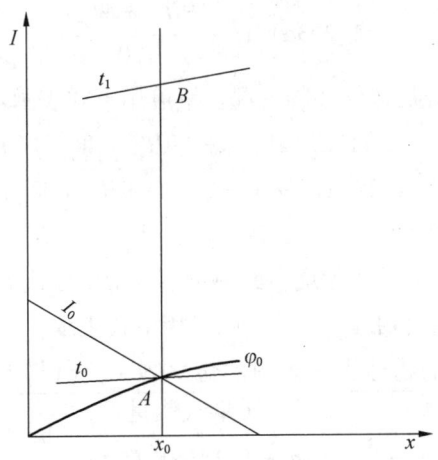

图 4-8 空气预热后状态参数图解法

【例 4-4】 将 $t_0 = 20$ ℃,$\varphi_0 = 60\%$ 的空气在预热器中预热到 $t_1 = 95$ ℃。试在 I-x 图中求:

(1) 空气预热前的湿含量 x_0 和热含量 I_0。
(2) 空气预热后的状态参数 x_1、I_1 和 φ_1。

解 在图 4-8 中,由 $t_0 = 20$ ℃ 等温线与 $\varphi_0 = 60\%$ 等相对湿度的交点,可得 $x_0 = 0.009$ kg/kg$_{干空气}$,$I_0 \approx 42$ kJ/kg$_{干空气}$。

由 $x_1 = x_0 = 0.009$ kg/kg$_{干空气}$ 的等湿含量线与 $t_1 = 95$ ℃ 等温线的交点,可得空气在 95 ℃时的参数:$x_1 = x_0 = 0.009$ kg/kg$_{干空气}$,$I_1 \approx 120$ kJ/kg$_{干空气}$,$\varphi_1 \approx 2\%$。

3. 烟气及其与冷空气混合后的状态参数

硅酸盐工业常用高温烟气或专设的燃烧室所产生的燃烧产物作为干燥介质,因燃烧产物的温度通常在 1000 ℃ 以上,需掺入适量的冷空气以符合干燥工艺的要求。燃烧产物的

► 热 工 基 础

实际燃烧温度 t_{fg}、湿含量 x_{fg}、和热含量 I_{fg} 可根据燃料燃烧计算获得。

1) 燃烧固体或液体燃料

令 $H_{ar}\%$、$W_{ar}\%$、$A_{ar}\%$ 代表燃料的氢元素含量、水分和灰分含量，V_a^0 为理论空气量（$Bm^3/kg_{燃料}$），α 为过剩空气系数。空气的湿含量和热含量为 x_0 和 I_0，则 1 kg 燃料完全燃烧时，所需的干空气质量为 $1.293\alpha V_a^0$（kg），燃烧生成的水蒸气量为 $(9H_{ar} + W_{ar})/100$（kg）。空气带入的水蒸气量为 $1.293\alpha V_a^0 x_0$（kg）。

1 kg 燃料除去灰分和生成的水蒸气外，其余均成为干烟气。所以 1 kg 燃料完全燃烧后，生成的干烟气量为

$$1.293\alpha V_a^0 + 1 - \frac{A_{ar} + 9H_{ar} + W_{ar}}{100}$$

由空气带入及燃烧生成的水蒸气总量为

$$1.293\alpha V_a^0 x_0 + \frac{9H_{ar} + W_{ar}}{100}$$

所以 1 kg 燃料完全燃烧后燃烧产物的湿含量可用下式表示：

$$x_{fg} = \frac{1.293\alpha V_a^0 x_0 + (9H_{ar} + W_{ar})\%}{1.293\alpha V_a^0 + 1 - (A_{ar} + 9H_{ar} + W_{ar})\%} \quad (4-15)$$

式中　x_{fg}——燃烧产物中的湿含量，kg/kg$_{干烟气}$。

根据燃烧室的热平衡，即进入燃烧室的热量总和应等于离开燃烧室的热量总和。令 I_{fg} 代表每千克干烟气的热含量（kJ/kg$_{干烟气}$），则可用下式表示：

$$I_{fg} = \frac{燃料的物理热 + 燃料的化学热 + 空气带入的物理热}{干烟气质量}$$

$$= \frac{c_f \cdot t_f + Q_{GW,ar} \cdot \eta + 1.293\alpha V_a^0 I_0}{1.293\alpha V_a^0 + 1 - \frac{A_{ar} + 9H_{ar} + W_{ar}}{100}} \quad (4-16)$$

式中　c_f——燃料的比热，kJ/(kg·℃)；

t_f——燃料的温度，℃；

$Q_{GW,ar}$——燃料的收到基高位发热量，kJ/kg；

η——考虑炉体散热等因素的燃烧热效率，一般为 0.75~0.85。

需要说明的是，计算燃烧产物的湿含量时，若燃烧液体燃料而用水蒸气雾化时，燃烧产物中尚需考虑雾化蒸汽的量。

2) 燃烧气体燃料

令 $\sum C_xH_y\%$ 代表气体燃料中碳氢化合物的重量百分比，则 1 kg 气体燃料完全燃烧后生成的水蒸气量为

$$\sum \left(\frac{0.09y}{12x+y}C_xH_y\right)$$

其中 x 和 y 代表碳氢化合物的碳原子数及氢原子数。1 kg 气体燃料燃烧后，除去生成的水蒸气外，全部变为干烟气，所以干烟气的生成量为

$$1 - \sum \left(\frac{0.09y}{12x+y} C_x H_y \right)$$

由此可得 1 kg 气体燃料完全燃烧后，所生成的干烟气的湿含量为

$$x_{fg} = \frac{\sum \left(\frac{0.09y}{12x+y} \right) C_x H_y + 1.293\alpha V_a^0 x_0}{1.293\alpha V_a^0 + 1 - \sum \left(\frac{0.09y}{12x+y} \right) C_x H_y} \tag{4-17}$$

用 $\sum \left(\frac{0.09y}{12x+y} \right) C_x H_y$ 代替式（4-16）中的 $\frac{A_{ar} + 9H_{ar} + W_{ar}}{100}$，就可求得燃烧 1 kg 气体燃料所得燃烧产物的热含量，即有：

$$I_{fg} = \frac{c_f \cdot t_f + Q_{GW,ar} \cdot \eta + 1.293\alpha V_a^0 I_0}{1.293\alpha V_a^0 + 1 - \sum \left(\frac{0.09y}{12x+y} \right) C_x H_y}$$

知道烟气的两个状态参数后，也可以在 I-x 图上定出其状态点并求出其他参数。

如前所述，I-x 图是根据空气的状态参数绘制的。烟气的性质虽与空气有差异，但在工程计算中，利用 I-x 图来确定干燥过程中烟气的状态参数，其精确度已足够了。

4. 烟气与冷空气混合后状态参数的确定

在烟气中掺入冷空气的目的是降低烟气温度。通常，烟气的状态参数（t_{fg}、x_{fg}、I_{fg}）和冷空气的状态参数（x_0、I_0、t_0、φ_0）是已知的，它们在 I-x 图上的状态点用 F 和 A 表示（图 4-9）。烟气与冷空气混合后的气体温度 t_m 通常由工艺要求确定，作为已知数给出，现求的是混合气的其他状态参数（x_m、I_m、φ_m）以及冷空气的掺入量。

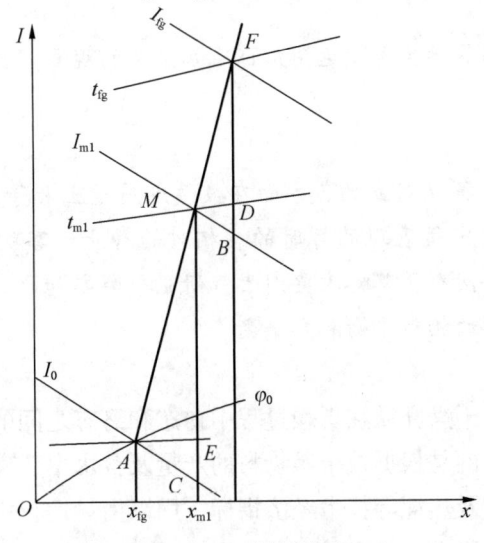

图 4-9 I-x 图用法示意

▶热 工 基 础

设 1 kg 热干烟气与 n kg 冷干空气相混合，干混合气体的质量为 (1+n) kg，混合气的状态参数为 x_m、I_m、t_m 和 φ_m，其中 n（kg/kg$_{干烟气}$）称为干烟气与干空气的混合比。

按照混合前后，水蒸气量及热含量的平衡得：

$$x_{fg} + nx_0 = (1+n)x_m \tag{4-18}$$

$$I_{fg} + nI_0 = (1+n)I_m \tag{4-19}$$

由以上两式可得：

$$n = \frac{x_{fg} - x_m}{x_m - x_0} = \frac{I_{fg} - I_m}{I_m - I_0} \tag{4-20}$$

$$\frac{I_m - I_0}{x_m - x_0} = \frac{I_{fg} - I_m}{x_{fg} - x_m} \tag{4-21}$$

式（4-21）是一个直线方程，它表明混合气体的状态点 $M(x_m、I_m)$ 是直线 $\overline{AF}$ 的内分点。M 点的位置可由已知混合后气体温度 t_m 的等温线与直线 $\overline{AF}$ 相交而得。

任务三　干燥过程中的物料平衡及热量平衡

【任务目标】

知识目标：

(1) 了解干燥流程及干燥中的热平衡。

(2) 理解干燥过程中干燥介质及各种热量计算公式。

(3) 掌握干燥过程热耗及干燥介质消耗量的计算方法。

能力目标：

能利用本节课知识解决生产实践中原料、辅料、产品的干燥问题。

情感目标：

通过本任务学习，培养学生善于运用辩证唯物主义的观点观察世界、认识世界，并用科学的方法改造世界。

【任务描述】

"两物齐平如衡。"平衡是对立的各方面在数量或质量上相等或相抵。平衡看似静止，却是绝对的、永恒的运动中所表现的暂时的、相对的静止。客观世界中不存在绝对的平衡。科学研究要抓住主要问题，忽略次要因素，研究平衡亦如此。本部分内容主要学习干燥流程，以及干燥过程中的物料平衡和热平衡。

【任务知识】

干燥过程研究物料与干燥介质在干燥过程中初态和终态之间的关系。对干燥过程进行物料衡算和热量衡算的目的是根据被干燥物料的产量及含水率，确定干燥器中每小时水分蒸发量、干燥介质消耗量及热耗等技术经济指标，用以衡量运行中的干燥器的结构、操作等是否合理并为设计新的干燥设备提供参考依据。

一、物料平衡

1. 干燥流程

硅酸盐工业中对物料或半成品的干燥所用的干燥介质有空气、燃烧产物以及窑炉中排出的废烟气三种,其中空气用于对清洁度要求较高的物料或半成品,如陶瓷坯件等,用空气作干燥介质的干燥流程如图 4-10 所示。大多数情况下采用专用的燃烧室产生的燃烧产物再掺入冷空气作为干燥介质,其干燥流程如图 4-11 所示。图中的符号 L 表示空气的质量,G_w 表示湿物料的质量,G_d 表示干物料的质量。物料中的水分用 w 表示;下角标"1"表示进入干燥器,"2"表示离开干燥器;m 表示混合气体;物料温度 $\theta(℃)$,干燥介质温度 $t(℃)$。

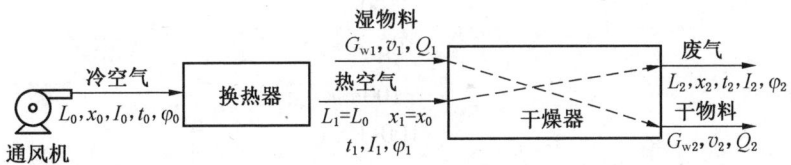

图 4-10 空气干燥流程

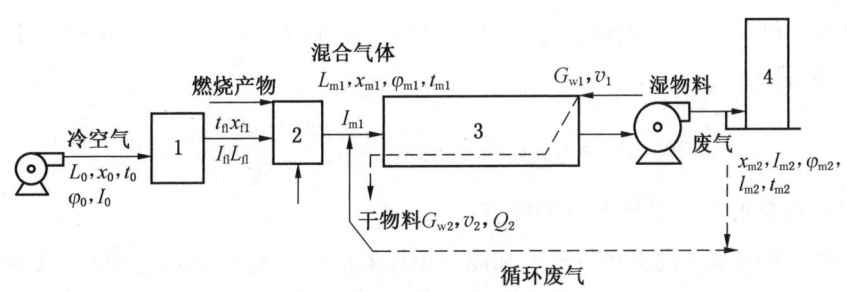

1—燃烧室;2—混合室;3—干燥器;4—烟囱

图 4-11 烟气干燥流程

2. 物料中水分表示方法

被干燥的物料是由绝对干燥的物料 G_d 和水分 w 组成。在干燥过程中绝对干燥物料的质量是不变的,减少的是物料中的水分。

湿物料中的水分有两种表示方法:一种称为绝对含水率或干基水分,另一种是相对含水率或湿基水分。所谓绝对含水率或干基水分是指物料中水的质量 w 与绝对干燥物料质量 G_d 之比,用符号 u 表示:

$$干基水分\ u = \frac{物料中所含水的质量}{绝干物料质量} = \frac{w}{G_d} \times 100\% \qquad (4-22)$$

▶ 热 工 基 础

由于绝对干燥物料的质量在干燥过程中是不变的,所以在干燥过程的运算中,干基水分可以直接加减,十分方便。

在工业生产中的物料总是与大气相接触,而环境空气不是绝对干燥的。因此,物料的干燥程度最多干燥到与大气的湿度相平衡。在实际干燥过程中,没有必要,也不可能将物料干燥到绝对干燥的程度。被干燥的物料离开干燥器时,或多或少总含有一定的水分,因此在对物料作含水率分析时,常用湿基水分表示。所谓湿基水分是指物料中的水分 w 与湿物料质量 $G_w = G_d + w$ 之比,用符号 v 表示:

$$v = \frac{w}{G_w} = \frac{w}{G_d + w} \times 100\% \tag{4-23}$$

由以上两式可知,干基水分 u 与湿基水分 v 之间可以很容易地进行换算:

$$u = \frac{100v}{100-v} \tag{4-24}$$

$$v = \frac{100u}{100+u} \tag{4-25}$$

3. 干燥过程中水分蒸发量计算

令 w_l 表示物料在干燥器中被蒸发的水分质量,G_d 表示绝对干燥的物料量。

1) 用绝对含水率(干基水分)计算

令 $u_1(\%)$ 和 $u_2(\%)$ 代表物料进入和离开干燥器时的干基水分,则物料在干燥器中被蒸发的水分质量为

$$w_l = G_d(u_1\% - u_2\%) = G_d \frac{u_1 - u_2}{100} \tag{4-26}$$

2) 用相对含水率(湿基水分)计算

令 $v_1(\%)$ 和 $v_2(\%)$ 代表物料进入和离开干燥器时的湿基水分,G_{w1} 和 G_{w2} 代表干燥前后的湿物料量,则物料在干燥器中蒸发的水分质量为

$$w_l = G_{w1} - G_{w2} = G_{w1}\left(1 - \frac{G_{w2}}{G_{w1}}\right) = G_{w2}\left(\frac{G_{w1}}{G_{w2}} - 1\right) \tag{4-27}$$

由于绝对干燥物料 G_d 在干燥过程中是不变的,即干燥前后的绝对干燥物料量应相等,故:

$$w_l = G_{w1} \cdot \left(\frac{v_1 - v_2}{100 - v_2}\right) = G_{w2} \cdot \left(\frac{v_1 - v_2}{100 - v_1}\right) \tag{4-28}$$

【例 4-5】 石灰石进烘干机前的湿基水分 $v_1 = 9\%$,出烘干机时的湿基水分 $v_2 = 0.8\%$。烘干机每小时生产干燥后的石灰石 17 t。求烘干机内每小时水分蒸发量。

解 已知 $G_{w2} = 17000$ kg,由式(4-28)可得:

$$w_l = G_{w2} \cdot \left(\frac{v_1 - v_2}{100 - v_1}\right) = 17000 \times \frac{9 - 0.8}{100 - 9} = 1532 (\text{kg/h})$$

4. 干燥介质消耗量的计算

设干燥介质通过干燥器时既无泄漏也无额外补充，则绝对干燥的干燥介质量进入和离开干燥器时应相等。

1) 用空气作干燥介质时

干燥时物料水分蒸发量等于干燥介质湿含量的增量。因此干空气的消耗量为

$$w_l = L(x_2 - x_1) = L(x_2 - x_0)$$

即

$$L = \frac{w_l}{x_2 - x_1} = \frac{w_l}{x_2 - x_0} \tag{4-29}$$

则蒸发 1 kg 水所需的干空气量为

$$l = \frac{1}{x_2 - x_1} = \frac{1}{x_2 - x_0} \tag{4-30}$$

折算成相对湿度为 φ_0 或湿含量为 x_0 的冷空气量为

$$L_0 = L + x_0 L = L(1 + x_0) \tag{4-31}$$

2) 用烟气作干燥介质时

干混合气体的消耗量为

$$L_{ml} = \frac{w_l}{x_{m2} - x_{m1}} \tag{4-32}$$

干燃烧产物的消耗量为

$$L_{fg} = \frac{L_{ml}}{1 + n} \tag{4-33}$$

二、热量平衡

1. 热平衡的项目

干燥过程的热平衡计算，通常以物料蒸发 1 kg 水分、温度 0 ℃ 为基准来计算，以干燥器为平衡对象，如图 4-12 所示，图中热量单位均为 kJ/kg$_\text{水}$。

（1）收入热量。

①干燥介质带入的热量 q_1：

$$q_1 = l \cdot I_1 \tag{4-34}$$

式中　I_1——干燥介质进入干燥器时的热含量，kJ/kg。

②湿物料带入的热量 q_{m1}：

$$q_{m1} = c_w t_{m1} \tag{4-35}$$

式中　c_w——水的比热容，近似可取 4.19 kJ/(kg·℃)；

　　　t_{m1}——物料进干燥器时的温度，℃。

③干燥器中补充的热量 q_{ad}：

▶热 工 基 础

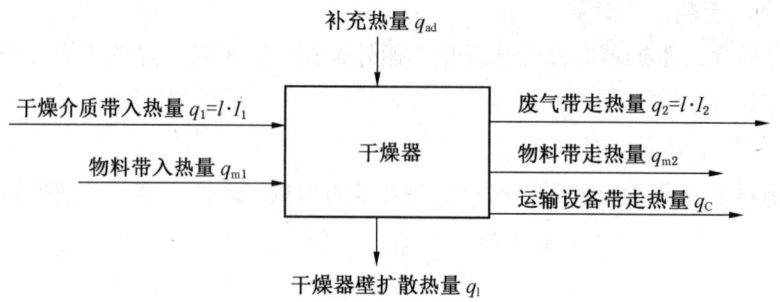

q_1—干燥介质带入干燥器的热量；q_{m1}—湿物料带入干燥器的热量；
q_{ad}—干燥器中对干燥介质补充加热所产生的热量；q_2—干燥介质离开干燥器时带走的热量；
q_{m2}—干物料离开干燥器时带走的热量；q_l—干燥器的散热及物料运载工具所带走的热损失；
l—蒸发 1 kg 水，干燥介质的消耗量，kg/kg$_{水}$

图 4-12 干燥过程热平衡

$$q_{ad} = \frac{Q_{ad}}{w_w} \tag{4-36}$$

式中 Q_{ad}——单位时间补充的热量，kJ/h；

w_l——每小时蒸发水量，kg/h。

在烘干兼粉磨的磨机中，研磨体在粉磨过程中产生的热量，也是烘干过程中补充的热量。

(2) 支出热量。

① 物料带走的热量 q_{m2}：

$$q_{m2} = \frac{G_{w2}}{w_l} c_m^w (t_{m2} - t_{m1}) \tag{4-37}$$

由式 (4-28) 可知：

$$\frac{G_{w2}}{w_l} = \frac{100 - v_1}{v_1 - v_2}$$

出烘干机物料的比热容：

$$c_m^w = c_m \cdot \frac{100 - v_2}{100} + c_w \frac{v_2}{100}$$

代入式 (4-37) 可得：

$$q_{m2} = \frac{100 - v_1}{v_1 - v_2} \left(c_m \cdot \frac{100 - v_2}{100} + c_w \frac{v_2}{100} \right)(t_{m2} - t_{m1}) \tag{4-38}$$

式中 c_m——绝对干燥物料的比热容，kJ/(kg·℃)。

② 废气带走的热量 q_2：

$$q_2 = l \cdot I_2$$

③运输设备在干燥器中吸收的热量 q_c：

$$q_c = \frac{G_c}{w_l} c_c (t_{c2} - t_{c1})$$

式中　　G_c——运输设备的质量，kg/h；

　　　　c_c——运输设备的平均比热，kJ/(kg·℃)；

　　　　t_{c1}、t_{c2}——运输设备进入和离开干燥器的温度，℃。

④干燥器表面散失热量 q_l：

$$q_l = 3.6 \frac{KF\Delta t}{w_l} \tag{4-39}$$

式中　　K——干燥器表面与环境之间的传热系数（表4-3），W/(m²·℃)；

　　　　Δt——干燥器表面与环境的温差，℃；

　　　　F——干燥器外表面面积，m²；

　　　　w_l——每小时蒸发的水量，kg/h。

表4-3　回转烘干机筒体表面传热系数 K　　　　W/(m²·℃)

Δt/℃	外界风速/(m·s⁻¹)				
	0	2	4	6	8
40	9.78	20.93	26.75	31.63	36.05
50	10.47	22.50	27.56	32.45	36.98
100	13.96	25.59	31.87	36.75	41.17
150	17.45	29.42	36.29	41.17	45.47
200	20.93	33.51	40.71	—	—
250	24.51	—	—	—	—

（3）按照能量守恒原理，收入项总和等于支出项总和，则有：

$$q_1 + q_{m1} + q_{ad} = q_2 + q_{m2} + q_c + q_l \tag{4-40}$$

令 $\Delta = q_2 - q_1 = (q_{m1} + q_{ad}) - (q_{m2} + q_c + q_l)$，将 $q_1 = l \cdot I_1$，$q_2 = l \cdot I_2$ 代入上式，则得 $\Delta = l(I_2 - I_1)$。

根据 Δ 值的不同，干燥可分为三种情况：

①$\Delta = 0$，表示向干燥器增补的热量等于散失的总热量，称为理论干燥过程。在一般的干燥过程中，干燥器内没有增补的热量，即 $q_{ad} = 0$，物料带入的热量又是很微小时，可以忽略。所以，$\Delta = -(q_{m2} + q_c + q_l)$，即 Δ 就是热损失总和。$\Delta = 0$，就意味着没有热损失。所以理论干燥过程也可以看作没有热损失的理想干燥过程。在理论干燥过程中，$I_1 = I_2$，即等热含量过程。在此过程中干燥介质的温度虽降低了，但湿含量增大了，所以热含量不变。

②$\Delta < 0$，表示增补的热量小于热损失量，大多数实际干燥过程属于这种情况。在这

▶ 热 工 基 础

种情况下，干燥介质的初态热含量 I_1 大于终态 I_2，即：

$$I_2 = I_1 - \frac{\Delta}{l} \qquad (4-41)$$

式中 Δ 用绝对值表示。

③$\Delta > 0$，表示增补的热量大于损失的热量，这种情况在实际生产中是少见的。在这种情况下，干燥介质的终态热含量 I_2 大于其初态值 I_1，即：

$$I_2 = I_1 + \frac{\Delta}{l} \qquad (4-42)$$

2. 干燥过程热耗的计算

以蒸发 1 kg 水为计算基准。

（1）以空气作为干燥介质时，热耗可用下式计算：

$$q = l(I_2 - I_0) + \Delta \qquad (4-43)$$

（2）以烟气作为干燥介质时，蒸发 1 kg 水所需的空气量（燃烧和混合）近似等于进入干燥器的混合气体量，忽略物料带入的热量，则热耗可近似计算为

$$q = l_{m1}(I_{m1} - I_0) = \frac{I_{m1} - I_0}{x_2 - x_{m1}} \qquad (4-44)$$

三、干燥过程的图解计算

干燥过程用分析法计算时，比较烦琐，用 $I-x$ 图解则非常简便。

1. 理论干燥过程的图解计算（$\Delta = 0$）

已知干燥介质的初态参数 t_1 和 x_1 时，可在 $I-x$ 图上获得初态点 A，如图 4-13 所示。过 A 点作等热含量线 $I_1 = I_2$，并与等温线 t_2 相交于 B 点，该点就是干燥介质的终态点。知道终态点 B，查出所需各状态参数，并通过公式即可计算出所需物理量的值。

于是干燥介质的消耗量为

$$l = \frac{1}{x_2 - x_1} = \frac{1}{x_1 x_2 \cdot m_x}$$

式中 m_x——横轴的比例尺，$kg_{H_2O}/(kg_{干空气} \cdot mm)$。

热耗为

$$q = l(I_1 - I_0)$$

2. 实际干燥过程的图解计算（$\Delta < 0$）

已知干燥介质初始状态参数 t_1 和 x_1 时，可在 $I-x$ 图上获得初态点 A，如图 4-14 所示。按条件知：

$$I_2 = I_1 - \frac{\Delta}{l}$$

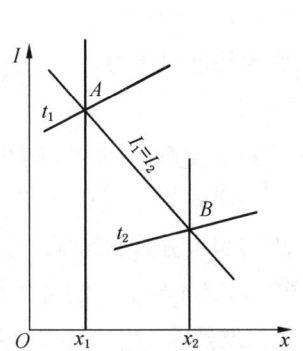

图 4-13 理论干燥过程的图解计算

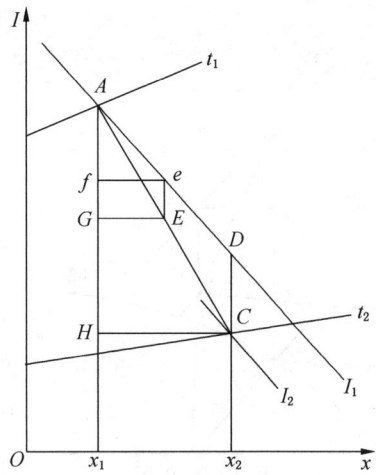

图 4-14 实际干燥过程的图解计算

即终态等热含量线位于初态等热含量线的下方，两者相差 Δ/l （kJ/kg$_{干燥介质}$）。终态点 C 用下述方法可以获得：在初态等热含量线 I_1 上任取一点 e，从 e 点向等 x_1 线作垂直线 $\overline{ef}$，再从 e 点向下作与纵轴平行的线段 $\overline{eE}$，取

$$\overline{eE} = \overline{ef} \cdot \frac{\Delta}{m}$$

式中

$$m = \frac{纵轴比例尺}{横轴比例尺} = \frac{m_i}{m_x}$$

通常 $m = 2000$ kJ/kg$_水$。

连接 AE 并延长与终态等温线 t_2 交于 C 点，C 点即为 $\Delta < 0$ 时的实际干燥过程的终态点。实际干燥过程沿 $\overline{AC}$ 线进行。

【例 4-6】 将初态为 $t_0 = 25$ ℃，$\varphi_0 = 60\%$ 的空气预热到 120 ℃后进入干燥器作干燥介质，废气出干燥器的温度为 50 ℃，$\Delta = 2000$ kJ/kg$_水$，求蒸发 1 kg 水所需的干燥介质消耗量及热耗。

解 由 $t_0 = 25$ ℃ 及 $\varphi_0 = 60\%$ 在附录 8 的 I-x 图上找到 $x_0 = 0.012$ kg/kg$_{干空气}$，$I_0 = 60$ kJ/kg$_{干空气}$。空气在预热过程中湿含量不变仅温度变化，所以由 $x_1 = x_0$ 及 $t_1 = 120$ ℃，在同一图上可得进干燥器前干燥介质的状态点 B（图 4-15），由 B 点可知 $I_1 = 153$ kJ/kg$_{干空气}$，在等 I_1 线上任取一点 e，并由 e 点作垂直线 $\overline{eF}$ 和 $\overline{eE}$，使 $eE = \overline{eF} \cdot \frac{\Delta}{m} = \overline{eF} \cdot \frac{2000}{2000} = \overline{eF}$。

连接 B 和 E 并延长与 $t_2 = 50$ ℃ 等温线交于 C 点，C 点即为干燥介质终态点。由 C 点

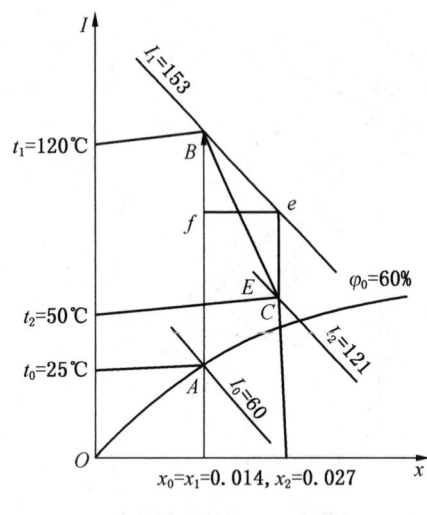

图 4-15 【例 4-6】示意图

可知 $x_2 = 0.027$ kg/kg$_{干空气}$，$I_2 = 121$ kJ/kg$_{干空气}$。

蒸发 1 kg 水所消耗的干空气量为

$$l = \frac{1}{x_2 - x_1} = \frac{1}{0.027 - 0.014} = 77(\text{kg/kg}_{水})$$

蒸发 1 kg 水所消耗的热量为

$$q = l(I_2 - I_0) + \Delta$$
$$= 77(121 - 60) + 2000 = 6697(\text{kJ/kg}_{水})$$

【例 4-7】 某一回转烘干机烘干矿渣，已知产量为 9 t/h，矿渣的初水分 $v_1 = 20\%$，终水分 $v_2 = 1\%$；用燃烧室产生的烟气与空气混合气体作干燥介质，所用煤的低位发热量 $Q_{net,ar} = 24488$ kJ/kg，燃烧室热效率 $\eta = 0.84$。干空气温度 $t_0 = 14$ ℃，相对湿度 $\varphi_0 = 70\%$，燃烧产生的高温烟气湿含量 $x_{fl} = 0.048$ kg/kg$_{干烟气}$，高温烟气热含量 $I_{fl} = 1915$ kJ/kg$_{干烟气}$，混合气体进烘干机的温度 $t_{m1} = 800$ ℃，出干燥机的温度 $t_{m2} = 150$ ℃，$\Delta = 573$ kJ/kg$_{水}$（绝对值）。求：

(1) 干烟气与干空气的混合比 n。

(2) 干混合气体的消耗量。

(3) 蒸发 1 kg 水的热耗及每小时的煤耗。

解 (1) 根据以上条件，查附录 8 高温 I-x 图。由 $t_0 = 14$ ℃，$\varphi_0 = 70\%$，在 I-x 图上查得空气初始状态点 A 点（图 4-16），可知 $x_0 = 0.007$ kg/kg$_{干空气}$，$I_0 = 32$（kJ/kg$_{干空气}$）。由已知 $x_{fl} = 0.048$ kg/kg$_{干烟气}$，$I_{fl} = 1915$ kJ/kg$_{干烟气}$，查得高温烟气初始状态点 B 点。连接 A、B 两点得直线 $\overline{AB}$，与 $t_{m1} = 800$ ℃ 等温线相交于 M 点，M 点即为混合气体进烘干机前的状态点。

由此得 $x_{m1} = 0.0285$ kg/kg$_{干烟气}$，$I_{m1} = 975$ kJ/kg$_{干烟气}$。

可得混合比 n 为

$$n = \frac{x_{fl} - x_{m1}}{x_{m1} - x_0} = \frac{0.048 - 0.0285}{0.0285 - 0.007} = 0.9$$

(2) 首先计算烘干机每小时蒸发水量，由式 (4-28)

$$w_1 = G_{w2} \cdot \left(\frac{v_1 - v_2}{100 - v_1}\right) = 9000 \times \left(\frac{20 - 1}{100 - 20}\right) = 2137.5(\text{kg/h})$$

然后在图 4-16 中过 M 点的等 I_{m1} 线上任取一点 e，并令：

$$\overline{eE} = \overline{ef} \cdot \frac{\Delta}{m} = \overline{ef} \times \frac{573}{2000} = 0.287\overline{ef}$$

连接 M、E 两点所得线段 $\overline{ME}$ 并与 $t_{m2} = 150$ ℃ 的等温线相交于 C 点，此点就是干燥介

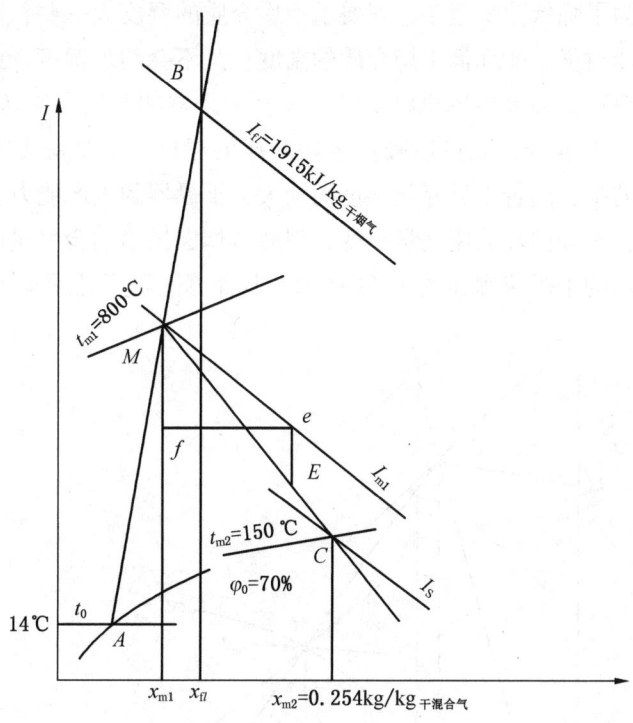

图 4-16 【例 4-7】示意图

质离开干燥器的终态点。由 C 点可得：

$$x_{m2} = 0.254 \ kg/kg_{干混合气}$$

蒸发 1 kg 水所需的干混合烟气量为

$$l_m = \frac{1}{x_{m2} - x_{m1}} = \frac{1}{0.254 - 0.0285} \approx 4.435 (kg_{干烟气}/kg_{水})$$

每小时需干混合烟气量为

$$L_m = w_l \cdot l_m = 2137.5 \times 4.435 = 9480 (kg/h)$$

（3）蒸发 1 kg 水所消耗的热量，按式（4-44）：

$$q = l_m(I_{m1} - I_0) = 4.435(975 - 32) \approx 4182 (kJ/kg_{水})$$

每小时耗煤量为

$$G_0 = \frac{w_l \cdot q}{Q_{net,ar} \cdot \eta} = \frac{2137.5 \times 4182}{24488 \times 0.84} \approx 435 (kg/h)$$

3. 具有废气循环的干燥过程及其图解。

硅酸盐工业中有些物料不能承受较高的温度，在干燥过程中要求较低的干燥介质温度。如水泥厂中煤的干燥，煤在 150 ℃ 时便开始有挥发分逸出，温度再高时，可能引起着火。陶瓷和耐火材料工厂中的一些异形和大型制品在干燥过程中，不能干燥太快，否则会引起变形或开裂。为了降低干燥速率，就要求干燥介质的湿度大一些，温度低一些。在高温烟气中掺入大量冷空气，能降低干燥介质的温度，又不会增加湿度。此外，将大量冷空气加热要消耗大量热量，如果用风机将一部分离开干燥器的废气再次送至干燥器入口处，与混合气体进行第二次混合，既可以降低干燥介质的温度，增加湿度，又可减少热量消耗。然而不可避免的是，随着干燥介质湿度的增大，干燥器的生产能力会降低一些。

在稳定生产时，参加循环的废气量不变，因此从烟囱排出的废气量就等于燃烧产物生成量。具有废气循环的干燥流程如图 4-11 所示，其计算图解可见图 4-17。

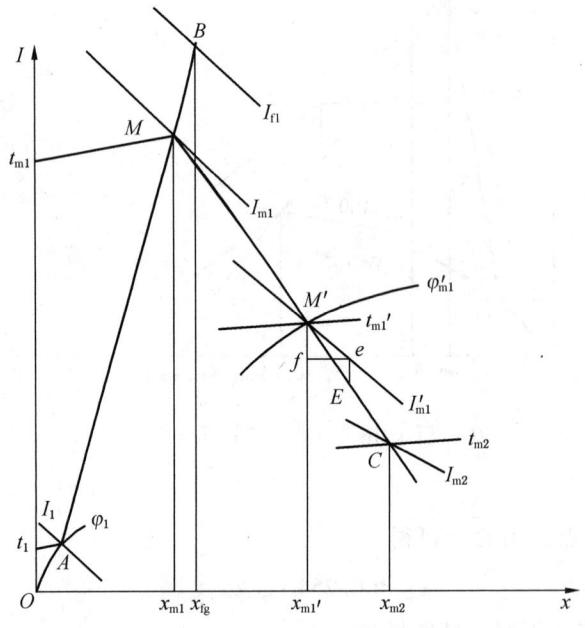

图 4-17 废气循环图解法

空气的状态点 A、燃烧产物状态点 B 的确定方法如前所述。燃烧产物与空气、混合气体、循环废气混合后的状态，即干燥介质进干燥器时的状态 M' 是根据工艺要求而定的，可由干燥介质进干燥器的温度 t'_{m1} 和相对湿度 ϕ'_{m1} 获得。

设 $\Delta < 0$，在过 M' 点的等 I'_{m1} 线任取一点 e 作出

$$\overline{eE} = \overline{ef} \cdot \frac{\Delta}{m}$$

连接 E 和 M' 点得直线 $\overline{EM'}$，向下延伸与废气离开干燥器的温度 t_{m2} 等温线交于 C 点，得干燥介质终态点，由此可得 x_{m2} 和 I_{m2}，$\overline{EM'}$ 向上延伸与 $\overline{AB}$ 线交于 M 点，可得燃烧产物与冷空气第一次混合后的状态点，对应的参数为 x_{m1}、I_{m1} 和 t_{m1}。计算：

（1）蒸发 1 kg 水所需干燥介质量，即进入干燥器的第二次混合的干混合气量为

$$l'_{m1} = \frac{1}{x_{m2} - x'_{m1}} \tag{4-45}$$

(2) 蒸发 1 kg 水所需第一次混合的（燃烧产物与冷空气）干混合气量 l_{m1}。在干燥过程中循环废气量在进出干燥器时湿含量并未变化，起干燥作用的仅是第一次混合的干混合气 l_{m1}，所以

$$l_{m1} = \frac{1}{x_{m2} - x_{m1}} \tag{4-46}$$

(3) 1 kg 第一次混合的干混合气体所需的干循环废气量，即混合比 n'。

$$n' = \frac{\overline{MM'}}{\overline{M'C}} = \frac{x'_{m1} - x_{m1}}{x_{m2} - x'_{m1}} \tag{4-47}$$

(4) 蒸发 1 kg 水分所需的干循环废气量 l_2。

$$l_2 = n'l_{m1} \tag{4-48}$$

(5) 1 kg 干烟气所需的冷空气掺入量，即混合比 n。

$$n = \frac{\overline{BM}}{\overline{AM}} = \frac{x_{fg} - x_{m1}}{x_{m1} - x_0} \tag{4-49}$$

(6) 蒸发 1 kg 水所需的干烟气量，即干燃烧产物量 l_{fg}。

令蒸发 1 kg 水所需的干混合空气量为 l_0，燃烧产物量为 l_{fg}，则蒸发 1 kg 水所需的第一次干混合气体量为

$$l_{m1} = l_0 + l_{fg} = nl_{fg} + l_{fg} = l_{fg}(1+n)$$

式中按定义 $n = \dfrac{l_0}{l_{fg}}$，故 $l_0 = n \cdot l_{fg}$。

所以

$$l_{fg} = \frac{l_{m1}}{1+n} \tag{4-50}$$

(7) 蒸发 1 kg 水所需消耗的热量为

$$q = l_{m1}(I_{m1} - I_0) \tag{4-51}$$

(8) 每小时耗煤量：

$$G_0 = \frac{qw_l}{Q_{net,ar} \cdot \eta} \tag{4-52}$$

式中 w_l——每小时水的蒸发量，kg/h；

η——燃烧室的热效率。

任务四　物料干燥的物理过程

【任务目标】

知识目标：

(1) 了解湿物料水分结合形式，影响干燥的因素，以及干燥过程的收缩和变形。

▶ 热 工 基 础

(2) 理解传质过程及物料水分内扩散。

(3) 掌握物料在干燥过程不同阶段所发生的变化。

能力目标：

能够利用所学知识，调节控制干燥速率，满足生产要求。

情感目标：

通过学习，培养学生热爱生活，积极乐观的人生态度。

【任务描述】

干燥与我们的生活息息相关，生活中处处存在干燥过程，小到葡萄干、方便面，大到粮食的储存，航天员的食物，从生活到工业，干燥都是关键环节。本部分内容主要介绍干燥过程物质和热量的交换理论，物质干燥的不同阶段，以及影响物质干燥的因素等知识。

【任务知识】

前面讨论的干燥过程，是干燥介质和被干燥物料在静态条件下，干燥系统的初态与终态的关系，并不涉及干燥速度问题。在实际工业生产中，干燥介质与物料是相对运动的，接触时间较短，不会到达平衡状态，彼此的物理参数处于连续变化。了解动态条件下干燥系统的质量和能量之间的关系及影响干燥速率的因素，对指导生产有重要意义。

一、传质过程

如前所述，潮湿物料或制品的干燥过程是水分从固体内部借扩散作用（内扩散）移至表面，当固体表面的水蒸气分压大于周围介质的水蒸气分压时，水分便从固体表面蒸发进入周围介质并被气流带走（外扩散），与此同时，固体表面从周围介质中吸收热量。整个干燥过程由内扩散、蒸发、外扩散过程所组成，它包括热的交换和物质的传递，是一个传热、传质过程的综合。所以传热和传质理论是研究干燥过程的基本理论。我们已经学过传热的基本理论，下面介绍传质的基本理论。

1. 基本概念

传质过程可以在一相（气相、液相或固相）内进行，也能发生在直接接触的两相或多相系统中。对于单相系统，浓度差或分压差的存在是传质的先决条件；对于多相系统，不仅组分必须存在浓度差，而且相际间应未达到平衡状态。相际间的平衡只在两相经过很长时间才能建立。而在实际生产中，相际间的接触时间是有限的，所以相平衡是传质过程的极限状态。

两种或两种以上物质组成的混合物中，各组成成分在混合物中的多少常用浓度来表示。浓度的表示方法很多，如质量浓度、摩尔浓度等。

单位体积的混合物中所含某组成成分的质量称为该组分的质量浓度，用符号 C 表示，单位为 kg/m^3。为简便起见，我们讨论由 A 和 B 两种气态物质组成的气体混合物。设混合物的总体积为 $V(m^3)$，A、B 两种物质的质量分别为 m_A 和 m_B(kg)，则混合物中 A 种物质的质量浓度为

$$C_A = \frac{m_A}{V} \tag{4-53}$$

混合物中 B 种物质的质量浓度为

$$C_B = \frac{m_B}{V} \tag{4-54}$$

假定上述气体为理想气体,则:

$$p_A \cdot V = \frac{m_A}{M_A} RT$$

$$p_B \cdot V = \frac{m_B}{M_B} RT$$

式中　p_A、p_B——A、B 两种气体的分压,Pa;

　　　M_A、M_B——A、B 两种气体的分子量,kg/kmol;

　　　V、T——混合气体的总体积和温度,m³、K;

　　　R——通用气体常数,J/(kmol·K)。

将上述两式中的混合气体的容积 V 代入式(4-53)和式(4-54)得:

$$C_A = \frac{M_A \cdot p_A}{RT} \tag{4-55}$$

$$C_B = \frac{M_B \cdot p_B}{RT} \tag{4-56}$$

由上述两式可知混合气体中各组分的质量浓度与该组分的分压成正比,因此,也可用分压来表示各组分的浓度高低。

单位体积的混合物中所含某组分的摩尔数称为该组分的摩尔浓度,用符号 n 表示,单位为 kmol/m³。若用 N_A 和 N_B 分别表示由 A、B 两种物质组成的混合物中,A 组分和 B 组分的摩尔数,则:

$$N_A = \frac{m_A}{M_A} \qquad N_B = \frac{m_B}{M_B}$$

按定义,A 组分的摩尔浓度为

$$n_A = \frac{N_A}{V} = \frac{m_A}{V \cdot M_A} = \frac{C_A}{M_A}$$

同理,B 组分的摩尔浓度为

$$n_B = \frac{C_B}{M_B}$$

上述两式给出了摩尔浓度与质量浓度之间的关系。

2. 传质的基本方式

传质的基本方式有两种:分子扩散和湍流扩散。

▶ 热 工 基 础

1）分子扩散

物质在静止的（或在垂直于浓度梯度方向作层流流动的）流体或固体中的扩散是分子扩散。分子扩散是由分子运动作用所引起的，这种扩散的机理与导热类似。

2）湍流扩散

在流体中由于湍流流动引起的质量传递称为湍流扩散。在实际工程中，大多数流体的流动属于湍流。在湍流流动边界层的层流底层中流体仍然是层流流动，因此层流底层中的传质是分子扩散。于是湍流流动的传质过程除了边界层外的湍流扩散外还有边界层内的分子扩散，这两种扩散的总称叫作对流扩散，其机理与对流传热类似。

在热量传递过程中，用热流密度 $q[\mathrm{kJ/(m^2 \cdot h)}]$ 来表示传热速率，类似地，在质量传递中用质流密度 j 表示传质速率，其单位为 $\mathrm{kg/(m^2 \cdot h)}$，它表示单位时间内通过垂直于浓度梯度的单位面积上的质量，与 q 类似，j 是矢量。

和传热一样，传质有稳定传质和不稳定传质。稳定传质是指浓度场不随时间变化的传质过程；浓度场随时间变化的传质过程是不稳定传质。一般工艺操作中所涉及的传质以稳定传质居多。

与传热现象类似，传质过程一般来说是在三维空间中进行的质量传递，但在一定条件下可以简化为二维或一维传质。我们仅讨论一维稳定态传质过程。

传质与传热在现象上虽然类似，但仍有本质区别。传热是能量的传递，在导热、对流和辐射传热过程中，两个物体或两种物质间仅有能量传递并无物质转移；传质过程在两种物质间不仅有能量传递而且有物质转移，所以传质现象要比传热现象更为复杂。

3. 传质过程的基本方程式

1）费克定律——等摩尔逆扩散定律

在静止或层流流动的流体中，物质的扩散是靠分子扩散进行的。实验表明，分子扩散的速率，即质流密度 $j[\mathrm{kg/(m^2 \cdot h)}]$ 与浓度梯度成正比，可用下式表示：

$$j = -D\frac{\mathrm{d}c}{\mathrm{d}x} \tag{4-57}$$

式中 $\dfrac{\mathrm{d}c}{\mathrm{d}x}$——浓度梯度，$\mathrm{kg/m^4}$；

D——扩散系数，它与物质的性质和状态参数有关，可由实验得出，$\mathrm{m^2/h}$。

负号表明扩散质流密度的方向是朝着浓度降低的方向。

式（4-57）称为费克定律。费克定律、傅里叶定律及牛顿内摩擦定律虽然是分别对分子扩散传质、导热及流体层流运动而言的，但它们的本质都是分子扩散，因此它们的表达式具有相同的形式：

费克定律：$$j = -D\frac{\mathrm{d}c}{\mathrm{d}x}$$

傅里叶定律：$$q = -\lambda\frac{\mathrm{d}t}{\mathrm{d}x}$$

牛顿内摩擦定律：
$$\tau = -\mu \frac{du}{dx}$$

对于气体，费克定律也可用气体的分压来表示。令 C_i、p_i 和 D_i 表示混合气体中某组分气体的质量浓度、分压和扩散系数，则由式（4-55）、式（4-56）得：

$$C_i = \frac{M_i \cdot p_i}{RT}$$

代入式（4-57）得：

$$j = -\frac{D_i M_i}{RT} \cdot \frac{dp_i}{dx} \qquad (4-58)$$

现在我们讨论 A、B 两种气体的相互扩散。设有一容器，中间用薄板隔开，隔板两侧是同温、同压的两种气体 A 和 B，把隔板抽开后，两种气体就会相互扩散，其扩散速率随时间而逐渐减小，直至动态平衡。平衡时容器中组分的浓度各处相同。未平衡时，令 D_{AB} 表示 A 组分向 B 组分扩散的扩散系数，D_{BA} 表示 B 组分向 A 组分扩散的扩散系数。则 A 组分向 B 组分扩散的质流密度为

$$j_A = -D_{AB} \frac{dC_A}{dx} = -\frac{D_{AB} M_A}{RT} \cdot \frac{dp_A}{dx} \qquad (4-59)$$

B 组分向 A 组分扩散的质流密度为

$$j_B = -D_{BA} \frac{dC_B}{dx} = -\frac{D_{BA} M_B}{RT} \cdot \frac{dp_B}{dx} \qquad (4-60)$$

上述两式的两边同除以该组分的分子量 M_A 及 M_B，可得 A、B 组分的扩散摩尔质流密度 [$kmol/(m^2 \cdot h)$]：

$$N_A = \frac{j_A}{M_A} = -\frac{D_{AB}}{RT} \cdot \frac{dp_A}{dx} \qquad (4-61)$$

$$N_B = \frac{j_B}{M_B} = -\frac{D_{BA}}{RT} \cdot \frac{dp_B}{dx} \qquad (4-62)$$

根据道尔顿分压定律，混合气体的总压强应等于各组分单独占有总容积时的分压强之和，即：

$$p = p_A + p_B$$

因总压强 p 为常数，故：

$$\frac{dp_A}{dx} + \frac{dp_B}{dx} = 0$$

或

$$\frac{dp_A}{dx} = -\frac{dp_B}{dx}$$

在稳定情况下，当 A、B 两组分以相同的摩尔数进行反方向扩散时，即当 $N_A = -N_B$

时，由式（4-61）和式（4-62）可得：$D_{AB} = D_{BA} = D$，即扩散系数相等并为常数。

这种过程称为等摩尔逆扩散过程（$N_A = -N_B$），蒸馏过程属于这种情况。严格来说，费克定律仅适用于这种过程。

稳定扩散时，扩散质流密度 j 为常数，对式（4-59）积分并求解可得：

$$j_A = D \frac{C_{A1} - C_{A2}}{x} \tag{4-63}$$

或

$$j_A = \frac{DM_A}{RT} \cdot \frac{p_{A1} - p_{A2}}{x} \tag{4-64}$$

式中　　x——离开原隔板分界面的距离，表示组分 A 扩散的距离，m；

C_{A1}、p_{A1}——在距离 x_1 处 A 组分的质量浓度和分压，kg/m³、Pa；

C_{A2}、p_{A2}——在距离 x_2 处 A 组分的质量浓度和分压，kg/m³、Pa。

2）斯蒂芬定律——单向扩散定律

工程上遇到的某些扩散过程并不是等摩尔逆扩散过程，而只是一种组分进行扩散，并无相反方向的扩散（即 $N_B = 0$），此种扩散称为单向扩散。例如容器中的水在空气中的蒸发属于单向扩散，干燥过程也属于单向扩散。

单向扩散的扩散质流密度可导出如下：

设有一水槽，槽内盛水，水面距槽口有一段距离（图 4-18），槽口上端有一股空气平缓流过，槽内水作等温蒸发。湿空气是干空气和水蒸气的二组分混合物，令混合物中的水蒸气组成为 A，质量浓度为 C_A，分压为 p_A；干空气组分为 B，质量浓度为 C_B，分压为 p_B。设水面上的湿空气状态为 1，槽口上端的湿空气状态为 2。在水面和槽口之间的空气不流动。

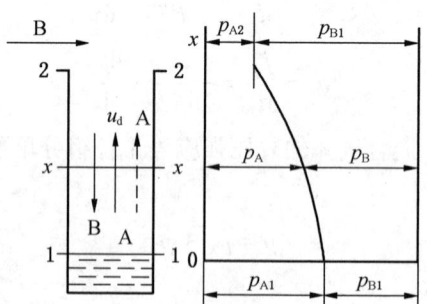

图 4-18　经过静止气膜的水蒸气扩散

由于水面上的水蒸气分压 p_{A1} 大于空气中的水蒸气 p_{A2}，而空气中的干空气分压 p_{B2} 大于水面上的干空气分压 p_{B1}，这是因为

$$p_{A1} + p_{B1} = p_{A2} + p_{B2} = p（大气压，为常数）$$

$$p_{A1} > p_{A2} \text{ 时}, p_{B2} > p_{B1}$$

于是水蒸气由水面通过静止空气层向槽口空气扩散,并不断被空气流带走。与此同时,槽口的干空气向水面扩散,但干空气并不溶于水,而且水面上的干空气并未发生变化。这就是说在槽内必然有一反向(自下而上)的补偿流动(亦称总体流动)以抵消槽口空气向下的扩散,从而使槽内空气状态不发生变化。设此补偿流动的速度为 u_d,则单位时间水蒸气流过水面上方 x-x 断面单位面积的附加流量为 $u_d \cdot C_A$,而水蒸气通过 x—x 断面的扩散质流密度为

$$j_A = -\frac{D \cdot M_A}{RT} \cdot \frac{dp_A}{dx} + u_d \cdot C_A$$

$$= -\frac{D \cdot M_A}{RT} \cdot \frac{dp_A}{dx} + u_d \cdot \frac{M_A \cdot p_A}{RT} \tag{4-65}$$

显然,上述关系式也适用槽口干空气的向下扩散,即:

$$j_B = -\frac{D \cdot M_B}{RT} \cdot \frac{dp_B}{dx} + u_d \cdot \frac{M_B \cdot p_B}{RT}$$

但 $j_B = 0$,$p_A + p_B = p$(大气压,常数)及 $\frac{dp_B}{dx} = -\frac{dp_A}{dx}$,得:

$$u_d = -\frac{D}{p - p_A} \cdot \frac{dp_A}{dx} \tag{4-66}$$

将式(4-66)代入式(4-65)得:

$$j_A = -\frac{DM_A}{RT}\left(1 + \frac{p_A}{p - p_A}\right)\frac{dp_A}{dx} = -\frac{DM_A}{RT} \cdot \frac{p}{p - p_A} \cdot \frac{dp_A}{dx} \tag{4-67}$$

上式称为斯蒂芬定律——单向扩散定律。

在稳定扩散时,j_A = 常数,将上式从水面到槽口进行积分可得:

$$j_A = -\frac{DM_A}{RT} \cdot \frac{p}{x} \cdot \ln\frac{p - p_{A2}}{p - p_{A1}} \tag{4-68}$$

经一步化简得:

$$j_A = -\frac{DM_A}{RT} \cdot \frac{p}{x} \cdot \frac{p_{A1} - p_{A2}}{p_{B2} - p_{B1}} \ln\frac{p_{B2}}{p_{B1}} = -\frac{DM_A}{RT} \cdot \frac{p}{x} \cdot \frac{p_{A1} - p_{A2}}{p_{Bm}} \tag{4-69}$$

或

$$j_A = \frac{D}{x} \cdot \frac{p}{p_{Bm}} \cdot (C_{A1} - C_{A2}) \tag{4-70}$$

式中 x——液面距槽口的高度,m;

p_{Bm}——干空气的分压对数平均值。

$$p_{Bm} = \frac{p_{B2} - p_{B1}}{\ln\frac{p_{B2}}{p_{B1}}}$$

由于 p/p_{Bm} 通常大于 1，所以单向扩散比等摩尔逆扩散的扩散质流密度大 [比较式 (4-63) 和式 (4-70)]。这是因为出现了与扩散方向一致的总体流动所致。但当 A 组分的分压 p_A 与总压 p 相比很小时，$p/p_{Bm} \approx 1$，此时可直接应用费克定律。

4. 扩散系数

扩散系数 D 表示物质在介质中的扩散能力，它是物质的物理特征之一。扩散系数可以理解为沿扩散方向，在单位时间内每单位浓度梯度的情况下，通过单位面积所扩散的物质的量，其单位为 m^2/h，这个单位也可写成如下形式：

$$\frac{kg}{h \cdot \frac{kg/m^3}{m} \cdot m^2}$$

其中 $\frac{kg/m^3}{m}$ 是单位距离上的质量浓度梯度的单位。

扩散系数的单位也可用 cm^2/s 及 m^2/s 表示。

扩散系数的大小与扩散物质及介质种类和参数等因素有关。

扩散系数的数值需由实验求得，如无可靠的实验数据，可由经验公式计算，下式是用于计算气体 A 在气体 B 中（或 B 在 A 中）扩散系数的吉里兰半经验公式：

$$D = 435.7 \frac{T^{3/2}}{p(V_A^{1/3} + V_B^{1/3})^2} \cdot \sqrt{\frac{1}{M_A} + \frac{1}{M_B}} \qquad (4-71)$$

式中　　D——扩散系数，cm^2/s；

T——热力学温度，K；

p——气体的总压，Pa；

M_A、M_B——气体 A 和 B 的分子量；

V_A、V_B——气体 A 和 B 在正常沸点下，其液态的摩尔容积，cm^3/mol。

常见的几种气体的摩尔容积见表 4-4。

表 4-4　常见气体的摩尔容积　　　　　　　　　　　　　　　　cm^3/mol

气体名称	摩尔容积	气体名称	摩尔容积
H_2	14.3	CO_2	34.0
O_2	25.6	SO_2	44.8
N_2	31.1	NH_3	25.8
空气	29.9	H_2O	18.9
CO	30.7	Cl_2	48.4

几种气体在空气中的扩散系数见表 4-5。

表4-5　气体在空气中的扩散系数（$p=p_0=p_a=1$ atm，$T_0=273$ K）　　　　cm²/s

气体名称	扩散系数 D_0	气体名称	扩散系数 D_0
H_2	0.611	SO_2	0.103
N_2	0.132	NH_3	0.170
O_2	0.178	H_2O	0.220
CO_2	0.138	HCl	0.130

由式（4-71）可知，对于压强与大气压相近的气体，其扩散系数的数值与气体本身的浓度无关，但随温度的升高而较快地增大。这是由于温度升高，分子的运动速度和动能增大，使扩散更迅速所致。该式还表明，扩散系数 D 与系统的压强 p 成反比，这是由于压强升高使分子更靠近，从而使分子的扩散遇到更大的阻力。

物质在液相中的扩散系数小于在气相中的扩散系数，一般为 $1.15 \times 10^{-5} \sim 4.14 \times 10^{-6}$ cm²/s。液相扩散系数不仅与物质的种类、温度有关，而且随溶液的浓度而变化。

气体、液体和固体在固体中的扩散速率小于在液体及气体中的扩散速率。固体中的扩散情况更为复杂，可分两种类型：一种是扩散基本上与固体结构无关，其扩散系数值为 $10^{-9} \sim 10^{-14}$ cm²/s；另一种是多孔结构内的扩散，其扩散系数与固体结构有关。

表4-5中的扩散系数 D_0 是指标准状态（$T_0 = 273$ K，$p_0 = 101.325$ kPa）下的扩散系数，在非标准状态下的扩散系数可用下式换算：

$$D = D_0 \frac{p_0}{p} \left(\frac{T}{T_0} \right)^{3/2} \quad (4-72)$$

式中　D_0、p_0、T_0——标准状态下的扩散系数、压强和温度，m²/s、Pa、K；

　　　D、p、T——非标准状态下的扩散系数、压强和温度，m²/s、Pa、K。

二、湿物料水分的结合形式

物料中所含的水分包括物理水和化学结合水两大类。物理水不与物料中任何成分相化合，随着温度提高它将从物料中排出；化学结合水是水与物料中某些成分以化合物的形式存在（如高岭土 $Al_2O_3 \cdot 2SiO_2 \cdot 2H_2O$ 中的结晶水），化学结合水必须在较高的温度（450~500 ℃）下才能去除，并导致物料晶体的破坏，这已不属于干燥范围，所以干燥过程所讨论的均为物理水。

按水从物料中排出的难易，物理水又可分为自由水和大气吸附水两类。

1. 自由水

自由水又称机械结合水，是物料直接与水接触而吸收的水分，存在于物料的大毛细管（毛细管径大于 0.1 μm）中，它与物料结合松弛，干燥时较易排出。物料中自由水分的蒸发,就像自由液面上水的蒸发一样,因此物料表面水蒸气分压就等于物料表面温度下的饱和水蒸气压。

黏土质物料中自由水分排除时,物料颗粒相互靠拢,从而产生收缩,存在收缩应力。陶瓷和耐火材料制品在排除自由水分的干燥过程中,若干燥速率过大,会产生较大的收缩应力而使制品变形或开裂。

2. 大气吸附水

大气吸附水是存在于物料微毛细管(毛细管径小于 $0.1~\mu m$)中及物料中分散的胶体颗粒表面的水,它被固体表面所吸附,与物料结合较强,故又可称为物理化学结合水,干燥时较难排除。

物料中存在大气吸附水时,其表面的水蒸气分压小于同温度下的饱和水蒸气压。

对于黏土质物料和制品,在排除大气吸附水时不产生收缩,因此干燥速率大时,陶瓷和耐火材料制品在此阶段不会产生变形或开裂。

当物料表面的水蒸气分压等于周围介质水蒸气分压时,水分的蒸发处于动态平衡状态,即物料中的水分不再减少,此时物料中的水分称为平衡水分,它是大气吸附水的一部分。显然,平衡水不是一个定值,它取决于介质(空气或热烟气)的水蒸气分压大小。

而介质的水蒸气分压由介质温度和相对湿度而定,温度已知时,仅与介质的相对湿度有关。此时若介质的相对湿度 φ 越小,则物料中的平衡水分也越低;反之,则高。物料中平衡水分与介质相对湿度 φ 之间的关系曲线称为平衡水分曲线,可由实验得出。物料中的自由水分、大气吸附水分(包括平衡水分)之间的关系可由平衡水分曲线表明。

图 4-19 是实验测得的某黏土的平衡水分曲线(图中实线所示)。延长该曲线使之与 $\varphi = 100\%$ 的轴相交,此交点的平衡水分(图上所示为 8%)是大气吸附水分的最高点。超过此点的水分即为自由水,低于该交点的水分都属于大气吸附水,因此大气吸附水是一个总称。介质的相对湿度 φ 确定后,物料中的平衡水分也随之确定。如图中 $\varphi = 60\%$ 时,该黏土中的平衡水分为 3%,于是水分高于 3% 的黏土在此介质中能被干燥。含水率低于 3% 时,该种黏土不仅不能脱水反而从介质中吸收水分,达到平衡为止。如果想使该黏土的含水率低于 2.5%,则干燥介质在温度不变的情况下,其相对湿度 φ 必须小于 40%。由此可知,干燥介质状态一定时,物料中的平衡水分是物料干燥可能达到的最低水分。

三、物料的干燥过程

当固体物料中的水分高于平衡水分而与干燥介质接触时,由于物料表面的水蒸气分压高于介质的水蒸气分压,所以物料表面的水分蒸发并从介质吸收热量,此过程称为外扩散。物料表面水蒸发后,使物料内部与表面之间存在水的浓度差,在此浓度差的推动下,水从物料内部扩散至表面供继续蒸发,此过程称为内扩散。整个干燥过程是由内扩散和外扩散组成并伴随有传热的传质过程。

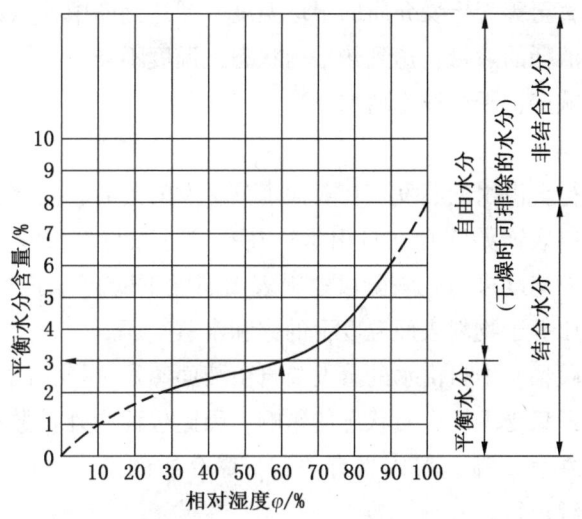

图 4-19 某黏土的平衡水分曲线（介质温度 75 ℃）

假定物料在干燥过程中不发生化学变化，而且干燥介质具有恒定的温度及相对湿度，则物料的干燥速率 $[kg/(m^2 \cdot h)]$、蒸发水分量（kg/h）及表面温度随时间的变化关系可用图 4-20 表示，整个干燥过程可分为如下几个阶段。

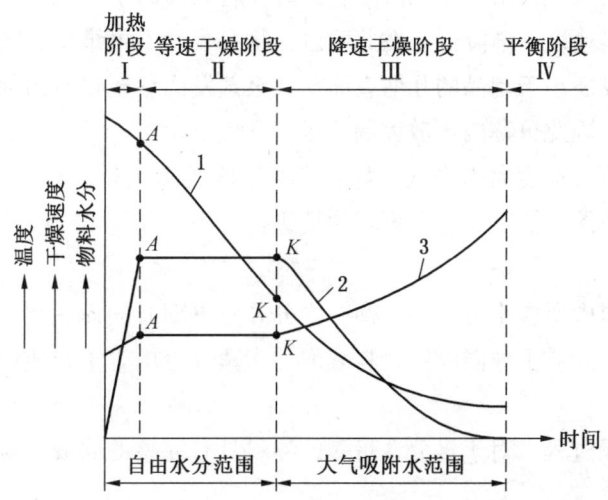

曲线 1—物料中水分随时间变化的关系；曲线 2—干燥速度与时间的关系；
曲线 3—物料表面温度改变与时间的关系

图 4-20 干燥过程曲线

1. 加热阶段

加热阶段由于单位时间内介质传给物料的热量大于表面水分蒸发所消耗的热量，因此

▶ 热 工 基 础

物料表面温度升高，直至等于干燥介质的湿球温度，即达到图中 A 点，此时物料所吸收的热量等于水分蒸发所消耗的热量，达到热平衡状态，温度不变。

此阶段物料水分减少，干燥速率增加。

2. 等速干燥阶段

等速干燥阶段进行自由水的蒸发，在表面水分蒸发的同时，内部水分在浓度差的推动下扩散到表面，使物料表面始终存在自由水，其蒸发过程与自由液面蒸发实质上是一样的，所以干燥以恒定的速度进行。该阶段物料表面温度不变，等于干燥介质的湿球温度，物料表面的水蒸气分压等于物料表面温度下的饱和水蒸气压。

由于等速干燥阶段物料中自由水的蒸发与自由液面蒸发一样，因此干燥速率只取决于外扩散能力的大小，即只受干燥介质状态的影响，因此也称为外扩散控制阶段。此时干燥速率与介质的温度、湿度、流速等因素有关，干燥介质的温度越高，湿度越小，流速越快，越有利于干燥过程进行。

在等速干燥阶段随着自由水的排除，物料产生体积收缩，必须予以注意。

随着物料中水分的排除，当物料表面上很薄一层水分含量降低到大气吸附水分的最高点，亦即表面自由水消失时，开始进入降速干燥阶段，如图4-20中所示的 K 点即为由等速干燥阶段转向降速干燥阶段的转变点，此时物料总的平均水分称为临界水分。

3. 降速干燥阶段

降速干燥阶段是大气吸附水排除阶段，此时物料表面的水蒸气分压低于同温度下的饱和水蒸气分压，干燥速度逐渐降低。在此阶段，物料表面不再维持连续的水膜，个别部分已出现干斑点，蒸发面小于制品的几何表面，甚至蒸发面移至物料内部。此时干燥速率受内扩散速率的限制，因此也称内扩散控制阶段。

降速干燥阶段蒸发速度大为降低，物料表面温度逐渐上升。对于黏土质物料和制品，在此阶段不再产生收缩，故干燥过程可较快地进行。

4. 平衡阶段

平衡阶段时物料中所含水分达到平衡，水分并不再随时间而变化，干燥速率为零，物料表面温度被加热至介质干球温度，物料表面的水蒸气分压等于介质的水蒸气分压，干燥过程停止。

如上所述的干燥过程，对于水分含量多的物料具有完整的曲线；对于水分含量少的物料，某些阶段不明显。

四、物料中水分的内扩散

物料在降速干燥阶段，干燥速率受物料中水分内扩散速率控制，在湿物料中由水分的浓度梯度引起的内扩散，称为湿传导（湿扩散）。水分扩散的质流密度仍用费克定律表示，即

$$j_w = -D\left(\frac{dC}{dX}\right)_F$$

式中　　D——水分扩散系数，m^2/h；

$\left(\dfrac{dC}{dX}\right)_F$——物料表面水分梯度，$kg/m^4$。

对厚度为 δ 的制品进行两面对称干燥时，在等速干燥阶段，截面上的水分按抛物线规律分布如图 4-21 所示。水分沿制品厚度方向的变化为

$$C = C_0 - \frac{(C_0 - C_F)}{(\delta/2)^2}x^2$$

$$\frac{dc}{dx} = -2\frac{(C_0 - C_F)}{(\delta/2)^2}x$$

$$\left(\frac{dc}{dx}\right)_F = \left(\frac{dc}{dx}\right)_{x=\delta/2} = -2 \cdot \frac{(C_0 - C_F)}{(\delta/2)^2} \cdot \frac{\delta}{2}$$

$$= -\frac{2(C_0 - C_F)}{\delta/2}$$

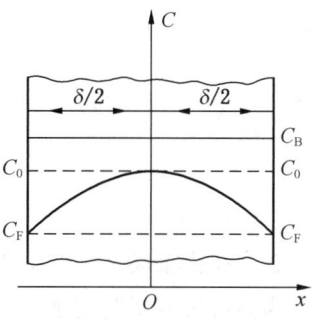

C_B—开始时物料水分；
C_0—制品中心的水分；
C_F—制品表面的水分

图 4-21　制品干燥时沿厚度方向水分的分布

式中 $\dfrac{C_0 - C_F}{\delta/2}$ 是抛物线的平均高度，即水分梯度的平均值，可见在这种情况下物料表面的水分梯度是平均水分梯度的两倍。

只有当物料中仅存在水分梯度而无温度梯度时，才能只用上述湿传导定律来计算水分的移动，这种情况只适用于等速干燥阶段。

物料中存在温度梯度也会引起水分的移动，这种由于温度梯度所引起的水分移动称为热湿传导。

干燥时物料内部水分的移动可以看成水沿毛细管的流动，如图 4-22 所示。

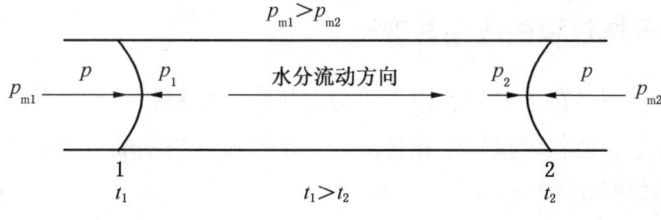

图 4-22　水分沿毛细管流动

设毛细管两端 1 和 2 的温度为 t_1 和 t_2，且 $t_1 > t_2$，相应温度下水的表面张力系数为 σ_1 和 σ_2（N/m）且 $\sigma_1 < \sigma_2$，则毛细管中弯月面上水的表面张力可用拉普拉斯公式表示：

$$p_1 = \frac{4\sigma_1}{d} \qquad p_2 = \frac{4\sigma_2}{d}$$

式中　　d——毛细管的直径，m。

令 p 和 p_m 表示大气压强及毛细管液面上的总压强，因表面张力与大气压强方向相反，

▶ 热 工 基 础

所以毛细管 1 和 2 两端的总压强为

$$p_{m1} = p - \frac{4\sigma_1}{d}$$

$$p_{m2} = p - \frac{4\sigma_2}{d}$$

$$(p_{m1} - p_{m2}) = \frac{4}{d}(\sigma_2 - \sigma_1)$$

在此压强推动下，毛细管中的液体由高温端向低温端流动。

由热湿传导引起的水分扩散速率为

$$j_{hw} = -D\rho_0 K \frac{dt}{dx} \tag{4-73}$$

式中　D——水分湿扩散系数，m^2/h；

ρ_0——绝对干物料密度，kg/m^3；

K——热湿传导系数，$1/℃$。

当水分梯度和温度梯度同时存在时，物料中内扩散的总速率应为湿传导与热湿传导引起的水分移动速率之代数和，即：

$$j = j_w \pm j_{hw} \tag{4-74}$$

当湿传导与热湿传导方向一致时上式取正号；两者方向相反时取负号，此时的干燥速度小于由湿传导所引起的干燥速度。

由此可知，合理的干燥方法应使湿传导与热湿传导具有相同的方向。物料在高频电磁场中的干燥及制品通交流电干燥等都是使湿传导与热湿传导方向一致的干燥方法。对流干燥的降速阶段及辐射干燥，物料表面温度均高于内部温度，总干燥速度要低于湿传导的干燥速度。

五、制品在干燥过程的收缩与变形

陶瓷和耐火材料制品在干燥时，由于水分的排除，物料颗粒相互靠拢，使其线尺寸发生变化，即产生收缩。但收缩仅发生在排除自由水阶段。当制品表面失去自由水之后，收缩即停止，其过程如图 4-23 所示。

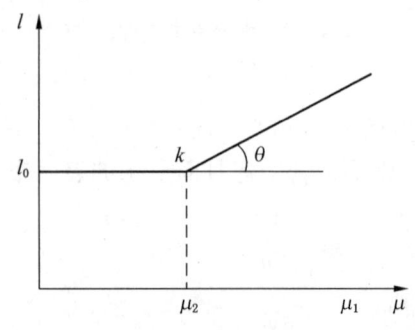

图 4-23　制品干燥收缩曲线

制品线尺寸与所含水分之间的关系可以表示为

$$l = l_0 + (\mu_1 - \mu_2)\tan\theta \qquad (4-75)$$

或

$$l = l_0\left[1 + (\mu_1 - \mu_2)\frac{\tan\theta}{l_0}\right] = l_0[1 + \alpha(\mu_1 - \mu_2)] \qquad (4-76)$$

式中　　l——潮湿制品的线尺寸，m；

　　　　l_0——停止收缩后制品的线尺寸，m；

　　　$\tan\theta$——线收缩的斜率；

　　　　u_1——制品的初水分，%；

　　　　u_2——制品不收缩时的水分，%。

$\alpha = \tan\theta/l_0$ 称为线收缩系数，某些黏土的 α 值变动在 0.004~0.007 之间。

对于薄壁制品，物料中水分梯度不大，实验证明线收缩系数与干燥条件无关，即在不同的空气参数下干燥同一种黏土制品时，线收缩系数几乎相同。对厚壁制品因水分梯度大，干燥条件对线收缩系数有显著影响。

在干燥过程中，由于制品中水分分布不均匀，不同部位收缩不一致，因此造成收缩应力。通常制品的表面和棱等处比内部干燥得快，从而产生较大的收缩，而内部由于水分排出要滞后于表面，收缩也较表面为少，这样就阻止了表面收缩，使内部产生压应力而表面受到张应力的作用。当张应力超过材料的强度极限时就造成制品开裂，即使不开裂也往往在上述应力作用下造成制品变形。

因此在干燥制品时，需要限制制品中心和表面的水分差，以防止变形和开裂。在最大允许水分差条件下的干燥速度称为最大安全干燥速度。显然，当湿传导与热湿传导方向一致时的最大安全干燥速度要大于方向不一致时的干燥速度。陶瓷和耐火材料制品的最大安全干燥速度与材料的性质、制品的尺寸和形状、含水率、干燥方法等因素有关，需由实验确定。

六、影响干燥速率的因素

如前面所述，物料的干燥过程包括干燥介质将热量传递给物料的过程和物料表面水分蒸发（外扩散）及物料内部水分迁移到表面（内扩散）的过程，这两个过程进行的速度越快，则干燥速度就越快，因此凡是影响传热速度和传质（扩散）速度的因素都影响干燥速率。讨论影响干燥速率的因素是为了强化干燥过程、缩短干燥时间和提高干燥质量。

1. 干燥介质的温度

干燥介质（空气或烟气）的温度越高，与物料的温差越大，则传热量越高，干燥速度必然增大。因此只要物料的工艺性能及干燥设备允许，应尽量提高干燥介质的温度。

2. 干燥介质的湿度和流速

干燥介质的相对湿度愈低，水分气化就愈快。干燥介质的流速越高，水蒸气扩散越

▶ 热 工 基 础

快,因此干燥速率增大。在实际生产中,增大排风量可以加快排出吸收水分后湿度较大的干燥介质,代之以湿度较低的干燥介质。

但是需要注意,流速过大,粉状物料易飞扬造成损失,干燥介质的热利用率降低、流体阻力增加,从而加大能量消耗。回转烘干机筒体风速一般控制在 1.5~3 m/s 为宜。流速的大小主要决定于排风机的排风。

3. 干燥介质与物料的接触面

干燥介质与物料的接触面越大,可以增加传热量,则干燥速度越高,因此,减少入烘干机物料的粒度或在烘干机内增加扬料板以及使物料在悬浮状态下烘干都能提高干燥速率,缩短干燥时间。

4. 物料的性质和结构

物料的性质、结构不同,它的化学组成与水分结合方式就不同,物料所含水分的性质不同,排除的难易也不同,如有的物料主要含非结合水,就容易排除,干燥时间就短。有的物料主要含结合水,就不易排除。另外,由于物料内部结构不同,干燥速率也不同,如矿渣比黏土疏松多孔,故矿渣较黏土易干燥;即使同为黏土,塑性较大的黏土就比疏松结构的黏土难干燥。

5. 物料的水分量

物料的最初及最终水分以及临界水分决定了等速阶段和降速阶段的长短,因此影响到干燥时间的长短,由于等速阶段的干燥速度大于降速阶段的干燥速度,因此临界水分太高以及要求的最终水分过低,都会增大降速阶段的时间,使得总的干燥时间加长。

6. 干燥设备的结构和转速

干燥设备的结构、形式是否合理,密封是否良好,以及回转烘干机的转速等都对物料的干燥有影响。适当提高回转烘干机的转速将有利于提高干燥速率、缩短干燥时间,但转速太快会造成撒料不均和使废气中的含尘量增多。

任务五　干　燥　方　法

【任务目标】

知识目标:

(1) 了解干燥器的分类及硅酸盐工业对干燥的要求。

(2) 了解其他的干燥方法。

能力目标:

能够利用所学知识,根据物料特点,选择恰当干燥方法和流程。

情感目标:

通过本任务的学习,培养学生认清自我,树立正确的人生观、价值观。

项目四　干燥过程与设备

【任务描述】

每个人都是独一无二的个体，都应该认识自己独特的禀赋和价值，从而自我实现，真正成为自己。认清自己，是每个人都要完成的人生任务，根据自身的特点选择适合自己的职业。烘干设备有很多类型，各有各的特色优点。本部分内容主要学习干燥方法、流程及其特点。

【任务知识】

硅酸盐生产所用的原料、燃料及混合材等均含有一定水分。各种物料的含水量，随气候、季节、地区及储存方式等不同而变化。在水泥生产过程中，特别是干法生产中，物料烘干是十分重要的过程之一，干法粉磨时，入磨物料的平均水分不宜过高，一般控制在 1%~2%，否则，会使粉磨后物料水分过大，而不利于粉状物料的输送、储存及均化；更有甚者，在粉磨过程中，还会出现糊磨甚至堵磨现象，降低粉磨效率，严重时致使磨机无法工作。因此，各种原料必须进行烘干，使各种原料入磨水分达到下列指标：石灰石 0.5%~1.0%；黏土<1.5%；铁粉<5%；煤<3.0%；混合材<2.0%。这样才能达到对入磨物料平均水分的要求。

另外，物料在烘干时，要消耗较大的能量，直接影响产品的综合消耗和成本。因此，烘干过程及其所用的设备是生产过程中不可忽视的一环。

一、干燥器的分类及要求

1. 干燥器的分类

在硅酸盐工业中，干燥设备亦称作干燥器，可按照不同特征对干燥器进行分类。

（1）按作业循环方式来分，有间歇式干燥器和连续式干燥器。

（2）按传热方式分，有对流传热式、传导传热式、辐射传热式、对流-辐射传热式和介电式。

（3）按干燥介质的类型分，有热空气干燥、直接烟气干燥、水蒸气干燥和电流干燥等。

（4）按干燥对象分，有颗粒状物料的干燥、块状物料的干燥、陶瓷与耐火材料及砖瓦制品等的干燥、浆体物料的干燥等。

（5）按结构和物料在其中移动的特点分，有气流式、箱式、回转筒式、传送带式、喷雾式和流化床式等。

2. 对干燥器的要求

在硅酸盐工业生产中，对干燥器有如下要求：

（1）在保证物料或制品干燥质量的前提下，具有较高的干燥速度和单位容积蒸发强度。

（2）具有较低的单位能耗，即蒸发 1 kg 水所消耗的燃料和电能要低。

（3）易于调整介质参数、改变干燥作业制度。

（4）在干燥器的容积空间内物料或制品干燥的均匀性要好。

▶ 热 工 基 础

（5）干燥作业便于实现机械化和自动化。

（6）符合环保要求。

二、常见干燥设备

1. 回转烘干机

回转烘干机也叫作转筒干燥器，是建材、化工、食品加工等行业普遍采用的烘干设备。它具有结构简单，运转可靠，生产率高，适应性强等优点；但设备笨重，热效率低，投资较多。

回转烘干机的主体是一个具有一定斜度的回转钢筒体，斜度为 3°~6°，转速为 2~8 r/min。筒体上装有轮带和大齿圈。筒体依靠轮带支撑在托轮上。驱动装置端的轮带一侧装有挡轮，以限制筒体沿倾斜方向的窜动。烘干机筒体通过大齿圈在驱动装置作用下回转。湿物料由加料装置加入烘干机筒体内，由于筒体具有一定的斜度且连续不断地回转，使得物料在重力作用下从高端向低端移动。它是以高温烟气作为干燥介质，在排风装置的抽吸下进入烘干机筒体内，物料在移动过程中逐渐与热源产生的高温气体进行热交换，高温烟气以对流、辐射、传导方式将热量传给湿物料，这是传热过程。物料被加热后，水分蒸发至干燥介质中，物料中所含水分被气流带走，这是传质过程。烘干后的物料从低端卸出，物料在烘干机内停留的时间为 20~40 min。气体也在排风机的驱动下，由压力高处向压力低处流动；在气体与物料的运动过程中，物料被干燥后卸出烘干机外，废气经收尘后排至大气。其生产流程如图 4-24 所示。

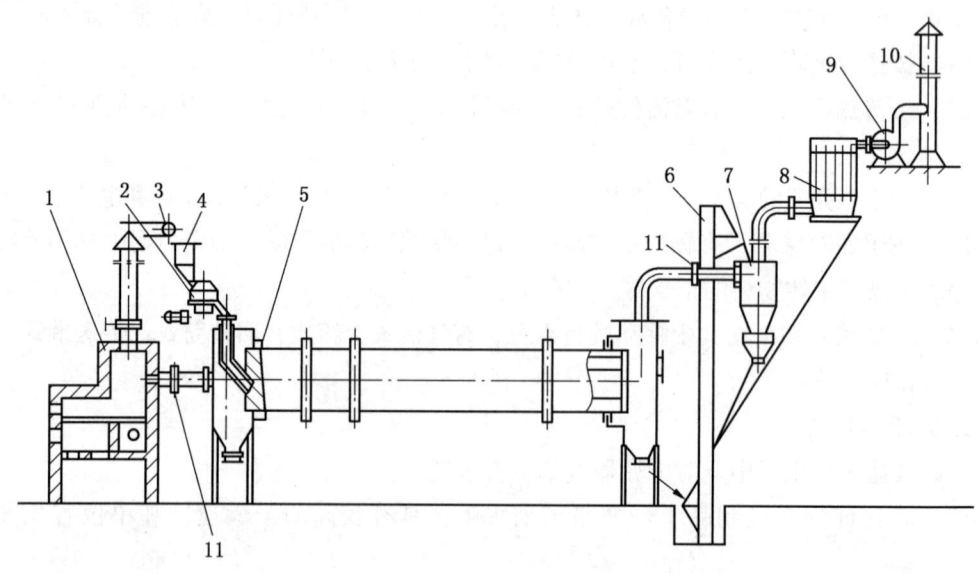

1—燃烧室；2—定量给料器；3—湿物料输送机；4—料斗；5—回转烘干机；6—斗式提升机；
7—旋风除尘器；8—袋式（或湿式）除尘器；9—引风机；10—尾气排空烟囱；11—膨胀环

图 4-24 回转烘干机生产流程示意图

根据干燥介质与物料接触方式和流动方向不同,回转烘干机又可分为以下几种型式。

(1) 根据传热方法分为直接传热式、间接传热式和复式传热式。

直接传热式:干燥介质与物料在筒体内直接接触,把热量直接以对流和辐射的方式传给物料。

间接传热式:高温气体不和物料直接接触,而是加热回转筒体,筒体再把热量以传导方式传给物料。

复式传热式:烘干所需要的热量,先由高温烟气加热筒体壁,进行间接传热,然后温度降低了的干燥介质再进入筒体内,和物料直接接触,进行直接传热。

(2) 根据在烘干机内物料与气体流动方向分为顺流式和逆流式。

顺流式:物料与气流在烘干机筒体内,宏观运动方向一致。

逆流式:这种烘干机物料与气流在筒体内流动的方向相反。

2. 隧道式干燥器

将被干燥物料放置在小车内、输送带上、架子上或自由地堆置在运输设备上,沿干燥室中的通道向前移动,并一次通过通道。被干燥物料的加料和卸料在干燥室两端进行。这种干燥器称为隧道干燥器,又称洞道式干燥器。

隧道干燥器通常由隧道和传送装置两部分组成。

隧道常用砖或带有绝热层的金属材料构成。隧道的宽度主要决定于洞顶所允许的跨度,一般不超过 3.5 m。长度由物料干燥时间,以及干燥介质流速和生产能力确定。隧道愈长,则干燥愈均匀,但阻力亦越大。隧道长度通常不超过 50 m,截面流速一般不大于 2~3 m/s。

携带被干燥物料进入隧道的装置,称作传送装置。根据被干燥物料的形状、尺寸大小、干燥工艺条件等因素来选择合适的传送装置,包括小车、悬挂链、辊轴等形式。

隧道式干燥器制造和操作都比较简单,能量消耗也不大。但物料干燥时间较长、生产能力较低、劳动强度大。主要用于需要较长干燥时间及大件物料如木材、陶瓷制品、耐火材料、砖瓦和各种散粒状物料的干燥和煅烧。

3. 带式干燥机

带式干燥机是在隧道式干燥器的基础上发展出来的一种干燥设备,是将输送带内置于隧道内,将需要干燥的固体物料(块状或经过造粒机成粒状型)堆置在输送带上,借助输送带的移动,将物料送入隧道内与隧道内的循环热空气进行传热、传质交换,使物料达到干燥的一种动态设备。

带式干燥机由若干个独立的单元段所组成。每个单元段包括循环风机、加热装置、单独或公用的新鲜空气抽入系统和尾气排出系统。因此,对干燥介质数量、温度、湿度和尾气循环量等操作参数,可进行独立控制,从而保证其工作的可靠性和操作条件的优化。

带式干燥机操作灵活,湿物料的干燥过程在完全密封的箱体内进行,劳动条件较好,避免了粉尘外泄。

与回转式、流化床式和气流式干燥机相比较,带式干燥机中的被干燥物料随同输送带移动时，物料颗粒间的相对位置比较固定，具有基本相同的干燥时间。对干燥物料色泽变化或湿含量均匀性至关重要的某些干燥过程来说，带式干燥机是非常适用的。带式干燥机结构简单，安装方便，能长期运行，发生故障时可进入箱体内部检修，维修方便；缺点是占地面积大，运行时噪声较大。

带式干燥机广泛应用于食品、化纤、皮革、林业、制药和轻工行业中，在无机盐及精细化工行业中也常有采用。

4. 流化床干燥器

流化床干燥器亦称沸腾层干燥器，用于连续干燥小块状或颗粒状物料，如砂子、黏土、矿石、白云石等。其干燥原理是使热烟气或热空气以临界速度通过铺放在具有格孔的算板上的物料层，在此速度下，物料呈流态化状态，气、固两相间进行剧烈的热、质交换，达到干燥的目的。

流化床干燥器按结构形式，可分为单层流化床干燥器、多层流化床干燥器、卧式多室流化床干燥器、喷动床干燥器、振动流化床干燥器、脉冲流化床干燥器、惰性粒子流化床干燥器以及锥形流化床干燥器等众多形式。

流化床干燥器具有劳动强度低、电耗低、飞扬损失小的优点，但流体阻力较大，操作不易稳定，对操作人员技术水平要求高，在我国工业中应用不广。

5. 喷雾干燥器

喷雾干燥是采用雾化器将原料液分散为雾滴，并用热气体（空气、氮气或过热水蒸气）干燥雾滴而获得产品的一种干燥方法。原料液可以是溶液、乳浊液、悬浮液，也可以是熔融液或膏糊液。干燥产品根据需要可制成粉状、颗粒状、空心球或团粒状。

硅酸盐工业用喷雾干燥器是连续式泥浆干燥器，由干燥塔、雾化器、泥浆泵、热风炉、卸料装置和收尘装置等组成。喷雾干燥代替了传统的粉料制备工序（泥浆—压滤—干燥—粉碎—筛分），是陶瓷生产的新工艺。

喷雾干燥所需的干燥时间很短，最终产品温度不高，适用于热敏性物料，操作灵活，工艺流程简单，容易实现机械化、自动化。同时也应注意到，喷雾干燥也存在体积传热系数较低，所用设备容积大，对气固混合物的分离要求较高，一般需两级除尘，热效率不高等缺点。

6. 烘干兼粉磨设备

随着建材行业煅烧设备的不断发展，为了充分利用窑尾余热，将热风通入原料磨内，使物料边粉磨边进行烘干的烘干兼粉磨设备得到了越来越多的应用。烘干与粉磨同时进行，物料与热气流的接触面积可以极大地增加，从而可以提高烘干效率；粉磨过程中所产生的热量，可使供给烘干的热量减少，更有利于提高烘干过程的热效率；同时，由于磨内通入大量热风，加强了磨内通风，有利于提高粉磨效率。从"工艺"上来讲，省去了烘干机及烘干后物料的中间储存和运输设备，从而简化了生产流程，节省了投资，减少了管理人员，减少了扬尘。

三、新型干燥技术

1. 辐射干燥

辐射干燥亦称红外线干燥。红外线是指可见光谱上红色部分以外的电磁波,它位于可见光和微波之间,其波长范围在 $0.76 \sim 1000~\mu m$,其中波长在 $0.76 \sim 1.5~\mu m$ 的称为近红外线,$1.5 \sim 5.6~\mu m$ 的称为中红外线,$5.6 \sim 1000~\mu m$ 的称为远红外线。

红外辐射干燥原理是物体对热射线的吸收率具有选择性,即红外辐射具有热波的性质,透过空气遇到物体时辐射线一部分被反射,一部分透过,余下部分被物体吸收,就会发生共振,使物质的分子运动加剧,温度上升,从而使物体内水分蒸发而获得干燥。

最简单的红外辐射源是红外线灯泡,但其主要发射 $0.76 \sim 3~\mu m$ 的近、中红外线及可见光,不易被物体吸收。炽热金属板(管)产生的红外线波长也在 $6~\mu m$ 以下,而大部分含水物体的吸收高峰值是在远红外区,而且远红外线的穿透深度较近、中红外线深,所以远红外线干燥速度比近、中红外线高而且能耗也小,因此远红外干燥正得到越来越广泛的应用。

远红外辐射器的形式很多。近年来应用最广泛的是在金属基体或陶瓷基体上涂辐射层,配以电阻丝加热。基体的形状有管状、板状或其他形式,金属基体可用钢或铝合金制成,陶瓷基体可以用 SiC-黏土质、锆石英质,也可以用一般黏土-熟料质耐火材料制成。涂覆的辐射材料一般选用辐射率较大的某些金属氧化物、碳化物、氮化物及硼化物等多种材料,目前生产中大多是用这些金属的氧化物,如 Cr_2O_3、SiO_2、TiO_2、ZrO_2、Fe_2O_3、MnO_2、NiO_2 等,可以单一使用,也可以复合使用。

2. 工频电干燥

工频电干燥的原理是将湿坯体作为电阻并联于工频电路中,用焦耳效应产生的热量使其水分蒸发而干燥。通常以 0.02 mm 厚的锡箔或铜丝布作为引电极,用泥浆或树脂粘贴在坯体两端,然后通以电流。随着坯体干燥,导电性能降低,电流减小,因此需随干燥过程的进行逐渐增大电压,使电流基本不变。一般干燥初期电压为 $30 \sim 40$ V 即可,到干燥后期增至 220 V,电干燥时坯体整个断面上同时加热,但表面由于水分蒸发及热量散失,使表面的水分浓度和温度均低于坯体中心,因而使热湿传导具有一致的方向,从而提高了最大安全干燥速度,可缩短干燥周期。

工频电干燥适用于大型制品的干燥,如玻璃熔窑中的大砖、大型电磁坯体的干燥等。此方法的优点是方便,干燥速度较快,干燥均匀,单位产品热耗少;缺点是干燥形状复杂的大型坯体时,安装电极较困难,且后期当坯体含水量低于 6% 时,能耗增大。

3. 高频电干燥

高频电干燥的原理是将待干燥的湿坯体置于频率为 $500 \sim 600$ kHz 的高频电场中,因电磁场的高频振荡,使坯体中的分子发生非同步振荡,产生热效应,使水分蒸发而干燥。坯体含水分越多或电场频率越高,介电损耗越大,热效应亦越大,干燥速度相对也越快。高频电干燥使坯体内部与表面的热湿传导方向一致，提高了最大安全干燥速度。高频电干燥的优点是不需要电极，可用于干燥形状复杂的大型制品；缺点是设备复杂，电能消耗大且制品中水分不够均匀。

4. 微波干燥

微波是介于红外线与无线电波之间的电磁波，波长为 0.001~1 m，频率为 $300~3\times10^5$ MHz。

微波干燥是在微波理论和技术以及微波电子管成就的基础上发展起来的一门新技术。其干燥原理与高频电干燥相似。典型的微波干燥装置，是由整流电源提供高压直流功率，加在微波管上产生微波功率，然后通过波导输送到微波加热器中。在这里微波与产品相互作用被吸收而产生热。在自动化连续生产线上，产品经传送带源源不断地通过加热器，而附加的传感器和控制器则根据产品情况自动控制输入到加热器中的微波功率，以达到调节温度、保证质量的目的。

对微波干燥，各国都有规定的专用频率，这主要是为了避免对雷达、通信、导航等微波设备造成干扰，同时也有利于所用装置和器件的配套互换。目前，我国和世界上多数国家在微波加热方面采用了 915 MHz 和 2450 MHz 两个频率。

目前，微波干燥的应用还受到一定限制，主要是设备费用高，耗电大，也有人顾虑微波辐射对人体的伤害。但随着科学技术的发展与成熟，设备成本会逐步下降，至于微波功率的漏出问题，只要正确设计和使用，加强防护，也是可以解决的。

5. 无空气干燥

传统干燥技术，为了控制陶瓷坯体的均匀收缩，必须严格控制传热和水分内扩散过程，特别是对那些形状复杂、体积较大的坯体。为此，只有降低干燥温度（一般控制在 60 ℃ 以下），延长干燥时间（像卫生洁具达 60~75 h），才能得到较好的干燥效果，这样不但耗能，且增加了生产管理的困难，产品质量得不到保证。

无空气干燥实际上是一种蒸汽干燥方法（图 4-25）。在间歇式操作中，无空气干燥有三个独特的阶段。

1) 加热阶段

在过程开始时，开启产生循环风的机械，使空气流通过热交换器和干燥室，与传统对流干燥器的情形一样。随着蒸发进行，产生蒸汽，在排空一部分湿空气之后，其余湿空气再次通过热交换器进行循环。排空、加热和干燥次第进行，干燥介质中水蒸气含量逐渐增大，直到最后几乎由水蒸气组成。由于不断升温的热湿空气的快速循环，坯体表面的蒸汽压力不断提高，抑制了水分从坯体内部向表面蒸发。此时，坯体内部与表面几乎以相同的速率快速升温，而由于坯体表面处于湿润状态（相对湿度高），表层不会产生破损和变形，从而使坯体安全加热至 100 ℃。此阶段时间较长。

2) 干燥阶段

当坯体温度达到 100 ℃ 以后，此时由于水已沸腾成蒸汽，干燥室内压力较高（干燥介

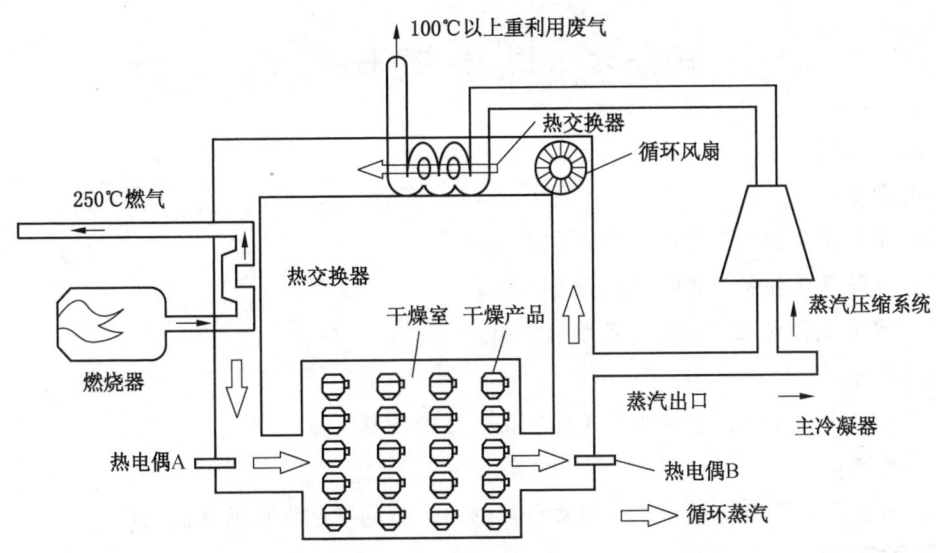

图 4-25 无空气干燥示意图

质基本上为水蒸气),蒸汽压力随温度的升高而增大,此时减压调节阀自动开启,将蒸汽快速排向冷凝器和余热利用热交换器。排出部分蒸汽,减少了坯体表面蒸汽分压,使坯体内部的蒸汽分压继续保持大于表面蒸汽分压,坯体内水蒸气继续向外迁移,干燥速度急剧增加,同时室内的相对湿度下降。当坯体温度达到预定最高干燥温度时,坯体内部大部分水分已被快速排除,而在该过程中,坯体表面总保持在热润湿状态,虽然干燥收缩快,但坯体收缩均匀,收缩产生的应力在湿热状态中自行消除,故不产生变形和开裂。为了保证坯体中的剩余水分能够达到预定目标,坯体的最高温度必须保持一段时间。

3) 降温阶段

在最高干燥温度期间,大气吸附水也被排除,此时坯体的收缩早已完成,坯体不会产生变形、破损,控制系统在这个阶段通入环境空气以置换过热水蒸气,冷却坯体,直至能够安全地取出干燥坯体。各种制品用不同方法干燥时间比较见表 4-6。

表 4-6 各种制品用不同方法干燥时间比较

项目	黏土制品			卫生陶瓷			电瓷	耐火材料		保温砖	石膏模	
	异型砖	多孔砖	250mm瓦片	洗面盆	坐便器	水槽	绝缘子	标准方砖	耐火多孔砖	厚方砖	洗面盆	壶
传统干燥/h	60	48	192	14	72	96	60~90	90	120	90~140	60~80	30~48
无空气干燥/h	24	20	72	5	12	16	20~30	35	43	48	12	8
节约时间/%	60	58	62	64	83	83	50~66	61	64	46~65	80~85	73~83

任务六 固体燃料气化

【任务目标】

知识目标：

(1) 了解发生炉煤气种类及燃料气化的方法。

(2) 理解气化指标及不同气化设备构造。

(3) 掌握气化发生炉的操作及参数控制。

能力目标：

能够利用所学知识，分析指导气化发生炉生产过程。

情感目标：

通过本任务的学习，培养学生树立科技创新，推动绿色发展的思想观念。

【任务描述】

我国缺油、少气，煤炭资源相对丰富。清洁高效地利用煤炭资源对于保障国家能源安全、经济和社会可持续发展意义重大。能源转型是实现"双碳"的根本保障，在这一过程中，科技创新是关键一环。本部分内容主要学习煤气化原理、过程及主要设备。

【任务知识】

随着我国经济水平的持续提升，对各种资源的需求越来越多。煤炭及天然气在我国能源消费结构中占据基础地位，根据2022年《BP世界能源统计年鉴》，中国2021年煤炭消耗量为29.3亿t标准煤，占能源消耗的比重为56.0%。

直接烧煤的缺点较多，许多可燃物在燃烧室内不能完全烧尽，热能利用率低，造成能源浪费；同时，由直接烧煤而排放的烟气中含有大量粉尘及有害气体SO_2等，严重污染了环境；此外，直接烧煤不能严格控制窑炉的温度制度，使得产品质量难以稳定和提高，而且窑炉使用周期短，产量低，工作环境差，劳动强度大，难以实现机械化和自动化。由此可见，直接烧煤存在较多缺点。

全煤气燃烧法是将煤制成煤气以后再进行燃烧。以煤气作燃料，较容易满足窑炉内火焰气氛和温度分布的要求。此外，使用煤气劳动条件好，环境污染少，而且燃料费用低，有较好的经济效益和社会效益。

据预测，到2030年我国天然气消费量将达$6000×10^8\ m^3$，对外依存度超过50%，这一缺口将直接为能源供给带来安全隐患，影响我国的经济建设和社会发展。现代煤气化技术作为煤炭清洁高效利用的代表性技术之一，利用我国丰富的中低阶煤炭资源制煤气，具有重要的现实意义。

发生炉煤气站作为硅酸盐窑炉的燃料供应单元，应用极为广泛。基于国家现行环保标准及目前的能源安全形势分析，煤气发生炉作为洁净煤转化的技术装备，符合我国的能源结构要求，辅以先进技术的发生炉煤气站可以达到国家的现行环保标准要求，故而，煤气发生炉在硅酸盐工业仍然具有旺盛的生命力。本章主要介绍发生炉煤气的制备工艺及操作要求。

一、发生炉煤气的种类

把煤或焦炭等固体燃料放在某一设备中，在高温下通入气化剂，气化剂可以是空气或水蒸气（以下简称蒸汽），也可以是其两者的混合物。燃料在经过一系列的物理化学变化后，即转变为煤气。所用的设备称作煤气发生炉（简称发生炉），将固体燃料通过高温在气化剂作用下得到气体燃料的方法，一般叫作固体燃料的气化。由此可知，进行气化的基本条件是：有气化剂，有气化燃料和发生炉，还要使炉内保持一定的温度和压力。

根据气化过程中所使用的不同的气化剂，工业上典型的有空气煤气、水煤气和混合煤气。这三种煤气的组成和发热量见表4-7。

表4-7 几种发生炉煤气的组成和发热量

煤气名称	气化剂	煤气组成体系（体积/%）							低位发热量/ $(kJ \cdot Bm^{-3})$
		CO_2	CO	H_2	CH_4	C_mH_n	N_2	O_2	
空气煤气	空气	0.5~1.5	32~33	0.5~0.9	—	—	64~66	—	3765~4395
水煤气	蒸汽	5.0~7.0	35~40	47~52	0.3~0.6	—	2.6~6.0	0.1~0.2	11035~11460
混合煤气	空气+蒸汽	5.0~7.0	24~30	12~15	0.5~3.0	0.2~0.4	46~55	0.1~0.3	4810~6490

1. 空气煤气

以空气为气化剂而制得的煤气，称为空气煤气。为了研究方便，通常将纯碳与空气反应，使碳全部转化为CO的煤气，称为理想空气煤气。

根据氧气同碳的化学反应与扩散机理，气化反应的最初产物为CO_2和CO，然后CO_2再还原成CO。由于在空气中获得每千摩尔O_2的同时也伴随着3.761 kmol的N_2，而氮气不参加反应。所以有：

$$C + O_2 + 3.76N_2 = CO_2 + 3.76N_2 + 408763 \text{ kJ/kmol} \quad (4-77)$$

$$C + CO_2 = 2CO - 162375 \text{ kJ/kmol} \quad (4-78)$$

空气煤气的气化过程可看作上述反应之和：

$$2C + O_2 + 3.76N_2 = 2CO + 3.76N_2 + 246388 \text{ kJ/kmol} \quad (4-79)$$

理想空气煤气体积百分组成为

$$CO(\%) = \frac{2}{2 + 3.76} \times 100\% = 34.7(\%)$$

$$N_2(\%) = \frac{3.76}{2 + 3.76} \times 100\% = 65.3(\%)$$

理想空气煤气产率为

$$V = \frac{(2 + 3.76) \times 22.4}{2 \times 12} = 5.38 (Bm^3/kg_{碳})$$

制取空气煤气的过程中，由于炉内不断进行放热反应，使得氧化层温度很高。当该温度高过一定限度时，煤中的灰分会部分熔融结渣，影响正常气化过程的进行。此外，空气煤气还存在发热量较低、气化效率低、出口温度高、带走的热量多等缺点，所以，现在已很少采用。

2. 水煤气

以蒸汽为气化剂而制得的煤气，称为水煤气。水煤气主要利用碳与蒸汽之间的反应：

$$C + H_2O = CO + H_2 - 118798 \text{ kJ/kmol} \qquad (4-80)$$

$$C + 2H_2O = CO_2 + 2H_2 - 75222 \text{ kJ/kmol} \qquad (4-81)$$

$$C + CO_2 = 2CO - 162375 \text{ kJ/kmol}$$

$$CO + H_2O = CO_2 + H_2 + 43576 \text{ kJ/kmol} \qquad (4-82)$$

以上反应多数为吸热反应。如果连续不断地通入蒸汽，则燃料层温度会降低，使得气化反应减慢以至中断。所以生产上常利用空气与碳反应生成的热量来满足上述蒸汽分解反应所需要的热量。工业生产上最常用的是间歇送风法。即先将空气通入发生炉内，使空气中的氧与碳反应产生热量，所得气体主要是 CO_2 和 N_2，一般可放空。当燃料层的温度高到能生产水煤气时，停止送入空气，而送入蒸汽，使碳与蒸汽作用，产生可燃气体 CO 与 H_2 等，并吸收热量。当燃料层温度下降到一定限度时，则停送蒸汽，改送空气以提高温度，如此循环。

送空气入炉时称为燃烧阶段或吹空气阶段，送蒸汽时称为制气阶段或吹蒸汽阶段。这两个阶段构成了水煤气工艺的基本工作循环。

在理想条件下，燃烧阶段按式（4-77）进行反应，生成 CO_2 并放出热量；若制气阶段按式（4-80）进行并能将取出的热量全部吸收，则燃烧每千摩尔碳所放出的热量可分解的蒸汽量为

$$\frac{408768}{118798} = 3.44 (\text{kmol})$$

所以，理想制气过程总的方程式可写为

$$C + O_2 + 3.76N_2 + 3.44C + 3.44H_2O = CO_2 + 3.76N_2 + 3.44CO + 3.44H_2$$

由于燃烧阶段和制气阶段所得产物分别引出，所以产物的体积百分组成是：

燃烧阶段：$CO_2 + 3.76N_2$，即 21% CO_2 和 79% N_2；

制气阶段：$3.44CO + 3.44H_2$，即 50% CO 和 50% H_2。

按上述反应，碳的消耗是 4.44 kmol，这两种产物的产量分别是：

吹出气：
$$V_1 = \frac{4.76 \times 22.4}{4.44 \times 12} = 1.99 (Bm^3/kg_{碳})$$

水煤气：
$$V_2 = \frac{6.88 \times 22.4}{4.44 \times 2} = 2.88 (Bm^3/kg_{碳})$$

水煤气虽然发热量较高，但生产时需用优质的无烟煤或焦炭作燃料，而且操作复杂，气化效率低及生产成本高，因此硅酸盐工业窑炉中一般不采用。

3. 混合煤气

空气煤气和水煤气的生产过程都存在一定的缺点。当以空气和蒸汽的混合物作气化剂时，则可以在很大程度上克服上述不足之处。利用碳与空气中的氧进行的放热反应使发生炉保持必要的气化温度，而碳与蒸汽间的吸热反应则用来控制氧化层温度，以避免灰渣结块，与此同时产生的 CO 和 H_2 还能使煤气发热量提高。这种条件下制得的煤气称为混合煤气或混合发生炉煤气，简称发生炉煤气。

在理想条件下，生产发生炉煤气的气化反应按式（4-79）和式（4-80）两个反应进行。由于 2 kmol 碳与空气中的氧起反应所放出的热量，可满足如下碳与蒸汽起反应：

$$\frac{246388}{118798} = 2.07(\text{kmol}_{碳})$$

所以 4.07 kmol 碳与空气和蒸汽混合物相互作用时，可得到 $4.07CO + 2.07H_2 + 3.76N_2 = 9.9$ kmol 气体。于是，理想发生炉煤气的体积百分组成为

$$CO(\%) = \frac{4.07}{9.9} \times 100\% = 41.1(\%)$$

$$H_2(\%) = \frac{2.07}{9.9} \times 100\% = 20.9(\%)$$

$$N_2(\%) = \frac{3.76}{9.9} \times 100\% = 38.0(\%)$$

每千克碳的煤气产率为

$$V = \frac{9.9}{4.07 \times 12} \times 22.4 = 4.54(\text{Bm}^3/\text{kg}_{碳})$$

实际操作过程中，蒸汽的分解和 CO_2 的还原进行得并不完全，且不可避免会有许多热损失存在，所以实际煤气的组成必然与上述理想条件下的计算值有差异。

以空气和蒸汽混合物作气化剂所制得的煤气发热量较低。为提高混合煤气的发热量，还可把气化剂中的空气改为氧气或富氧空气。以氧气和蒸汽或富氧空气和蒸汽作气化剂时，需要一套制氧设备，其生产过程较复杂，设备的一次性投资也较大，故较少采用。

由于混合煤气能够在一定程度上克服空气煤气和水煤气生产过程的缺点，而且其发热量能满足硅酸盐工业的生产要求，对气化煤的品种适应性也广，所以得到了广泛应用，窑炉的燃料一般都用它。以下所介绍的内容都是指混合煤气。

二、气化过程及气化指标

1. 发生炉内的气化过程

发生炉的炉体大多呈圆筒形，外壳为薄钢板，壳内用耐火砖砌成炉膛。在发生炉的上方设有加煤口，煤块由此投入炉内，下部用炉箅（风汽帽）支撑整个燃料层。气化剂从炉

▶ 热 工 基 础

算下面送入后,在燃料层进行气化反应而生成煤气,煤气不断向上运动,最后通过燃料层上面的煤气出口逸出。煤块在发生炉内不断消耗而逐渐下移,成为灰渣落在炉箅上面,最后通过水封盘被逐步清除出去。

根据煤在发生炉内所发生的变化,发生炉一般可划分为空层、干燥层、干馏层、还原层、氧化层和灰层,如图 4-26 所示。为便于分析,可将还原层进一步划分为第一还原层和第二还原层,但对实际情况是很难明确区分的。

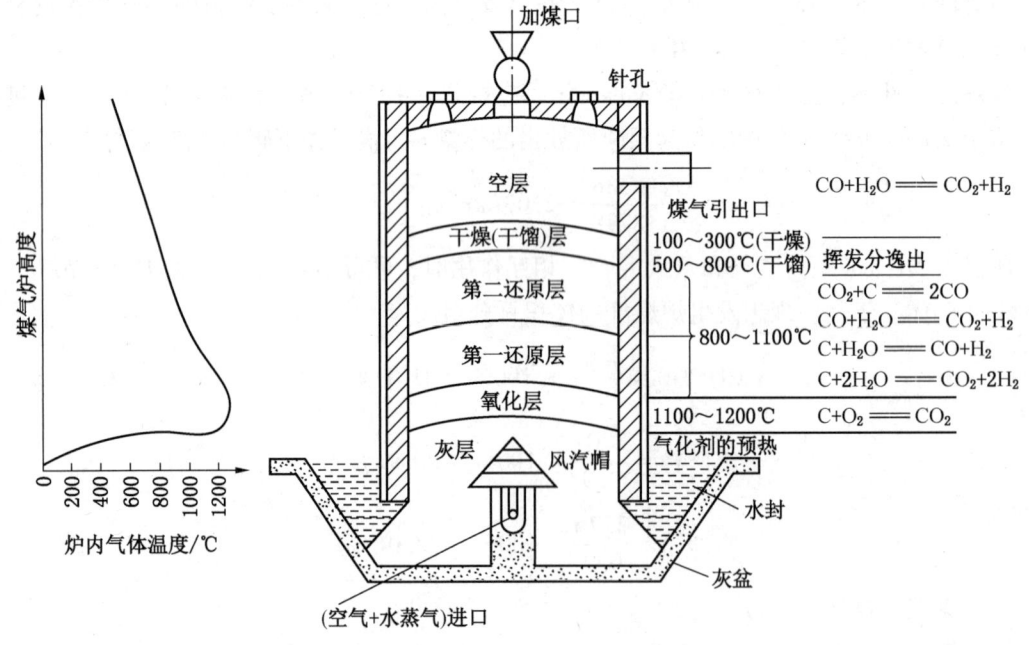

图 4-26 煤气发生炉内气化过程示意图

气化剂由发生炉下部送风口入炉后,首先通过炉箅上的灰层。由于灰渣温度较高,气化剂在此受到了预热。然后气化剂继续向上运动进入正在燃烧的氧化层。此时,煤中的碳与气化剂中的氧进行反应生成 CO_2 和少量的 CO。气化剂中的蒸汽与在氧化层生成的 CO_2 等气体一起上升,在还原层中遇到炽热的碳,CO_2 被还原成 CO,蒸汽被还原而生成 H_2。由于氧化层和还原层是燃料气化的主要区域,所以习惯上又统称为气化层。热气体继续上升,加热上层的燃料,使燃料进行干馏,该层即为干馏层,该层下部的燃料为干馏产物半焦或焦炭。干馏气与上升的热气体相互混合,即为发生炉煤气。煤气经过最上面的干燥层,将燃料预热并干燥,最后进入空层,从发生炉的煤气出口被引出。

上述气化过程中,煤气和燃料相对而行。这种方式充分利用煤气的显热对燃料进行干燥和预热,利用灰渣的显热预热气化剂,从而提高发生炉的热效率。燃料中的挥发分不经过高温区进行分解,这对提高煤气发热量也很有好处。

固定床发生炉内燃料层的分层及其作用见表 4-8。实际上,燃料层各层的分层情况并不是十分明显,层与层之间相互交错,气化反应也并不是在上述各层中截然分开地进行。划分各层主要是为了研究方便。

表4-8 固定床发生炉内各层的作用

名称	进行的过程与作用	化学反应
灰层	1. 支持燃料层 2. 分配气化剂 3. 防止风汽帽(或炉栅)受高温影响 4. 利用灰渣的物理热预热气化剂	
氧化层	碳被气化剂中的氧气氧化成 CO_2 及 CO 并放出热量以维持必要的反应温度	$C+O_2=CO_2$ $2C+O_2=2CO$
还原层	1. CO_2 被还原成 CO 2. 蒸汽分解为 H_2、CO 和 CO_2	$CO_2+C=2CO$ $H_2O+C=CO+H_2$ $2H_2O+C=CO_2+2H_2$ $CO+H_2O=CO_2+H_2$
干馏层	燃料获得热气体传递的热量,进行热分解,析出产物为:CO、CO_2、H_2O、CH_4、C_2H_4、H_2、N_2、NH_3、水蒸气以及焦油等	
干燥层	借气体的物理热,蒸发燃料中水分	
空层	聚集煤气	有时煤气中部分 CO 与水蒸气反应: $CO+H_2O=CO_2+H_2$

2. 发生炉内的气化反应

发生炉内,煤与气化剂之间进行着复杂的气化反应,一般可看作是式(4-77)~式(4-82)6个反应的组合。

1) 各燃料层中的反应

Haslam 曾以焦炭为原料研究发生炉煤气的气化过程。从发生炉各部位取出气体样品并分析其组成,可得出煤气组成随燃料层高度的变化,如图 4-27 所示。

由图 4-27 可见,空气和蒸汽通过灰层时,其组成保持定值。说明气化剂在这里无化学变化,只是本身被加热。氧化层也常称燃烧层,在这里氧气遇碳发生氧化反应[式(4-77)],放出大量的热,使得氧化层达到较高的温度。在高温下,O_2 的浓度急剧减少,直到完全耗尽。与此同时,CO_2 急剧增加并达到最大值。少量 CO 的存在说明式(4-79)的反应也同时在进行。

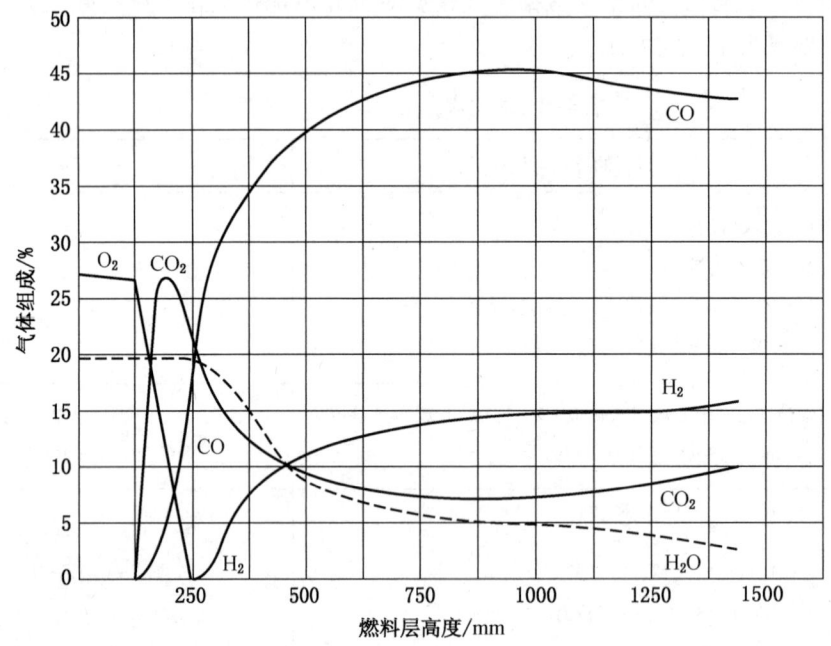

图 4-27 发生炉煤气的组成随燃料层高度的变化曲线

蒸汽在 O_2 全部耗尽之前，几乎没有发生任何反应，只是受到预热。在第一还原层，蒸汽和 CO_2 遇到炽热的碳，CO_2 被还原成 CO，蒸汽被分解成 CO 和 H_2。在该层主要进行还原反应（式 4-78），所以 CO 量急剧增加，CO_2 量急剧减少。同时式（4-80）和式（4-81）的反应也在进行，使得 CO、H_2 量增加，蒸汽量减少。由于煤气质量的好坏主要取决于 CO 和 H_2 的含量，所以这一层的反应非常重要。在第二还原层进行的反应有式（4-82）和式（4-78）。随着蒸汽浓度降低，分解率降低，H_2 含量的增加变得缓慢。

由于上述实验采用焦炭为燃料，第二还原层上是空层。若用煤料气化，则还应有干燥层和干馏层。

2）气化反应平衡常数及反应动力学

固体燃料气化是一系列的非均相和均相的化学反应。用平衡常数 K_p 可以确定气化反应的平衡组成，也可以通过 K_p 计算气化过程最大产率和固体燃料的平衡转化率。改变温度和压力均能改变 K_p 的数值。

H_2O 的还原是个吸热反应，式（4-80）和式（4-81）指出了反应所需热量的具体数值。氧化层内温度高达 1300 ℃，在蒸汽通过氧化层时似乎就应该发生上述还原反应。但由碳与蒸汽反应的平衡常数与温度的关系（图 4-28）可知：在 1038 ℃时，还原反应 [式（4-80）] 的平衡常数 K_{CO} 为 150 左右，还原反应 [式（4-81）] 的 K_{CO_2} 只有 8 左右。而碳与氧之间的氧化反应 [式（4-77）] 在温度达 1000 ℃时，K_p 为 8.75×10^{15}，极大地高于同温度下碳与蒸汽进行反应的平衡常数。所以在氧化层中主要进行的是氧化反应,而蒸汽与碳之间的反应在 O_2 基本被耗尽,即蒸汽到达还原层时才开始明显起来。

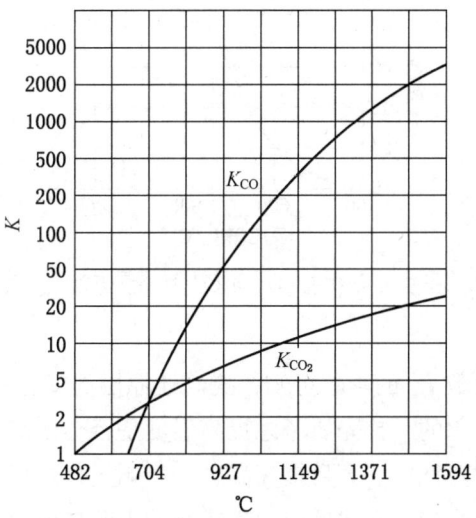

图 4-28 蒸汽和碳反应的平衡常数与温度的关系

CO_2 的还原 [式 (4-78)] 也是吸热反应,在还原层中进行。根据表 4-9 数据,温度在 950℃ 左右时,此反应平衡常数 K_p 的数值并不很大,当温度在 1100~1200 ℃ 时,K_p 值急剧上升,CO 的组成高达 99.85%~99.94%。图 4-29 表示了平衡混合物中 CO 和 CO_2 的含量与温度之间的关系。

表 4-9 $C+CO_2 \rightleftharpoons 2CO$ 平衡时的气体组成及平衡常数

温度/℃	CO/%	CO_2/%	$K_p = p_{CO}^2/p_{CO_2}$
800	86.20	13.80	
850	93.77	6.28	14.11
900	97.88	2.12	43.04
950	98.68	2.32	74.77
1000	99.41	0.59	167.50
1050	99.63	0.37	268.3
1100	99.85	0.15	664.7
1200	99.94	0.06	1665

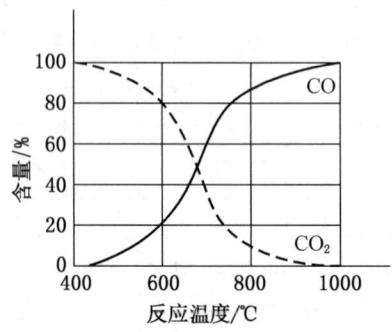

图 4-29 平衡混合物中 CO_2 与 CO 的含量与反应温度的关系

由上述温度对平衡常数 K_p 的影响可知，提高还原层温度有利于 CO 和 H_2 的生成。但还原层温度的提高是有限制的，首先要考虑提高温度是否会使灰分熔融结渣，同时还要考虑发生炉中耐火材料的耐热性能。盲目提高温度会影响气化过程的正常进行。

压力对化学平衡也有影响。上述反应中生成物的千摩尔数大于反应物的千摩尔数，增大压力将不利于蒸汽和 CO 的还原。

发生炉中进行的气化反应，除了式（4-82）属于均相反应外，其余都是非均相反应，这种非均相反应在固体表面上进行。

动力学研究表明，在固体表面进行气化反应时，首先是气化剂向固体碳表面进行扩散，气体在到达反应表面之后，便开始进行化学反应，形成气态反应物，然后在对流条件下进行扩散，其他气化剂再与碳进行反应。在这里既有化学反应过程，即化学动力学过程，也有物理过程，即扩散过程。化学反应总速度则由过程中最慢的一步决定。如果受化学反应速度限制，称为化学动力学控制；如果受物理过程控制，就称为扩散控制。

化学反应速度常数与温度呈指数关系。反应温度的提高将加快其反应速度。由炽热的碳和 CO_2 进行反应的结果可见（图 4-30）。在一定的反应温度下，若 CO_2 和炽热的碳接触

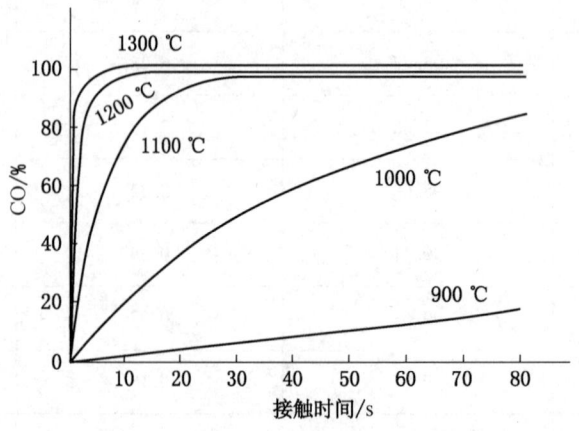

图 4-30 温度对于 CO_2 还原成 CO 的反应速度的影响

的时间愈长，则生成的 CO 量将愈多。此外，在同样的接触时间，若进行反应的温度愈高，则 CO_2 的还原愈完全。在反应温度为 1300 ℃ 时，5~6 s 的时间就可使 CO_2 全部还原成 CO。当反应温度降低到 1200 ℃ 或 900 ℃ 时，在同样的时间内，CO_2 还原成 CO 的量将分别为 90% 和 2%。所以，在化学动力学控制条件下，提高反应温度或延长反应物之间的接触时间，均有利于气化反应进行。

3. 气化指标

评价气化过程的指标主要是：煤气质量、煤气产率、气化强度、比消耗量和气化过程的效率。这些指标反映了发生炉产量、质量和热能利用三方面的情况。

1）煤气质量

煤气的质量指标指煤气的组成和发热量，组成中 CO、H_2、CH_4、C_2H_4 为可燃组分，N_2 为惰性组分，CO_2、H_2S 等为杂质。煤气的组成和含量取决于煤的种类和气化情况，通常用可燃气体的含量来衡量煤气质量的好坏。可燃气体含量高，则其发热量高；煤的挥发分含量高，则由此制得的煤气发热量也高。但煤气发热量并不与挥发分含量成比例地增加，这是因为挥发分的成分不同。

2）煤气产率

煤气产率指气化 1 kg 煤所得到的煤气量，又称气化率。

煤气产率可通过煤的碳平衡求得。即煤中的含碳量，除去灰渣和飞灰中的含碳量，以及在干馏时形成焦油所需的那部分碳量之外，其余的碳量全部转入煤气中。

若用 C 表示 1 kg 煤中的含碳量，气化 1 kg 煤所得煤气、灰渣、飞灰和焦油中的含碳量分别用 C_g、C_a、C_f 和 C_t 表示，则有：

$$C = C_g + C_a + C_f + C_t$$

煤中有多少氢就有多少碳变成焦油，即焦油中的含碳量在数值上等于煤中氢的含量。用 V_g 表示气化 1 kg 煤所得煤气的数量，则：

$$C_g = \frac{V_g(CO_2 + CO + CH_4 + C_2H_4)}{100} \times \frac{12}{22.4}$$

式中，CO_2、CO、CH_4 和 C_2H_4 表示煤气中含碳气体的百分含量。由于 1 kmol CO_2、CO、CH_4 和 C_2H_4 等气体在标准状况时所占体积均为 22.4 m³，除了 1 kmol C_2H_4 的含碳量为 2×12 kg 外，其余组分的含碳量均为 12 kg，所以，气化 1 kg 煤所得的煤气量为

$$V_g = \frac{C_g \times 100}{(CO_2 + CO + CH_4 + C_2H_4) \times 0.536} \tag{4-83}$$

根据煤气的组成是干煤气或是湿煤气，可分别求得干煤气生成量和湿煤气生成量。煤的挥发分越高，煤气产率越低，因为挥发分高的煤转变为焦油的碳、氢元素较多，而转变为煤气的少。如泥煤挥发分高，产率就低，而无烟煤中的碳、氢、氧几乎全部转变为煤气，所以产率就高。

我国几种气化原料的气化指标见表 4-10。

表4-10 我国几种气化原料的气化指标

气化原料	粒度/mm	工业分析				主要气化指标			
		水分/%（收到基）	灰分/%（干燥基）	挥发分/%（干燥无灰基）	低位发热量/(kJ·kg^{-1})	气化强度/(kg·m^{-2}·h^{-1})	干煤气产率/(Bm^3·kg^{-1})	煤气低位发热量/(kJ·Bm^{-3})	灰分含碳率/%
大同煤	13~50	5~5.5	5~8	28~30	29310	300~350	3.3~3.5	6070~6280	<12
阜新煤	13~50	5~8	11~12	35~40	25120	300~350	2.6~2.9	6280~6490	<12
抚顺煤	13~50	4~7	8~11	~45	27220	280~320	2.8~3.0	6280~6700	<12
淮南煤	13~50	4~6	18~20	30~35	25120	270~300	2.8~3.0	5860~6070	<13
辽原煤	13~50	3~10	18~22	~43	23030	230~260	~2.5	~5860	<15
焦作煤	13~50	3~5	20~22	5~7	25120	200~250	~3.5	5230~5440	<15
阳泉煤	13~50	~11	~23	8~9.5	25120	180~220	~3.3	~5440	<15
焦炭	13~50	~6	12~15	~1.0	25120	200~250	~4.0	~5020	<2

3) 气化强度

在单位时间内，发生炉内单位横截面上所气化的煤量（干燥基），称为气化强度，常用单位为 kg/(m^2·h)。生产能力指整个发生炉在单位时间内所气化的总的煤量，即气化强度乘上发生炉横截面，在工厂里常称为化煤量。

气化强度高，则生产能力高，其设备效能就愈好。影响气化强度的因素较多，不同品种的煤有不同的气化强度，而同样的煤种在不同结构的发生炉中气化，也可得到不同的气化强度。所以发生炉结构和煤种与气化强度均有关。在实际生产中，要充分挖掘发生炉的生产潜力，找出适宜的气化强度，建立正常的气化过程。

4) 比消耗量

比消耗量指气化每千克煤所消耗的气化剂用量。由于供给或制造气化剂需要消耗能量，所以气化剂用量也是一项重要的技术经济指标。

生产混合煤气时，蒸汽和空气充分混合后被送入发生炉中。由于蒸汽和空气在其混合物内所占的比例与蒸汽的饱和温度相对应，所以改变蒸汽和空气混合物的温度也就改变了蒸汽的送入量。加入适量的蒸汽可以防止灰渣结块，提高煤气质量，空气中蒸汽量的多少对炉内反应温度还具有调节作用。在生产中，蒸汽送入量的控制是一个比较重要的因素。

蒸汽消耗量指气化1 kg 煤需要的蒸汽量，单位为 kg/kg$_{煤}$。在计算蒸汽消耗量前，必须先知道空气消耗量。

原料煤气化时的空气消耗量可按氮平衡求得。若 V_a 为气化1 kg 煤时的空气消耗量（Bm^3/kg），V_g 为煤气生成量（Bm^3/kg）；N 和 N_g 分别为煤和煤气中氮的百分含量，则气化1 kg 煤所得煤气中氮的含量为 $N_g \cdot V_g/100$ Bm^3/kg，煤中的氮量为 $(N/100) \times$

$(22.4/28)\mathrm{Bm^3/kg}$，而空气中的氮量为 $V_a \times 0.79 \mathrm{~Bm^3/kg}$。由于煤气中氮的含量由煤中的氮量和空气中的氮量所组成，所以有下式：

$$V_a = \frac{1}{79}\left(N_g \times V_g - \frac{N}{1.25}\right) \qquad (4-84)$$

表 4-11 所示为常用范围内蒸汽饱和含量。根据鼓风饱和温度即可查得蒸汽含量，以查得的蒸汽含量乘上气化 1 kg 煤所需的空气消耗量 V_a，便是蒸汽消耗量。实际生产中，都以控制饱和温度来调节蒸汽的加入量，饱和温度一般为 50~65 ℃。

表 4-11 鼓风饱和温度与蒸汽含量

饱和温度/℃	蒸汽含量			饱和温度/℃	蒸汽含量		
	g/m^3	g/Bm^3	$g/Bm^3_{干气体}$		g/m^3	g/Bm^3	$g/Bm^3_{干气体}$
35	39.5	44.6	47.3	57	114	137	166
36	41.6	47.1	50.1	58	119	144	175
37	43.8	49.8	53.1	59	124	151	186
38	46.1	52.5	56.2	60	130	158	197
39	48.5	55.4	59.6	61	135	165	208
40	51.0	58.5	63.1	62	141	173	221
41	53.6	61.7	66.8	63	147	181	234
42	56.4	65.0	70.8	64	154	190	248
43	59.2	68.5	74.9	65	160	198	263
44	62.2	72.2	79.3	66	167	207	280
45	65.2	76.0	84.0	67	174	217	297
46	68.5	80.0	88.8	68	181	226	315
47	71.8	84.2	94.0	69	189	236	335
48	75.3	88.5	99.5	70	197	247	357
49	78.9	93.1	105	71	205	258	380
50	82.7	97.8	111	72	213	269	405
51	88.6	103	118	73	222	281	432
52	90.7	108	125	74	231	293	461
53	94.9	113	132	75	240	306	493
54	99.3	119	140	76	249	319	528
55	104	125	148	77	259	332	566
56	109	131	156	78	269	346	608

对不同的煤和不同的气化强度有不同的蒸汽加入量，一般保持在 0.3~0.4 kg/kg$_{煤}$。有时煤的灰分软化温度低，为避免灰渣结块，也采用 0.5~0.6 kg/kg$_{煤}$。当煤的灰分软化温度高时，为获得较高的蒸汽分解率，也有采用 0.2 kg/kg$_{煤}$ 的。

► 热 工 基 础

5) 气化过程的效率

气化过程的效率包括气化效率和热效率。

根据能量守恒定律，输入系统的总热量应等于从系统中输出的热量。以 m 表示质量（kg）、i 表示热焓值（kJ/kg）、c 表示比热 [kJ/(Bm³·℃) 或 kJ/(kg·℃)]、t 表示温度（℃），用下标 c、w、g、t 分别表示气化煤、蒸汽、煤气和焦油。对于发生炉，其总收入热包括：①气化煤的化学热 Q_1，即煤的低位发热量与耗煤量的乘积，$Q_1 = Q_{net,c} \cdot m_c$，计算时常取单位耗煤量；②鼓入空气中蒸汽的热焓 Q_2，即饱和蒸汽的质量与热焓值的乘积，$Q_2 = m_w \cdot i_w$。另外，还有煤和空气入炉时所带的显热，但它们占总热量的份额很小，通常可以忽略不计。

总支出热量主要包括：①干煤气化学热 Q_3，即由煤转变为煤气的发热量，它等于干煤气的低位发热量乘上干煤气产率，$Q_3 = Q_{net,g} \cdot V_g$；②干煤气显热 Q_4，即在煤气出口温度 t_g 下所具有的显热，$Q_4 = V_g \cdot c_g \cdot t_g$；③焦油化学热 Q_5，该值等于焦油发热量与焦油量的乘积，$Q_5 = Q_t \cdot m_t$，当焦油作为化工产品而利用时，这部分热量为有效热；④焦油热焓 Q_6，是焦油蒸气随煤气带出时，在煤气出口温度下的热量，$Q_6 = m_t(i_t + c_t t_g)$。

另外，还有气化过程中燃料的直接损失，如随飞灰、灰渣所损失的燃料；反应物离炉时带走的热量和炉体散热等。

根据上述发生炉内热量收入和支出的情况，可求得气化过程在热能利用方面最主要的指标。

(1) 气化效率 η_g。气化效率指每单位气化用煤所含的发热量转变为煤气发热量的百分数，即：

$$\eta_g = \frac{Q_3}{Q_1} \times 100\% \tag{4-85}$$

该指标对煤的热能利用很有意义，但由于它没有考虑气化过程中其他热量的利用程度，所以在热能利用方面的指标也常用热效率表示。

(2) 热效率 η_h。气化过程热效率表示所有进入气化过程中的热量的利用程度。除煤所具有的热量外，还应计入气化剂带入的热量，即：

$$\eta_h = \frac{Q_3 + Q_5}{Q_1 + Q_2} \times 100\% \tag{4-86}$$

如果考虑煤气和焦油的物理显热已被利用，则：

$$\eta_h = \frac{Q_3 + Q_4 + Q_5 + Q_6}{Q_1 + Q_2} \times 100\% \tag{4-87}$$

当发生炉炉体上围有水套时，则上式热收入项中（分子项）还要加上水套带走的热量，因为这部分热量是用来产生气化剂中蒸汽的。需要指出的是，气化煤的物理化学性质、气化过程的操作情况以及发生炉的构造是影响气化指标的主要因素。

三、煤品质对气化过程的影响

选择发生炉气化用煤时,首先应满足使用单位对煤气质量的要求,如玻璃熔窑要求煤气发热量在 6100~6300 kJ/Bm³,陶瓷工业对发热量在 5200 kJ/Bm³ 左右的气也可以采用;其次是最基本的要求,即所选煤种必须适合气化操作,能够满足一定的气化指标。在满足前两条要求的前提下,气化用煤应尽可能就地取材,以缩短运输路程,降低成本。

煤的物理化学性质是决定气化指标的主要因素。发生炉用煤的范围较广,但对煤质仍有一定的要求。国家制定了《商品煤质量 固定床气化用煤的技术要求》(GB/T 9143—2021),对固定床气化用煤产品质量和技术要求做了规定。固定床气化用煤按煤种分为 4 个类别,分别为固定床气化用无烟煤、固定床气化用低挥发分烟煤、固定床气化用中-高挥发分烟煤和固定床气化用褐煤。质量要求见表 4-12。

表 4-12 固定床气化用煤要求及实验方法

项目	符号	单位	级别	技术要求	实验方法
灰分	A_d	%	A_1	≤10.00	GB/T 212 或 GB/T 30732
			A_2	>10.00~20.00	
			A_3	>20.00~25.00	
全硫	$S_{t,d}$	%	S_1	≤1.00	GB/T 214 或 GB/T 25214
			S_2	>1.00~2.00	
			S_3	>2.0	
块煤限下率	P_{-6mm}	%		≤20.0	MT/T 1
黏结指数	$G_{R,I}$			≤30	GB/T 5447
全水分	M_t	%		无烟煤≤10.0	GB/T 211
				低挥发分烟煤≤10.0	
				高挥发分烟煤≤20.0	
				褐煤≤35.0	
热稳定性	TS_{-6}	%		无烟煤>80.0	GB/T 1573
				低挥发分烟煤>60.0	
				高挥发分烟煤>60.0	
				褐煤>50.0	
落下强度	S_{25}	%		>60.0	GB/T 15459
固态排渣煤灰熔融性软化温度	ST	℃		≥1250	GB/T 219
液态排渣煤灰熔融性流动温度	FT	℃		≤1450	

此外在国标中还规定了磷、氯、砷、汞及煤灰黏度等指标。

▶ 热 工 基 础

1. 灰分和结渣性

煤的灰分含量愈低愈好。灰分高则可燃组分的含量低，机械排渣强度大，同时也增加了由灰分带走的热损失。灰分过高的煤在气化过程中，会出现煤料部分表面被灰分覆盖的现象，使得气化反应的有效面积减小，降低了煤的反应能力。

灰分软化温度（ST）影响气化反应的温度。如果灰分软化温度低，就不能在氧化层维持高温，从而煤就不能获得较高的反应速度。一旦氧化层的温度超过灰分软化温度，就会产生熔渣结块，造成气化剂在燃料层截面上不均匀分布，以致减少气化反应的面积，降低气化效率。灰分软化温度很低的煤，必须在液态排渣式发生炉中气化。在气化过程中为防止灰分结渣，氧化层温度通常保持在 1100~1300 ℃。

2. 水分、挥发分和硫分

煤中的水分通常在干燥层中被蒸发。少量的水分对生产影响不大，但水分过高时，会使上层燃料加热不均，从而引起床层局部地区的阻力不均。含水分较高的煤料，其干燥时间会相对延长，为此就要增加干燥层和干馏层的高度，使得还原层的厚度降低，影响 CO_2 和蒸汽的充分还原。为稳定气化过程和保证煤气质量，必要时可将煤预先干燥，然后再加入发生炉中进行气化。

挥发分中的主要成分是 CH_4、C_mH_n。挥发分高的煤，其煤气发热量也较高，但热稳定性和机械强度较差。挥发分 H_2S 的发热量较高，为 23380 kJ/Bm^3。煤中所含硫的 70%~80%将形成 H_2S，其燃烧后生成 SO_2。硫化物不仅腐蚀管道和设备，对操作条件和环境也不利。

3. 煤的黏结性

黏结性是烟煤的一个重要特性，它的指标以胶质层厚度 Y 值表示。气化过程中，黏结性大的煤容易在燃料面上或炉壁上结块以及生成焦拱。前者阻塞了气流通路，后者阻碍了燃料下落，使下面燃料层形成空腔。在严重黏结时，气化过程就不能正常进行。稍带黏结性的煤要比毫无黏结性的、粉末状的、热稳定性不良的煤容易气化。高黏结性的煤只能在具有连续搅拌设备的机械化发生炉中进行气化，连续搅拌可以使生成的结块不断被打碎，并使生成的拱架和空腔得到消除。

4. 煤的反应性

煤的反应性也称煤的活性，是指在一定的高温条件下，煤与 O_2、CO_2 或蒸汽相互作用的反应能力。表示煤反应性的方法很多，我国目前采用的是用 CO_2 与煤焦进行反应，以 CO_2 还原率来表示煤的反应性。对 CO_2 还原率越高的煤，反应性越强，即反应能力越强。

反应性强的煤可使发生炉有较高的生产率和较好的煤气质量，还可以在较低的温度下进行气化，从而防止灰分结渣。如果煤的反应能力低，就必须在较高温度下气化才能保证煤气质量。

5. 粒度及其均匀性

煤的粒度大小与其总反应表面积有一定关系，粒度越小，则总反应表面积越大，煤与气之间的热交换及扩散过程越强烈。但粒度过小会增大气化剂通过燃料层时的阻力。

煤的粒度大，有利于气化剂畅通，但总反应表面积相应减小。同时，煤的导热性能差，粒度大时，在干燥阶段去除水分及干馏阶段排出挥发分的时间也要延长。

煤的粒度不均匀时，加入炉内的煤料会产生偏析现象，即粒度大的煤落向炉体壁，粒度小的煤及煤末集中在炉中部，造成近炉壁处阻力小。大部分气流在近炉壁处通过，并在该处进行激烈燃烧，造成气化层局部上移。严重时气化层可能越出燃料表层，出现"烧穿"现象。当粒度小的煤中夹有大量煤屑时，煤料之间的空隙被堵住，形成密实的煤层，使得气流无法通过。有时还会出现小粒度煤已气化完毕，而大粒度煤直到灰层还未完全烧尽的现象。

6. 机械强度及热稳定性

煤的机械强度是指其坚固性。机械强度差的煤容易在输送过程中造成破碎，引起粒度不均匀，在发生炉干燥层和干馏层受到上层煤料的压力时，也容易被压碎而成为碎煤。在使用机械强度差的煤时，要改善输送条件，以减少破碎现象。实验证明，低挥发分的烟煤机械强度低，而无烟煤的机械强度较高。

热稳定性用来度量煤在高温下加热、气化时发生破裂的程度。热稳定性差的煤气化时极易发生崩裂，破碎产生的大量煤尘不仅被气流带出炉外造成损失，同时也使燃料层阻力增加，造成阻力分布不均匀。无烟煤和褐煤的热稳定性较差，无烟煤结构致密，受热时其内外温差引起膨胀不均匀而发生崩裂。褐煤在加热过程中其内部水分气化而引起炸裂。对热稳定性差的煤在入炉前应该适当控制其粒度，以减轻其对气化过程的影响。一般要求在850 ℃前不破碎。

7. 扩大气化用煤的途径

（1）由煤品质的综合特性确定操作条件。适合于气化用的烟煤和无烟煤，以弱黏结性煤为最佳，气化效果也最好。我国地域辽阔，煤炭的分布面广，在选择气化用煤时，应积极开发，有效利用本地资源，以缓解运输负担，降低生产成本。个别煤种单项品质不符合气化用煤要求，需要在操作上做到扬长避短，根据特性合理使用。

（2）发生炉用煤的预处理。碎煤、粉煤在气化过程中使得燃料层阻力增加并引起飞灰损失，但碎煤经过预处理，加工成一定大小的型煤后，就可用于发生炉中进行气化。型煤的加工方法较多，一般是在煤粉中掺入一定比例的黏结剂，进行混合后再压制成型。

四、发生炉的炉型

煤的气化起源于1792年苏格兰人W·默多克的实验。最初的发生炉炉体断面呈正方形，采用水平式的固定炉箅。与此同时，还出现了没有炉箅的用于气化木炭的发生炉。无炉箅发生炉后来成为液态排渣式发生炉的原型。

现代意义上的煤气化技术，最早的雏形来自法国人采用的焦炭煤气发生炉，德国西门子公司于1857年建立了工业化的煤气发生炉，这是现代固定床煤气化技术的源头。

► 热 工 基 础

随着气化技术的改善，出现了回转炉箅发生炉，它不但能较好地分配气化剂，还能机械排灰，所以在工业上得到了广泛应用。1922 年，德国人 Winkler 第一次提出了流化床气化法的设想。1926 年，第一台温克勒气化炉投入工业生产。在以后的几十年内，许多国家对现有的煤气化技术不断改进，又派生出不少新的气化方法，出现了不少新的炉型，包括固定床液态排渣炉和沸腾床气化炉以及气流床气化炉，使煤的气化技术不断成熟和发展。

1. 发生炉的分类

发生炉的种类较多，根据煤料在发生炉中的状态，可分为固定床（移动床）、沸腾床（流化床）及气流床式。根据气化压力，又可分为常压气化发生炉和加压气化发生炉。

固定床发生炉的炉箅，在一定程度上决定了发生炉的构造和生产能力。按炉箅结构分类，可分为：无炉箅发生炉、固定炉箅发生炉和回转炉箅发生炉。前两类发生炉都采用人工间歇加煤和排灰，回转炉箅一般都是机械加煤和排灰。

此外，根据煤料在发生炉内进行干馏和气化的部位，固定床发生炉还可分为一段式发生炉和两段式发生炉。

2. 发生炉的主要构造

根据所气化的煤种及工艺上对煤气的要求，发生炉基本构件包括炉身、加煤装置、搅拌装置、炉箅（风汽帽）和排灰装置。

1）炉身

大多数发生炉均为圆筒形，炉身用 6~10 mm 厚的钢板焊接或铆接，内衬有 200~250 mm 的黏土质耐火砖，中间有 110~20 mm 的石棉灰填料。炉膛内径一般为 3 m 左右。有些炉型在气化层炉身上设有水套，可产生部分蒸汽作为气化剂。

2）加煤装置

加煤时必须使煤块沿炉膛截面均匀分布并尽量减少偏析，既要使煤料不进一步破碎，同时还要防止煤气从发生炉泄漏到厂房并不让空气进入发生炉内。

加煤装置可分成人工加煤装置和机械加煤装置。人工加煤的特点是加煤是间歇性的，这使得煤气的成分和温度经常变动，影响煤气质量。机械加煤能保证将煤连续加入炉内，使气化过程稳定进行。

3）搅拌装置

搅拌可使煤料在炉膛截面上均匀分布。气化弱黏结性煤时，可把上部表面形成的黏结性煤壳打碎并将顶层煤料搅松。机械搅拌装置有搅拌棒和搅拌耙两种。

4）炉箅（风汽帽）

炉箅是发生炉的重要构件，回转炉箅具有分配气化剂、打碎灰渣和连续而均匀排灰的作用。通常使用偏心的鱼鳞状炉箅，它固定在灰盘上随灰盘一起转动，与发生炉中心线不同心安装。旋转时，由于锥体形状不对称而产生偏心转动，所以能将灰渣破碎并将其排出到灰盘中。

5) 排灰装置

对排灰装置的要求是能够连续均匀地排灰,以保证气化过程稳定进行。

发生炉的炉渣被回转炉箅排挤到灰盘中后,随着灰盘的转动,被固定安装的灰刀陆续刮出。为了在灰盘和炉身之间保证发生炉的气密性,灰盘中应保持一定深度的水封。

3. 典型的两段式发生炉

一段式煤气发生炉常常面临焦油堵塞管道等的危害,与一段式发生炉相比,两段式发生炉的干燥层和干馏层较长,发生炉炉膛分为两个区域,位于上段的为干馏段,位于下段的是气化段(图4-31)。气化过程中,煤的干馏和气化是分开进行的。

图4-31所示是3Q两段式煤气发生炉示意图,气化段产生煤气M分两部分M_1和M_2,其中M_1上行进入干馏段对煤进行干馏和干燥,同时生成干馏煤气M_3和焦油,M_1和M_3组成上段煤气导出炉外;M_2则通过下段煤气夹层通道,不经过干馏段直接以下段煤气的形式导出炉外。

煤料从顶部加入后即进入干燥干馏段。煤料在下降过程中被缓慢地加热,到达温度为500~600 ℃的干馏段即进行低温分解,析出发热量约为29400 kJ/Bm^3的干馏气和分子量较低的轻质烃类蒸气。干馏气和轻质烃类蒸气与进入干馏段的热煤气混合后,从上段出口引出,称为上段煤气。轻质烃类蒸气经冷凝后变为轻质焦油,在静电除焦油器中很容易与煤气分离。干馏段的另一部分产物——含重质烃的半焦落入温度为900~1200 ℃的气化段。半焦中含有的重质烃在气化段内高温裂解,基本上避免了重质焦油的产生。生成的煤气组成主要为CO、H_2、CO_2和CH_4,由于不含焦油,故被称为"净化煤气"。净化煤气从下段出口引出,所以又被称为下段煤气。下段煤气经简单除尘后即可使用。

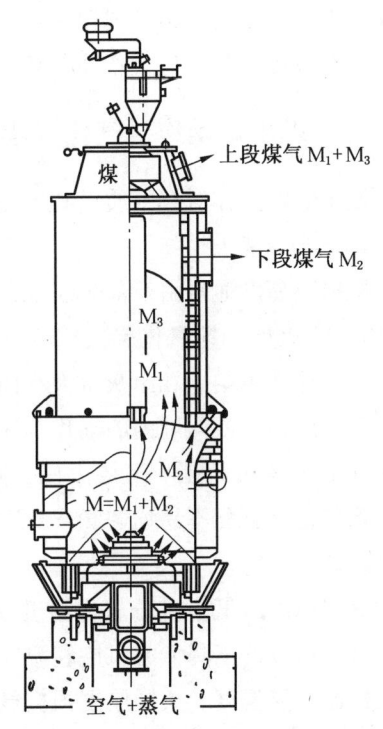

图4-31 3Q两段式煤气发生炉示意图

上段煤气约占总煤气量的40%,出口温度80~120 ℃,发热量约为7560 kJ/Bm^3;下段煤气约占总煤气量的60%,出口温度450~470 ℃,发热量约为6090 kJ/Bm^3。

4. 加压气化法

发生炉中的气化过程一般在常压下进行,采用加压气化方法就是提高气化剂的压力,从而大幅度提高发生炉的生产能力,同时能制得符合城市要求的中等发热量的煤气。

加压气化主要是促使甲烷含量增加。当蒸气浓度提高时,CO会大量地转化为CO_2和H_2。实验证明,当压力从0.1 MPa提高到2.6 MPa时,CO的转化率提高9倍。气体混合物中H_2含量的增加,为合成甲烷创造了良好的条件。

▶ 热 工 基 础

德国鲁奇煤和石油技术公司在 1926 年开发出一种加压移动床煤气化设备，称为鲁奇炉。鲁奇炉是采用加压气化技术的一种炉型，气化强度高，现已发展到 MarkIV 型，炉径为 4.1 m，每台产气量可达 60000 m^3/h，已应用于美国、中国和南非。

与常压气化法相比，加压气化所制得的煤气发热量较高，碳的转化率和热效率也高，对煤的粒度要求较宽，可以使用小粒度煤。但炉体结构复杂，附属装置也多，使得基建投资高。由于加压气化蒸汽消耗量多，煤中的水分也多，气化时产生的焦油、酚的处理较困难，要有较庞大的净化设备和复杂的废水处理系统。

五、发生炉操作对气化过程的影响

发生炉的操作对煤气质量和气化强度有重要影响，其主要操作控制指标如下。

1. 燃料层高度

燃料层高度通常由三部分组成，在工厂里常称作：①煤层（包括干燥层、干馏层和还原层）；②火层（即氧化层）；③灰层。炉内各层高度根据发生炉的类型、煤的物理化学性质、搅拌装置类型和出灰量大小而决定。

灰层能预热鼓入炉内的气化剂使其达到 200 ℃ 左右，并使气流均匀分布。灰层一般控制在 0.1~0.4 m 范围。灰层太厚，则氧化层和还原层相对减薄，使产气量减小。灰层太薄，除气化剂分配不易均匀和气化剂预热温度低之外，还将造成火层下移，操作不当时，很容易烧坏炉箅。

火层温度应低于灰分软化温度 80~120 ℃，厚度一般以 0.15~0.3 m 为宜。若火层温度偏低，可以适当降低鼓风饱和温度，使气化剂中蒸汽含量少一些。一般通过调节饱和温度来控制火层温度。火层厚度根据气化强度、炉内温度、燃烧粒度和反应活性来决定。火层太厚会使炉子温度升高，热量聚集过多容易造成炉内结渣。同时，火层太厚使得煤层也要加厚，这就增加了燃料层的阻力。

煤层高度由煤的粒度及所含水分、挥发分的多少而决定。粒度大、水分多，高度就要增加。如果高度不够，煤料未经完全干馏就进入还原层，会降低还原层温度，影响蒸汽和 CO_2 的还原。同时，煤中未干馏出的焦油和挥发分也会发生热分解以至烧失。煤层过厚则阻力增加，尤其在气化黏结性较强的烟煤时，搅拌困难，气流不均，容易造成局部过热，甚至炼结和穿孔。一般煤层控制在 0.3~0.5 m 较为适宜。煤层厚薄与煤气出口温度有直接关系，煤层薄，出口温度高，煤层厚，出口温度低，所以在操作中一般以煤气出口温度调节煤层高度。

空层的高度指燃料层上表面至炉顶这一段距离，其作用是把生成的煤气集中起来输入管道。空层高低的选择主要以煤种、发生炉结构和搅拌操作为依据。空层距离大，表示灰层和火层相应减小，气化反应慢且还原反应也进行得不够完全；空层距离小，给操作带来不便，同时煤气中带出物损失也将增多，所以空层高度必须稳定。一般根据在炉体横截面上下煤均匀和按时清灰这两点来控制空层，如果燃料层太高，可以在保护好灰层的前提下,适当多清灰,以加速气化过程。

2. 气化强度

气化强度既是对气化过程进行评价的指标,也是一项很重要的操作参数。

提高气化强度的实质就是要加快炉内的气化反应。在发生炉内进行的许多反应中,CO_2 的还原速度比其他的反应速度慢,所以它是决定发生炉气化强度的主要反应。

当 CO_2 的还原过程处于化学动力学控制时,提高反应温度能加快化学反应速度。但此时必须考虑煤的灰分软化温度,一旦引起灰渣结块,造成通风不良,反而会使温度下降,影响 CO_2 的还原。所以必须根据煤的品种和灰分软化温度,在具体的发生炉中寻找和总结最适宜的反应温度。

当 CO_2 的还原过程受扩散控制时,可以增加气流速度或与气流速度成比例的鼓风量。但气流速度过大会减少气体与燃料的接触时间,通常气体停留在还原层只有几秒,所以为保证煤气质量,必须考虑进行充分反应所必需的时间。在反应温度不高时增加气流速度,将会恶化 CO_2 的还原,使煤气质量变坏。如煤的热稳定性较差,增大气流还会引起飞灰损失。

当 CO_2 的还原处于过渡区域条件时,必须综合考虑上述两方面的因素。

实际操作中,为控制气化强度和煤气质量,经常以煤气出口温度来反映燃料层温度,调节鼓风饱和温度和鼓风压强来控制空气与蒸汽的混合比和气化剂供入量。一般而言,加大鼓风量,提高煤层以延长气化剂和煤料的接触时间,选择良好煤种以及加强筛分等,都能获得较高的气化强度。

3. 鼓风饱和温度和鼓风压强

鼓风饱和温度的高低决定了气化剂中蒸汽的含量。确定饱和温度以发生炉内不结渣和不炼边为原则。

对于一定种类的煤,其灰分含量愈高,则灰分软化温度愈低,在发生炉内灰渣结块的机会就多,所以必须提高饱和温度,以加入更多的蒸汽来降低气化层温度,但这常常会降低煤气的质量。

对于不同种类的煤,其蒸汽消耗量的差别由其不同的物理、化学性质所决定。煤中的水分和挥发分含量高,经干馏后进入还原层的碳就少,所以蒸汽消耗量也少得多。粒度小的煤比粒度大的煤容易结块,它的蒸汽消耗量也就相应要高一些。

当气化强度增加时,气化层的温度较高,操作时一般都适当提高鼓风饱和温度以增加蒸汽量。而当气化强度降低时,则降低蒸汽量,以避免气化层温度过低而使煤气质量降低。鼓风饱和温度一般控制在 50~65 ℃。

鼓风压强虽与鼓入风量有关,但不能表示鼓入炉内的气化剂总量,它是鼓风量与燃料层阻力的综合效果,要同时受到这两个因素制约。燃料层阻力与燃料层高度、燃料粒度和结渣性、气化强度等因素有关。当燃料层较高,粒度较小,容易结渣或气化强度大时,燃料层阻力将增大,这时必须适当提高鼓风压强。但鼓风压强过大又会增加飞灰损失,使气

▶ 热 工 基 础

流不均匀而且容易烧穿燃料层,所以压强不宜过大。应着重指出,鼓风压强的最低限度必须保证发生炉处于正压下操作。一般在紧靠炉底的风管上测量鼓风压强。

4. 煤气出口压强和出口温度

煤气出口压强要能克服管道、阀门、净化装置等设备的阻力,将煤气输送到使用点。操作时,从煤气出口压强和鼓风压强之差可以了解燃料层阻力的情况。当管道或净化设备被飞灰和焦油堵塞时,煤气流动的阻力将增大,这就影响发生炉和煤气系统的正常压强制度。

由于发生炉内各部分的温度高低不同,一般都用煤气出口温度来反映炉内的温度制度,从而控制炉内的气化过程。煤气出口温度与燃料层高低、加煤量及鼓风饱和温度等因素有关。煤气出口温度过高时,要考虑到是否燃料层过低,鼓风饱和温度过低,燃料层烧穿或是气化强度提高等原因造成。煤气出口温度低,则表明发生炉内气化层温度已经降低,要采取相应的措施使其恢复正常。煤气出口温度控制范围一般在 400~600 ℃。

六、煤气的净化

从发生炉中出来的煤气含有各种杂质,其中包括固体悬浮物如煤尘和灰尘等,液体产物焦油和醋酸等,以及气体产物 H_2S、NH_3 和蒸气等。所谓煤气净化,就是根据工艺要求,把煤气中的杂质分离出去。

净化煤气主要采取冷却、脱水及除尘和除焦油等操作。在实际生产中,并非所有煤气都必须经历上述操作,而是根据生产工艺对煤气的要求,采用不同的净化方法。用于玻璃灯工或隧道窑烧嘴的煤气,要加以冷却,并使焦油和尘粒的含量降低到最低限度。而用于窑炉熔制玻璃的煤气可以不经冷却,而只进行粗除尘,以利用焦油的化学热和煤气的显热。

通常,把不经冷却而只经粗除尘后以热的状态供应窑炉使用的煤气称为热煤气;经冷却及除尘除焦油后再使用的煤气称为冷煤气。与此相应,采用不同的净化装置,形成了热煤气净化工艺和冷煤气净化工艺。

1. 热煤气的净化

热煤气为玻璃及耐火材料窑炉所广泛使用。生产热煤气时,应避免煤气中焦油蒸气的冷凝以及减少物理热的损失,要求热煤气站尽可能建立在窑炉附近,并对所有的煤气管道加以保温。煤气温度一般要在 400 ℃ 以上,否则焦油会凝结。煤气输出距离应不大于 60 m。

净化热煤气的设备及布置较简单,其工艺流程为:

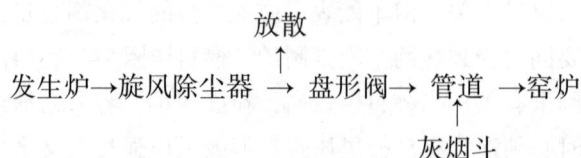

从发生炉出来的煤气先进入旋风除尘器。煤气以切线方向进入旋风筒后，围绕内旋风筒做圆周运动，由于离心力的作用，煤气中的尘粒被抛向器壁，并与器壁碰撞失去速度而沉降，被净化的煤气则经内旋风筒上升，由出口排出。

盘形阀用来关闭发生炉与管道之间的气路，放散管与大气相通，为防止焦油、灰粒等杂物在管道中积结，在沿途管道上设有存烟斗，煤气带尘流动时有一定的动能，流经存烟斗部分时，因为管道尺寸突然增大，流速减小，从而煤气流动的载灰能力下降，使部分尘粒落入斗中。排放尘粒有干放和湿放两种。

净化热煤气投资费用少，也没有含酚废水要处理。但管道保温多采用钢板焊接，内衬耐火材料，所以造价较高，而且维修时拆卸管道较困难。由于煤气温度高不能用鼓风机加压，到达窑炉时煤气压力很低。一般煤气在管道内流速较低，只有 2~3 m/s，实际操作时很难进行煤气流量的测定。生产热煤气通常使用弱黏结性煤，要求水分不超过 15%，因为水多易冷凝，煤气发热量也低。

2. 冷煤气的净化

净化冷煤气需要采用洗涤、除焦油、脱硫等设备，工艺复杂，投资是净化热煤气的 2~3 倍。冷煤气纯净，可以加压向许多相距较远的车间输送，也可以使用各种新型烧嘴，特别适合于明焰裸烧陶瓷产品，陶瓷窑炉多数使用冷煤气。冷煤气管道内可以设置计量设备，也较容易实现自动化控制。

冷煤气净化工艺依据气化燃料而定。焦炭和无烟煤在气化过程中产生的焦油很少，洗涤水中含酚量也少，一般不需要复杂的除焦油装置和特殊处理废水设备，工艺布置较为简单，其流程为：

发生炉→竖管冷却器→洗涤塔→排送机→用户

从发生炉中出来的煤气，在竖管冷却器进行预冷和清除一部分灰尘后，在洗涤塔进行最终冷却和除尘。冷却后的煤气汇集于总管，再经煤气排送机加压送入管路系统。最终煤气温度约为 35 ℃。

用烟煤和褐煤制得的煤气中含有较多焦油，净化工艺与上述相比，主要是在竖管冷却器和洗涤塔之间装设了净化焦油装置。常用的净化焦油装置是电除尘器，煤气经过电除尘器后，还有少量轻馏分焦油和水分，通过洗涤塔后可去除一些轻质焦油并使蒸气冷凝。洗涤水中酚的含量较高，有毒化合物也多，存在较难解决的废水处理问题，这也是影响冷煤气使用的主要因素。工厂的发生炉废水处理一般采用废水完全封闭循环。要达到完全封闭循环，必须做到循环水系统的水只能减少而不能增加。经长时间封闭循环后，废水中的挥发酚含量渐趋饱和，煤气中的酚不再溶于水，而是被煤气带走。但在实际生产中，水中的挥发酚也会弥散到大气中去污染环境。

七、煤气化方法进展

煤气化技术起源于西方，在我国也有 150 多年的应用和发展历史。我国对煤气化技术

▶ 热 工 基 础

的自主研发起步于20世纪50年代初，并逐渐形成了我国在煤气化基础研究和工程应用领域引领发展的局面。

1. 固定床气化技术

固定床气化技术引进较早，应用成熟。除了常压固定床气化技术、加压固定床气化技术外，常压两段式固定床气化技术及加压两段式固定床气化技术在我国广泛应用。

2. 流化床气化技术

1）灰熔聚流化床气化技术

1980年，中国科学院山西煤炭化学研究所开始研究灰熔聚流化床气化技术，到2009年中国科学院山西煤炭化学研究所和山西晋煤集团合作建成了0.6 MPa灰熔聚工业气化炉，完成气化装置的热态调试，多台气化炉并气投产。

2）多段分级流化床气化技术

中国科学院山西煤炭化学研究所在加压灰熔聚流化床气化技术的基础上，集成快速流态化技术，开发了多段分级流化床气化技术。该技术将气化炉分为下部浓相射流段和上部快速提升段两部分。气化炉下部保持了灰熔聚流化床的高温射流和选择性灰分离的优势，以提高大颗粒在浓相床中的停留时间和碳转化率；在上部快速提升段，通过强化细粉循环以提高气固接触和细粉停留时间，并采取分段给氧方式以提高提升段气化温度，将细粉进一步转化，进而从总体上提高气化炉的碳转化率和处理能力。

3）循环流化床气化技术

"七五"期间，煤炭科学研究院北京煤化学研究所开展了加压循环流化床粉煤气化研究。20世纪80年代，清华大学开始研究循环流化床气化工艺，提出了双炉气化的技术路线以及循环流化床煤气-蒸汽联产工艺。2004年，中国科学院工程热物理研究所在循环流化床常压煤气化热态实验系统上完成了以氧气-水蒸气为气化剂和空气-水蒸气为气化剂的实验研究。而后又进行了双流化床气化实验，其原理是将煤的热解气化和半焦燃烧分开，热解气化在鼓泡流化床内进行，半焦燃烧在循环流化床内进行，为鼓泡床热解气化提供所需的热量。2014年完成了循环流化床富氧气化实验研究。

3. 气流床气化技术

1）单喷嘴水煤浆（多元料浆）气化技术

单喷嘴水煤浆气化装置是由原化学工业部化肥工业研究所（现西北化工研究院）研发建设的，是我国水煤浆气化技术发展的重要里程碑，为我国引进和开发水煤浆气化技术发挥了重要作用。1986年完成的第1个煤种（陕西铜川煤）的气化实验，主要工艺指标为：煤浆浓度60.0%~61.5%，有效气成分（$CO+H_2$）76%，碳转化率90%~95%，冷煤气效率66%，最长连续操作时间82 h。以此为基础，原化学工业部化肥工业研究所（现西北化工研究院）形成了多元料浆气化技术，并应用于国内部分煤化工企业。

2）多喷嘴对置式水煤浆气化技术

1991年，华东理工大学研究团队提出了气流床气化过程的层次机理模型，对炉内冷态浓度分布和停留时间分布进行了系统研究，提出了基于炉内微观混合和宏观混合时间尺度的气化炉短路混合模型。1995年，华东理工大学与山东鲁南化学工业（集团）公司合作，在我国首先成功开发了水煤浆气化喷嘴，提出新型多喷嘴对置式水煤浆气化技术方案，并对水煤浆气化工艺系统进行了全面创新，为开发自主知识产权的大型煤气化技术奠定了基础。

之后，兖矿集团有限公司、山东华鲁恒升股份公司也相继采用多喷嘴对置式水煤浆气化技术。多喷嘴对置式水煤浆气化技术工艺技术指标、关键设备寿命等均超过了国外引进的同类技术，实现了安全、稳定、长周期、满负荷、优化运行。该技术在气化炉结构、烧嘴结构、流动与反应耦合、高温合成气洗涤等方面均有重大创新。其工业化的成功，标志着我国拥有了完全自主知识产权的大型煤气化技术，打破了国外跨国公司的技术垄断，有力支撑了我国现代煤化工行业的快速发展，是我国煤气化技术发展史上的里程碑。

2009年6月，单炉日投煤量2000 t级的多喷嘴对置式水煤浆气化装置在江苏灵谷化工股份公司建成投运。2014年6月，单炉日投煤量3000 t级的多喷嘴对置式水煤浆气化装置在内蒙古荣信化工公司建成投运。2019年10月，单炉日投煤量4000 t级的多喷嘴对置式水煤浆气化装置在内蒙古荣信化工公司建成投运，是迄今为止世界上单炉处理规模最大的煤气化装置。

至2020年10月底，该技术已经推广应用于国内外61家企业，在建和运行气化炉182台，气化装置煤处理能力位列世界第一。

3）晋华炉（单喷嘴）水煤浆气化技术

自2001年，在科技部、国家发展和改革委员会、国家自然科学基金委的支持下，清华大学相继开发出第1代非熔渣-熔渣分级气化技术、第2代水煤浆水冷壁气化技术和第3代水煤浆水冷壁-辐射式蒸汽发生器气化技术，取得了良好的工业应用业绩。

4）SE（单喷嘴）水煤浆气化技术

针对传统炼厂制氢方法成本高、效率低等问题，结合炼厂高硫石油焦和废弃物处理的迫切需求，华东理工大学和中国石化集团公司合作，成功开发了SE水煤（焦）浆气化成套技术。该技术采用双煤（焦）浆双氧长寿气化喷嘴、两路煤浆自动分配技术及以平推流流场结构为主的SE水煤（焦）浆高性能气化炉。目前，正在中国石化镇海炼化建设单炉投煤量2500 t/d级气化装置。

5）航天炉（HTL）粉煤加压气化技术

2006年开始，航天长征化学工程股份有限公司依托液体火箭发动机的技术开展粉煤加压气化技术研发。2008年，先后在濮阳市甲醇厂和安徽临泉化工股份有限公司建设了2套航天粉煤加压气化工业示范装置，气化压力4.0 MPa，单炉投煤量750 t/d；2012年10月，在河南晋开化工投资控股集团有限责任公司建设的投煤量2000 t/d级气化装置投入运行。2017年6月，单炉投煤量3000 t/d级气化炉工业示范项目在山东瑞星集团开工，该装置于

▶ 热 工 基 础

2021年初投产。目前航天长征化学工程股份有限公司已生产87台（套）气化炉，技术水平处于国际领先，获得美国、欧洲等国家和地区的海外专利授权共20余项。

21世纪后，清华大学、西安热工研究院和航天部第十一研究所等高校和科研部门开展了煤气化技术研究。由于我国现代煤化工行业的快速发展，以多喷嘴对置式水煤浆气化技术为代表的我国自主知识产权大型煤气化技术进入了世界领先行列，在核心技术水平和煤炭气化能力上均居国际领先地位。

此外，还有地下气化技术、催化气化技术、加氢气化技术、超临界气化、等离子体气化等多种气化技术在我国蓬勃发展，研究成果有力支撑了自主知识产权煤气化技术的大型化，推动了国内一系列气化技术的开发，显著提升了我国煤气化技术研究与工程应用在世界的地位。

【知识拓展】

清华炉的发展历程

我国是世界上最大的煤气化技术应用国，煤气化是发展煤基化工产品、煤基液体燃料、合成天然气、IGCC发电、制氢、直接还原炼铁等过程工业的基础。作为燃煤大国，煤气化是我国实现煤炭高效、清洁利用的核心技术，是解决燃煤造成的环境污染的重要技术。煤气化技术也是现代煤化工发展中最重要、最关键的工艺过程之一。

自2001年起，清华大学开始煤气化技术的前期研发工作。清华大学热能工程系长期致力于煤燃烧、煤气化和洁净煤技术领域的研究与开发工作，曾承担多项国家重点科技攻关项目和国家自然科学基金、"863"、"973"等项目，取得诸多具有国内领先和达到国际先进水平的重要成果。在国家"863"计划支持下，于2002年完成了第一代清华炉的模型研究、冷态流场实验研究、数值模拟和热态模拟实验研究，并解决了产业化过程中部分技术难题。创新性地将燃烧领域广泛采用的分级送风概念和立式旋风炉的结构形式引入煤气化中，突破了煤气化技术的工艺关键，打破了国外对气流床煤气化技术的封锁，形成了具有自主知识产权的煤气化专利。建立了一套完整的煤气化技术研究和开发实验方法，解决了分级给氧的关键切换技术；对强还原性气氛下氧气射流在可燃气体中的燃烧进行了理论和实验研究，解决了氧气射流反火焰燃烧的关键技术问题；修正了加压条件下压力对焦炭-水蒸气气化反应动力学的影响参数，建立了更加完善和可靠的气化炉动力学整体模型；进一步扩大了水煤浆煤气化炉的煤种适应性；形成了氧气分级煤气化工艺的设计导则和工艺设计包。

第一代清华炉耐火砖气化技术（非熔渣-熔渣分级气化技术）大型工业示范装置于2006年1月在山西阳煤丰喜肥业（集团）临猗分公司投入运行。随后分别在大唐呼伦贝尔化肥有限公司18万t/a合成氨、30万t/a尿素项目（简称大唐呼伦贝尔18/30项目）、鄂尔多斯金诚泰化工有限责任公司（一期60万t/a甲醇装置）、山西焦化、内蒙古国泰等公司投入运行。目前，这几套装置均运行稳定。第一代清华炉于2007年12月通过了中国石化联合会的科技成果鉴定，鉴定认为该技术达到国际先进水平。2009年，该技术被中国氮肥工业协会确定为行业振兴支持技术，并获得中国石油和化学工业联合会2009年度科技进步一等奖。其中，第一代清华炉成功应用于大唐呼伦贝尔18/30项目，打破了浓度低于58%的水煤浆不能用于水煤浆气流床气化技术的传统观念，使高含水的褐煤实现了低成本、高效率、环境友好应用，为褐煤高附加值利用找到了可行之路。清华炉技术在褐煤应用上取得的效果，吸引了行业内众多企业的关注。2013年7月，内蒙古乌兰泰安能源化工有限公司135万t/a合成氨项目又选择了第二代清华炉技术（水煤浆水冷壁气化技术）。该项目以兴安盟当地的褐煤为原料，煤浆质量分数达53%。在项目建设前，乌兰泰安能源化工有限公司曾经过将近4年的技术选择，对国内外的十余种煤气化技术进行技术经济评估，最终认为清华炉是最适合兴安盟褐煤的气化技术。同样，2013年，新疆天业公司20万t/a乙二醇项目和新疆国泰新华矿业股份有限公司1，4-丁二醇项目也选择了清华炉作为生产的气化技术。他们采用新疆褐煤，常规制备煤浆质量分数为53%。低浓度水煤浆的应用技术，如今已成为第二代清华炉赢得市场的一张王牌。

2005年，清华大学开始第二代清华炉的研发工作。第二代清华炉水煤浆水冷壁技术是气化炉的燃烧室采用水冷壁型，气化炉内件本身是一台膜式水冷壁，安装在整个气化炉承压外壳中。气化炉运行时，气化反应段膜式壁固化的灰渣层能够对水冷壁起保护作用，防止水冷壁管受到熔渣的侵蚀，达到"以渣抗渣"的效果。

2011年8月22日，世界首台水冷壁水煤浆气炉在山西阳煤丰喜肥业一次投料成功，首次投料即进入稳定运行状态，并全面实现了研发和设计意图。至2012年1月9日计划检修，创造了首次投料并安全、稳定、连续运行140 d的煤化工行业奇迹。

2012年9月3日，中国石油和化学工业联合会在北京组织有关专家召开了"水煤浆水冷壁清华炉煤气化技术"科技成果鉴定会。经72 h连续运行考核表明：装置运行平稳，自动化水平高，安全可靠，操控性能良好；投资和运行费用较低，煤种适应性较好；装置全部采用我国自主技术和国产设备，国产化率达到100%。考核数据达到了设计指标。鉴定委员会认为：该气化炉技术具有显著的创新性，拥有自主知识产权，同时具有水煤浆耐火砖和干粉水冷壁气化炉的优点，综合性能优异，具有明显的经济效益和社会效益，总体技术处于国际领先水平，一致同意通过该技术鉴定。

第二代清华炉——水煤浆水冷壁清华炉的成功研发和投入运行，从根本上彻底解决了干法进料水冷壁气化炉稳定性问题和湿法进料耐火砖气化炉煤种适应性问题；实现了"三高"煤的气化，使气化用煤当地化，降低入炉煤成本；同时水煤浆水冷壁气化技术特点符合当前煤炭清洁高效利用的发展趋势。

2012年清华炉煤气化技术被列入工信部《先进煤气化节能技术推广实施方案》。2015年工信部和财政部联合下发《工业领域煤炭清洁高效利用行动计划（2015—2020）》，水煤浆水冷壁清华炉被列入21种工业领域煤炭高效利用参考技术。

水煤浆水冷壁清华炉煤气化术是热能工程和化工技术跨学科结合的新成果，水煤浆水

▶ 热 工 基 础

冷壁气化炉具有良好的煤种适应性，可实现原料煤本地化并降低原料成本，为煤炭洁净化开发，利用丰富的"三高"煤炭资源走出了一条创新之路。

【项目习题】

1. 空气湿度有哪几种表示方法？
2. 试述 I-x 图的构成及其在硅酸盐工业生产中的主要用途。
3. 如何确定干燥过程的终态点？
4. 分析比较等速干燥阶段与降速干燥阶段的干燥机理有何不同。
5. 已知空气的温度 $t=90\ ℃$，热含量 $I=250\ kJ/kg_{干空气}$，大气压为 750 mmHg，求空气中水蒸气的分压 p_w。
6. 已知空气的干、湿球温度分别是 30 ℃ 及 25 ℃，求空气的相对湿度 φ、湿含量 x、热含量 I、水蒸气分压 p_w、绝对湿度 ρ_w、露点 t_d，湿空气的密度 ρ_s。
7. 在预热器内将温度为 24 ℃、相对湿度为 70% 的空气加热到 90 ℃，试求空气离开预热器时的湿含量 x_1、热含量 I_1，已知大气压为 750 mmHg。
8. 什么叫作湿传导与热湿传导？为什么有些大型黏土制品在干燥过程中一方面通以工频交流电，另一方面又在制品表面盖上微湿的布？
9. 气化过程的指标及影响因素有哪些？
10. 热煤气和冷煤气净化工艺的差别是什么？

附　　录

附录1　常用单位换算

序号	物理量	符号	定义式	我国法定单位	米制工程单位	备注
1	质量	m		kg 1 9.807	$kgf \cdot s^2/m$ 0.1020 1	
2	温度	T 或 t		K $T = t + T_0$	℃ $t = T - T_0$	$T_0 = 273.15\ K$
3	力	F	ma	N 1 9.807	kgf 0.1020 1	
4	压力(即压强)	p	$\dfrac{F}{A}$	Pa 1 9.807×10^4	at 或 kgf/cm^2 1.0197×10^{-5} 1	$1\ atm = 1.033\ at$ $= 1.033 \times 10^4\ kgf/cm^2$ $= 1.013 \times 10^5\ Pa$
5	密度	ρ	$\dfrac{m}{V}$	kg/m^3 1 9.807	$kgf \cdot s^2/m^4$ 0.1020 1	
6	能量 功量 热量	W 或 Q	Fr 或 $\Phi\tau$	J 1×10^3 4.187×10^3	kcal 0.2388 1	
7	功率 热流量	P 或 Φ	$\dfrac{W}{\tau}$ 或 $\dfrac{Q}{\tau}$	W 1 9.807 1.163	$kgf \cdot m/s$ 0.1020 1 0.1186	kcal/h 0.85980 8.434 1

▶ 热 工 基 础

表(续)

序号	物理量	符号	定义式	我国法定单位	米制工程单位	备注
8	比热容	c	$\dfrac{Q}{m\Delta t}$	J/(kg·K) 1 4.187	kcal/(kg·℃) 0.2388 1	
9	动力黏度	μ	ρv	Pa·s 或 kg/(m·s) 1 9.807	kgf·s/m² 0.1020 1	v：运动黏度 单位均为 m²/s
10	热导率	λ	$\dfrac{\Phi\Delta l}{A\Delta t}$	W/(m·℃) 1 1.163	kcal/(m·h·℃) 0.8598 1	
11	表面传热系数 总传热系数	α	$\dfrac{\Phi}{A\Delta t}$	W/(m²·℃) 1 1.163	kcal/(m²·h·℃) 0.8598 1	
12	热流密度	q	$\dfrac{\Phi}{A}$	W/m² 1 1.163	kcal/(m²·h) 0.8598 1	

附录2 金属的密度、比热容和热导率

材料名称	20 ℃			热导率 λ/(W·m⁻¹·℃⁻¹)									
	密度 ρ/ (kg·m⁻³)	比定压热容 c_p/ (J·kg⁻¹·℃⁻¹)	热导率 λ/ (W·m⁻¹·℃⁻¹)	温度/℃									
				−100	0	100	200	300	400	600	800	1000	1200
纯铝	2710	902	236	243	236	240	238	234	228	215			
杜拉铝（96Al-4Cu，微量 Mg）	2790	881	169	124	160	188	188	193					
铝合金（92Al-8Mg）	2610	904	107	86	102	123	148						
铝合金（87Al-13Si）	2660	871	162	139	158	173	176	180					

表(续)

材料名称	20 ℃			热导率 λ/(W·m^{-1}·℃$^{-1}$)									
	密度 ρ/(kg·m^{-3})	比定压热容 c_p/(J·kg^{-1}·℃$^{-1}$)	热导率 λ/(W·m^{-1}·℃$^{-1}$)	温度/℃									
				-100	0	100	200	300	400	600	800	1000	1200
铍	1850	1758	219	382	218	170	145	129	118				
纯铜	8930	386	398	421	401	393	389	384	379	366	352		
铝青铜(90Cu-10Al)	8360	420	56		49	57	66						
青铜(89Cu-11Sn)	8800	343	24.8		24	28.4	33.2						
黄铜(70Cu-30Sn)	8440	377	109	90	106	131	143	145	148				
铜合金(60Cu-40Ni)	8920	410	22.2	19	22.2	23.4							
黄金	19300	127	315	331	318	313	310	305	300	287			
纯铁	7870	455	81.1	96.7	83.5	72.1	63.5	56.5	50.3	39.4	29.6	29.4	31.6
阿姆口铁	7860	455	73.2	82.9	74.7	67.5	61.0	54.8	49.9	38.6	29.3	29.3	31.1
灰铸铁($\omega_c \approx 3\%$)	7570	470	39.2		28.5	32.4	35.8	37.2	36,6	20.8	19.2		
碳钢($\omega_c \approx 0.5\%$)	7840	465	49.8		50.5	47.5	44.8	42.0	39.4	34.0	29.0		
碳钢($\omega_c \approx 1.0\%$)	7790	470	43.2		43.0	42.8	42.2	41.5	40.6	36.7	32.2		
碳钢($\omega_c \approx 1.5\%$)	7750	470	36.7		36.8	36.6	36.2	35.7	34.7	31.7	27.8		
铬钢($\omega_{Cr} \approx 5\%$)	7830	460	36.1		36.3	35.2	34.7	33.5	31.4	28.0	27.2	27.2	27.2
铬钢($\omega_{Cr} \approx 13\%$)	7740	460	26.8		26.5	27.0	27.0	27.0	27.6	28.4	29.0	29.0	
铬钢($\omega_{Cr} \approx 17\%$)	7710	460	22		22	22.2	22.6	22.6	23.3	24.0	24.8	25.5	
铬钢($\omega_{Cr} \approx 26\%$)	7650	460	22.6		22.6	23.8	25.5	27.2	28.5	31.8	35.1	38	
铬镍钢(18~20Cr/8~12Ni)	7820	460	15.2	12.2	14.7	16.6	18.0	19.4	20.8	23.5	26.3		
铬镍钢(17~19Cr/9~13Ni)	7830	460	14.2	11.8	14.3	16.1	17.5	18.8	20.2	22.8	25.5	28.2	30.9
镍钢($\omega_{Ni} \approx 1\%$)	7900	460	45.5	40.8	45.2	46.8	46.1	44.1	41.2	35.7			
镍钢($\omega_{Ni} \approx 3.5\%$)	7910	460	36.5	30.7	36.0	38.8	39.7	39.2	37.8				
镍钢($\omega_{Ni} \approx 25\%$)	8030	460	13.0										
镍钢($\omega_{Ni} \approx 35\%$)	8110	460	13.8	10.9	13.4	15.4	17.1	18.6	20.1	23.1			

表(续)

材料名称	密度 ρ/ (kg·m^{-3}) 20°C	比定压热容 c_p/ (J·kg^{-1}·°C^{-1}) 20°C	热导率 λ/ (W·m^{-1}·°C^{-1}) 20°C	热导率 λ/(W·m^{-1}·°C^{-1}) 温度/°C −100	0	100	200	300	400	600	800	1000	1200
镍钢($\omega_{Ni}\approx 44\%$)	8190	460	15.8		15.7	16.1	16.5	16.9	17.1	17.8	18.4		
镍钢($\omega_{Ni}\approx 50\%$)	8260	460	19.6	17.3	19.4	20.5	21.0	21.1	21.3	22.5			
锰钢($\omega_{Mn}\approx 12\% \sim 13\%$)	7800	487	13.6		14.8	16.0	17.1	18.3					
锰钢($\omega_{Mn}\approx 0.4\%$)	7860	440	51.2		51.0	50.0	47.0	43.5	35.5	27			
钨钢($\omega_W\approx 5\% \sim 6\%$)	8070	436	18.7		18.4	19.7	21.0	22.3	23.6	24.9	26.3		
铅	11340	128	35.3	37.2	35.5	34.3	32.8	31.5					
镁	1730	1020	156	160	157	154	152	150					
钼	9590	255	138	146	139	135	131	127	123	116	109	103	93.7
镍	8900	444	91.4	144	94	82.8	74.2	67.3	64.6	69.0	73.3	77.6	81.9
铂	21450	133	71.4	73.3	71.5	71.6	72.0	72.5	73.6	76.6	80.0	84.2	88.9
银	10500	234	427	431	428	422	415	407	399	384			
锡	7310	228	67	75	68.2	63.2	60.9						
钛	4500	520	22	23.3	22.4	20.7	19.9	19.5	19.4	19.9			
铀	19070	116	27.4	24.3	27	29.1	31.1	33.4	35.7	40.6	45.6		
锌	7140	388	121	123	122	117	112						
锆	6570	276	22.9	26.5	23.2	21.8	21.2	20.9	21.4	22.3	24.5	26.4	28.0
钨	19350	134	179	204	182	166	153	142	134	125	119	114	110

附录3 常用材料物理参数

1. 耐火材料的物理参数

材料名称	密度 ρ/(kg·m^{-3})	最高使用温度/°C	平均比热容 c_p/(kJ·kg^{-1}·°C^{-1})	导热系数 λ/(W·m^{-1}·°C^{-1})
黏土砖	2070	1300~1400	$0.84 + 0.26 \times 10^{-3} t$	$0.835 + 0.58 \times 10^{-3} t$
硅砖	1600~1900	1850~1950	$0.79 + 0.29 \times 10^{-3} t$	$0.92 + 0.7 \times 10^{-3} t$

表(续)

材料名称	密度 ρ/ $(kg \cdot m^{-3})$	最高使用温度/℃	平均比热容 c_p/ $(kJ \cdot kg^{-1} \cdot ℃^{-1})$	导热系数 λ/ $(W \cdot m^{-1} \cdot ℃^{-1})$
高铝砖	2200~2500	1500~1600	$0.84 + 0.23 \times 10^{-3}t$	$1.52 + 0.18 \times 10^{-3}t$
镁砖	2800	2000	$0.94 + 0.25 \times 10^{-3}t$	$4.3 - 0.51 \times 10^{-3}t$
滑石砖	2100~2200		1.25（300℃时）	$0.69 + 0.63 \times 10^{-3}t$
莫来石砖（烧结）	2200~2400	1600~1700	$0.84 + 0.25 \times 10^{-3}t$	$1.68 + 0.23 \times 10^{-3}t$
铁矾土砖	2000~2350	1550~1800		1.3（1200℃时）
刚玉砖（烧结）	2600~2900	1650~1800	$0.79 + 0.42 \times 10^{-3}t$	$2.1 + 1.85 \times 10^{-3}t$
莫来石砖（电融）	2850	1600		$2.33 + 0.163 \times 10^{-3}t$
煅烧白云石砖	2600	1700	1.07（20~760℃时）	3.23（2000℃时）
镁橄榄石砖	2700	1600~1700	1.13	8.7（400℃时）
熔融镁砖	2700~2800			$4.63 + 5.75 \times 10^{-3}t$
铬砖	3000~3200		$1.05 + 0.29 \times 10^{-3}t$	$1.2 + 0.41 \times 10^{-3}t$
铬镁砖	2800	1750	$0.71 + 0.39 \times 10^{-3}t$	1.97
碳化硅砖 甲	>2650	1700~1800	$0.96 + 0.146 \times 10^{-3}t$	9~10（1000℃时）
碳化硅砖 乙	>2500	1700~1800	$0.96 + 0.146 \times 10^{-3}t$	7~8（1000℃时）
碳素砖	1350~1500	2000	0.837	$23 + 34.7 \times 10^{-3}t$
石墨砖	1600	2000	0.837	$162 - 40.5 \times 10^{-3}t$
锆英石砖	3300	1900	$0.54 + 0.125 \times 10^{-3}t$	$1.3 + 0.64 \times 10^{-3}t$

2. 隔热材料的物理参数

材料名称	密度 ρ/ $(kg \cdot m^{-3})$	最高使用温度/℃	平均比热容 c_p/ $(kJ \cdot kg^{-1} \cdot ℃^{-1})$	导热系数 λ/ $(W \cdot m^{-1} \cdot ℃^{-1})$
轻质黏土砖	1300	1400	$0.84 + 0.26 \times 10^{-3}t$	$0.41 + 0.35 \times 10^{-3}t$
	1000	1300		$0.29 + 0.26 \times 10^{-3}t$
	800	1250		$0.26 + 0.23 \times 10^{-3}t$
	400	1150		$0.092 + 0.16 \times 10^{-3}t$
轻质高铝砖	770	1250	$0.84 + 0.23 \times 10^{-3}t$	$0.66 + 0.08 \times 10^{-3}t$
	1020	1400		
	1330	1450		
	1500	1500		
轻质硅砖	1200	1500	$0.22 + 0.93 \times 10^{-3}t$	$0.58 + 0.43 \times 10^{-3}t$

► 热 工 基 础

表(续)

材料名称	密度 ρ/ (kg·m^{-3})	最高使用温度/℃	平均比热容 c_p/ (kJ·kg^{-1}·℃$^{-1}$)	导热系数 λ/ (W·m^{-1}·℃$^{-1}$)
硅藻土砖	450	900	$0.113 + 0.23 \times 10^{-3}t$	$0.063 + 0.14 \times 10^{-3}t$
	650			$0.10 + 0.228 \times 10^{-3}t$
膨胀蛭石	60~280	1100	0.66	$0.058 + 0.256 \times 10^{-3}t$
水玻璃蛭石	400~450	800		$0.093 + 0.256 \times 10^{-3}t$
硅藻土石棉粉	450	300		$0.07 + 0.31 \times 10^{-3}t$
石棉绳	800		0.82	$0.073 + 0.31 \times 10^{-3}t$
石棉板	1150	600		$0.16 + 0.17 \times 10^{-3}t$
矿渣棉	150~180	400~500	0.75	$0.058 + 0.16 \times 10^{-3}t$
矿渣棉砖	350~450	750~800		$0.07 + 0.16 \times 10^{-3}t$
红砖	1750~2100	500~700	$0.80 + 0.31 \times 10^{-3}t$	$0.47 + 0.51 \times 10^{-3}t$
珍珠岩制品	220	1000		$0.052 + 0.029 \times 10^{-3}t$
粉煤灰泡沫混凝土	500	300		$0.099 + 0.198 \times 10^{-3}t$
水泥泡沫混凝土	450	250		$0.10 + 0.198 \times 10^{-3}t$

3. 建筑材料的物理参数

材料名称	密度 ρ/ (kg·m^{-3})	平均比热容 c_p/ (kJ·kg^{-1}·℃$^{-1}$)	导热系数 λ/ (W·m^{-1}·℃$^{-1}$)
干土	1500		0.138
湿土	1700	2.01	0.69
鹅卵石	1840		0.36
干砂	1500	0.795	0.32
湿砂	1650	2.05	1.13
混凝土	2300	0.88	1.28
轻质混凝土	800~1000	0.75	0.41
钢筋混凝土	2200~2500	0.837	$1.55 + 2.9 \times 10^{-3}t$
块石砌体	1800~7000	0.88	1.28
地沥青	2110	2.09	0.7
石膏	1650		0.29
玻璃	2500		0.7~1.04
干木板	250		0.06~0.21

注：表中除钢筋混凝土的导热系数是温度的函数外，其余均为20 ℃的参数值。

4. 液体燃料的物理参数

名称	$t/$ ℃	$\rho/$ (kg·m^{-3})	$c_p/$ (kJ·kg^{-1}·℃$^{-1}$)	$\lambda/$ (W·m^{-1}·℃$^{-1}$)	$\alpha \times 10^4/$ (m^2·h^{-1})	$\mu \times 10^4/$ (Pa·s)	$\nu \times 10^6/$ (m^2·s^{-1})	Pr
汽油	0	900	1.800	0.145	3.23			
	50		1.842	0.137	2.40			
柴油	20	908.4	1.838	0.128	3.41	5629	620	8000
	40	895.5	1.909	0.126	3.94	1209	135	1840
	60	882.4	1.980	0.124	4.45	397.2	45	630
	80	870	2.052	0.123	4.92	173.6	20	200
	100	857	2.123	0.122	5.42	92.48	10.8	162
润滑油	0	899	1.796	0.148	3.22	38442	4280	47100
	40	876	1.955	0.144	3.10	2118	242	2870
	80	852	2.131	0.138	2.90	319.7	37.5	490
	120	829	2.307	0.135	2.70	103	12.4	175
变压器油	20	866	1.897	0.124	2.73	315.8	36.5	481
	40	852	1.993	0.123	2.61	142.2	16.7	230
	60	842	2.093	0.122	2.49	73.16	8.7	126
	80	830	2.198	0.120	2.36	43.15	5.2	79.4
	100	818	2.294	0.119	2.28	30.99	3.8	60.3

附录4　干空气的物理参数（$p=101.325$ kPa）

温度 $t/$ ℃	密度 $\rho/$ (kg·m^{-3})	比热容 $c_p/$ (kJ·kg^{-1}·℃$^{-1}$)	热导率 $\lambda \times 10^2/$ (W·m^{-1}·℃$^{-1}$)	导温系数 $\alpha \times 10^5/$ (m^2·s^{-1})	黏度 $\mu \times 10^5/$ (Pa·s)	运动黏度 $\nu \times 10^6/$ (m^2·s^{-1})	普朗特准数 Pr
-50	1.584	1.013	2.034	1.27	1.46	9.23	0.728
-40	1.515	1.013	2.115	1.38	1.52	10.04	0.728
-30	1.453	1.013	2.196	1.49	1.57	10.80	0.723
-20	1.395	1.009	2.278	1.62	1.62	11.60	0.716
-10	1.342	1.009	2.359	1.74	1.67	12.43	0.712
0	1.293	1.005	2.440	1.88	1.72	13.28	0.707
10	1.247	1.005	2.510	2.01	1.77	14.16	0.705
20	1.205	1.005	2.591	2.14	1.81	15.06	0.703

热 工 基 础

表(续)

温度 $t/$ ℃	密度 $\rho/$ (kg·m^{-3})	比热容 $c_p/$ (kJ·kg^{-1}·℃$^{-1}$)	热导率 $\lambda \times 10^2/$ (W·m^{-1}·℃$^{-1}$)	导温系数 $\alpha \times 10^5/$ (m^2·s^{-1})	黏度 $\mu \times 10^5/$ (Pa·s)	运动黏度 $\nu \times 10^6/$ (m^2·s^{-1})	普朗特准数 Pr
30	1.165	1.005	2.673	2.29	1.86	16.00	0.701
40	1.128	1.005	2.754	2.43	1.91	16.96	0.699
50	1.093	1.005	2.824	2.57	1.96	17.95	0.698
60	1.060	1.005	2.893	2.72	2.01	18.97	0.696
70	1.029	1.009	2.963	2.86	2.06	20.02	0.694
80	1.000	1.009	3.044	3.02	2.11	21.09	0.692
90	0.972	1.009	3.126	3.19	2.15	22.10	0.690
100	0.946	1.009	3.207	3.36	2.19	23.13	0.688
120	0.898	1.009	3.335	3.68	2.29	25.45	0.686
140	0.854	1.013	3.486	4.03	2.37	27.80	0.684
160	0.815	1.017	3.673	4.39	2.45	30.09	0.682
180	0.779	1.022	3.777	4.75	2.53	32.49	0.681
200	0.746	1.026	3.928	5.14	2.60	34.85	0.680
250	0.674	1.038	4.625	6.10	2.74	40.61	0.677
300	0.615	1.047	4.602	7.16	2.97	48.33	0.674
350	0.566	1.059	4.904	8.19	3.14	55.46	0.676
400	0.524	1.068	5.206	9.31	3.31	63.09	0.678
500	0.456	1.093	5.740	11.53	3.62	79.38	0.687
600	0.404	1.114	6.217	13.83	3.91	96.89	0.699
700	0.362	1.135	6.70	16.34	4.18	115.4	0.706
800	0.329	1.156	7.170	18.88	4.43	134.8	0.713
900	0.301	1.172	7.623	21.62	4.67	155.1	0.717
1000	0.277	1.185	8.064	24.59	4.9	177.1	0.719
1100	0.257	1.197	8.494	27.63	5.12	199.3	0.722
1200	0.239	1.210	9.145	31.65	5.35	233.7	0.724

附录5 烟气的物理参数

温度 $t/$ ℃	密度 $\rho/$ (kg·m^{-3})	比热容 $c_p/$ (kJ·kg^{-1}·℃$^{-1}$)	热导率 $\lambda \times 10^2/$ (W·m^{-1}·℃$^{-1}$)	导温系数 $\alpha \times 10^6/$ (m^2·s^{-1})	黏度 $\mu \times 10^6/$ (kg·m^{-1}·s^{-1})	运动黏度 $\nu \times 10^6/$ (m^2·s^{-1})	普朗特准数 Pr
0	1.295	1.042	2.28	16.9	15.8	12.20	0.72
100	0.950	1.068	3.13	30.8	20.4	21.54	0.69
200	0.748	1.097	4.01	48.9	24.5	32.80	0.67
300	0.617	1.122	4.84	69.9	28.2	45.81	0.65
400	0.525	1.151	5.70	94.3	31.7	60.38	0.64
500	0.457	1.185	6.56	121.1	34.8	76.30	0.63
600	0.405	1.214	7.42	150.9	37.9	93.61	0.62
700	0.363	1.239	8.27	183.8	40.7	112.1	0.61
800	0.330	1.264	9.15	219.7	43.4	131.8	0.60
900	0.301	1.290	10.00	258.0	45.9	152.5	0.59
1000	0.275	1.306	10.90	303.4	48.4	174.3	0.58
1100	0.257	1.323	11.75	345.5	50.7	197.1	0.57
1200	0.240	1.340	12.62	392.4	53.0	221.0	0.56

注：本表是指烟气在压力等于 101325 Pa（760 mmHg）时的物理参数。烟气组成气体容积成分为：$V_{CO_2} = 13\%$，$V_{H_2O} = 11\%$，$V_{N_2} = 76\%$。

附录6 常用局部阻力系数及综合阻力系数

1. 常用局部阻力系数

序号	阻力类型	简图	计算速度	局部阻力系数 ξ
1	突然扩大	F_0, ω_0, F, ω	ω_0	$\xi = \left(1 - \dfrac{F_0}{F}\right)^2$ <table><tr><td>F_0/F</td><td>0</td><td>0.1</td><td>0.2</td><td>0.3</td><td>0.4</td><td>0.5</td><td>0.6</td><td>0.7</td><td>0.8</td><td>0.9</td><td>1.0</td></tr><tr><td>ξ</td><td>1.0</td><td>0.81</td><td>0.64</td><td>0.49</td><td>0.36</td><td>0.25</td><td>0.16</td><td>0.09</td><td>0.04</td><td>0.01</td><td>0</td></tr></table>

▶ 热 工 基 础

表(续)

序号	阻力类型	简图	计算速度	局部阻力系数 ξ											
2	突然收缩		ω_0	$\xi = 0.7\left(1-\dfrac{F_0}{F}\right) - 0.2\left(1-\dfrac{F_0}{F}\right)^2$												
				F_0/F	0	0.1	0.2	0.3	0.4	0.5	0.6	0.7	0.8	0.9	1.0
				ξ	0.5	0.47	0.42	0.38	0.34	0.30	0.25	0.20	0.15	0.09	0

序号	阻力类型	简图	计算速度	局部阻力系数 ξ						
3	逐渐扩大		ω_0	$\xi = \left(1-\dfrac{F_0}{F}\right)^2\left(1-\cos\dfrac{\alpha}{2}\right)$						
				断面形状	F/F_0	α				
						10°	15°	20°	25°	30°	45°
				圆形管	1.25	0.01	0.02	0.03	0.04	0.05	0.06
					1.50	0.02	0.03	0.05	0.08	0.11	0.13
					1.75	0.03	0.05	0.07	0.11	0.15	0.20
					2.00	0.04	0.06	0.10	0.15	0.21	0.27
					2.25	0.05	0.08	0.13	0.19	0.27	0.34
					2.50	0.06	0.10	0.15	0.23	0.32	0.40
				方形管	1.25	0.02	0.03	0.05	0.06	0.07	
					1.50	0.03	0.06	0.10	0.12	0.13	
					1.75	0.05	0.08	0.14	0.17	0.19	
					2.00	0.06	0.13	0.20	0.23	0.26	
					2.25	0.08	0.16	0.26	0.30	0.33	
					2.50	0.09	0.19	0.30	0.36	0.39	
				矩形管	1.25	0.02	0.02	0.02	0.03	0.04	
					1.50	0.03	0.03	0.05	0.07	0.08	
					1.75	0.05	0.05	0.06	0.09	0.11	
					2.00	0.07	0.07	0.09	0.13	0.15	
					2.25	0.09	0.08	0.12	0.17	0.19	
					2.50	0.10	0.10	0.14	0.20	0.23	

表(续)

序号	阻力类型	简图	计算速度	局部阻力系数 ξ						
4	逐渐收缩		ω	$\xi = 0.47\sqrt{\tan\dfrac{\alpha}{2}\left(\dfrac{F}{F_0}\right)^2}$						
				F/F_0	α					
					5°	10°	15°	20°	25°	30°	45°
				1.25	0.15	0.22	0.27	0.31	0.33	0.38	0.47
				1.50	0.22	0.31	0.38	0.44	0.48	0.55	0.68
				1.75	0.30	0.43	0.52	0.61	0.65	0.75	0.93
				2.00	0.39	0.56	0.68	0.79	0.85	0.98	1.21
				2.25	0.50	0.70	0.86	1.00	1.08	1.23	1.53
				2.50	0.62	0.87	1.07	1.24	1.33	1.52	1.89
5	截面不变的任意角度急转弯		ω	α	<7°~10°	20°	30°	45°	60°	80°	100°
				圆管	可不计	0.05	0.11	0.30	0.50	0.90	1.2
				方管	可不计	0.11	0.20	0.38	0.53	0.93	1.3
6	截面不变的任意角度圆滑转弯		ω	$\xi = 90°$ 圆滑转弯的 $\xi \times$ 修正系数 k						
				α	20°	40°	80°	120°	160°	180°
				k	0.4	0.65	0.95	1.13	1.27	1.33
7	截面不变的90°转弯	圆管 方管	ω	R/D	0.5	0.6	0.8	1.0	2.0	3.0	4.0	5.0
				圆管	1.2	1.0	0.52	0.26	0.20	0.16	0.12	0.10
				方管	1.5	1.0	0.80	0.70	0.35	0.23	0.18	0.15
8	截面变化的90°转弯		ω_0	F_0/F	0	0.2	0.4	0.6	0.8	1.0
				ξ_1	1.0	1.0	1.0	1.02	1.04	1.10
				ξ_2	0.42	0.44	0.52	0.66	0.85	1.10
				ξ_3	0.77	0.80	0.86	1.02	1.20	1.45

表(续)

序号	阻力类型	简图	计算速度	局部阻力系数 ξ					
9	截面不变的180°急转弯		ω	$\xi = 4.5$(管道截面积形状不论)					
10	连续2个45°转弯		ω	L/D	1	2	3	4	5	6
				ξ	0.37	0.28	0.35	0.38	0.40	0.42
11	连续2个90° U型转弯		ω	L/D	1	2	3	6	8以上	
				ξ	1.2	1.3	1.6	1.9	2.2	
12	连续2个90° Z型转弯		ω	L/D	1.0	1.5	2.0	5.0以上		
				ξ	1.9	2.0	2.1	2.2		
13	叉管(90°)分流		ω	$\xi = 1.0$						
14	叉管(90°)汇流		ω	$\xi = 1.5$						
15	等径三通分流		ω_0	$\xi = 1.5$						

表(续)

序号	阻力类型	简图	计算速度	局部阻力系数 ξ									
16	等径三通汇流		ω_0	$\xi_1 = 3.0$ $\xi_2 = 2.0$									
17	异径三通			$\xi = $ 等径三通 $\xi + $ 突扩(或收缩)ξ									
18	集流与分流		ω	$\xi_{集流} = 1.5$ $\xi_{分流} = 0$									

序号	阻力类型	简图	计算速度	α	ξ	F_1/F_2 Q_1/Q_2	0.1	0.2	0.3	0.4	0.5	0.6	0.8	1.0
19	不对称的合流三通		ω_1	≤45°	$\xi_{1,1}$	0.2	2.4	0.5	0					
						0.4		2.9	1.2	0.7	0.50	0.32	0.2	0.8
						0.6			2.8	1.6	1.18	0.8	0.55	0.4
						0.8				2.6	1.7	1.2	0.8	0.5
					$\xi_{1,2}$	0.2~0.8	≤0.4							
				60°	$\xi_{1,1}$	0.2	2.2	0.6	0					
						0.4		3.4	1.5	0.8	0.6	0.4	0.3	0.16
						0.6			3.4	2.0	1.4	1.0	0.75	0.47
						0.8				5.5	3.3	2.1	1.6	1.0	0.65
					$\xi_{1,2}$	0.2~0.8	≤0.4							
				90°	$\xi_{1,1}$	0.2	3.0	0.8	0.2	0.15				
						0.4		4.4	2.0	1.2	1.0	0.62	0.58	0.25
						0.6			6.0	2.9	2.1	1.6	1.2	0.7
						0.8				5.5	3.5	2.6	1.9	1.1
					$\xi_{1,2}$	0.2~0.8	0.35~0.95							

表中 Q—流量

▶ 热 工 基 础

表(续)

序号	阻力类型	简图	计算速度	局部阻力系数 ξ									
20	对称的合流三通		ω	α	w_0/w F_0/F	0.3	0.4	0.5	0.6	0.7	0.8	1.0	1.5	2.0
				≤45°	0.2								0	0.3
					0.6			-0.3	0.1	0.3	0.4	0.5	0.5	0.5
					1.0	-0.6	0.2	0.35	0.5	0.5	0.5	0.5	0.5	0.5
				60°	0.2							0	0.5	0.7
					0.6		0	0.5	0.7	0.8	0.85	0.85	0.85	0.85
					1.0	0.5	0.8	0.85	0.85	0.85	0.85	0.85	0.85	0.85
				90°	0.2							15	4	1.8
					0.6		15	9	6	3.5	2.7	2	1.7	1
					1.0	13	8	5	3.2	2.8	2.4	1.8	1.2	1.3

序号	阻力类型	简图	计算速度	局部阻力系数 ξ						
21	不对称的分流三通		ω_2(直通管) ω_1(旁通管)	$\xi_{1,1}$	ω_2/ω_1 α	0.4	0.5	1.0	1.5	2.0
					15°	2.1	1.00	0.06	0.10	0.25
					30°	3.0	1.40	0.21	0.23	0.36
					45°	3.8	2.25	0.50	0.44	0.47
					60°	5.2	2.75	0.90	0.89	0.65
					90°	7.8	4.00	1.31	0.72	0.53
				$\xi_{1,2}$	ω_2/ω_1	0.1	0.2	0.3	0.5	0.8	>1.0
					ξ	10.5	5.0	2.0	0.36	0.03	0

序号	阻力类型	简图	计算速度	局部阻力系数 ξ
22	管道出口		ω	$\xi = 1.0$
23	流入尖锐边缘孔洞		ω	$\xi = 0.5$
24	流入圆滑边缘孔洞		ω	R/D 0.01　0.03　0.05　0.08　0.12　0.16　>0.2 ξ　0.44　0.31　0.22　0.15　0.09　0.06　0.03

表(续)

序号	阻力类型	简图	计算速度	局部阻力系数 ξ								
25	流入伸出的管道		ω	$L/D < 4$ 时，$\xi = 0.2 \sim 0.56$； $L/D \geqslant 4$ 时，$\xi = 0.56$								
26	流入斜管口		ω	α	10°	20°	30°	40°	50°	60°	70°	80°	90°
				ξ	1.0	0.96	0.91	0.85	0.78	0.70	0.63	0.56	0.50
27	进入一群通道		ω	方形孔口：$\xi = 2.0 \sim 2.5$ 圆形孔口：$\xi = 2.5 \sim 3.5$ 矩形孔口：$\xi = 1.5 \sim 2.0$								
28	进入平行直分道		ω_2	F_1/F_2	0.2	0.4	0.5	0.6	0.7	0.8	0.9	1.0
				ξ	33	6.0	3.8	2.2	1.3	0.79	0.52	0.50
29	流经孔板		ω_1	F_0/F_1	0.1	0.2	0.3	0.4	0.5	0.6	0.7	0.8	0.9	1.0
				ξ	280	57	30	15	9	6.2	3.9	2.7	1.9	1.0
30	交换器		ω	$\xi_1 = 2.5$ $\xi_2 = 4.0$								
31	阀门		ω	h/d	0.15	0.20	0.25	0.30	0.35	0.40	0.45
				ξ	9.0	4.5	3.0	2.1	1.7	1.6	1.5

► 热 工 基 础

表(续)

序号	阻力类型	简图	计算速度	局部阻力系数 ξ										
32	蝶阀		ω	α	5°	10°	15°	20°	25°	30°	40°	50°	60°	70°	80°	90°
				圆管	0.24	0.52	0.90	1.54	2.51	3.91	10.8	32.6	118	256	751	∞
				方管	0.28	0.45	0.77	1.34	2.16	3.54	9.3	24.9	77.4	158	568	∞
33	烟道闸板		ω	h/d	0.1	0.2	0.3	0.4	0.5	0.6	0.7	0.8	0.9	1.0
				矩形闸板	200	40	20	8.4	4.0	2.2	1.0	0.4	0.12	0.01
				圆形闸板	155	35	10	4.6	2.06	0.98	0.44	0.17	0.06	0.01
				平行式闸板			22	12	5.3	2.8	1.5	0.8	0.3	0.15

2. 综合阻力系数

序号	阻力类型	简图	计算速度	综合阻力系数
1	蓄热室格子体		ω	西门子式： $\xi = \dfrac{1.14}{d_e^{0.25}}H$ 李赫特式： $\xi = \dfrac{1.57}{d_e^{0.25}}H$ 式中 H—格子体高度，m； d_e—格孔当量直径，m
2	换热器直排管束		ω	$Re \geq 5 \times 10^4$，$\xi_{直} = n\dfrac{s}{b}\alpha + \beta$ 式中 n—沿流向的排数； $\alpha = 0.028\left(\dfrac{b}{\delta}\right)^2$ $\beta = \left(\dfrac{b}{\delta} - 1\right)^2$ $Re < 5 \times 10^4$，$\xi = k_1 \cdot \xi_{直}$ 	Re	$\leq 3\times 10^4$	$\leq 10^4$	$\leq 6\times 10^3$	$\leq 4\times 10^3$	 	k_1	1.08	1.37	1.55	1.70	

表(续)

序号	阻力类型	简图	计算速度	综合阻力系数				
3	换热器错排管束		ω	$Re \geq 5\times10^4$, $\xi_{错} = (0.8\sim0.9)\xi_{直}$ $Re < 5\times10^4$, $\xi = k_2 \cdot \xi_{错}$				
				Re	$\leq 3\times10^4$	$\leq 10^4$	$\leq 6\times10^3$	$\leq 4\times10^3$
				k_2	1.05	1.22	1.32	1.40
4	散料层		空腔流速 ω	$\xi = 2.2\zeta \dfrac{H}{d} \cdot \dfrac{(1-\varepsilon)^2}{\varepsilon^3} \cdot \dfrac{1}{\varphi^2}$ 式中 d—料粒度,m; ε—堆料孔隙度,球块 $\varepsilon=0.263$; φ—形状系数,球块 $\varphi=1$,其他 $\varphi<1$				
				Re	<30	>30~700	>700~7000	>7000
				ζ	$220\,Re^{-1}$	$2.8\,Re^{-0.4}$	$7\,Re^{-0.2}$	1.26
5	料垛		料垛空隙中流速 ω	经验数据:料垛每米长的阻力为 1 Pa; 不同坯件,不同码法时料垛的阻力计算式可参阅《烧结砖瓦工艺设计》一书或其他相关资料				

附录7 湿空气的相对湿度

%

干球温度计温度/℃	干湿球温度计的温度差/℃																				
	0.6	1.1	1.7	2.2	2.8	3.3	3.9	4.4	5.0	5.6	6.1	6.7	7.2	7.8	8.3	8.9	9.4	10.0	10.6	11.1	11.7	12.2	12.8
23.9	96	91	87	82	78	74	70	66	63	59	55	51	48	44	41	38	34	31	28	25	22	—	—
24.4	96	91	87	83	78	74	70	67	63	59	55	52	48	45	42	38	35	32	29	26	23	—	—
25.0	96	91	87	83	79	75	71	67	63	60	56	52	49	46	42	39	36	33	30	27	24	—	—
25.6	96	91	87	83	79	75	71	67	64	60	57	53	50	46	43	40	37	34	31	28	25	—	—
26.1	96	91	87	83	79	75	71	68	64	60	57	54	50	47	44	41	37	34	31	29	26	—	—

▶ 热 工 基 础

表(续)   %

干球温度计温度/℃	干湿球温度计的温度差/℃																				
	0.6	1.1	1.7	2.2	2.8	3.3	3.9	4.4	5.0	5.6	6.1	6.7	7.2	7.8	8.3	8.9	9.4	10.0	10.6	11.1	11.7	12.2	12.8
27.7	96	91	87	83	79	76	72	68	64	61	57	54	51	47	44	41	38	35	32	29	27	24	21
27.8	96	92	88	84	80	76	72	69	65	62	58	55	52	49	46	43	40	37	34	31	28	25	23
28.9	96	92	88	84	80	77	73	70	66	63	59	56	53	50	47	44	41	38	35	32	30	27	23
30.0	96	92	88	85	81	77	73	70	67	63	60	57	54	51	48	45	42	39	37	34	31	29	23
31.1	96	92	88	85	81	78	74	71	68	64	61	58	54	52	48	46	43	41	38	35	32	30	23
32.2	96	92	89	85	81	78	75	71	68	65	62	59	56	53	50	47	44	42	39	37	34	32	29
33.3	96	92	89	85	82	78	75	72	69	65	62	59	57	54	51	48	45	43	40	38	35	33	30
34.4	96	93	89	86	82	79	75	72	69	66	63	60	57	54	52	49	46	44	41	39	36	34	32
35.6	96	93	89	86	82	79	76	73	70	67	64	61	58	55	53	50	47	45	42	40	37	35	33
36.7	96	93	89	86	83	79	76	73	70	67	64	61	59	56	53	51	48	46	43	41	39	36	34
37.8	96	93	90	86	83	80	77	74	71	68	65	62	59	57	54	52	50	47	44	42	40	37	35
38.9	96	93	90	87	83	80	77	74	71	68	66	63	60	57	55	52	50	47	45	43	41	38	36
40.1	96	93	90	86	84	80	77	74	72	69	66	63	61	58	56	53	51	48	46	44	41	39	37
41.1	96	93	90	87	84	81	78	75	72	69	66	64	61	59	56	54	51	49	47	45	42	40	38
42.2	96	93	90	87	84	81	78	75	72	70	67	64	62	59	57	54	52	50	47	45	43	41	39
43.3	97	94	90	87	84	81	78	76	73	70	67	65	62	60	57	55	53	50	48	46	44	42	40
44.4	97	94	90	87	84	82	79	76	73	70	68	66	63	60	58	56	53	51	49	47	45	43	41
45.6	97	94	91	88	85	82	79	76	74	71	68	66	63	61	59	56	54	52	50	48	45	43	41
46.7	97	94	91	88	85	82	79	77	74	71	69	66	64	61	59	57	55	52	50	48	46	44	42
47.8	97	94	91	88	85	82	79	77	74	72	69	67	64	61	60	57	55	53	51	49	47	47	43
48.9	97	94	91	88	85	82	80	77	74	72	69	67	65	62	60	58	56	54	51	49	47	47	44
50.0	97	94	91	88	85	83	80	77	75	72	70	67	65	63	61	58	56	54	52	50	48	48	44
51.1	97	94	91	88	86	83	80	78	75	73	70	68	65	63	61	59	57	55	53	51	49	48	45
52.2	97	94	91	89	86	83	81	78	75	73	71	68	66	64	62	59	57	55	53	51	49	48	46
53.3	97	94	91	89	86	83	81	78	76	73	71	69	66	64	62	60	58	56	54	52	50	48	46
54.3	97	94	92	89	86	84	81	78	76	74	71	69	67	65	62	60	58	56	54	52	50	49	47
55.6	97	94	92	89	86	84	81	79	76	74	72	69	67	65	63	61	59	57	55	53	51	49	47
56.7	97	94	92	89	86	84	81	79	76	74	72	70	67	66	63	61	59	57	55	53	51	50	48
57.8	97	94	92	89	87	84	82	79	77	73	72	70	68	66	64	61	59	58	56	54	52	50	49
58.9	97	94	92	89	87	84	82	79	77	75	72	70	68	66	64	61	60	58	56	55	52	51	49
60.0	97	94	92	89	87	84	82	79	77	75	73	70	68	66	64	62	60	58	56	55	52	51	49

附录 8 湿空气的 I-x 图

1. 湿空气 I-x 图（$p = 101.325$ kPa，$t = -10 \sim 200$ ℃）

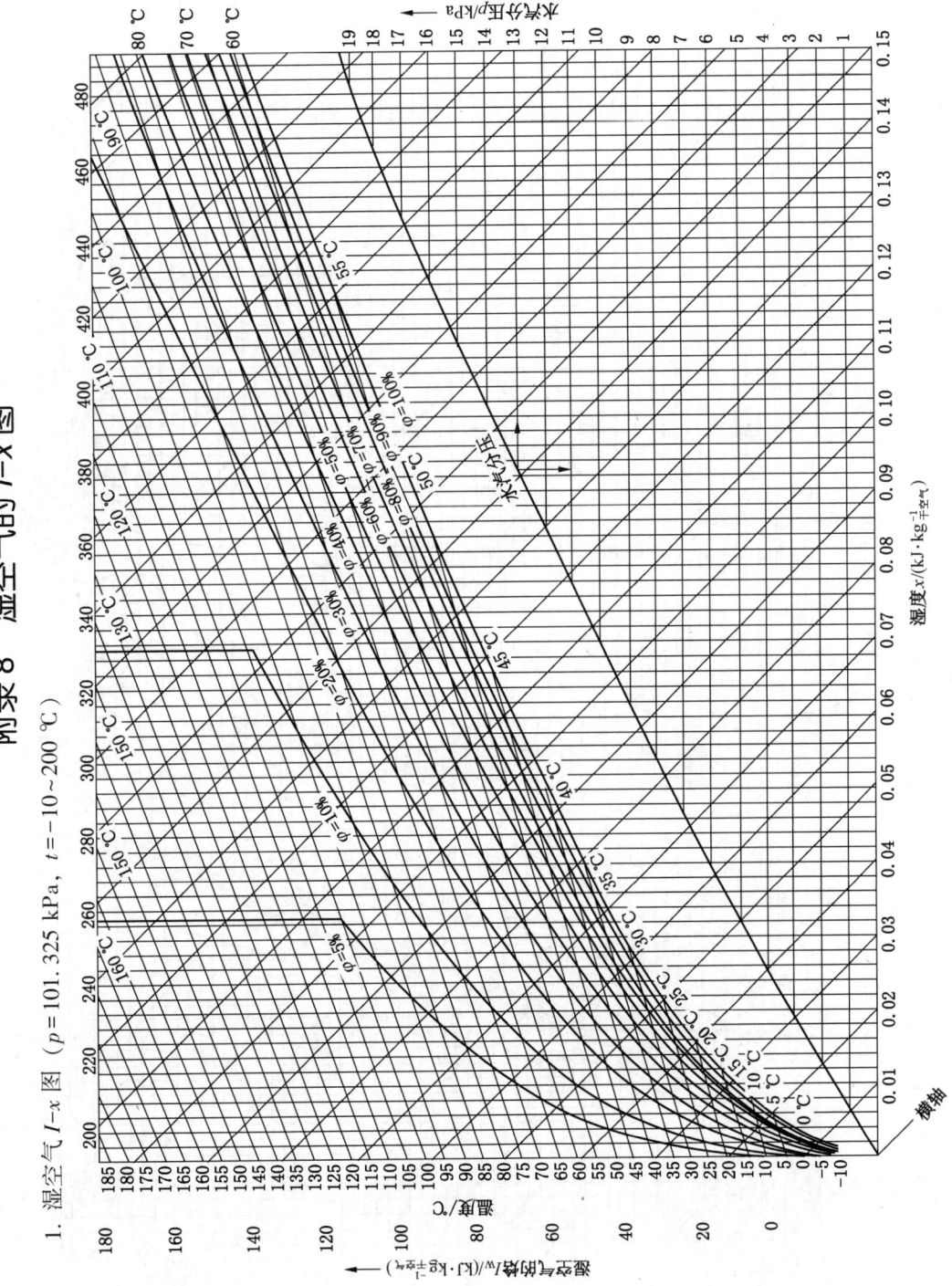

热 工 基 础

2. 湿空气 I-x 图 ($p = 101.325$ kPa, $t = 0 \sim 1450$ ℃)

参 考 文 献

[1] 李志明，樊德琴. 硅酸盐工业热工基础［M］. 北京：中国建筑工业出版社，1986.

[2] 宋长超. 流体力学基础、风机和泵［M］. 武汉：武汉工业大学出版社，1990.

[3] 孙晋涛. 硅酸盐工业热工基础［M］. 武汉：武汉理工大学出版社，1992.

[4] 郑明继. 水泥工业热工基础［M］. 武汉：武汉工业大学出版社，1993.

[5] 刘述祖. 硅酸盐工业热工基础［M］. 武汉：武汉工业大学出版社，1994.

[6] 许玉望. 流体力学泵与风机［M］. 北京：中国建筑工业出版社，1995.

[7] 虞继舜. 煤化学［M］. 北京：冶金工业出版社，2000.

[8] 金国森. 干燥设备［M］. 北京：化学工业出版社，2002.

[9] 陈懋章. 粘性流体动力学基础［M］. 北京：高等教育出版社，2002.

[10] 张学学. 热工基础［M］. 北京：高等教育出版社，2006.

[11] 潘永康，王喜忠，刘相东. 现代干燥技术［M］. 北京：化学工业出版社，2006.

[12] 童钧耕，王平阳，苏永康. 热工基础［M］. 上海：上海交通大学出版社，2008.

[13] 苏万银. 百年清华的先进煤气化技术——清华炉的发展历程［J］. 煤炭加工与综合利用，2016（10）：46-51.

[14] 王辅臣. 煤气化技术在中国：回顾与展望［J］. 洁净煤技术，2021，27（1）：1-33.